全国测绘地理信息类职业教育“十四五”规划教材
辽宁省职业教育“十四五”第二批规划教材
教育部高等学校高职高专测绘类专业教学指导委员会规划教材

测绘工程 CAD

（第3版）

主　编　辛立国　杨　丹　周彦国
副主编　李玲玲　高国勇　王旭阳　王红亮
主　审　宋　凯　张中喜

本书立体化资源

黄 河 水 利 出 版 社
·郑州·

内 容 提 要

本书是全国测绘地理信息类职业教育“十四五”规划教材，辽宁省职业教育“十四五”第二批规划教材，教育部高等学校高职高专测绘类专业教学指导委员会规划教材。全书共十三章，主要介绍 AutoCAD 2021 基础知识，绘制基本图形，选择和编辑图形对象，线型、线宽、颜色与图层管理，创建面域与图案填充，精确绘制图形与控制图形显示，文字、表格与尺寸标注，使用块、属性块和外部参照，使用 AutoCAD 设计中心，地形图的绘制，地籍图的绘制，道路工程图的绘制，输入、输出和打印图形。

本书可供高职院校测绘类相关专业学生使用，也可供技术人员阅读参考。

图书在版编目（CIP）数据

测绘工程 CAD/辛立国，杨丹，周彦国主编. —3 版. —郑州：黄河水利出版社，2022.6 （2025.7 修订重印）

ISBN 978-7-5509-3310-1

Ⅰ.①测… Ⅱ.①辛… ②杨…③周… Ⅲ.①工程测量-AutoCAD 软件-高等职业教育-教材 Ⅳ.①TB22-39

中国版本图书馆 CIP 数据核字(2022)第 097344 号

策划编辑：陶金志　电话：0371-66025273　E-mail：838739632@qq.com

出 版 社：黄河水利出版社　　网址：www.yrcp.com

地址：河南省郑州市顺河路黄委会综合楼 14 层　　邮政编码：450003

发行单位：黄河水利出版社

发行部电话：0371-66026940、66020550、66028024、66022620(传真)

E-mail：hhslcbs@126.com

承印单位：河南承创印务有限公司

开本：787 mm×1 092 mm　1/16

印张：19.75

字数：451 千字

版次：2022 年 6 月第 3 版

2025 年 7 月修订　　印次：2025 年 7 月第 3 次印刷

定价：56.00 元

第 3 版前言

党的二十大报告指出，坚持创新在我国现代化建设全局中的核心地位。在新时代新征程中，科技创新对于推动各行业高质量发展具有重大意义。测绘作为国家建设的重要基础行业，也正面临着前所未有的机遇与挑战。本书的编写，正是响应党的二十大对科技创新、人才培养的号召，致力于为测绘领域培养更多掌握先进 CAD 技术的专业人才，以推动测绘行业的数字化、智能化发展。

AutoCAD 是美国 Autodesk 公司推出的通用计算机辅助设计软件，它以强大的绘图功能、直观的使用方法、稳定的性能和便利的交互操作风格广泛应用于机械、建筑、电子等领域，目前已成为微机 CAD 系统中应用最为广泛和普及的图形软件。

AutoCAD 强大的绘图功能和二次开发功能赢得了测绘生产单位和工程技术人员的喜爱，因此，掌握 AutoCAD 制图技术已成为测绘工程技术人员必备的一项基本技能。

本书编写全部依据最新规范、标准，对基本概念、基本内容、基本方法的阐述力求简明扼要、条理清晰、图文结合、易懂易记。同时，潜移默化、润物细无声地实施思政教育，将爱国主义情怀融入学生具体的理论学习与知识应用中，使其具备良好的品格和职业素养，具有法律意识，提高综合素养。

本书具有以下特色特点：

内容全面系统：涵盖了 AutoCAD 软件在测绘工程中的基础知识和高级应用，从基本图形绘制、编辑，到线型、图层管理，再到地形图、地籍图、道路工程图等专业图纸绘制，以及图形的输入、输出和打印等内容，为读者构建了完整的知识体系。

注重实践应用：以实际测绘工程项目为案例，通过大量的实例和操作练习，帮助读者将理论知识与实践相结合，提高读者运用 AutoCAD 解决实际测绘问题的能力，使读者能够快速上手并应用于实际工作中。

体现行业前沿：紧跟测绘行业的发展趋势和技术前沿，融入了最新的测绘标准和规范，以及 AutoCAD 软件的新功能和新特性，确保读者所学知识与行业需求紧密对接。

编排科学合理：采用由浅入深、循序渐进的编写方式，每章都设有学习目标、思考与练习等板块，便于读者理解和掌握知识点，同时也有利于教师进行教学安排和学生自主学习。

本书是作者在参阅了大量有关文献的基础上，结合多年的教学和工程实践经验编写而成。全书共十三章，主要内容包括：AutoCAD 2021 基础知识，绘制基本图形，选择和编辑图形对象，线型、线宽、颜色与图层管理，创建面域与图案填充，精确绘制图形与控制图形显示，文字、表格与尺寸标注，使用块、属性块和外部参照，使用 AutoCAD 设计中心，地形图的绘制，地籍图的绘制，道路工程图的绘制，输入、输出和打印图形。

本书由辽宁生态工程职业学院辛立国、杨丹，沈阳市规划设计研究院有限公司周彦国担任主编；辽宁生态工程职业学院李玲玲、辽宁省自然资源卫星应用技术中心高国勇、吉林电子信息职业技术学院王旭阳和王红亮担任副主编。具体编写分工如下：辛立国负责编写第三至五章（约 11.2 万字）；杨丹负责编写第一至二章（约 8.0 万字）；周彦国负责编写第十三章第三节和附录(约 3.0 万字);李玲玲负责编写第十至十二章(约 10.1 万字);高国勇责编写第十三章第一节和第二节(约 1.0 万字);王旭阳负责编写第八至九章(约 4.1 万字);王红亮负责编写第六至七章(约 7.5 万字)。全书由辛立国负责通稿工作,由中国建筑材料工业地质勘查中心辽宁总队宋凯和济宁市土地储备和规划事务中心张中喜担任主审。本书在编写过程中参阅了大量的书籍和文献资料,在此谨向这些书籍和文献资料的作者们表示感谢!

本书结构清晰,内容组织由浅入深,具有较强的实用性和通用性,可作为测绘类相关专业的教材使用,也可供工程技术人员参考。

为了不断提高教材质量,编者于 2025 年 7 月,根据近年来国家及行业最新颁布的规范、标准、规定等,以及在教学实践中发现的问题和错误,对全书进行了修订完善。本次修订以习近平新时代中国特色社会主义思想为指导,全面贯彻落实党的二十大精神、立德树人根本任务,将党的二十大精神融入教学实践中。

由于编者水平有限,书中难免存在不妥之处,恳请读者批评指正。

编　者

2025 年 7 月

目　录

第一章　AutoCAD 2021 基础知识

第一节　AutoCAD 概述

AutoCAD 英文全称为 Auto Computer Aided Design（计算机辅助设计）。它是由美国 Autodesk 公司开发的一款计算机辅助绘图与设计软件，利用它进行各种类型工程图的无纸化设计是信息化时代发展的必然趋势。

AutoCAD 具有功能强、易于掌握、使用方便、系统开发性良好等特点，能够绘制平面图形与三维图形、标注图形尺寸、渲染图形及打印输出图纸等，深受广大工程技术人员的欢迎。目前，AutoCAD 已应用于测绘、机械、建筑、电子、农业、服装、模具、石油、化工、冶金等领域，有时也应用于地理、气象、航海等特殊图形的制作，甚至在乐谱、灯光、幻灯、广告等领域也可以用它来完成特殊任务。在系统学习 AutoCAD 的应用之前，本章将以较新版本 AutoCAD 2021 为例介绍其具体的安装过程、启动与退出方法及其工作界面和应用程序的一些基本操作。

第二节　AutoCAD 2021 的安装、启动及退出

正确的安装是使用 AutoCAD 2021 软件的前提，该软件对计算机系统的硬件要求比较高，本节将简要介绍单机版的安装过程及软件的启动、退出的主要方法。

一、AutoCAD 2021 的安装

第一步：解压 AutoCAD 2021 安装包。先将 AutoCAD 2021 安装包下载到电脑上，在电脑上找到此安装包，这是一个压缩包文件，用鼠标右键单击，点解压到当前文件夹，等待解压完成，如图 1-1 所示。

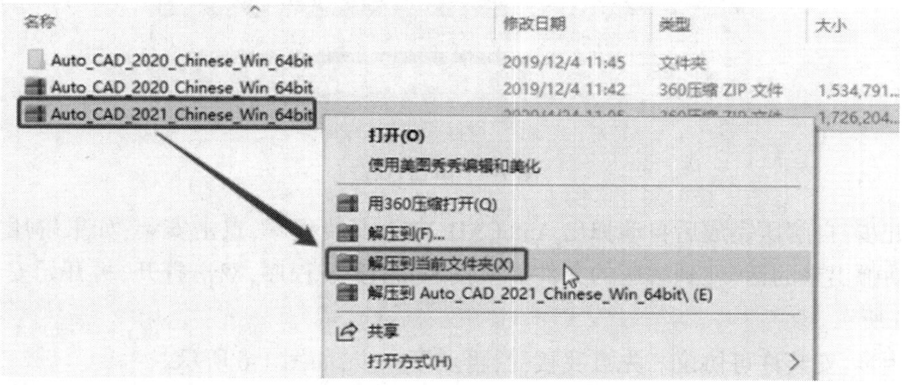

图 1-1　解压 AutoCAD 2021 安装包

第二步：双击进入新解压出来的 AutoCAD 2021 安装包文件夹内，如图 1-2 所示。

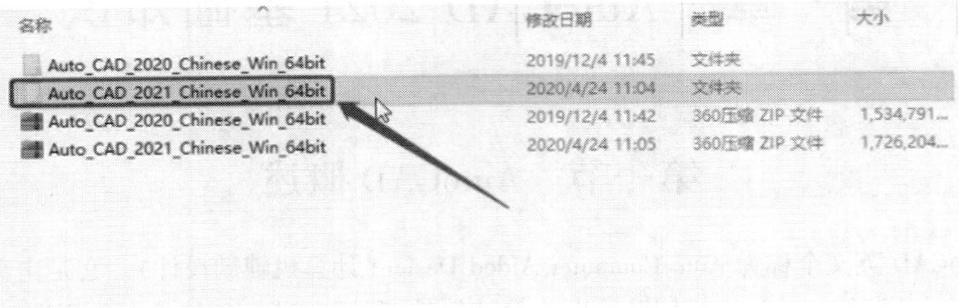

图 1-2　解压对话框

第三步：双击打开 AutoCAD 2021 自解压程序，点击更改，选择自解压路径（依然选择当前的这个文件夹作为解压路径就行），点击确定；弹出如图 1-3 所示界面，如图 1-3 所示进行操作。

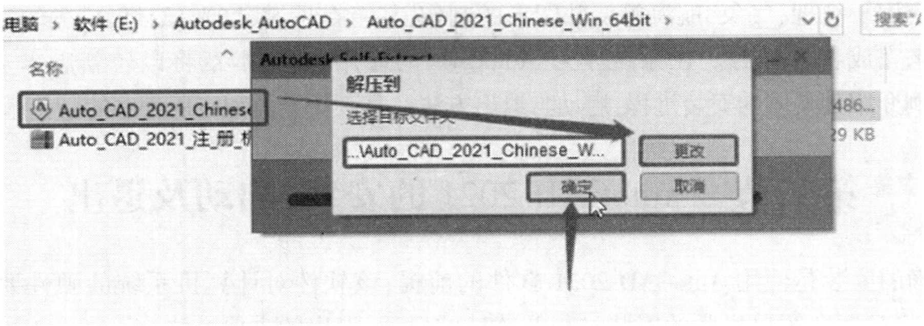

图 1-3　自解压程序

第四步：等待自解压完成，大约 3 分钟，弹出如图 1-4 所示界面。

图 1-4　解压过程

第五步：自解压完成后自动弹出 AutoCAD 2021 安装程序，点击安装；如果解压完之后，没有自动弹出来的话，就到解压的文件夹里找 Setup 安装程序，双击打开，再开始安装即可，如图 1-5 所示。

第六步：安装许可协议。先点我接受，再点下一步，如图 1-6 所示。

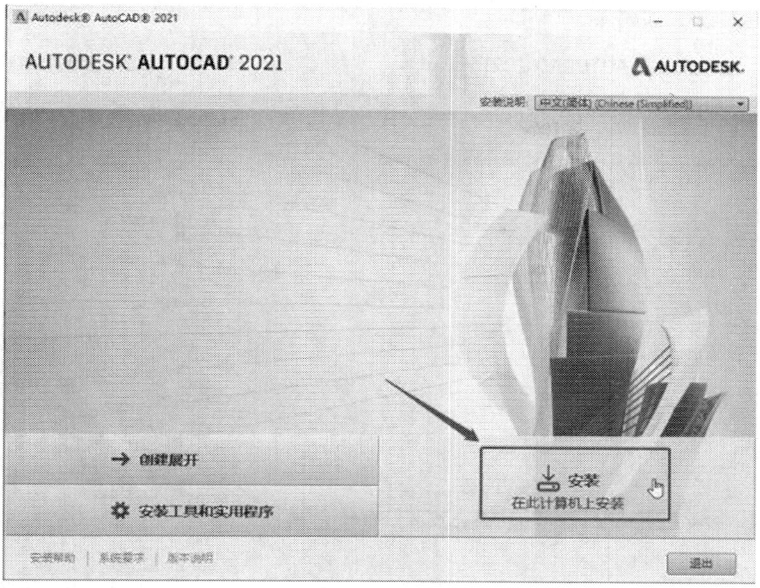

图 1-5　安装程序

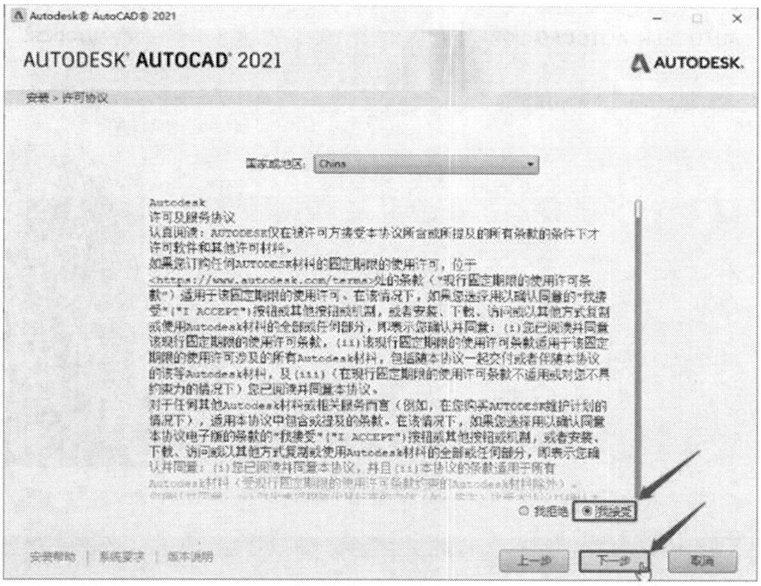

图 1-6　安装许可协议

第七步:点浏览,选择 AutoCAD 2021 安装路径,点击安装;安装路径可以根据自己的安装习惯选择,尽量不要选系统盘 C 盘,其他的 D、E、F 盘随便选都行,如图 1-7 所示。

第八步:等待安装完成,大约 30 min~1 h,根据电脑配置不同时间不同,耐心等待即可,如图 1-8 所示。

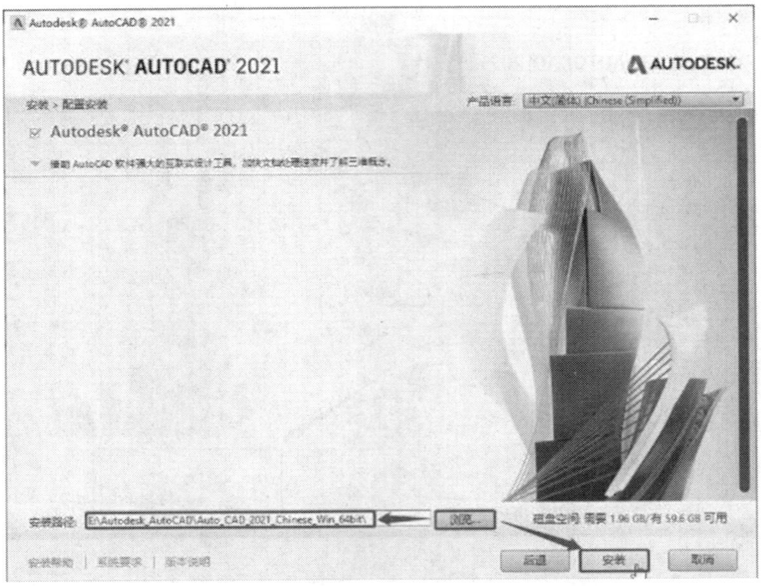

图 1-7　指定安装路径

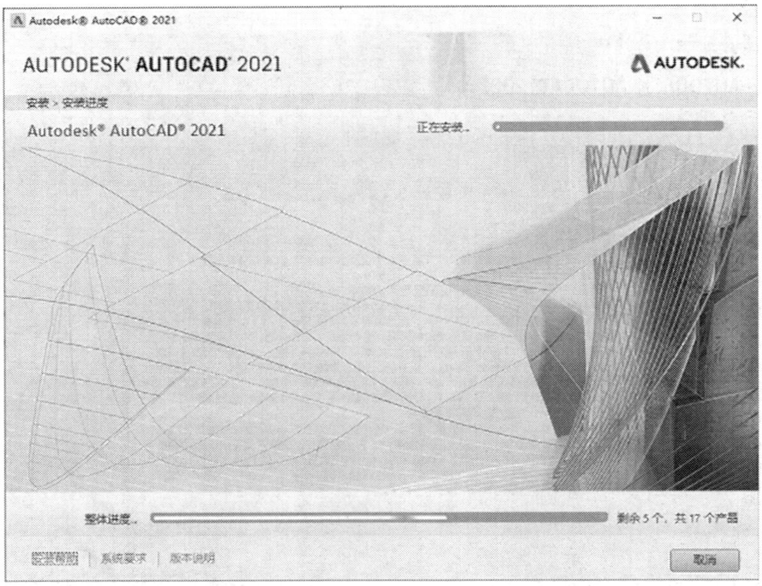

图 1-8　安装过程

二、启动与退出

(一)软件启动方法

启动与退出

安装 AutoCAD 2021 后，就可以启动该软件并进行绘图操作了。启动 AutoCAD 2021 主要有三种方法，除在注册与激活过程中启动的两种方法外，第三种启动方法是通过打开 AutoCAD 文件方式，如用户电脑中有扩展名为. dwg 的 AutoCAD 图形文件，则双击该文件也可启动程序并打开该图形。

(二)软件退出方法

1. 按钮方式

单击窗口右上角的关闭按钮。

2. 菜单方式

选择"文件"→"退出"命令,若有正在编辑的图形文件尚未保存,系统将提示是否要保存该文件,用户选择完成后退出。

3. 快捷键方式

直接按 Alt+F4 组合键。若有正在编辑的图形文件尚未保存,系统将提示是否要保存该文件,用户选择完成后退出。

第三节　AutoCAD 2021 的工作界面

AutoCAD 2021 的工作界面主要由标题栏、菜单栏、工具栏、绘图窗口、功能区选项板、命令行、状态栏等几部分组成。与以前版本相比变化较大,工具栏的集成度更加强大,并且增添了一些新的界面元素。本节将带领大家认识 AutoCAD 2021 的工作界面及其各部分的相关功能。

工作界面

一、认识工作空间

AutoCAD 2021 提供了"二维草图与注释""三维建模"和"AutoCAD 经典"三种工作空间模式。用户可根据具体需要选择自己的工作空间。要在三种工作空间模式中进行切换,只需在快速访问工具栏选择"显示菜单栏"命令,在弹出的菜单栏中选择"工具/工作空间"命令中的子命令(如图 1-9 所示),或在状态栏中单击"切换工作空间"按钮,在弹出的菜单中选择相应的命令即可(如图 1-10 所示)。

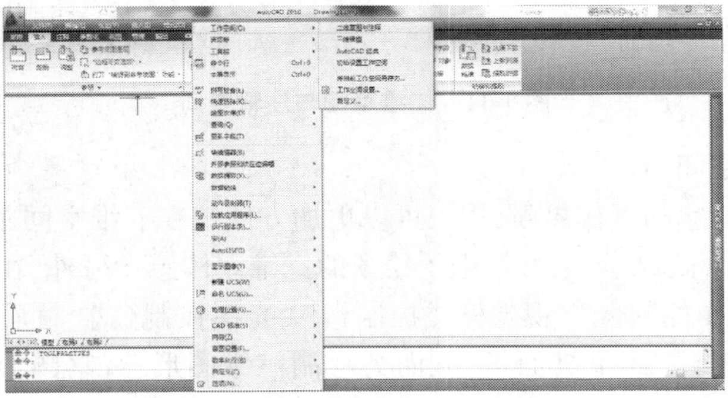

图 1-9 "工具"菜单的下拉列表

(一)二维草图与注释空间

打开"二维草图与注释"空间,其界面主要由"菜单浏览器"按钮、"功能区"选项板、快速访问工具栏、文本窗口与命令行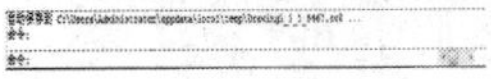、状态栏等元素组成。在该空间中,可以使用"绘图""修改""图层""标注""文字""表格"等面板方便地绘制二维图形。

图 1-10　状态栏

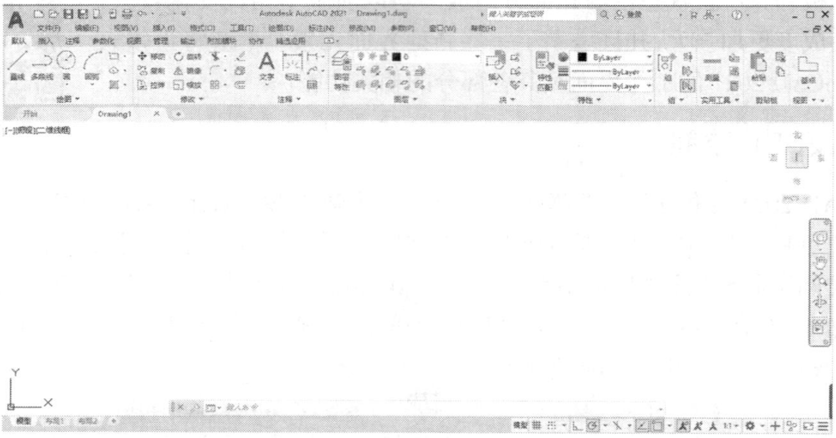

图 1-11　二维草图与注释空间

(二)三维建模空间

使用“三维建模”空间工作界面,用户可以更加方便地在三维空间中绘制图形。默认情况下,栅格以网格的形式显示,大大增强了绘图的三维立体感。另外,在“功能区”选项板中集成了“三维建模操作控制台”“视觉样式控制台”“光源控制台”“材质控制台”“渲染控制台”和“三维导航控制台”等工具面板,从而为绘制三维图形、观察图形、创建动画、设置光源、为三维对象附加材质等操作提供了非常便利的环境,如图 1-12 所示为三维建模空间工作界面。

(三)AutoCAD 经典空间

此空间与传统 AutoCAD 工作界面相同,用户也可使用“AutoCAD 经典”工作空间进行绘图,其界面主要有“菜单浏览器”按钮、快速访问工具栏、标题栏、菜单栏、工具栏、绘图窗口、坐标系图标、文本窗口与命令行、状态栏等元素组成,如图 1-13 所示为经典空间。

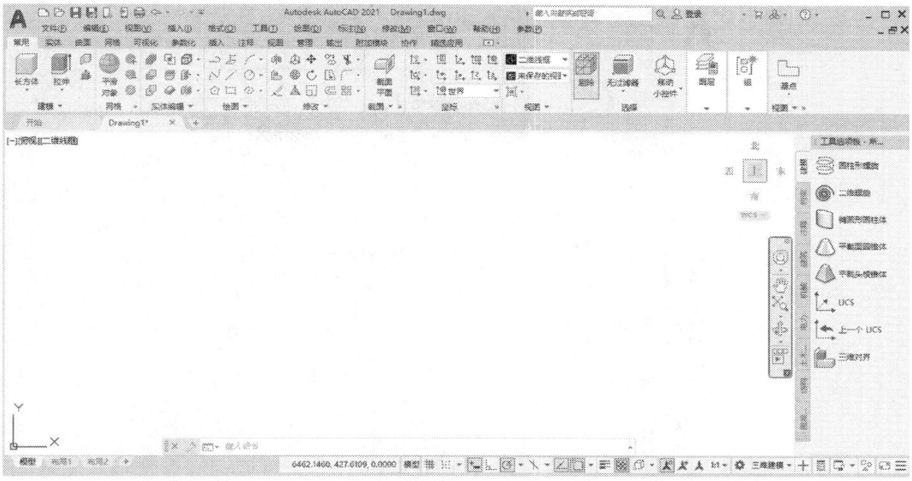

图 1-12　三维建模空间

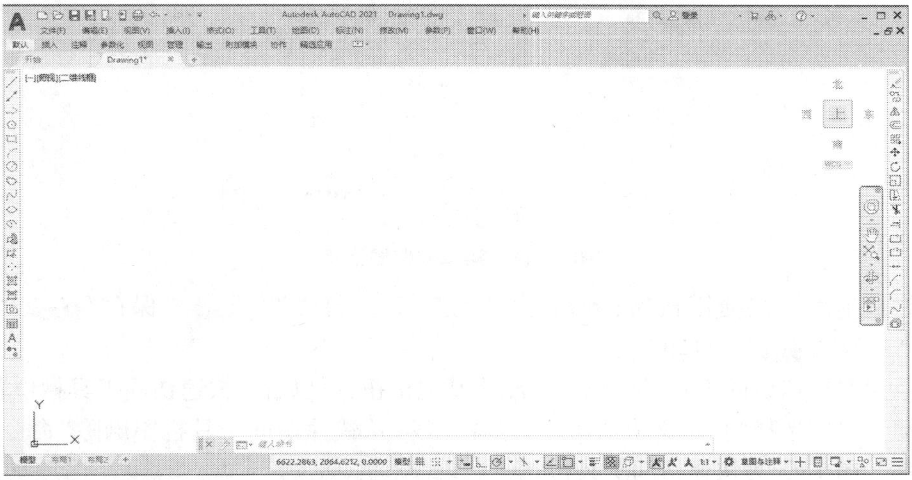

图 1-13　AutoCAD 经典空间

二、工作空间的基本组成

AutoCAD 2021 的各个工作空间包含了“菜单浏览器”按钮、快速访问工具栏、标题栏、菜单栏、绘图窗口、功能区选项板、命令行与文本窗口、状态栏和选项卡控制栏等元素。在进行工程设计时，用户可通过工具栏、下拉菜单、功能区选项板或向命令提示窗口发出命令，在绘图窗口中绘出图形，而状态栏则显示作图过程中的各种信息，并提供给用户各种辅助绘图工具。下面简要介绍一下各部分功能。

（一）“菜单浏览器”按钮

“菜单浏览器”按钮位于界面左上角，是从 AutoCAD 2009 版本开始新增的功能按钮。单击该按钮，将弹出如图 1-14 所示菜单，其中包含了“新建”“打开”“保存”“输出”“打印”等十个选择项供用户选择，用户选择命令后即可执行相应操作。

（二）快速访问工具栏

快速访问工具栏包含了最常用的操作快捷按钮，方便用户使用。在默认状态下，快速访

图 11-14　菜单浏览器面板

问工具栏包括六个快捷键按钮，分别是“新建”、“打开”、“保存”、“放弃”、“重做”、“打印”。

如果想在快速访问工具栏中添加或删除其他按钮，可以右击快速访问工具栏位置，在弹出的快捷菜单中选择“自定义快速访问工具栏”或“从快速访问工具栏中删除”命令进行添加或删除。图 1-15 为快速访问工具栏。

图 1-15　快速访问工具栏

（三）标题栏

标题栏位于工作界面的最上方，在它上面显示了 AutoCAD 的程序图标及当前所操作的图形文件名称信息。

与一般的 Windows 应用程序类似，用户可以通过标题栏右侧的各个按钮图标来实现 AutoCAD 2021 窗口的最小化、最大化和关闭操作；在文本框中输入需要帮助的问题，然后单击“搜索”按钮，就可获得相关的帮助；单击“速博应用中心”按钮，可以注册为会员并访问速博应用服务；单击“通信中心”按钮，可以获得最新的软件更新、产品支持通告和其他服务的链接；单击“收藏夹”按钮，可以保存一些重要的信息；单击“帮助”按钮，可以获得关于 AutoCAD 各种信息的帮助。图 1-16 为标题栏。

图 1-16 标题栏

(四)菜单栏

单击快速访问工具栏最右边的"下三角"图标，在出现的下拉菜单中选择"显示菜单栏"或"隐藏菜单栏"进行是否显示菜单栏的切换。菜单栏由文件(F)、编辑(E)、视图(V)等 12 个基本菜单组成，每一个菜单选项下还可以包括下一级的子菜单，单击菜单栏中的某一项，便会弹出相应子菜单。菜单栏几乎包含了 AutoCAD 的全部功能和命令，用户选择某一条目即可执行对应命令的操作。图 1-17 为菜单栏。

图 1-17 菜单栏

菜单栏各项说明：

文件：用其进行图形文件的管理。

编辑：对图形文件进行复制、剪切、粘贴等操作。

视图：进行绘图区的窗口缩放、分割，并可以进行三维窗口的设置。

插入：主要进行图块、文件的插图和链接。

格式：设置绘图环境等参数。

工具：包含所有的绘图命令。

绘图：包含所有的绘图命令。

标注：包含所有形式的标注命令。

修改：对图形进行复制、旋转、移动等编辑操作。

窗口：由于 AutoCAD 支持多档设计环境，因此，可以对多个图形文件窗口进行层叠、横向平铺和纵向平铺及排列图标等。

帮助：通过此菜单获取所需要的帮助信息。

用户在使用 AutoCAD 2021 菜单栏中的某个下拉菜单时往往会看到一些符号标记，这些标记可帮助用户快速判断命令的类别及其使用方法，主要有如下几点：

(1)命令后跟有 ▸ 符号，表示该命令下还有子命令。

(2)命令后跟有快捷键，表示按下快捷键即可执行该命令。

(3)命令后跟有组合键，表示按下组合键即可执行该命令。

(4)命令后跟有… 符号，表示选择该命令可打开一个对话框。

(5)命令呈现灰色，表示该命令在当前状态下不可使用。

(五)绘图窗口

绘图窗口即为中央空白区域，类似于手工绘图时的图纸区域，是用户进行绘图操作的主要工作区。选择菜单栏"视图"|"全屏显示"命令、按下快捷键组合 Ctrl+0 或单击状态栏中"全屏显示"按钮图标可暂时隐藏不常使用的工具栏，将绘图区域显示为全屏幕状态，从而增大绘图区域。再次选择该命令即可恢复到绘图区的正常状态。

在绘图窗口中除显示当前的绘图结果外，还显示当前使用的坐标系类型及坐标原点和 X、Y、Z 轴的方向等，在默认情况下，坐标系为世界坐标系(WCS)。若用户重新设置坐标系原点或调整坐标系的位置，世界坐标系就变成用户坐标系（UCS），用户可以根据自己的需要在菜单栏“视图”/显示/“UCS 图标”/“开”子菜单中进行显示或隐藏坐标系的切换。在窗口的下方有等标签，单击它们可以在模型空间和布局空间进行切换。

（六）“功能区”选项板

“功能区”选项板是一种特殊的选项板，位于绘图窗口的上方，是显示与基于任务的工作空间相关联的按钮和控件。在“二维草图与注释”空间中，“功能区”选项板有 7 个基本选项卡：常用、插入、注释、参数化、视图、管理、输出。图 1-18 为“视图”下的“功能区”选项板。在“三维建模”空间中，“功能区”选项板有常用、网络建模、渲染、插入等 8 个基本选项卡，图 1-19 为“插入”下的“功能区”选项板。无论在哪个工作空间中，每个选项卡都包含了若干个面板，每个面板又包含了许多命令按钮图标。如果某个面板中没有足够的空间显示所有的工具按钮，单击命令按钮图标右侧下三角按钮，即可展开折叠区域，显示其他相关联的命令按钮。如果在“功能区”选项板菜单行最右边单击按钮将使功能区选项板最小化，再次单击该按钮，将只显示选项卡名称，再单击该按钮，将恢复到如图 1-19 所示默认样式。

图 1-18 “视图”下的“功能区”选项板

图 1-19 “插入”下的“功能区”选项板

（七）命令行与文本窗口

命令行位于 AutoCAD 程序窗口的底部，是 AutoCAD 与用户对话的区域，用户可以在该区域中输入命令，执行命令后，系统还将在此提示用户下一步应该执行的操作，如图 1-20 所示。

图 1-20 命令行

在使用 AutoCAD 绘图时，命令行一般有两种显示状态：

（1）待命状态。表示系统等待用户输入命令，以绘制或编辑图形。

（2）提示状态。在执行命令的过程中，命令行中将显示该命令的操作提示，以方便用户快速确定下一步操作。

在缺省情况下，命令行仅显示三行，但也可以利用按住鼠标拖动光标的方式来改变命令窗口显示的行数。另外，命令提示窗口中显示的文字，是 AutoCAD 与用户对话的内容，这些信息记录了 AutoCAD 与操作者的交流过程。如果要详细了解这些信息，可以通过窗口右边的滚动条来阅读，或者按 F2 键打开命令提示窗口，在此窗口中将显示更多命令的历史，再次按 F2 键即可关闭此窗口，如图 1-21 所示。

（八）状态栏

状态栏位于工作界面的最下方，主要由：当前光标的坐标值，辅助工具按钮和菜单栏

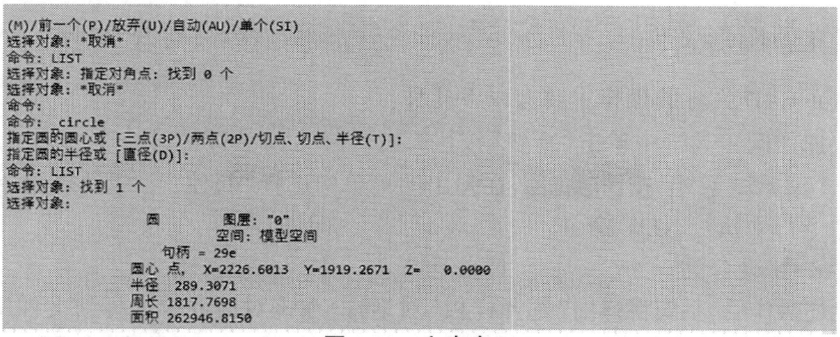

图 1-21 文本窗口

三部分组成。

各部分的作用分别介绍如下：

(1)当前光标的坐标值：方便用户快速查看当前光标的位置，移动鼠标光标，坐标值也将随之变化。单击该坐标值区域，可关闭显示该功能，再次单击，则显示该功能。

(2)辅助工具按钮：用于设置 AutoCAD 的辅助绘图功能，对于用户快速精确绘制图形来讲非常重要，从左至右依次是捕捉按钮、栅格按钮、正交按钮、极轴追踪按钮、对象捕捉按钮、对象捕捉追踪按钮、如设置对象捕捉等。

一些控制按钮的打开或关闭也可以通过相应的快捷键来实现，如表 1-1 所示。

表 1-1 各控制按钮快捷键

按钮	快捷键	按钮	快捷键
捕捉	F9	极轴	F10
栅格	F7	对象捕捉	F3
正交	F8	对象追踪	F11

注意：正交和极轴按钮是互斥的，若打开其中一个按钮，另一个则自动关闭。各按钮具体功能介绍及应用将会在第六章详细讲解。

(3)状态栏菜单：用户可通过该菜单上的命令按钮来完成相应功能，如可在此进行 AutoCAD 2021 三个工作空间的相互切换、全局显示、平移、缩放等。

(九)选项卡控制栏

选项卡控制栏用来显示当前绘图空间的选项卡，单击模型/布局1/布局2选项卡控制栏中的标签，可以方便地切换模型和布局空间。

第四节 图形文件的基本操作

对 AutoCAD 2021 的绘图环境有了一定了解之后，本节将向大家介绍如何进行图形文件的管理。一般，图形文件的基本操作主要包括创建新图形文件、打开已有的图形文件、保存所绘制或编辑的图形文件及关闭当前图形文件。这些都是进行 AutoCAD 2021 操作最基本的知识，以下分别进行介绍。

新建、保存、另存文件

一、建立新图形文件

新建 AutoCAD 文件的操作主要有以下几种：

◆在快速访问工具栏中单击“新建”按钮；

◆单击“菜单浏览器”按钮，在弹出的菜单中选择“新建”｜“图形”命令；

◆在命令行中执行 NEW 命令；

◆按 Ctrl+N 组合键。

执行上述操作后，系统将弹出“选择样板”对话框，在该对话框中选择新文件所要使用的样板文件（默认样板文件是＊.dwt），然后单击打开按钮即可新建一个文件，如图 1-22 所示。

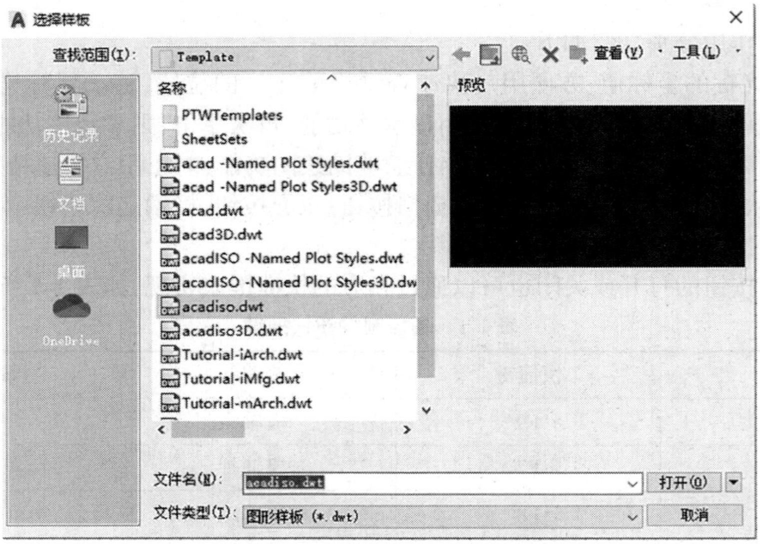

图 1-22 “选择样板”对话框

二、打开图形文件

对于已经保存在计算机中的 AutoCAD 文件，用户可以将其打开后再进行编辑操作。打开已有图形文件的操作主要有以下几种：

◆在快速访问工具栏中单击“打开”按钮；

◆单击“菜单浏览器”按钮，在弹出的菜单中选择“打开”｜“图形”命令；

◆在命令行中执行 OPEN 命令；

◆按 Ctrl+O 组合键。

执行该操作后，将弹出如图 1-23 所示的“选择文件”对话框，在“搜索”下拉列表框中选择要打开的文件保存路径，在中间的列表中选择要打开的文件后，单击“打开”按钮，即可将选择的文件在当前绘图区域中打开并显示出来。

值得注意的是，单击“打开”按钮右侧的按钮，将弹出如图所示的下拉菜单，图形文件可以通过四种方式打开，如果以“打开”或“局部打开”方式打开图形，可以对图形文件进行再编辑；如果以“以只读方式打开”或“以只读方式局部打开”方式打开图形，则无法对图形文件进行编辑。

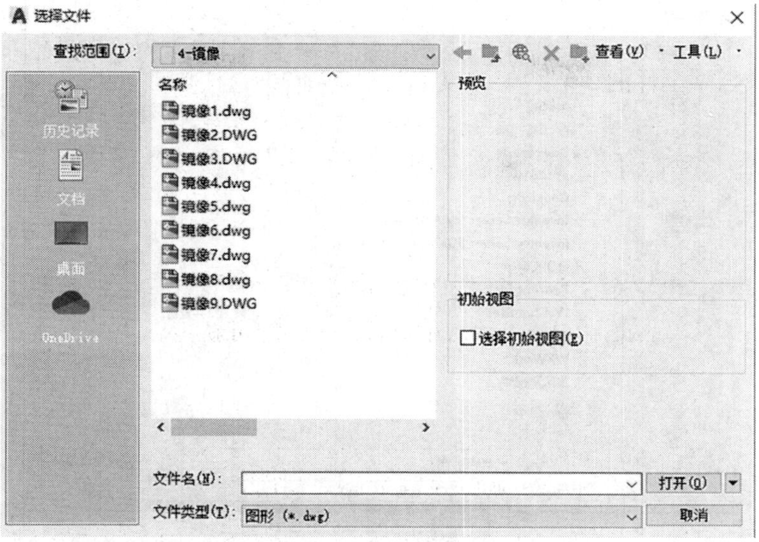

图 1-23 “选择文件”对话框

三、保存图形文件

绘图完成以后应保存已绘制完成的图形，在绘图工作中也应随时保存图形，以免因死机、停电等意外事故使图形丢失。保存绘制好的图形文件方式主要有以下几种：

◆在快速访问工具栏中单击“保存”按钮；

◆单击“菜单浏览器”按钮，在弹出的菜单中选择“保存”命令，以当前使用的文件名保存图形；

◆单击“菜单浏览器”按钮，在弹出的菜单中选择“另存为”｜“AutoCAD 图形”命令，将当前图形以新的名称保存；

◆在命令行中执行 SAVE 或 SAVE AS 命令；

◆按 Ctrl+S 或 Shift+Ctrl+S 组合键。

当执行快速存盘命令后，如果当前编辑图形已命名，AutoCAD 2021 则直接以原文件名存入磁盘，不再提示输入文件名。如果当前所绘制的图形没有命名，则会弹出如图 1-24 所示“图形另存为”对话框，利用该对话框，用户可以确定图形文件的存放位置、文件名及存放类型等并保护它。

另外，AutoCAD 中保存图形文件时，可以使用密码保护功能对文件进行加密保存，以此来限制打开文件的用户范围，提高资料的安全性，具体操作是：单击“菜单浏览器”按钮，在弹出的菜单中选择“保存”或“另存为”｜“AutoCAD 图形”命令时，将打开“图形另存为”对话框。在该对话框中单击“工具”按钮，在弹出的菜单中选择“安全选项”命令，此时将打开“安全选项”对话框，在“密码”选项卡中，可以在“用于打开此图形的密码或短语”文本框中输入密码，然后单击“确定”按钮打开“确认密码”对话框，并在“再次输入用于打开此图形的密码”文本框中输入确认密码，如图 1-25 所示。

四、关闭图形文件

编辑完当前图形文件后，应将其保存、关闭。关闭文件的操作主要有以下几种方法：

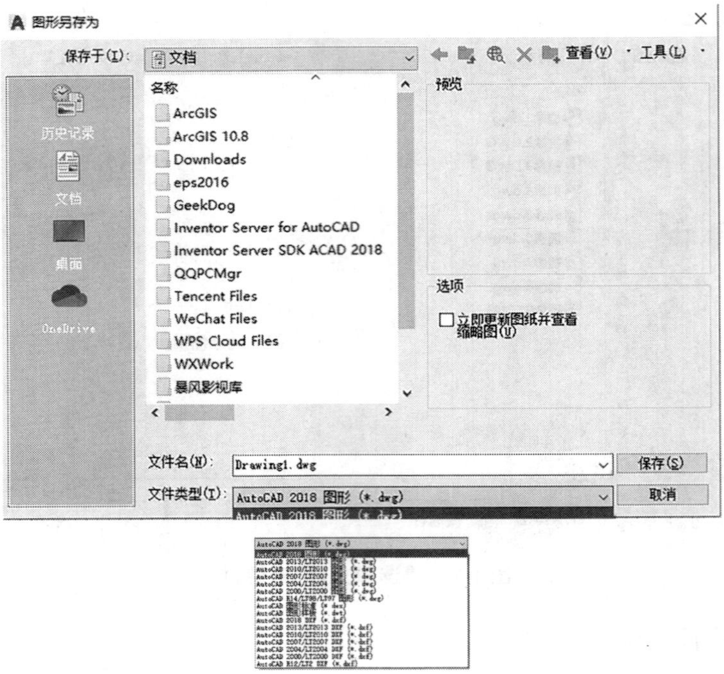

图 1-24 “图形另存为”对话框

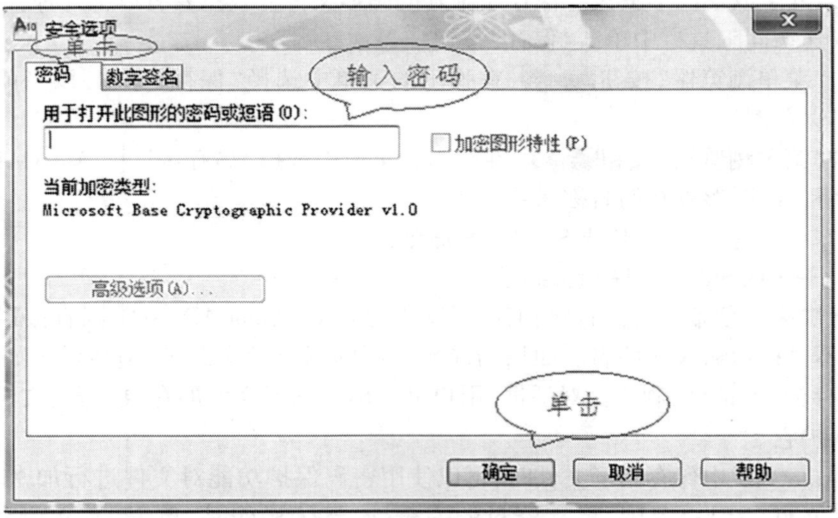

图 1-25 “安全选项”对话框

◆单击“菜单浏览器”按钮，在弹出的菜单中选择“关闭”命令；

◆单击菜单栏右上角处的按钮；

◆在命令行中执行 CLOSE 命令；

◆按 Ctrl+F4 组合键。

关闭文件时如果尚未保存编辑过的文件，将弹出如图 1-26 所示的提示对话框来询问用户是否保存改动过的图形信息。单击按钮 是(Y) 表示保存更改并关闭该文件，单击按钮 否(N) 表示不保存更改并关闭该文件，单击按钮 取消 表示取消关闭操作。

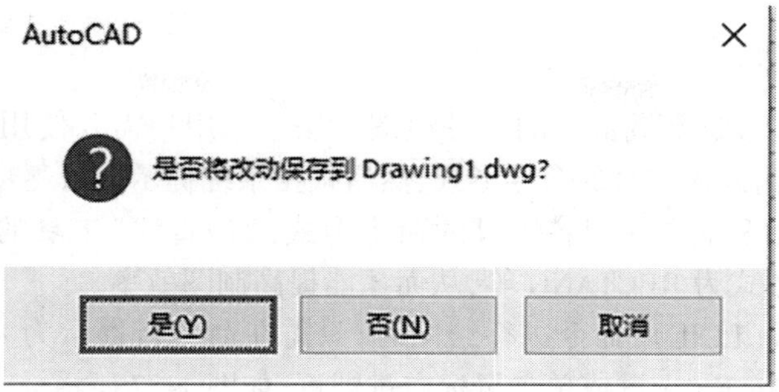

图 1-26　提示对话框

第五节　在 AutoCAD 中绘图的命令输入方法

在 AutoCAD 中，菜单命令、工具栏按钮、命令和系统变量都是相互对应的。绘图时可以选择某一菜单命令，单击某个工具按钮，或在命令行中输入命令和系统变量来执行相应命令。可以说，命令是 AutoCAD 绘制与编辑图形的核心，也是 AutoCAD 相对其他软件所特有的功能。在 AutoCAD 中执行相应命令主要有以下几种方式：

◆使用鼠标操作执行命令；

◆使用键盘输入命令；

◆使用“命令行”；

◆使用命令系统变量；

◆命令的重复、终止与撤销。

一、使用鼠标操作执行命令

在绘图窗口中，光标通常显示为“十”字形式。当光标移至菜单栏、工具栏或对话框时，光标会变成箭头，无论光标是“十”字形式还是箭头形式，当单击或按住鼠标键时，都会执行相应的命令或动作。在 AutoCAD 中，鼠标键是按照下述规则定义的：

(1)拾取键。拾取键常指鼠标左键，用于指定屏幕上的点，也可以用来选择 Windows 对象、AutoCAD 对象、工具按钮和菜单命令等。

(2)回车键。回车键指鼠标右键，相当于 Enter 键，用于结束当前使用的命令，此时系统将根据当前绘图状态而弹出不同的快捷菜单。

(3)弹出菜单。当使用 Shift 键和鼠标右键的组合时，系统将弹出一个快捷菜单，用于设置捕捉点的方法。

对于三键鼠标，按住中间按钮可在绘图窗口中平移当前编辑图形。

二、使用键盘输入命令

在 AutoCAD 2021 中，大部分的绘图、编辑功能都需要通过键盘输入来完成。通过键盘可以在命令行中输入命令或系统变量，还可直接用相关功能的快捷键来执行命令。此外，键盘还是输入文本对象、数值参数、点的坐标或进行参数选择的唯一方法 。

三、使用“命令行”

在命令行中输入命令是最常用的一种绘图方法。当用户需要使用某个工具进行绘图时，只需在命令行中输入该工具的命令形式，然后根据系统提示即可逐步完成绘图。通过命令的方式进行绘图要求用户熟记各工具的命令形式，如“直线”工具的命令形式为 LINE，“矩形”工具的命令形式为 RECTANG 等，从而才能提高制图效率。

例如，使用“直线(LINE)”命令进行绘图时，只需在命令行提示为“命令:”状态下输入 LINE 或缩写 L，然后按 Enter 键或单击鼠标右键即可，如图 1-27 所示。

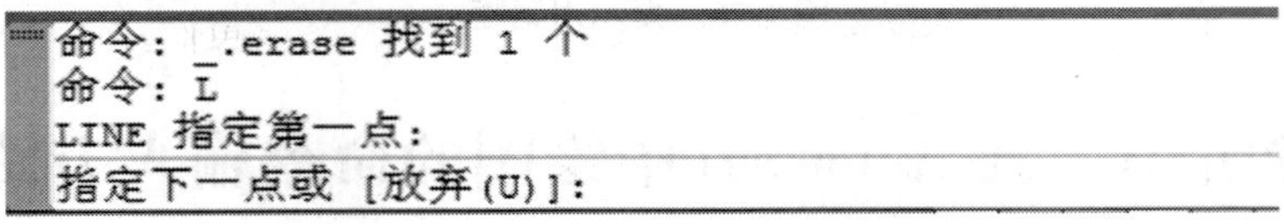

图 1-27　使用 LINE 命令时命令行提示信息

使用“矩形 RECTANG”命令进行绘图时，在命令行中输入 RECTANG 或缩写 REC，然后按 Enter 键或单击鼠标右键即可，如图 1-28 所示。

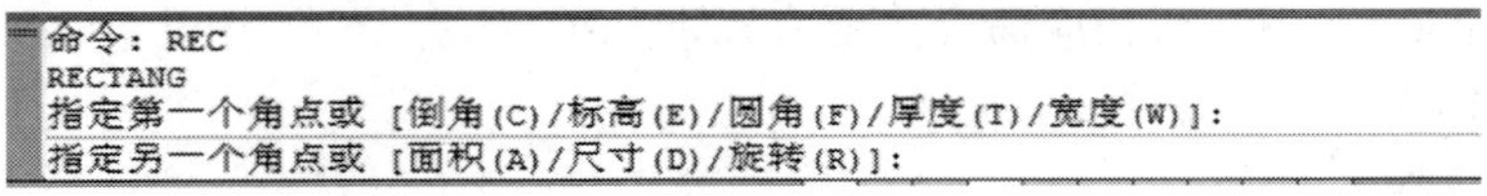

图 1-28　使用“RECTANG”命令时命令行提示信息

另外，在执行命令的过程中，应注意以下两点：

◆方括号“[ ]”中以“/”隔开的内容表示各种选项，若要选择某个选项，则需输入圆括号中的字母，该字母可以是大写或小写形式。例如，在执行“矩形”命令过程中，要绘制指定面积的矩形，则输入“面积(A)”选项的 A 或 a 即可。

◆在执行某些命令过程中，会遇到命令提示的后面有一个尖括号“< >”，其中的值是当前系统的默认值，在这类提示下，直接按 Enter 键则表示采用系统默认值。

在 AutoCAD 2021 中，默认情况下“命令行”是一个可固定的窗口，可以在当前命令行提示下输入命令、对象参数等内容。而对于大多数命令，“命令行”可以显示执行完的两条命令提示(也叫命令历史)，而对于一些输出命令，例如 TIME、LIST 命令，则需要在放大的“命令行”“AutoCAD 文本窗口”中显示。

四、使用命令系统变量

在 AutoCAD 中，系统变量是用于控制某些功能、设计环境和命令的工作方式，它可以打开或关闭捕捉、栅格和正交等绘图模式、设置默认的填充图案、存储当前图形和进行 AutoCAD 相关配置的信息。系统变量通常是 6~10 个字符长的缩写名称。许多系统变量有简单的开关设置。例如 GRIDMODE 系统变量用来显示或关闭栅格，当在命令行中“输入 GRIDMODE 的新值 <1>:”提示下输入 0 时，可以关闭栅格显示；输入 1 时，可以打开栅格显示。有些系统变量是用来存储数值或文字的，例如 DATE 系统变量用来存储当前日期。

五、命令的重复、终止与撤销

在 AutoCAD 中,可以方便地重复执行同一条命令、撤销前面执行的一条或多条命令。此外,撤销前面执行的命令后,还可以通过重做来恢复前面执行的命令。

第六节　设置绘图环境

在使用 AutoCAD 2021 辅助绘图前,常需要对绘图环境的某些参数进行设置,使其更符合自己的使用习惯,从而提高绘图效率。绘图环境设置包括图形界限设置、图形单位设置、参数选项设置和工作空间设置等。

一、图形界限设置

图形界限就是绘图区域,标明了用户的工作区域和图纸的边界,设置绘图区域的目的是避免用户所绘制的图形超出某个范围。现实中的图纸都有一定的规格尺寸(如 A4),为了能将绘制的图形完整地打印输出,在绘图前应设置好图形界限。在 AutoCAD 2021 中,可以单击快速访问工具栏最右边的“下三角”图标▼,选择“显示菜单栏”命令,在弹出的菜单中选择“格式”|“图形界限(I)”命令来设置图形界限。命令行将出现如下提示:

命令:'_limits

重新设置模型空间界限:

指定左下角点或[开(ON)/(OFF)<0.0000,0.0000>:↙

提示:用户可以直接按回车键接受默认值,也可以输入新坐标值并按回车键。

指定右上角点<420.0000,297.0000>:↙

提示:同样,用户可以直接按回车键接受默认值,也可以输入新坐标值并按回车键。

设置图形边界后,用户还需要再次执行“图形界限(I)”命令,在“指定左下角点或[开(ON)/(OFF)<0.0000,0.0000>:”提示下选择“开”选项,可以开启图形界限功能;若选择“关”选项,则表示关闭图形界限功能。另外,当用户开启或关闭图形界限功能后,还需选择菜单栏中“视图”｜“重生成(G)”命令重新生成视图,设置才能生效。当启用绘图界限检查功能时,如果输入或拾取的点超出绘图界限,则操作将无法进行。如果关闭了绘图界限检查功能,则绘制图形不受绘图范围的限制。

二、图形单位设置

在 AutoCAD 中,可以采用 1∶1的比例因子绘图,因此所有的直线、圆和其他对象都可以以真实大小来绘制。例如,一个零件长 100 cm,可以按 100 cm 的真实大小来绘制,在需要打印时,再将图形按图纸大小进行缩放。

在 AutoCAD 2021 中,单击快速访问工具栏最右边的“下三角”图标▼,选择“显示菜单栏”命令,在菜单栏中选择“格式”｜“单位(U)”,会弹出如图 1-29 所示“图形单位”对话框,在该对话框中设置绘图时所使用的长度单位、角度单位,以及单位的显示格式和精度等参数。

一般情况下,是不需要更改角度的旋转方向和基准角方向的,除非有特殊要求。

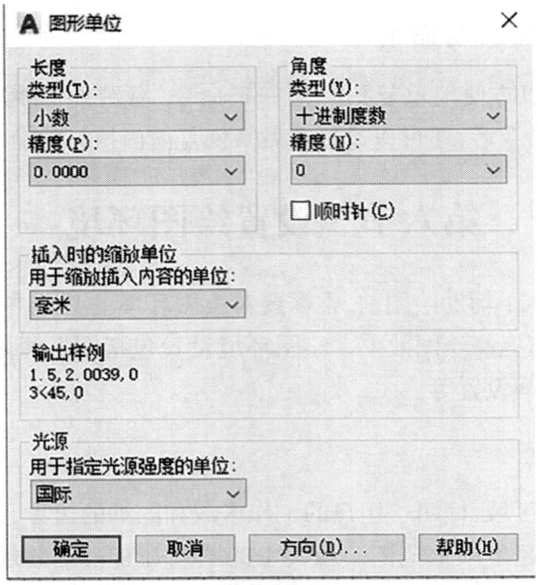

图 1-29　“图形单位”对话框

三、参数选项设置

单击“菜单浏览器”按钮，在弹出的菜单中单击“选项”按钮，弹出“选项”对话框，如图 1-30 所示，在该对话框中包含“文件”“显示”“打开和保存”“打印和发布”“系统”“用户系统配置”“草图”“三维建模”“选择集”和“配置”10 个选项卡，可按照绘图要求进行相应设置。例如，可在“显示”选项卡中设置自己喜欢的绘图区颜色及调整绘图光标参数，如图 1-31 所示；在“用户系统配置”选项卡中设置鼠标右键功能，如图 1-32 所示。

图 1-30　“选项”对话框

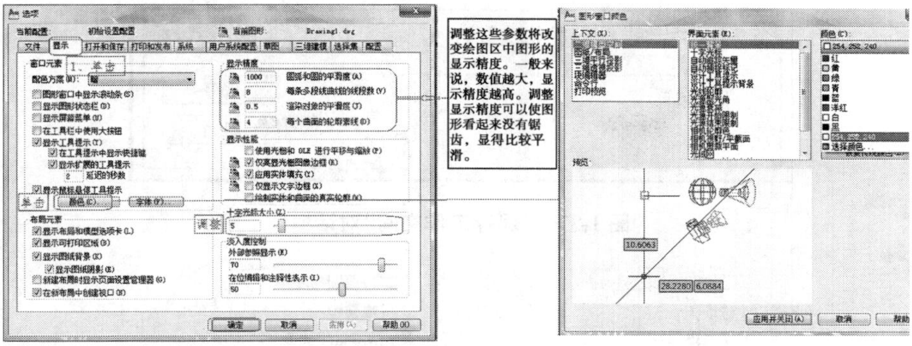

图 1-31 “显示”选项卡

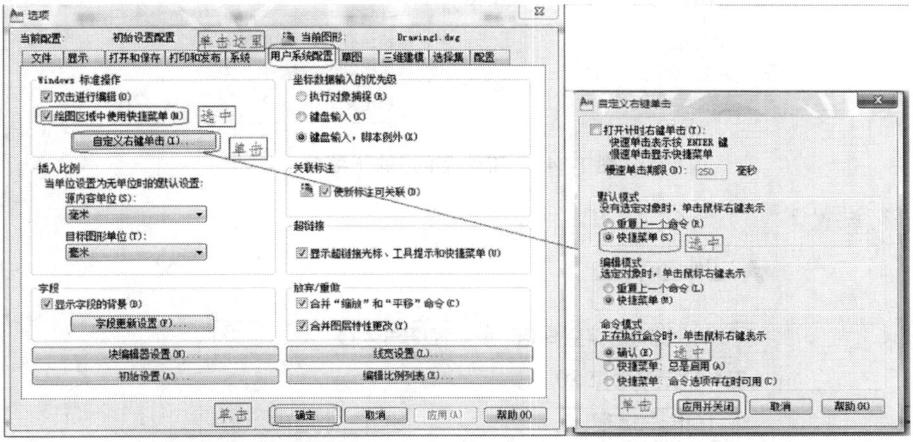

图 1-32 “用户系统配置”选项卡

四、工作空间设置

工作空间用于对工作环境的管理，用户在 AutoCAD 中可以自定义工作空间，以便显示用户需要的工具栏、菜单和可固定的窗口（例如“特性”选项板、工具选项板窗口），来创建一个熟悉的绘图环境。使用工作空间时，菜单、工具栏和可固定窗口中只显示与工作空间相关的选项。

创建并使用工作空间步骤如下。

步骤一：按自己的习惯设置好菜单、工具栏和“特性”选项板、工具选项板等窗口在绘图界面中的位置，在状态栏中单击按钮，在弹出的快捷菜单中选择“全部”｜“锁定”命令，锁定这些窗口元素的位置。

步骤二：在菜单栏的“工具”下拉菜单中单击“工作空间”｜“将当前工作空间另存为”，在弹出的如图 1-33 所示的“保存工作空间”对话框的“名称”文本框中输入欲创建的工作空间名称，如“FX”，单击按钮 保存 即创建了自己的工作空间。

步骤三：如果要使用刚创建的工作空间，在菜单栏“工具”｜“工作空间”的子菜单中单击该工作空间名称即可，如图 1-34 所示。

步骤四：如果要将某个工作空间设置为“我的工作空间”，以实现用户快速调用的目的，可在“工作空间”子菜单中单击 工作空间设置…，在弹出如图 1-35 所示的“工作空间设置”对

图 1-33 “保存工作空间”对话框

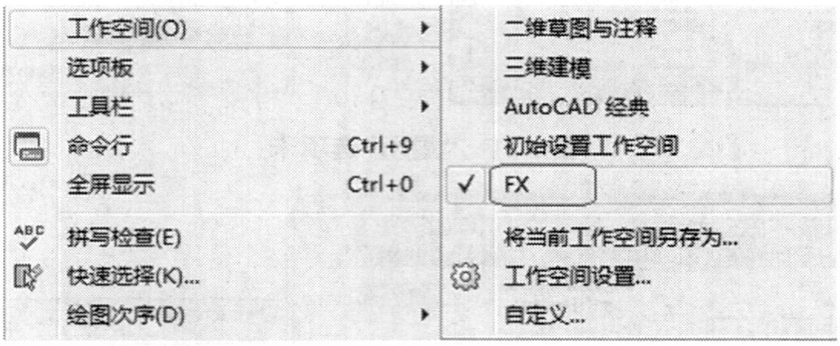

图 1-34 “工作空间”的子菜单

话框中进行设置。

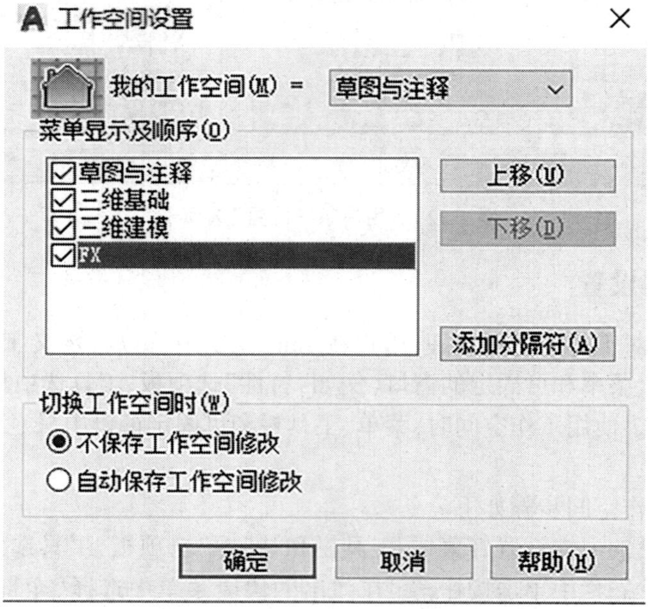

图 1-35 “工作空间设置”对话框

第七节 坐标系统与坐标输入方法

在绘图过程中，如果要精确定位某个对象的位置，常常需要使用某个坐标系作为参照。AutoCAD 提供了两种坐标系：世界坐标系（WCS）和用户坐标系（UCS）。掌握各种坐标系对于精确绘图十分重要。

一、系统

（一）世界坐标系

世界坐标系是 AutoCAD 系统默认的坐标系，它包括 X 轴和 Y 轴（如果在三维空间工作，还有一个 Z 轴），在世界坐标系坐标轴的交会处显示“口”形标记，并且坐标以原点并不在坐标系的交会点，而是位于图形窗口的左下角，所有的位移都是相对于原点计算的，并且沿 X 轴正向及 Y 轴正向的位移规定为正方向，如图 1-36 所示。

（二）用户坐标系

用户在使用 AutoCAD 进行绘图的过程中，可以根据需要自己定义坐标原点或坐标方向，这就是用户坐标系，可以在命令行中输入 UCS 命令来创建，如图 1-37 所示。

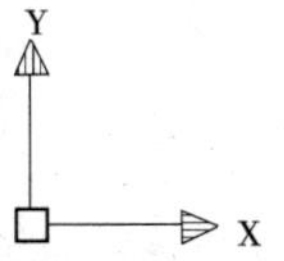

图 1-36　世界坐标系

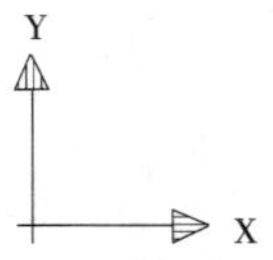

图 1-37　用户坐标系

二、坐标输入

坐标的输入是整个 AutoCAD 绘图的基础，无论绘制什么图形，都要定位，通过键盘输入坐标是最直接的方式，用户可以用不同的输入方法确定点的坐标，最基本的两种输入方式是绝对坐标和相对坐标。

（一）绝对坐标

绝对坐标是指输入点的坐标是相对于当前坐标系（用户正在使用的坐标系）原点的坐标，分为直角坐标和极坐标。

（1）直角坐标。直角坐标是以原点（0,0）或（0,0,0）为基点来定位所有点，绘图区内的任何一点均用（X,Y）或（X,Y,Z）表示，即用户可以通过 X,Y,Z 坐标值来定义点的绝对位置，如点（8.3,5.8）和（3.0,5.2,8.8）等。

（2）极坐标。极坐标是以原点（0,0）或（0,0,0）为极点，用户输入一个长度距离和一个角度来进行点的定位。距离和角度用“<”分开，且规定 X 轴正向为 0°，Y 轴正向为 90°，如点（4.27<60）、（34<30）等。

图 1-38、图 1-39 分别为以绝对直角坐标和绝对极坐标的输入方法定出点 A。

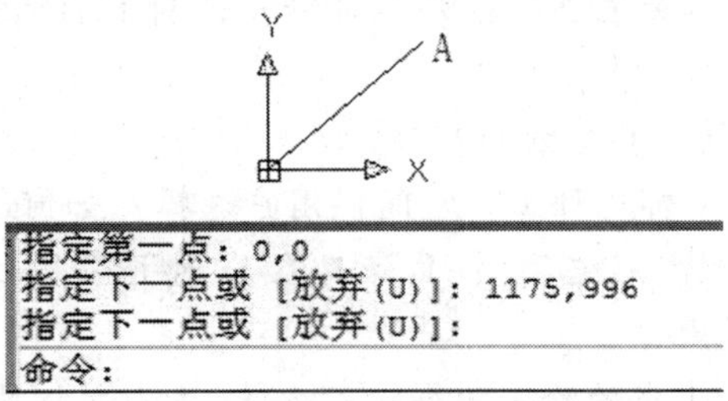

图 1-38　绝对直角坐标输入方法

```
命令: _line 指定第一点: 0,0
指定下一点或 [放弃(U)]: 1548<40
指定下一点或 [放弃(U)]: Lorem Ipsum
命令:
```

图 1-39　绝对极坐标的输入方法

(二)相对坐标

相对坐标是指相对于前一个坐标点的 X 轴和 Y 轴位移(或距离)和角度。相对坐标也有直角坐标和极坐标两种形式,其输入格式与绝对坐标唯一不同的是在坐标的前面加上符号@,如(@ -13,8)和(@ 11<24)。其中,相对极坐标中的角度是新点和上一点连线与 X 轴的夹角 。图 1-40、图 1-41 分别为相对直角坐标和相对极坐标的输入方法定出点 B。

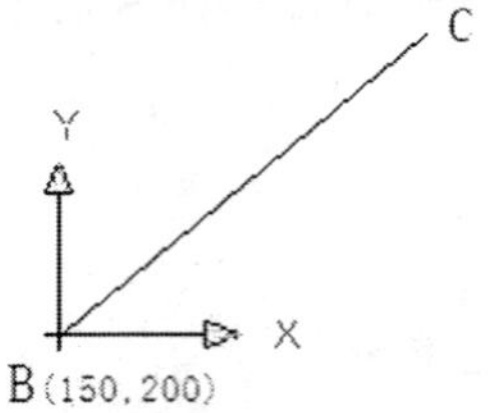


```
命令: _line 指定第一点: 150,200
指定下一点或 [放弃(U)]: @1175,996
指定下一点或 [放弃(U)]:
命令:
```

图 1-40　相对直角坐标输入方法

```
命令: _line 指定第一点: 150,200
指定下一点或 [放弃(U)]: @1548<40
指定下一点或 [放弃(U)]:
命令:
```

图 1-41　相对极坐标输入方法

思考与练习

1. 成功安装后,第一次运行 AutoCAD 2021 时是如何完成注册与激活的?

2. 简述 AutoCAD 的主要应用领域。

3. AutoCAD 2021 操作界面主要包括哪几部分?试对着自己的操作界面指出各部分名称并说出其功能。

4. 绘图环境设置主要包括哪些方面?

5. AutoCAD 2021 提供了哪几种工作空间供用户选择?如何进行彼此切换?

6. 打开已绘制好的任意图形文件,将其保存在 D 盘并设置权限密码。通过该试验,练习打开、保存和加密文件等操作。

7. 练习在 AutoCAD 2021 中的绘图命令输入方法,达到熟练的程度。

8. 在 AutoCAD 中提供的两种坐标系分别是什么?并说出它们之间有何区别。

9. 在 AutoCAD 中绘图时,点坐标的常用表达形式有哪些?

10. 绘制如图 1-42 所示的图形。通过该试验，练习坐标的表示方法 。

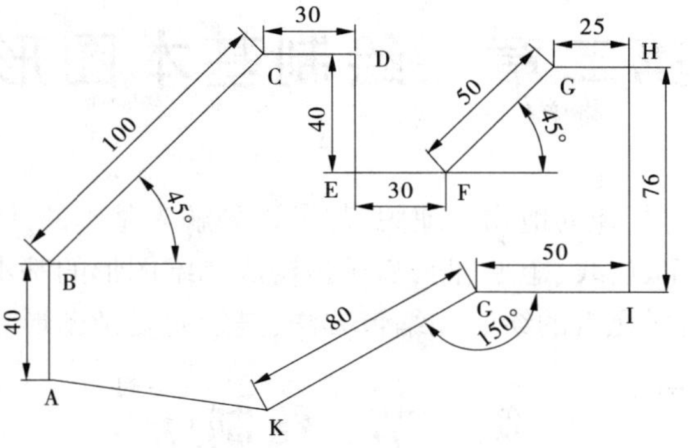

图 1-42

课后练习

第二章　绘制基本图形

在测绘工作中，任何复杂的地物和地貌，都可以分解为基本的几何要素点、线、面。一般的地形图是二维图形，而点、线、矩形、圆、圆弧是构成二维图形的基本元素。因此，熟练掌握二维图形中这些基本图形元素的绘制和编辑方法，是绘制复杂图形和电子地形图的基础。

第一节　绘制点

点是组成地形要素的最基本元素，通常作为对象捕捉的参考点，如端点、圆心、节点、中点和交叉点等。AutoCAD 2021 提供了多种形式的点，包括单点、多点、定数等分和定距等分 4 种类型。

一、设置点样式

设置点样式、绘制单点和多点

在 AutoCAD 中，系统默认绘制的点为一个小黑点，这样不符合绘图的习惯。因此，在绘制点对象之前，一般需要对点的样式进行设置，使其便于用户观察。在 AutoCAD 中提供了 20 种不同样式的点供用户选择。

(1)在“功能区”选项板中的“常用”选项卡中，单击“实用工具”面板右侧的下拉按钮(见图 2-1)，在展开的面板中单击“点样式”按钮(见图 2-2)。

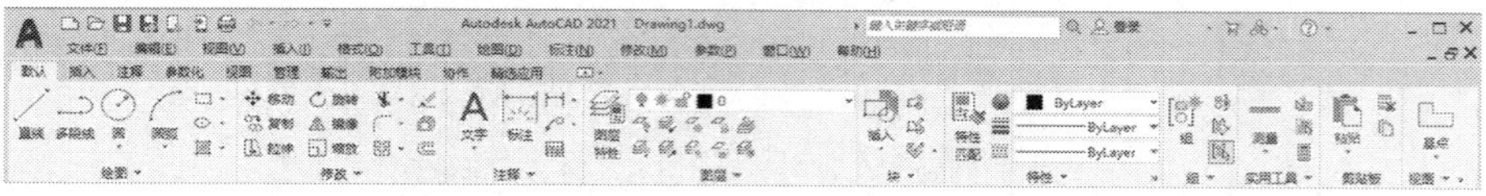

图 2-1　“常用”选项卡

图 2-2　“点样式”按钮

(2)在弹出的“点样式”对话框中，用户选择需要的点样式(见图 2-3)。在对话框的下部可设置点的大小，其中单选钮“相对于屏幕设置大小(R)”表示将按屏幕尺寸的百分比设置点的显示大小。此时进行图形缩放，点的显示大小并不改变。单选钮“按绝对单位设置大小(A)”表示可在“点大小”文本框中输入实际单位参数，此时进行图形缩放，显示的点大小将随之改变(见图 2-4)。

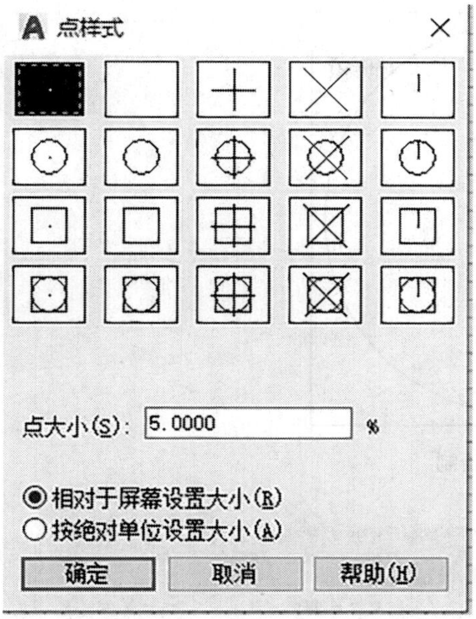

图 2-3 “点样式”对话框

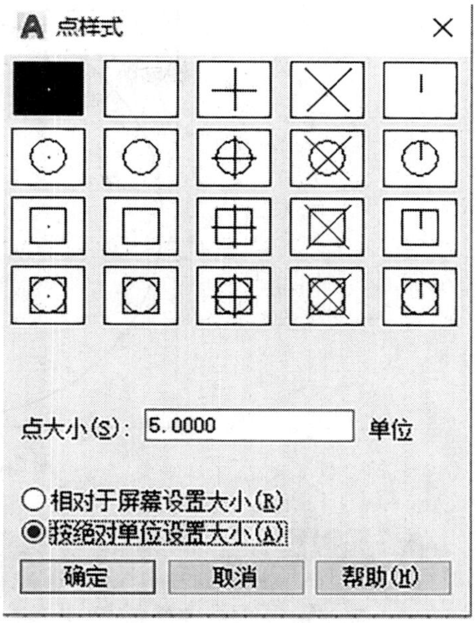

图 2-4 点大小设置

知识延伸：

除运用上述的方法设置点样式外，还可以通过如下常用的两种方法设置点样式。

方法 1：在命令行中输入 DDPTYPE(点样式)命令按 Enter 键确认。

方法 2：在 AutoCAD 2021 的经典界面中选择“格式”菜单下的“点样式”命令。单击“确定”按钮，即完成了点样式的设置。

二、绘制单点

所谓单点，是指一次仅绘制一个点，单点主要是用来指定某个特殊点位置，包括圆心、中点、相切点和节点等。这些特殊点对对象捕捉和相对偏移等精确绘图非常有用。

在命令行中输入 POINT(单点)命令(见图 2-5)，按 Enter 键确认，并在绘图区中单击，即可绘制单个点(见图 2-6)。

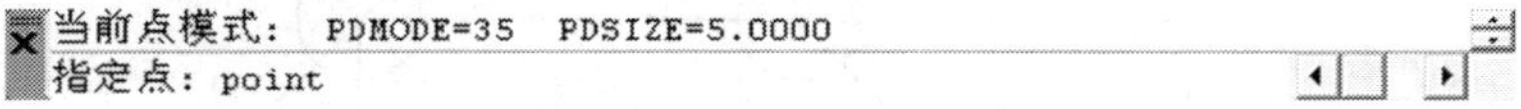

图 2-5 绘制单点命令

知识延伸：

除上述方法外，用户还可在快速访问工具栏中显示菜单栏，通过“绘图”|“点”|“单点”菜单命令，来绘制单点。

三、绘制多点

绘制多点即执行一次“多点”命令后(见图 2-7)，可以连续绘制多个点，直到按 Esc 键退出。

在“功能区”选项板的“常用”选项卡中，单击“绘图”面板中间的下拉按钮，在展开的面

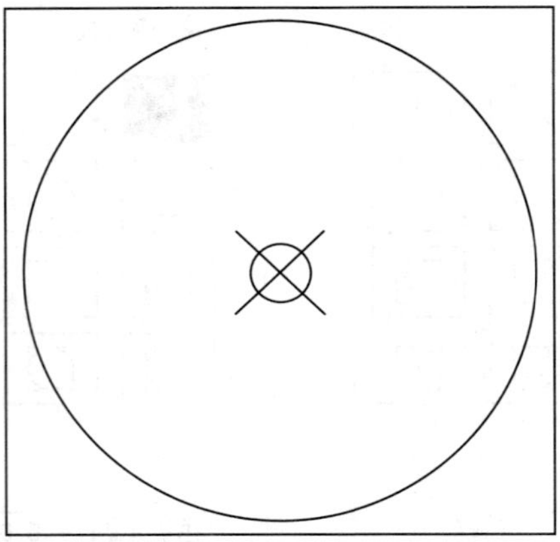

图 2-6　单点绘制

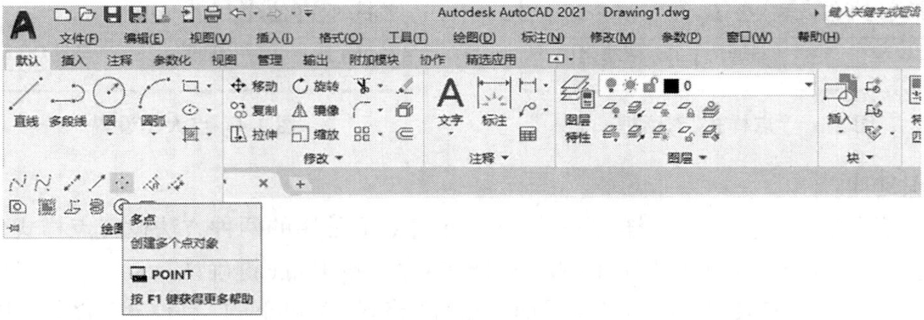

图 2-7　多点命令

板中单击“多点”按钮即可开始绘制多点(见图 2-8)。

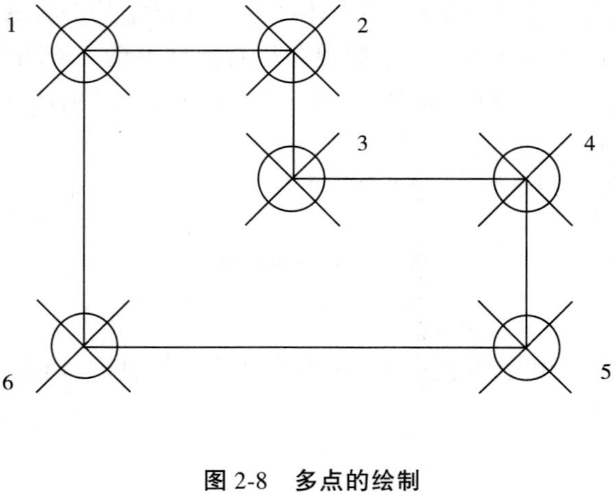

图 2-8　多点的绘制

知识延伸：

除上述方法外,在菜单栏中选择“绘图”｜“点”｜“多点”菜单命令,来绘制多点。

四、绘制等分点

等分点是对所选对象进行等分间距的操作。通过绘制等分点，可将所选对象等分为指定数目的相等长度,并使用点标记将各个长度间隔开来。根据等分图元的不同方式,绘制等分点的方式主要有以下两种。

定数等分和定距等分

(一)定数等分

定数等分是通过指定等分段的数量绘制等分点,当图形封闭时,实际等分点数等于等分段数;而当图形开放时,实际等分点数等于等分段数减一。

在“绘图”选项板中单击点对象右侧的下拉按钮,在弹出的下拉列表中选择定数等分,然后根据命令行的提示选择需要定数等分的图形对象和输入定数等分的线段数目。定数等分的过程如图 2-9 和图 2-10 所示。

图 2-9　选取定数等分对象

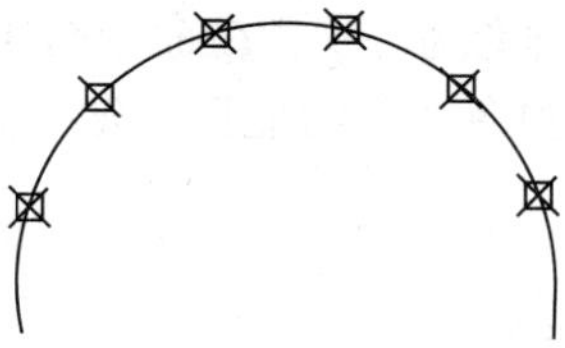

图 2-10　完成圆弧的定数等分

知识延伸:

除运用上述方法外,还可采用下列两种方法实现定数等分对象。

方法 1:在命令行中输入 DIVIDE(定数等分)命令并按 Enter 键确认。

方法 2:选择“绘图”|“点”|“定数等分”菜单命令。

(二)定距等分

定距等分功能与定数等分功能不同,它根据指定的间距标记对象。一般情况下,放置点或插入块的顺序是从起点开始的,并且起点随着所选对象类型的变化而变化。对于直线或非闭合的多段线,起点是距离选择点最近的点;对于闭合的多段线,起点是多段线的起点;对于圆或椭圆,起点是以圆心为起点、当前捕捉角度为方向的捕捉路径与圆的交点。比如,如果捕捉角度为 90°,则圆等分从 12 点(时钟)的位置开始,并沿逆时针方向继续等分。

在“绘图”选项板中单击点对象右侧的下拉按钮,在弹出的下拉列表中选择定距等分,然后根据命令行的提示选择需要定距等分的对象和输入定距等分的距离。定距等分的过程如图 2-11 和图 2-12 所示。用户可以发现定距等分后的某一段距离比其他距离要短(长)一些。

知识延伸:

除运用上述方法外,还可采用下列两种方法实现定距等分对象。

方法 1:在命令行中输入 MEASURE(定距等分)命令并按 Enter 键确认。

方法 2:选择“绘图”|“点”|“定距等分”菜单命令。

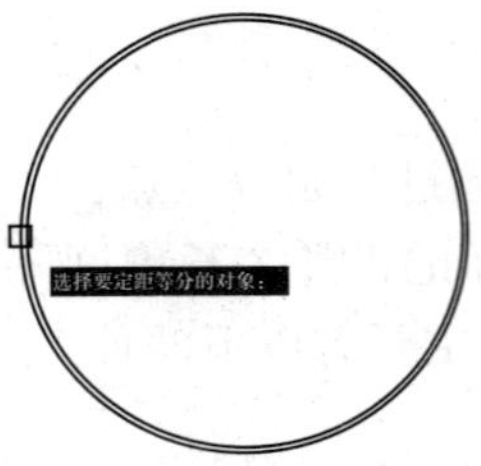

图 2-11　选取定距等分对象

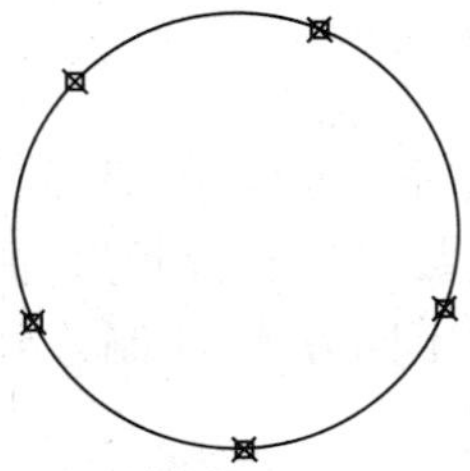

图 2-12　绘制定距等分对象

第二节　绘制线

AutoCAD 中的线状对象主要有直线、构造线和射线。这些线状对象主要用来作为图形绘制中的辅助线或者用于对象的轮廓线。这些线状对象的绘制方法是类似的,都可以通过指定起点和终点来绘制,或者在命令行中输入起点和终点坐标值来达到绘制的目的。线状对象可以全部通过使用“功能区”选项板的“常用”选项卡中的“绘图”面板的相关按钮来构建。

一、绘制直线

直线的绘制

直线是 AutoCAD 中较为常用的对象,经常作为基本的图元对象来使用,同时也是组成几何图形的基本元素。直线是由两点确定的线段,构成直线的两点可以是节点、中点、切点、交点、圆心等各种类型的点。

在“功能区”选项板的“常用”选项卡中,单击“绘图”面板中的“直线”按钮,如图 2-13 所示。根据命令行提示在绘图区单击鼠标左键确定直线起点和直线终点,然后单击鼠标右键在弹出的快捷菜单中选取“确认”菜单或按 Enter 键结束直线的绘制。直线绘制过程如图 2-14 所示。

图 2-13　“直线”绘制命令按钮

知识延伸:

除通过上述方法绘制直线外,还可以通过如下两种方法来绘制直线。

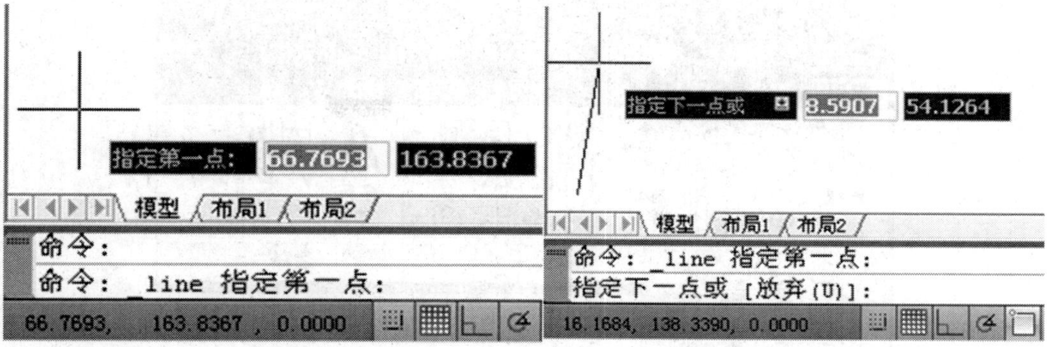

图 2-14 “直线”绘制的过程

方法 1:在命令行输入“LINE”命令,根据命令行的提示输入直线起点和终点坐标后按 Enter 键确认。在确定终点坐标时可采用绝对坐标、相对坐标和长度值三种方式。

绝对坐标 输入绝对坐标值,如直角坐标(200,200);极坐标(300<45)。

相对坐标 输入相对坐标值,如直角坐标(@200,200);极坐标(@300<45)。

长度值 移动光标指示直线方向,并在命令行输入直线长度值,按 Enter 键确认。

方法 2:选择“绘图”|“直线”菜单命令。

二、绘制构造线

构造线的绘制

构造线是由两点确定的两端无限延伸的直线,适用于空间的任意位置,主要用于绘制图形的定位或参考辅助线,此外还可以作为等高线、等长线和等宽线的公共中心线来使用。

在“功能区”选项板的“常用”选项卡中,单击“绘图”面板中的“构造线”按钮,如图 2-15 所示。

按照命令行的提示可以绘制多种构造线,命令行中各选项含义如下:

(1)水平(H)。绘制与 X 轴方向重合或平行的水平构造线。

(2)垂直(V)。绘制与 Y 轴方向重合或平行的水平构造线。

(3)角度(A)。绘制与 X 轴方向或水平直线成一定角度的倾斜构造线。其中输入的角度为正值,表示构造线绕通过点逆时针方向旋转一定角度,图 2-16~图 2-18 所示。点击“构造线”按钮后,根据命令行提示输入 A,并输入角度 45°,指定圆心为通过点,按鼠标右键或 Enter 键确认操作。

(4)偏移(O)。用来创建平行于另一条直线对象的平行线。该方式相当于直线对象的偏移操作,可对所选直线、射线或构造线偏移一定距离而产生新的构造线,一次可偏移复制出等距离的多条构造线。

(5)二等分(B)。绘制一个角的角度平分线,使用该选项创建的构造线,可以平分两条指定线的夹角,并通过该夹角的顶点。

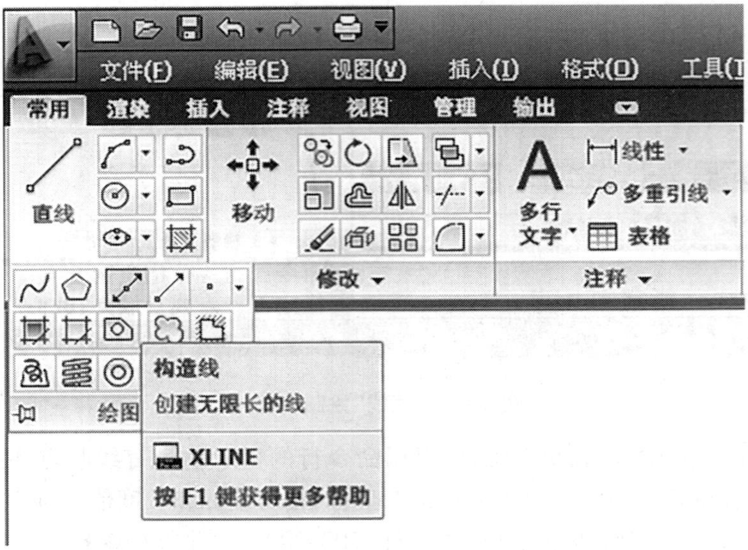

图 2-15 “构造线”命令按钮

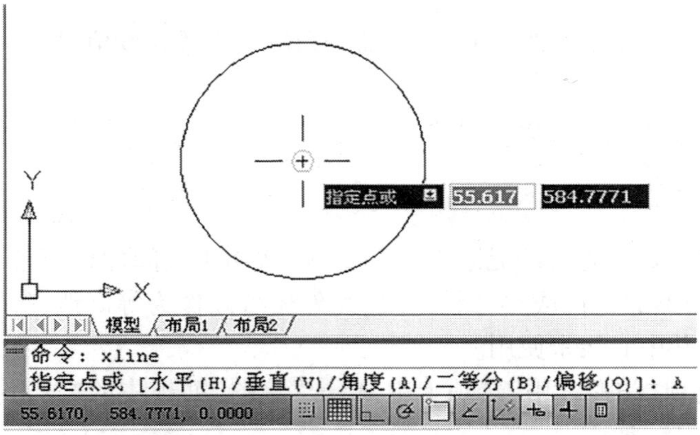

图 2-16 输入命令选项 A

知识延伸:

除上述方法外,还可以通过以下两种方法调用“构造线”命令。

方法 1:在命令行中输入 XLINE(构造线)命令并按 Enter 键确认。

方法 2:选择“绘图”|“构造线”菜单命令。

三、绘制射线

射线是一端固定而另一端无限延伸的直线,即只有起点没有终点或终点无穷远的直线,它主要用于绘制辅助参考线,以便于绘图。射线的绘制一般是通过指定两点的方式,其中指定的第一点为射线的起点,而第二点的位置确定了射线的延伸方向。

在“功能区”选项板的“常用”选项卡中,单击“绘图”面板中的“射线”按钮,如图 2-19 所示。指定射线的起始点和通过点即可绘制一条射线,如图 2-20 所示。

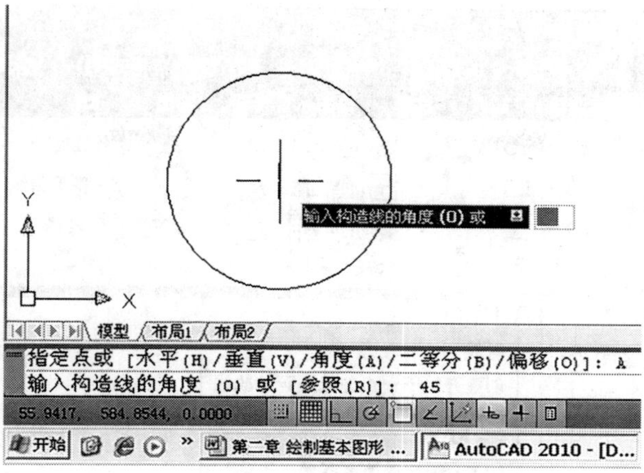

图 2-17　输入构造线的角度

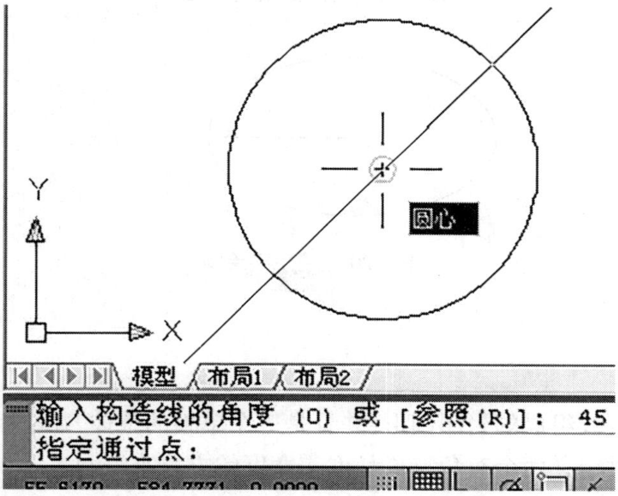

图 2-18　指定构造线的通过点

知识延伸：

除上述方法外，还可以通过以下两种方法调用“射线”命令。

方法 1：在命令行中输入 RAY（射线）命令并按 Enter 键确认。

方法 2：选择“绘图”|“射线”菜单命令。

第三节　绘制矩形和正多边形

矩形和正多边形都是由直线组成的封闭图形，它们同属于多边形，可以看作是封闭多段线的一种特殊类型。两者均可以作为单独的整体进行复制、旋转、移动等操作，也可以分解为单独的线段。

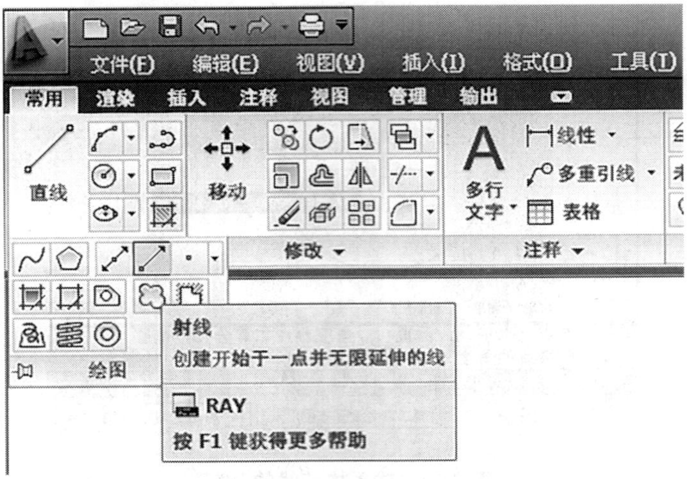

图 2-19 “射线”命令按钮

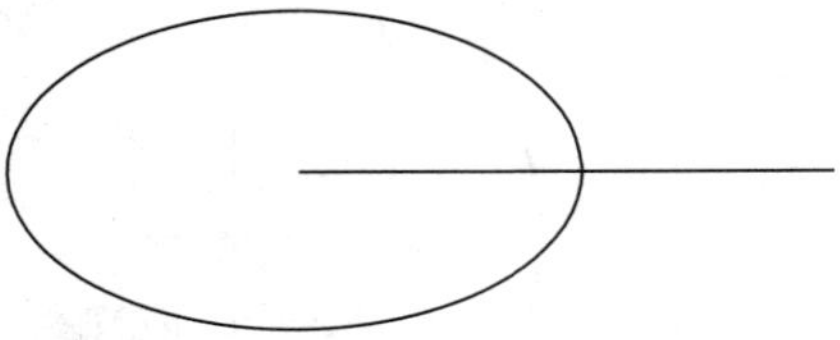

图 2-20 “射线”绘制

一、绘制矩形

矩形是由四条直线组成的封闭图形,并且是一个单独的整体,在绘制图形时是经常使用的图元。矩形可通过定义两个对角点或长度与宽度的方式来绘制。

在“功能区”选项板的“常用”选项卡中,单击“绘图”面板中的“矩形”按钮▭,如图 2-21 所示。

命令行将显示“指定第一个角点或[倒角(C)/标高(E)/圆角(F)/厚度(T)/宽度(W)]:”提示信息,参照图 2-22 输入所需选项。

(一)指定第一个角点

在屏幕上指定一点后,选取或输入相对坐标,确定矩形另一个角点来绘制矩形。该方式是绘图过程中最常用的方式。

(二)倒角(C)

利用该方式可以绘制一个四角带倒角的矩形。单击“矩形”按钮▭后,在当前命令行中输入 C,并按照提示输入第一倒角、第二倒角距离,然后指定第一角点和第二角点,即可完成矩形的绘制。其中第一倒角距离指沿 X 轴方向(长度方向)的距离,第二倒角距离指沿 Y 轴方向(宽度方向)的距离。

(三)标高(E)

利用该方式可以指定矩形所在平面的高度。在当前命令行中输入 E,并输入标高数值,

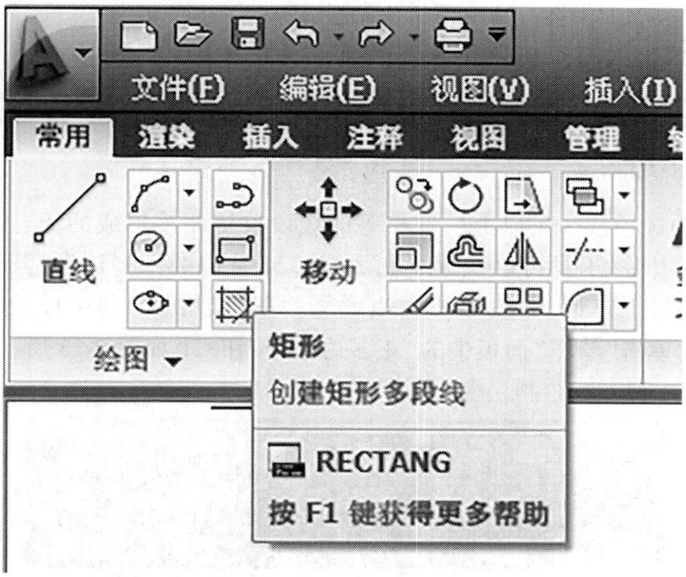

图 2-21 “矩形”绘制命令按钮

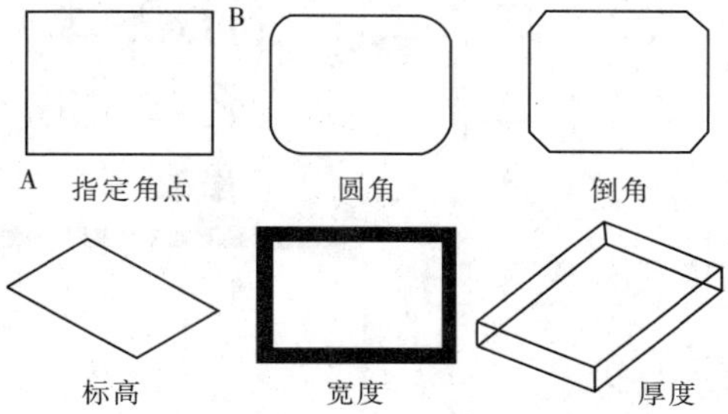

图 2-22 “矩形”命令的各选项

指定第一角点和第二角点即可,该方式一般适用于三维绘图。在默认情况下,绘制的矩形在 XY 平面内,而当指定高度后,所绘的矩形位于以 XY 平面为参照、沿 Z 轴方向距离 XY 平面为标高数值的平面内。

(四)圆角(F)

利用该方式可以绘制一个四角为圆角过渡的矩形。在当前命令行中输入 F,并输入圆角半径参数值。

(五)厚度(T)

利用该方式可以绘制具有厚度特征的矩形,一般用于三维绘图。在当前命令行中输入 T,并输入厚度参数值。此类矩形外形仅是用线框表达的三维模型框架,并不是真正意义上的三维实体模型。

(六)宽度(W)

利用该方式可以绘制具有宽度特征的矩形,在当前命令行中输入 W,并输入宽度参数值。此类矩形的线宽显示不受状态栏中“隐藏/显示线框”工具控制。

知识延伸:

除运用上述方法外，还可以通过以下两种常用方法绘制“矩形”。

方法 1：在命令行中输入 RECTANG（矩形）命令并按 Enter 键确认。

方法 2：选择“绘图”｜“矩形”菜单命令。

二、绘制正多边形

正多边形的绘制

正多边形是由 3 条或 3 条以上长度相等的线段首尾相接形成的闭合图形。使用“正多边形”工具可以快速绘制 3～1 024 条边的正多边形，其中包括等边三角形、正方形、五边形和六边形等。在“功能区”选项板的“常用”选项卡中，单击“绘图”面板中的“正多边形”按钮，如图 2-23 所示，便可按照以下 3 种方法绘制正多边形。

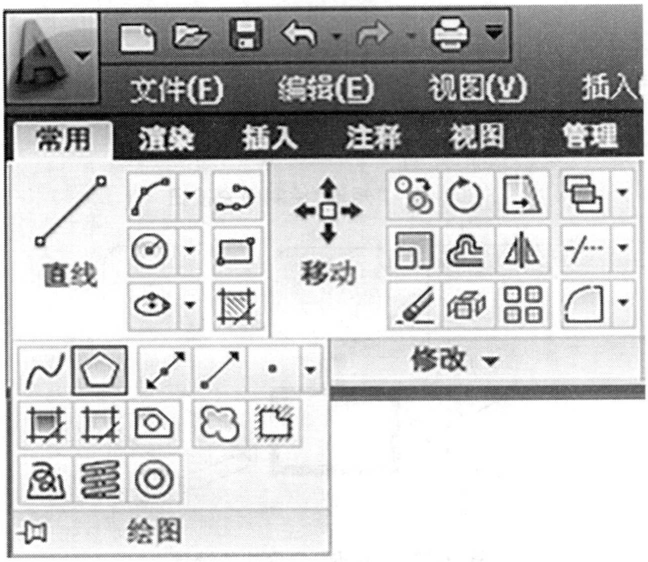

图 2-23 “正多边形”绘制命令按钮

（一）内接圆法

利用该方法绘制多边形时，所输入的半径值是多边形的中心点至多边形任意端点间的距离，也就是整个多边形位于一个虚构的圆中。

单击“正多边形”按钮，输入多边形的边数，然后指定中心点，并根据命令行提示选择“内接于圆”选项，输入内接圆的半径参数值，即可绘制如图 2-24 所示内接于圆 R20 的正五边形。

（二）外切圆法

利用该方法绘制正多边形时，所输入的半径值是由多边形的中心点到边线中点的垂直距离。单击“正多边形”按钮，输入要绘制的多边形的边数 5，并指定中心点和选择“外切于圆”选项，然后输入外切圆的半径参数值，即可绘制如图 2-25 所示外切于 R20 圆的正五边形。

（三）边长法

指定正多边形的边长或一条边的两个端点，同样可以绘制出正多边形。此方法与上述方法类似，在指定完多边形的边数后输入字母 E，在绘图区域指定两点或在指定一点后输入边长数值，即可绘制出所需多边形。

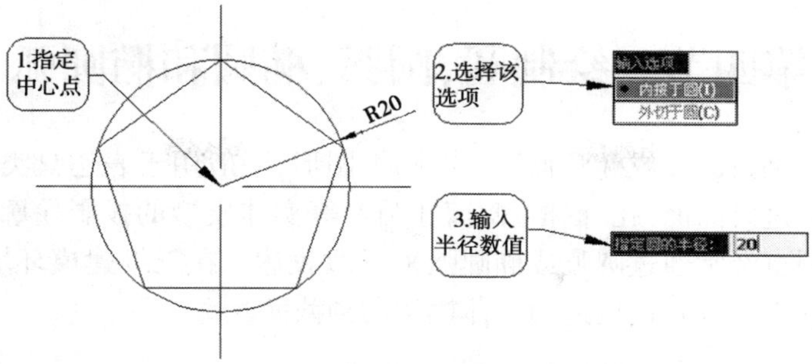

图 2-24　绘制内接于圆的正五边形

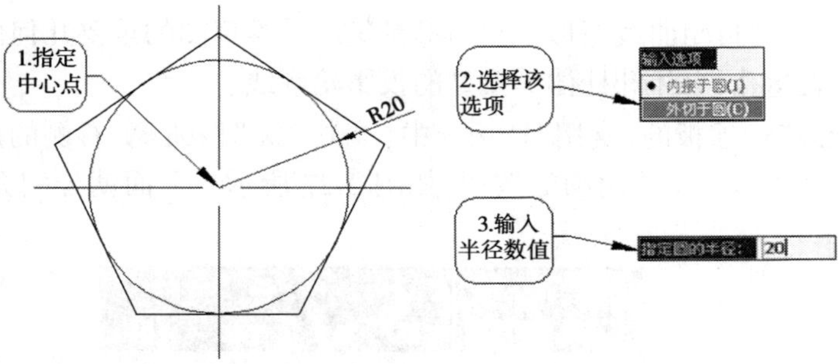

图 2-25　绘制外切于圆的正五边形

如图 2-26 所示输入多边形的边数为 5,并输入字母 E,然后指定点 A 为边长的一个端点,并输入相对坐标(@10<-24)确定边长的另一端点 B,即可绘制出一正五边形。其中 AB 的长度决定了正多边形的边长,点 A 和点 B 的相对方向决定了正多边形的放置角度。软件按 AB 的逆时针方向生成正多边形。

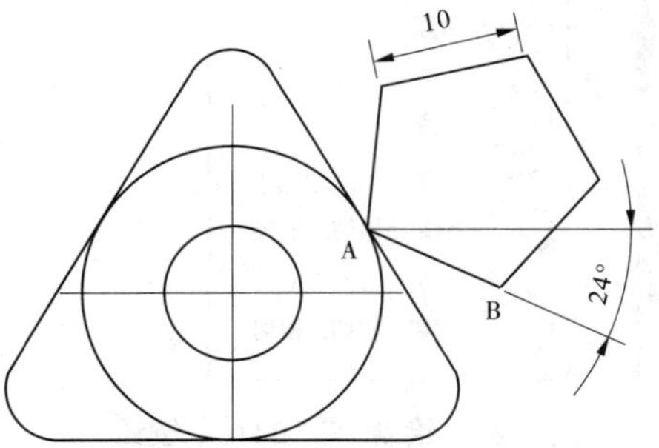

图 2-26　用边长法绘制正六边形

利用上述 3 种方法绘制的正多边形是由多段线构成的一个整体,可利用"分解"工具将其分解成独立的线段。

知识延伸:

除运用上述方法外,还可以采用以下两种常用的方法调用"正多边形"命令。

方法 1:在命令行中输入 POLYGON(正多边形)命令,按 Enter 键确认。

方法 2:选择"绘图"|"正多边形"命令。

第四节　绘制圆、圆弧、椭圆和椭圆弧

圆类对象主要是由圆弧或椭圆弧组成的圆类图形，一般用于表达盘类零件或其他产品上圆弧或椭圆弧的过渡曲面，孔、键槽、割槽和凸台等实体模型的投影轮廓线等。而像正交圆柱相贯线的绘制也经常通过圆弧或椭圆弧来近似表达。在三维建模环境中，由曲线图形所组成的封闭轮廓也可以直接构造为实体模型的剖截面。

一、绘制圆

圆是指平面上到定点的距离等于定长的所有点组成的图形，是有着恒定曲率和半径的封闭曲线图形。圆图形是组成二维草图的重要几何图元，主要用于表达孔、台体和柱体等模型的投影轮廓线。

圆的绘制

在“功能区”选项板的“常用”选项卡中，单击“圆”按钮右侧的黑色小三角形，将显示 6 个绘制圆的按钮，如图 2-27 所示。下面就分别介绍这 6 种绘制圆的方法。

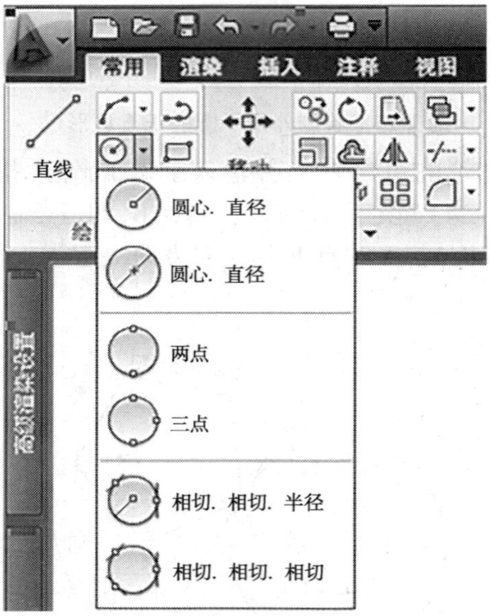

图 2-27　绘制“圆”的 6 个按钮

（一）圆心、半径绘制圆

该方法是绘制圆轮廓线时最常用的方法之一，只需要在屏幕上指定一点作为圆心，然后输入半径，即可完成圆轮廓线的绘制。

单击“圆心、半径”按钮，指定如图 2-28 所示的交点为圆轮廓线中心点，并输入半径值“20”，即可完成圆的绘制。

知识延伸：

除运用上述方法外，还可以通过单击“绘图”|“圆”|“圆心、半径”命令，来使用“圆心、半径”法绘制圆轮廓线。

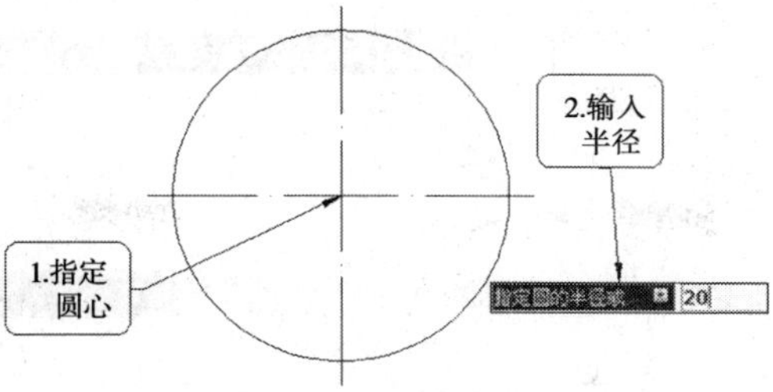

图 2-28　圆心、半径绘制圆

（二）圆心、直径绘制圆

当已知圆的直径时，利用此方法可在指定圆心后输入直径值，便获得圆轮廓线。单击“圆心、直径”按钮，在图形中指定圆心的位置，直接输入直径即可完成圆的绘制，如图 2-29 所示。

图 2-29　圆心、直径绘制圆

知识延伸：

除运用上述方法外，还可以通过单击“绘图”｜“圆”｜“圆心、直径”命令，来使用“圆心、直径”法绘制圆轮廓线。

（三）相切、相切、半径绘制圆

在绘图过程中，如果需要绘制与两个对象相切的圆轮廓线，可依次选取这两条相切线，然后指定要绘制圆的半径值，即可绘制该圆轮廓线。

单击“相切、相切、半径”按钮，依次指定两个相切边上的切点为所绘制圆轮廓线上的两点，最后输入半径值即可完成绘制，如图 2-30 所示。

知识延伸：

除运用上述方法外，还可以通过单击“绘图”｜“圆”｜“相切、相切、半径”命令，来使用“相切、相切、半径”法绘制圆轮廓线。

（四）相切、相切、相切绘制圆

在绘制圆时，如果需要绘制与三个对象相切的圆轮廓线，可依次在这三个对象上指定递延切点，即可绘制该圆轮廓线。

单击“相切、相切、相切”按钮，依次在两条边和圆上指定递延切点，即可绘制与三个对象相切的圆，如图 2-31 所示。

知识延伸：

除运用上述方法外，还可以通过单击“绘图”｜“圆”｜“相切、相切、相切”命令，来使用“相切、相切、相切”法绘制圆轮廓线。

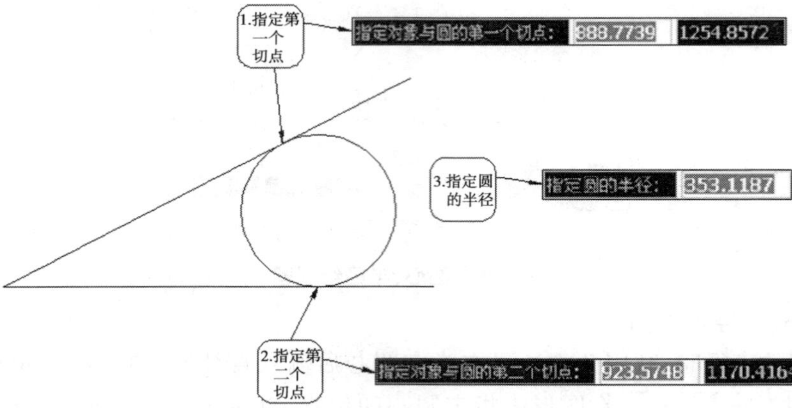

图 2-30　相切、相切、半径绘制圆

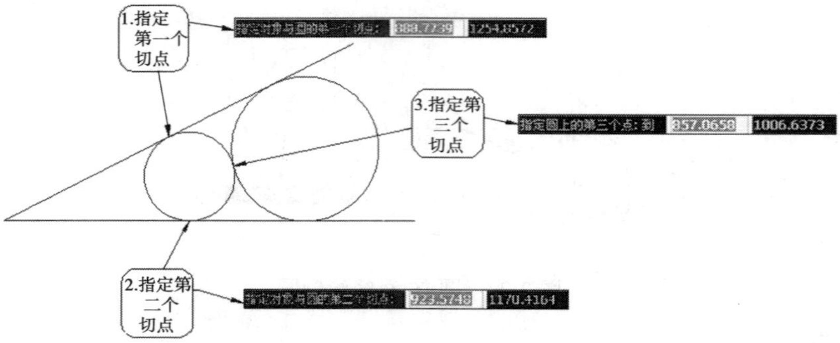

图 2-31　相切、相切、相切绘制圆

(五)两点绘制圆

在绘制圆时,如果知道需绘制圆直径的两个端点,则可以通过两点法绘制一个圆轮廓线。单击“两点”按钮,依次指定圆直径的两个端点,如图 2-32 所示。

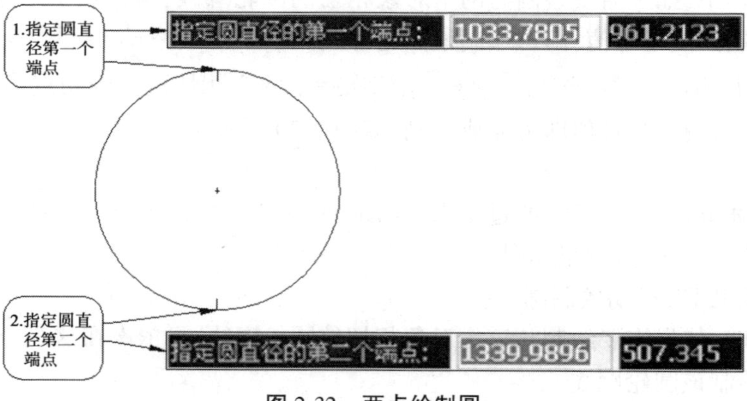

图 2-32　两点绘制圆

知识延伸:

除运用上述方法外,还可以通过单击“绘图”|“圆”|“两点”命令,来使用“两点”法绘制圆轮廓线。

(六)三点绘制圆

在绘制圆时,如果知道需绘制圆上的三个点,则可以通过三点法绘制一个圆轮廓线。

单击“三点”按钮，依次指定所需绘制圆上的三个点，即可绘制圆的轮廓线，如图 2-33 所示。

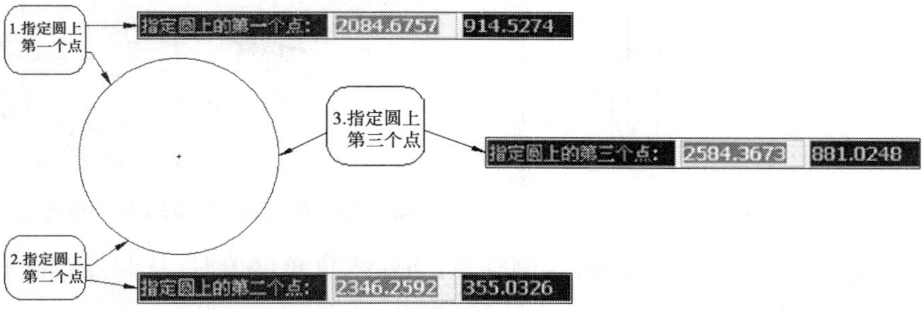

图 2-33　三点绘制圆

知识延伸：

除运用上述方法外，还可以通过单击“绘图”｜“圆”｜“三点”命令，来使用“三点”法绘制圆轮廓线。

另外，可以通过命令行输入“CIRCLE”命令，然后根据提示选项来绘制圆。

二、绘制圆弧

圆弧的绘制

圆弧可以看做是圆的一部分图形，既可用圆弧来光滑连接已知圆弧和直线，也可以用作放样图形的放样截面，或用以表达曲面的投影线。特别是在绘制零件图时，对于正交两圆柱体相贯线的绘制，经常绘制圆弧来近似表达。

单击“圆弧”按钮右侧的黑色小三角，将显示 11 个绘制圆弧按钮，如图 2-34 所示。根据绘图顺序及已知图形要素条件的不同，主要分为以下 5 种方式。

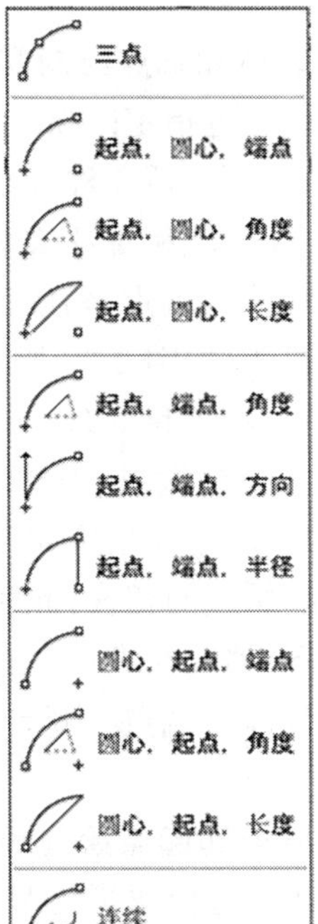

图 2-34　绘图圆弧的 11 个按钮

(一)三点绘制圆弧

该方式通过指定圆弧上的三点确定一段圆弧。其中第一点和第三点分别是圆弧上的起点和端点，且第三点直接决定圆弧的形状和大小，第二点可以确定圆弧的位置。单击“三点”按钮，在绘图区依次指定圆弧上的三点即可，效果如图 2-35 所示。

(二)起点和圆心绘制圆弧

该方式通过指定圆弧的起点和圆心，再指定圆弧的端点，或设置圆弧的包含角或弦长来确定圆弧。该方式包含以下 3 种绘制圆弧的方法。

1. 起点、圆心和端点绘制圆弧

单击“起点、圆心、端点”按钮，依次指定圆弧的起点、圆心和端点绘制圆弧，如图 2-36 所示。

2. 起点、圆心和角度绘制圆弧

单击“起点、圆心、角度”按钮，依次指定圆弧的起点、圆心，并输入圆心角度值绘制圆弧。当输

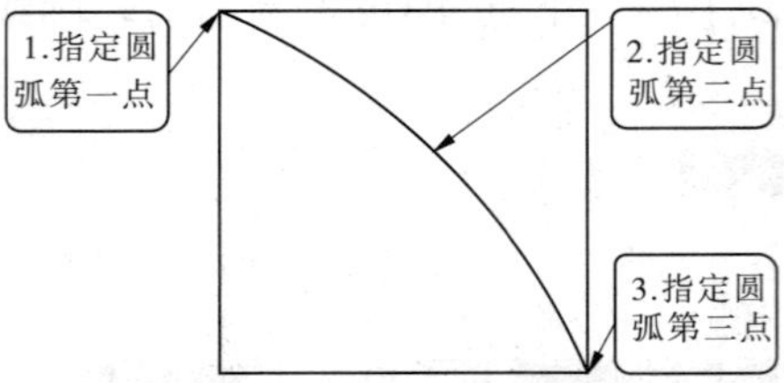

图 2-35　三点绘制圆弧

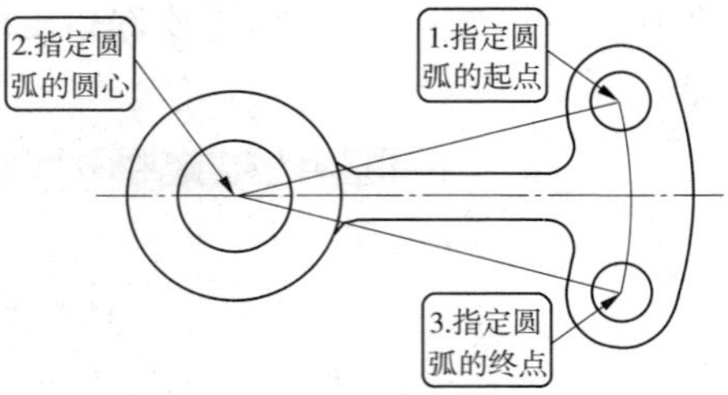

图 2-36　起点、圆心和端点绘制圆弧

入正角度值时，从起点绕圆心逆时针绘制圆弧；当输入负角度值时，从起点绕圆心则顺时针绘制圆弧，如图 2-37 所示。

3. 起点、圆心和长度绘制圆弧

单击“起点、圆心、长度”按钮，依次指定圆弧的起点、圆心和弦长绘制圆弧。此时所指定弦长不得超过起点到圆心距离的两倍。当弦长为负值时，则该值的绝对值将作为对应整圆空缺部分圆弧的弦长，如图 2-38 所示。

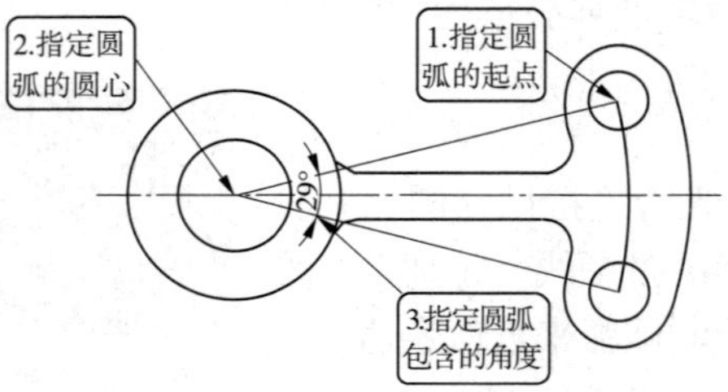

图 2-37　起点、圆心和角度绘制圆弧

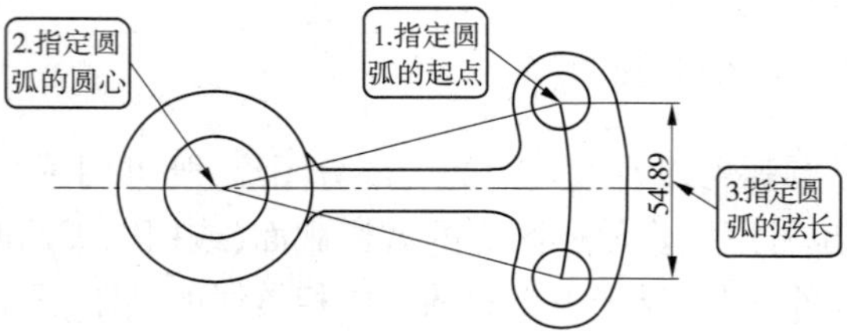

图 2-38　起点、圆心和长度绘制圆弧

（三）起点和端点绘制圆弧

该方式通过指定圆弧上的起点和端点，再设置圆弧的包含角、起点切向或圆弧半径来绘制圆弧，该方式包括 3 种绘制工具。

1. 起点、端点和角度绘制圆弧

单击“起点、端点、角度”按钮，依次指定圆弧的起点、端点和圆弧包含的圆心角来绘制圆弧，如图 2-39 所示。

2. 起点、端点和方向绘制圆弧

单击“起点、端点、方向”按钮，依次指定圆弧的起点、端点和圆弧的起点切向来绘制圆弧，其中在指定完起点和端点后，在起点位置处会产生一条橡皮筋线，此橡皮筋线即为圆弧起始点的切线，此时可以拖动光标动态地确定圆弧，如图 2-40 所示。

3. 起点、端点和半径绘制圆弧

单击“起点、端点、半径”按钮，依次指定圆弧的起点、端点和半径来绘制圆弧，如图 2-41 所示。

（四）圆心和起点绘制圆弧

该方式通过依次指定圆弧的圆心和起点，再指定圆弧上的端点，或者指定圆弧包含角或弦长来绘制圆弧。该方式包括 3 种绘制工具，与“起点和圆心”方式的区别在于绘图的顺序不同。

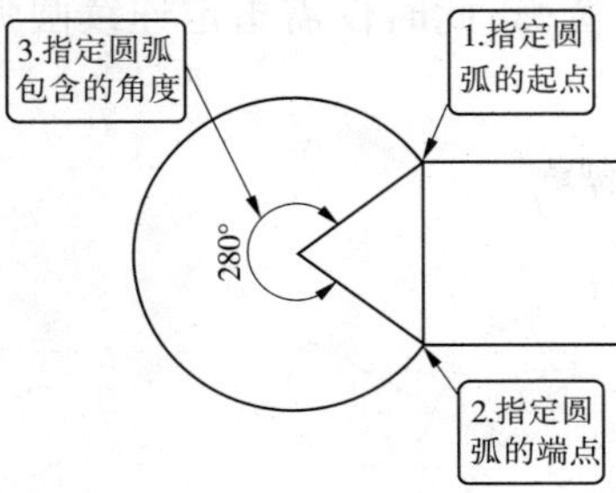

图 2-39　起点、端点和角度绘制圆弧

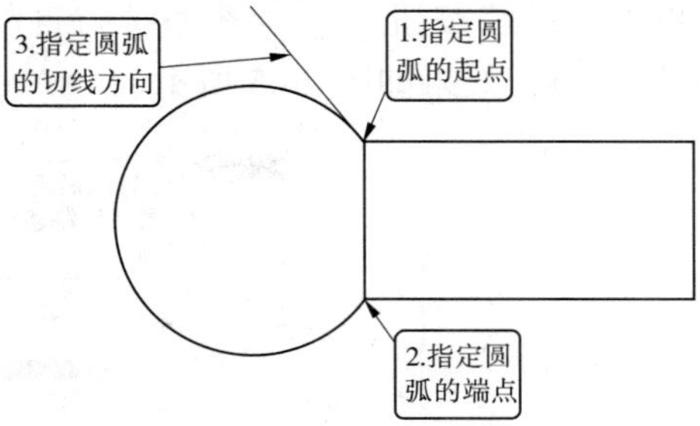

图 2-40　起点、端点和方向绘制圆弧

1. 圆心、起点和端点绘制圆弧

单击“圆心、起点、端点”按钮，依次指定圆弧的圆心、起点和端点来绘制圆弧，如图 2-42 所示。

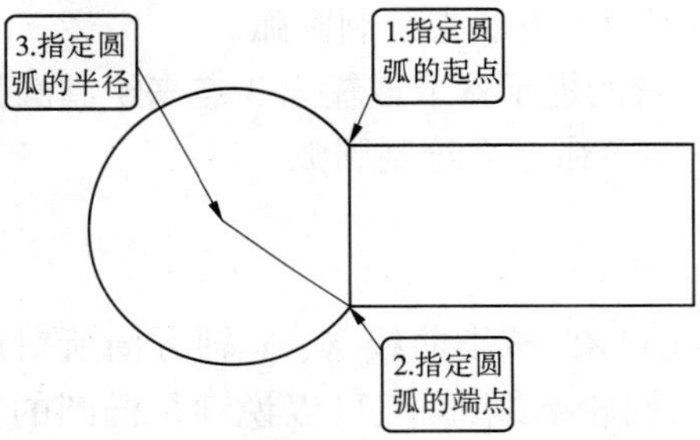

图 2-41　起点、端点和半径绘制圆弧

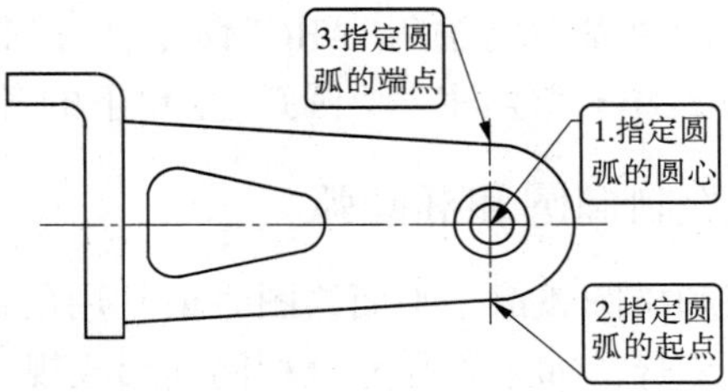

图 2-42　圆心、起点和端点绘制圆弧

2. 圆心、起点和角度绘制圆弧

单击“圆心、起点、角度”按钮，依次指定圆弧的圆心、起点和角度来绘制圆弧，如图 2-43 所示。

3. 圆心、起点和长度绘制圆弧

单击“圆心、起点、长度”按钮，依次指定圆弧的圆心、起点和弦长来绘制圆弧，如图 2-44 所示。

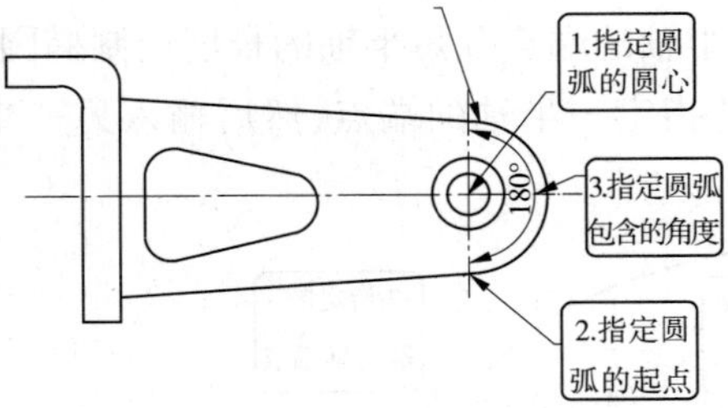

图 2-43　圆心、起点和角度绘制圆弧

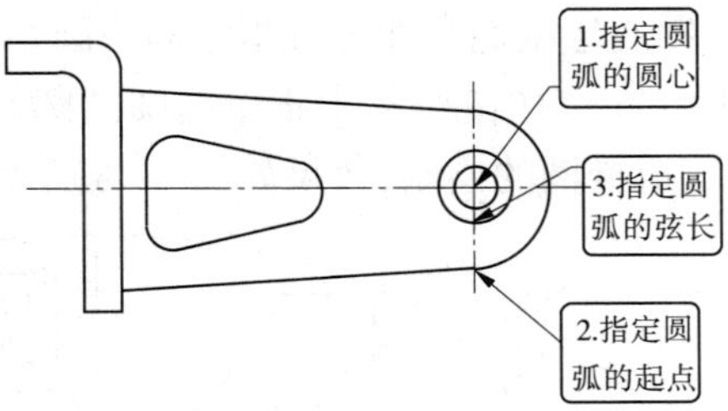

图 2-44　圆心、起点和弦长绘制圆弧

（五）连续圆弧

该方式以最后一次所绘线段或绘制圆弧过程中确定的最后一点作为新圆弧的起点，并以最后所绘线段的方向或圆弧终止点处的切线方向作为新圆弧在起始点处的切线方向，然后指定一点确定一段圆弧。

单击“连续”按钮，系统将自动选取最后一段圆弧，此时仅需指定连续圆弧上的一端点即可，效果如图 2-45 所示。

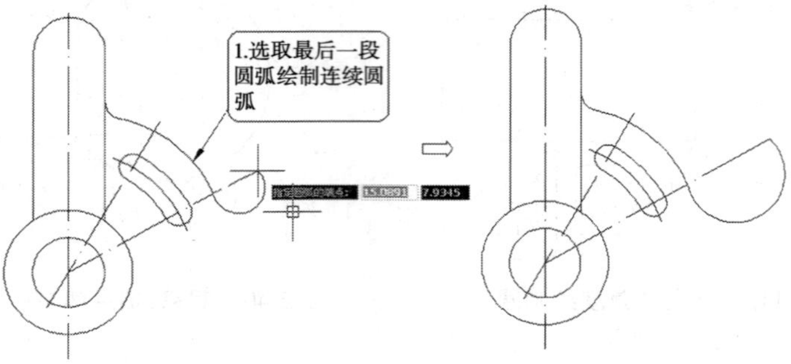

图 2-45 连续圆弧的绘制

知识延伸：

除通过上述方法绘制直线外，还可以通过如下两种方法来绘制圆弧。

方法 1：在命令行输入“ARC”命令，根据命令行的提示选取或输入 3 点来绘制圆弧。

方法 2：单击“绘图”|“圆弧”菜单下的各子菜单命令来绘制圆弧。

三、绘制椭圆和椭圆弧

椭圆和椭圆弧都是平面绘图时最常用的曲线对象，该类曲线 X、Y 轴方向所对应的圆弧直径有差异。如果直径完全相同则形成规则的圆轮廓线，因此可以说圆是椭圆的特殊形式，而椭圆弧则是椭圆的一部分。椭圆在现实生活中比较常见，如月球绕地球的运行轨道、舞台上探照灯光的投影和汽车轮胎在地面上的投影等。

（一）绘制椭圆

椭圆是指平面上到定点距离与到定直线间距离之比为常数的所有点的集合。在绘图过程中椭圆经常使用，例如零件上圆孔特征在某一角度上的投影轮廓线、三通管零件上相贯线的近似画法均以椭圆绘制。在“功能区”选项板的“常用”选项卡中，单击“椭圆”按钮右侧的黑色小三角，在其下拉列表中有以下两种绘制椭圆的方式。

1. 指定圆心绘制椭圆

指定圆心绘制椭圆即通过指定椭圆圆心、长半轴的端点及短半轴的长度绘制椭圆。

单击“圆心”按钮，指定椭圆的圆心，并指定一半轴的端点，然后输入另一半轴长度，即可完成椭圆的绘制，效果如图 2-46 所示。

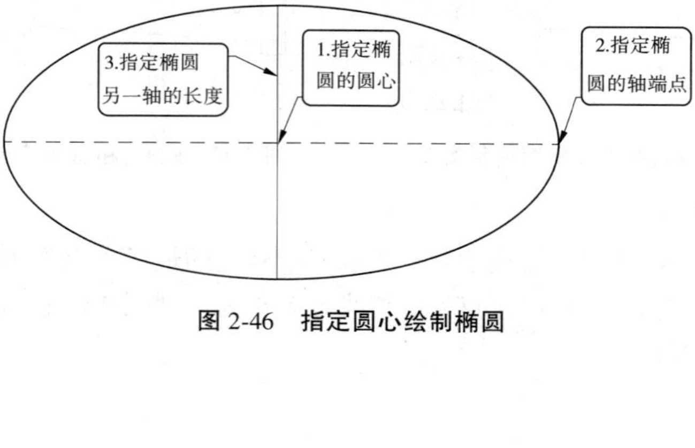

图 2-46 指定圆心绘制椭圆

2. 指定端点绘制椭圆

该方式通过在绘图区域直接指定椭圆一轴的两个端点,并输入另一半轴长度来绘制椭圆。

单击“轴、端点”按钮,指定椭圆的两个端点,并输入另一半轴长度,即可绘制出完整的椭圆,效果如图 2-47 所示。

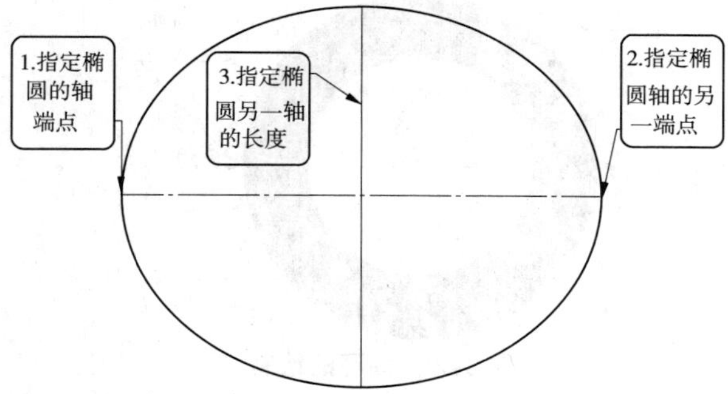

图 2-47　指定端点绘制椭圆

知识延伸:

除通过上述方法绘制直线外,还可以通过如下两种方法来绘制椭圆。

方法 1:在命令行输入“ELLIPSE”命令,根据命令行的提示来绘制圆弧。

方法 2:单击“绘图”|“椭圆”菜单下的各子菜单命令,来绘制椭圆。

(二)绘制椭圆弧

椭圆弧顾名思义就是椭圆的部分弧线。只需指定圆弧的起始角度和终止角度,即可绘制椭圆弧。此外,在指定椭圆弧终止角度时,可以通过在命令行输入数值或直接在图形中指定位置点定义终止角度,还可以通过参数来确定椭圆弧的另一端点。

单击“椭圆弧”按钮,按以上绘制椭圆的方法首先绘制椭圆,然后按照命令行提示分别指定椭圆弧的起始角度和终止角度,便可获得椭圆弧绘制效果,如图 2-48 所示。

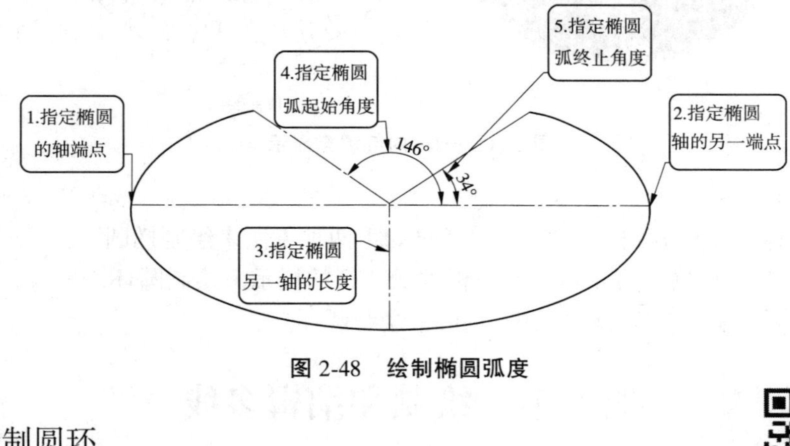

图 2-48　绘制椭圆弧度

四、绘制圆环

圆环是由两个同心圆组成的封闭环状区域,主要用于三维建模中创建管道时的模型截面,也可以用作室内或室外的装饰性图案。其中控制圆环的主要参数是圆心、内直径和外直径:

圆环的绘制

在“功能区”选项板的“常用”选项卡中，单击“绘图”面板下的“圆环”按钮，然后根据命令行提示分别指定圆环的内径和外径，并按回车键确认操作，效果如图 2-49 所示。

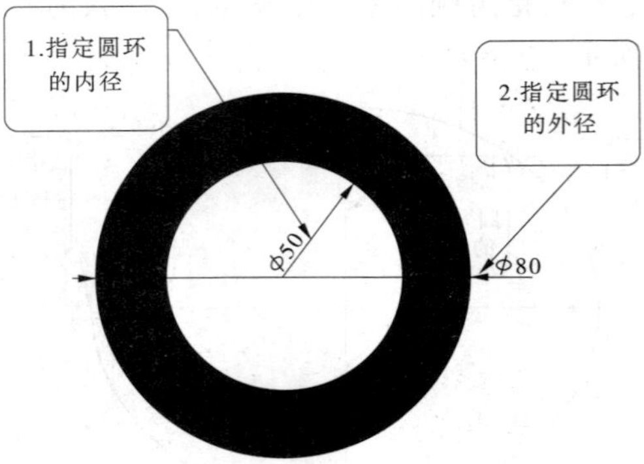

图 2-49　圆环的绘制

此外，在绘制圆环之前，首先在命令行中输入 FILL，将控制圆环或圆填充的可见性。输入该命令后，命令行将显示“输入模式〔开(ON)/关(OFF)〕<开>:”提示信息。其中 ON 模式表示绘制的圆环或圆要填充，如果选择 OFF 模式，则表示绘制的圆环或圆不填充，如图 2-50 所示。

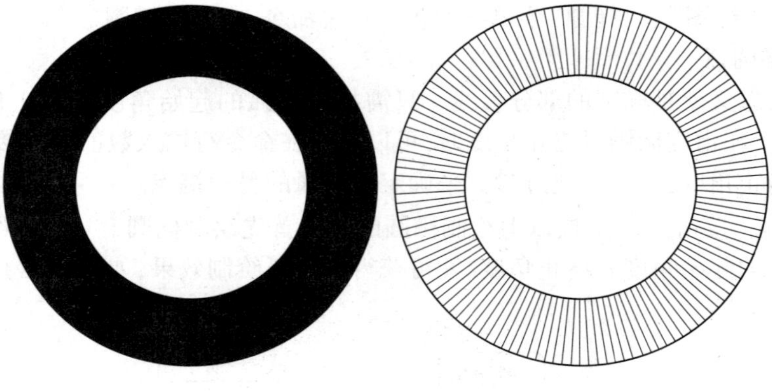

图 2-50　圆环内部填充显示

知识延伸：

除通过上述方法绘制圆环外，还可以通过如下两种方法来绘制椭圆。

方法 1：在命令行输入“Donut”命令，根据命令行的提示来绘制圆环。

方法 2：单击“绘图”|“圆环”菜单命令，来绘制圆环。

第五节　绘制和编辑多线

所谓多线，又称多重平行线，AutoCAD 中多线可以包括 1～16 条平行线。其中，每条平行线就是多线的元素，每条线可以有不同的线型和颜色。绘制多线是 AutoCAD 绘图中经常使用的绘图命令。

一、绘制多线

(1)单击菜单“绘图”|“多线”命令,或在命令行中输入 MLINE 命令;

(2)在命令行中输入 ST 来选择多线样式;

(3)列出可用的样式,直接输入样式名;

(4)输入 J 并选择上端、无或下端等对正类型,可以进行多线调整;

(5)输入 S 并输入一个新的比例,可以改变多线的缩放比例;

(6)从屏幕拾取多线起点或直接输入点坐标;

(7)同样的方法拾取多线其他特征点;

(8)按 Enter 键结束多线绘制,结果如图 2-51 所示。

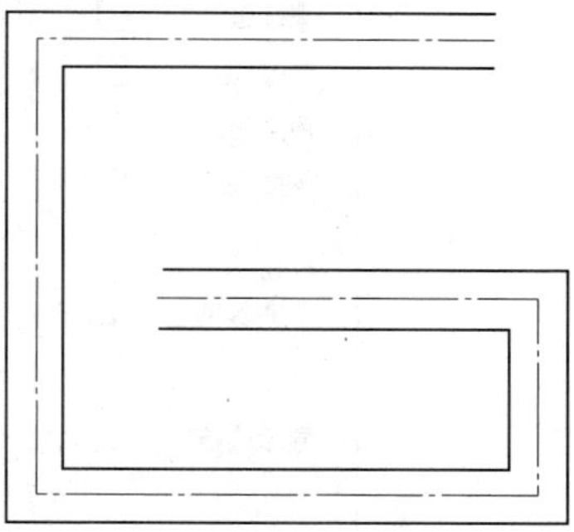

图 2-51　多线绘制

可以依照上述程序继续绘制多线或输入 C 来闭合多线。

除 AutoCAD 提供的默认的多线样式 Standard 外,用户还可以创建适合自己要求的多线样式。

二、创建多线样式

可以利用创建多线命名样式来控制元素的数量和每个元素的特性。

创建多线样式是在“多线样式”对话框中完成的,步骤如下:

(1)选择“格式”|“多线样式”菜单命令,弹出“多线样式”对话框。

(2)“名称”表示多线样式的命名,在“多线样式”对话框的“名称”下,输入样式名称。比如,输入名称“Cqvie”,如图 2-52 所示。

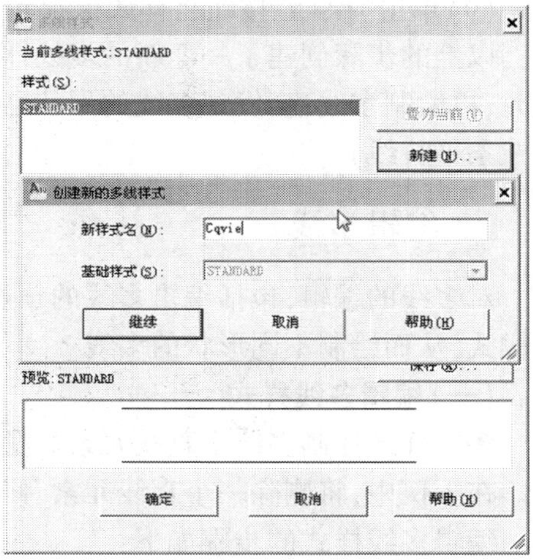

图 2-52　“多线样式”对话框

(3)“说明”是用于输入样式描述的选项。对一些重要的多线样式,还应该详细输入描述新信息,这有助于将来调用这些多线样式。

(4)“元素特性”用于给样式添加元素或修改现有元素,单击“元素特性”,弹出“元素特性”对话框,如图 2-53 所示。

(5)在“元素特性”对话框中,要修改现有元素,加亮显示列表中的元素,可以对“偏移”“颜色”和“线型”等组成多线的直线元素特性进行修改。

(6)要添加元素,单击“添加”按钮,然后对“偏移”“颜色”和“线型”进行修改,单击“确定”按钮。如图 2-53 所示,添加了一条直线段。

(7)在“多线样式”对话框中,除“元素特性”外,还可以选择“多线特性”来设置多线特性,包括显示线段连接点和包含角度及填充色的起始端和结束端。设置完多线特性后,单击“确定”按钮,完成多线特性的设置过程。如图 2-53 所示。

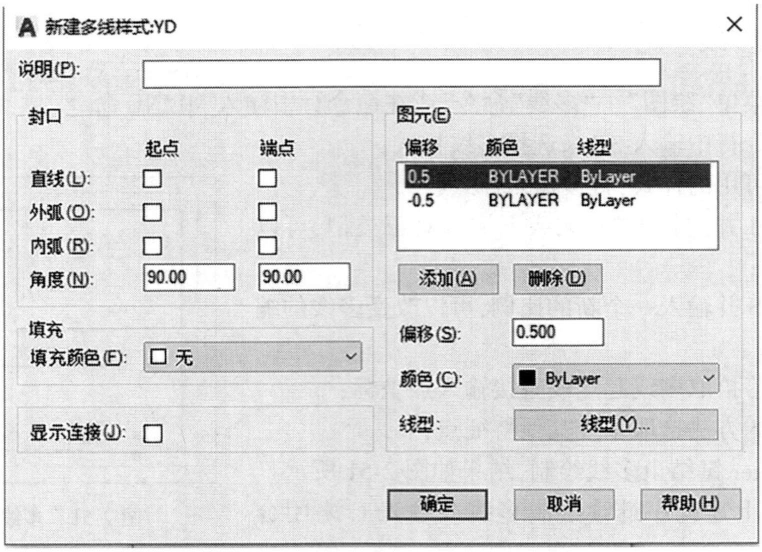

图 2-53　添加多线元素

(8)如果希望立即使用该多线样式,单击“添加”按钮,把多线样式加到当前样式列表中去。

(9)单击“保存”按钮将样式保存到外部多线样式文件中。

以上的步骤创建了一个新的多线样式,并保存起来,同时可以让它成为当前多线样式。此时,再绘制多线,会发现多线的形状已经按照设定的情况发生了改变(由两条平行线变成了三条平行线)。

三、编辑多线

对多线的编辑,包括编辑多线的顶点、编辑多线相交的样式等。另外,可以直接编辑多线样式,从而绘制不同形状的多线。

(一)编辑多线样式

多线样式控制多线中直线元素的颜色和数目、线型及每个元素与多线起点之间的偏移量。在下例中,将删除一个直线元素、修改末端封口直线的角度和多线的背景填充。

编辑多线样式的步骤如下:

(1)在命令行输入 MLSTYLE,弹出“多线样式”对话框。

(2)选择多于两个元素的样式。

(3)单击“修改”按钮,弹出“修改多线样式”对话框。

(4)在“图元”框架组内选择要删除的线形元素,单击“删除”按钮即可,如图 2-54 所示。

(5)在“封口”框架组内设置多线的起点和端点,设置封口线的类型和角度,如图 2-54 所示。

(6)在“填充”框架组中,在“填充颜色”下拉列表中选择新的颜色后,单击“确定”按钮。

(7)在“多线样式”对话框中,单击“保存”按钮以保存对多线样式的修改。

(8)单击“确定”按钮退出对话框。

如图 2-55 所示,显示了编辑多线样式的绘制结果。

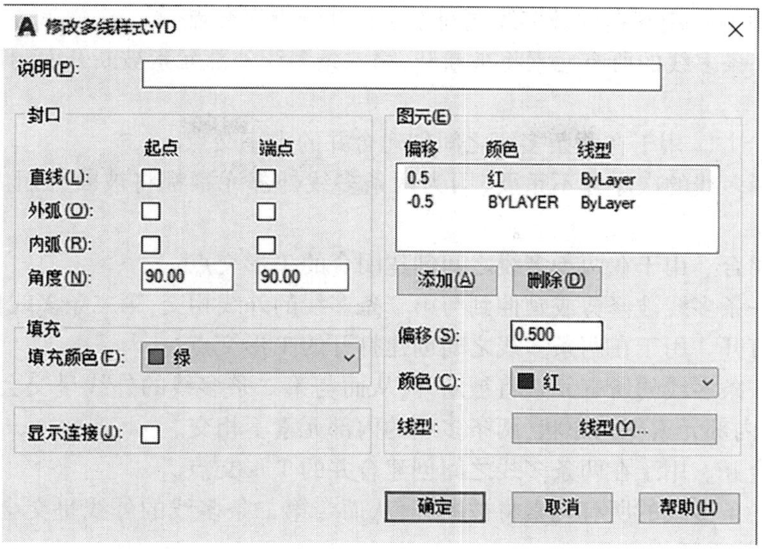

图 2-54　修改多线样式

(二)编辑多线的顶点和相交方式

选择菜单“修改”|“对象”|“多线”命令,或在命令行输入 MLEDIT 命令,CAD 将弹出“多线编辑工具”对话框,如图 2-56 所示。

图 2-55　编辑多线的绘制

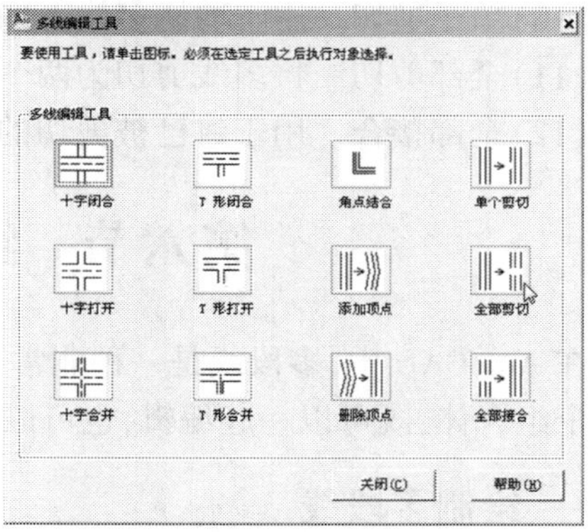

图 2-56　“多线编辑工具”对话框

该对话框显示四列样例图像:

(1)第一列处理十字交叉的多线。

(2)第二列处理 T 形相交的多线。

(3)第三列处理角点连接和顶点。

(4)第四列处理多线的剪切或接合。

单击任意一个图像样例,再单击“确定”按钮,退出对话框,用户可进一步进行相应的多线编辑。

(1)十字闭合。用于在两条多线之间创建闭合的十字交点。

特点:第一条多线将被断开,而第二条多线保持原状。

(2)十字打开。用于在两条多线之间创建打开的十字交点。

特点:第一条多线的所有元素将被断开,第二条多线外部元素被断开而内部元素保持原状。

(3)十字合并。用于在两条多线之间创建合并的十字交点。

特点:选择多线的次序并不重要,因为两条多线外部元素都将被断开而内部元素保持原状。

(4)T 形闭合。用于在两条多线之间创建闭合的 T 形交点。

特点:第一条多线被修剪或延伸到与第二条多线的外线相交,第二条多线保持原状。

(5)T 形打开。用于在两条多线之间创建打开的 T 形交点。

特点:第一条多线的所有元素将被断开,从而与第二条多线的外线呈交会性的相交,但第二条多线的内部元素保持原状,两条多线的内部元素不相交。

(6)T 形合并。用于在两条多线之间创建合并的 T 形交点。

特点:第一条多线的所有元素将被断开,从而与第二条多线的外线呈交会性的相交,且两条多线的内部元素相交。

(7)角点结合。用于在两条多线之间创建角点结合。

特点:CAD 将多线修剪或延伸到它们的交点处。

(8)添加顶点。用于向多线上添加一个顶点。

(9)删除顶点。用于向多线上删除一个顶点。

(10)单个剪切。用于剪切多线上的选定元素。

(11)全部剪切。将多线剪切为两个部分。

(12)全部接合。用于将已被剪切的多线线段重新接合起来。

第六节　绘制和编辑多段线

在 AutoCAD 中,多段线是一种非常有用的线段对象,它是由多段直线段或圆弧段组成的一个组合体,既可以一起编辑,也可以分别编辑,还可以具有不同的宽度。

一、绘制多段线

选择“绘图”|“多段线”命令或在命令行输入 PLINE 命令,即可绘制多段线。默认情况下,当指定了多段线另一端点的位置后,将从起点到该点绘出一段多段线。

多段线的绘制

下面以一个实例来说明直线和弧线组成的多段线的绘制过程,步骤如下:

(1)单击“功能区”选项板上的“常用”选项卡中的多段线按钮,绘制多段线。

(2)从屏幕上拾取多段线的起点 A,或直接输入点的坐标值。

(3)指定直线段的端点 B。

(4)在命令行上输入 A 切换到圆弧模式。

(5)指定弧线的端点 C,这样就绘制了一段圆弧,如图 2-57 所示。

(6)在命令行输入 W,改变多段线的宽度,输入起点宽度为 20,终点宽度为 20,此后画出的多段线就是有宽度的线。

(7)在命令行上输入 L,返回到直线模式。

(8)在屏幕上拾取直线端点 D 或在命令行上输入与弧线端点相关的距离和角度。

(9)在命令行上输入 A 切换到圆弧模式。

(10)输入 W,改变多段线的宽度,输入起点宽度为 20,端点宽度为 0。

(11)在命令行上输入 CL,使弧线闭合于第一条直线的起点,如图 2-58 所示。

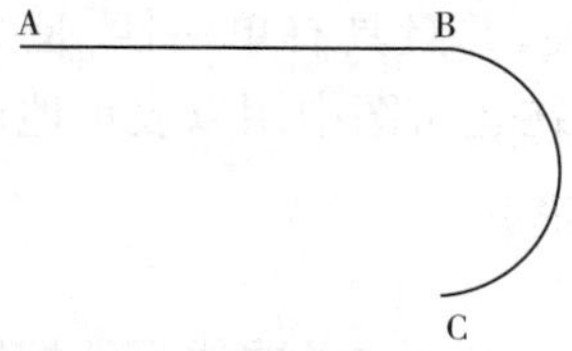

图 2-57　多段线的绘制

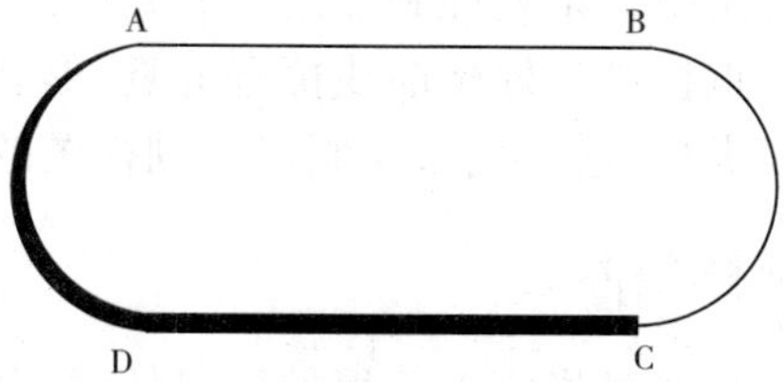

图 2-58　带宽度的多段线绘制

二、编辑多段线

在 AutoCAD 2021 中,可以一次编辑一条或多条多段线。编辑内容包括改变多段线的宽度、连接、闭合、拟合,插入、增加、删除、改变顶点等。选择"修改"|"对象"|"多段线"命令(PEDIT),调用编辑二维多段线命令。如果只选择一个多段线,命令行显示如下提示信息:

输入选项[闭合(C)/合并(J)/宽度(W)/编辑顶点(E)/拟合(F)/样条曲线(S)/非曲线化(D)/线型生成(L)/放弃(U)]:

如果选择多个多段线,命令行则显示如下提示信息:

输入选项[闭合(C)/打开(O)/合并(J)/宽度(W)/拟合(F)/样条曲线(S)/非曲线化(D)/线型生成(L)/放弃(U)]:

下面以一个实例来说明多段线拟合的过程:

(1)先用 PLINE 命令绘制一条多段线,如图 2-59 所示。

(2)在命令行输入 PEDIT 或 PE 命令,并选择图 2-59 所绘制的多段线。

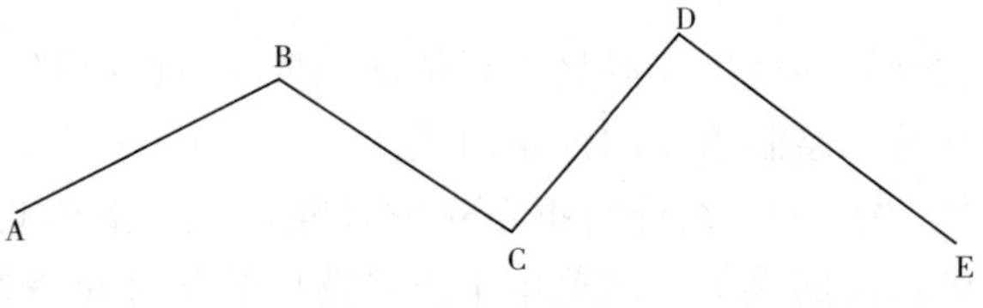

图 2-59　绘制多段线

(3)命令行出现提示:

输入选项[闭合(C)/合并(J)/宽度(W)/编辑顶点(E)/拟合(F)/样条曲线(S)/非曲线化(D)/线型生成(L)/反转(R)/放弃(U)]:

输入选项"样条曲线(S)",则将折线状的多段线编辑成为样条曲线,如图 2-60 所示。

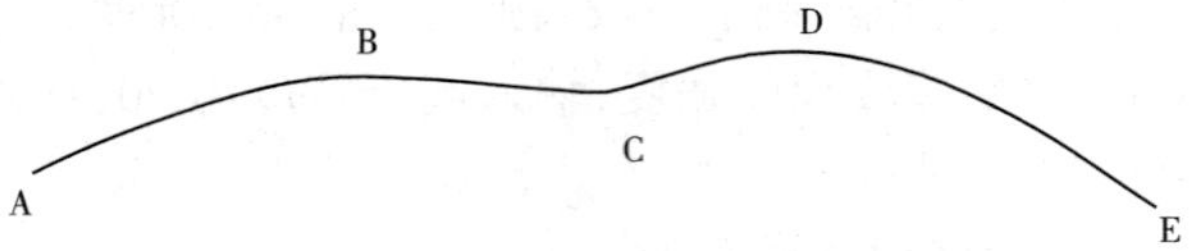

图 2-60　多段线的曲线化

第七节　绘制和编辑样条曲线

样条曲线是由一系列控制点定义的光滑曲线，曲线的大致形状和曲线与点的拟合程度均由这些控制点控制。样条曲线拟合逼真、形状控制方便，并且具有单一性，是一种用途非常广泛的曲线类型，通常用来绘制局部剖视图的剖断线，在建筑图中用以表示地形地貌等。

一、绘制样条曲线

样条曲线是通过指定点获得的可以任意弯曲的线条。由于样条曲线上的控制点可以任意拖动，因此可以灵活地调整直到获得所需的形状，这对精确表达圆锥曲线和一些复杂零件的曲线轮廓十分有用。

单击"样条曲线"按钮，然后指定起点、中间点和终点，即可绘制出样条曲线，效果如图 2-61 所示。

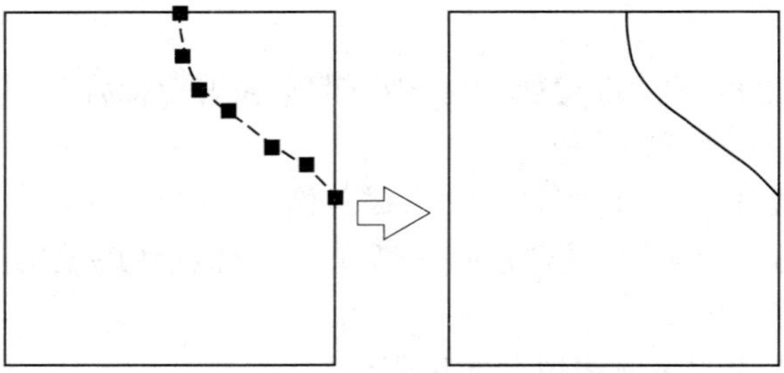

图 2-61　样条曲线的绘制

二、编辑样条曲线

在样条曲线绘制完成后，往往不能满足实际的使用要求，此时可以使用样条曲线编辑工具对其进行编辑，以达到符合绘制需要的样条曲线。

单击"编辑样条曲线"按钮，系统将提示选取样条曲线。此时选取样条曲线，曲线周围将显示控制点，同时显示快捷菜单。该菜单中主要选项的含义介绍如下。

(一) 拟合数据(F)

该选项可编辑样条曲线所通过的某些控制点。选择该选项后，样条曲线上各控制点的位置均会以夹点的形式显示，主要包括以下 6 种方式：

(1) 添加(A)。将为样条曲线添加新的控制点。

(2) 删除(D)。将删除样条曲线控制点集中的一些控制点。

(3)移动(M)。将移动控制点的位置,按 Enter 键可在各点间切换,依次指定各点。

(4)清理(P)。将从图形数据库中清除样条曲线的拟合数据。

(5)相切(T)。将修改样条曲线在起点和端点的切线方向。

(6)公差(L)。将重新设置拟合公差的值。

(二)闭合(C)

选择该选项后,系统自动将最后一点定义为与第一点相同,并且在连接处相切,以此使样条曲线闭合。

(三)移动顶点(M)

该选项可以通过拖动光标的方式,移动样条曲线各控制点处的夹点,以达到编辑样条曲线的目的。与"拟和数据"选项中的"移动"子选项功能一致。

(四)反转(E)

该选项可使样条曲线的方向相反。

(五)优化(R)

该选项可将样条曲线的控制点进行细化,以便更加精确地对样条曲线进行编辑。当选择该选项后,命令行中各个选项的含义如下所述:

(1)添加控制点(A)。该选项可增加样条曲线的控制点。指定样条曲线的某个控制点,以两个控制点代替,并且新点与样条曲线更加接近。

(2)提高阶数(E)。该选项可控制样条曲线的阶数,阶数越高控制点越多样条曲线越光滑。如果选择该选项,系统将提示输入新阶数。图 2-62 所示输入新阶数为 5,将显示精度设置效果。

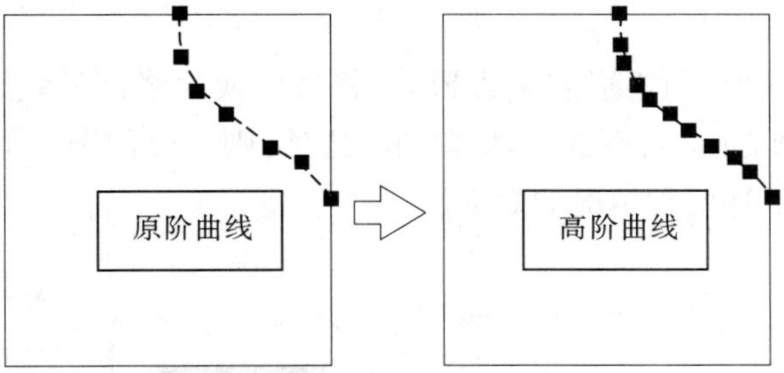

图 2-62　提高样条曲线的阶数

(3)权值(W)。该选项可改变控制点的权值。

(六)转换为多段线(P)

该选项可将样条曲线转换为多段线。选择该选项后,系统提示指定精度。此时输入的精度数值越大,转换后多段线的段数越多。

第八节　徒手画图

徒手绘制图形同样属于线性对象,其中包括"修订云线"和"区域覆盖"工具,这两种工具的共同点是通过移动光标在屏幕上直接绘制图形，主要用于绘制不规则边界或使用数字化仪追踪。

一、绘制修订云线

修订云线可以在检查图形或进行批示审阅时进行标记，以凸显某个部分。在“绘图”选项板中单击“修订云线”按钮，命令行将显示“指定起点或[弧长(A)/对象(O)/样式(S)] <对象>：”提示信息，各选项的含义分别介绍如下。

(一)弧长(A)

指定云线的最小弧长和最大弧长，利用该选项可控制所绘修订云线的弧长范围。弧长的最小值默认为0.5个单位，最大值不能超过最小值的3倍。图2-63所示为使用不同弧长绘制的修订云线。

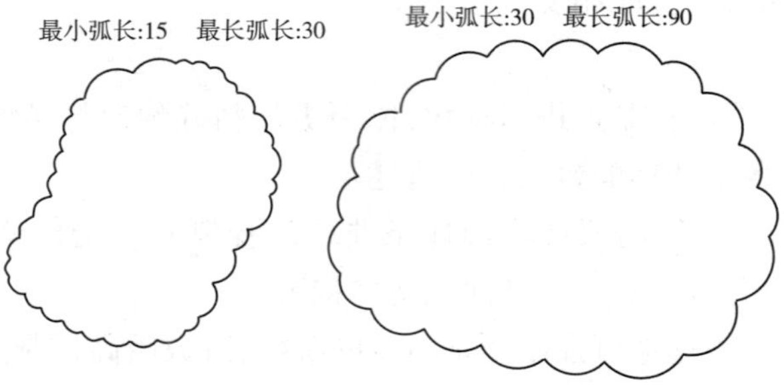

图 2-63　使用不同弧长绘制的修订云线

(二)对象(O)

通过选取一封闭图形，如矩形或多边形等，将其转换为修订云线路径。此时如果选择“否”选项，则圆弧的圆心向内；而如果选择“是”选项，则圆弧的圆心向外。图2-64所示为将该正四边形转换为上述两种情况的效果。

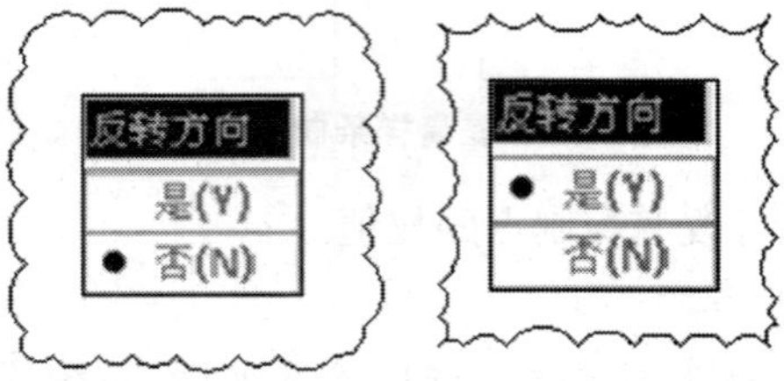

图 2-64　转换对象后的两种结果

(三)样式(S)

指定修订云线中圆弧的绘制方式，包括普通和手绘两种样式。其中普通样式为绘制修订云线的默认样式，而使用手绘样式所绘制的修订云线将以粗实线显示。这两种样式绘制修订云线的效果如图2-65所示。

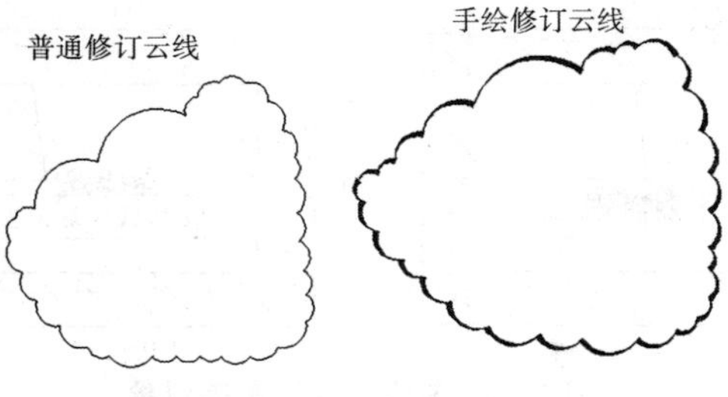

图 2-65　两种样式绘制修订云线

二、绘制区域覆盖对象

区域覆盖对象可以在现有对象上形成一个空白区域，以覆盖指定区域或在指定区域内添加注释。该区域可与区域覆盖边框绑定，并可以打开该区域进行编辑或关闭该区域进行打印。

单击“区域覆盖”按钮，绘制一个封闭的多边形，并按 Enter 键。此时系统将使用当前的背景色遮盖被覆盖的区域，效果如图 2-66 所示。

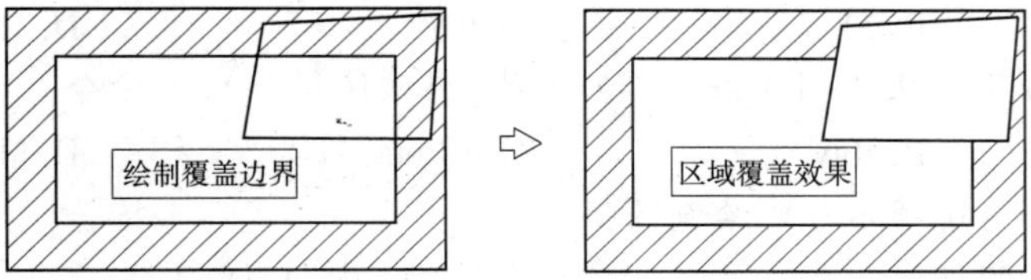

图 2-66　区域覆盖对象

对于区域覆盖的边界，默认情况下可以通过一系列控制点来定义，也可以根据命令行中的提示信息对区域覆盖进行编辑。

（一）边框格式

确定是否显示区域覆盖对象的边界。若选择“开（ON）”选项可显示边界；若选择“关（OFF）”选项可隐藏绘图窗口中所要覆盖区域的边界，效果如图 2-67 所示。

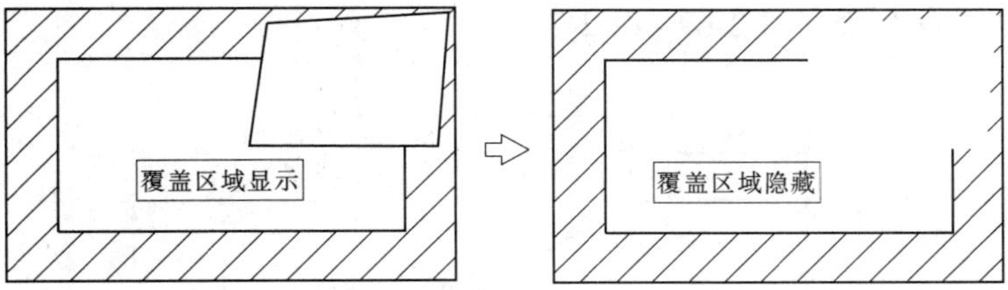

图 2-67　显示与隐藏边界效果

（二）多段线

使用现有的封闭多段线作为区域覆盖对象的边界。如图 2-68 所示，首先利用“多段线”工具绘制一多段线，并利用“编辑多段线”工具将该多段线闭合；然后单击按钮，在命令行中输入 P，并选取该封闭多段线，接着输入 Y 删除所绘的多段线。

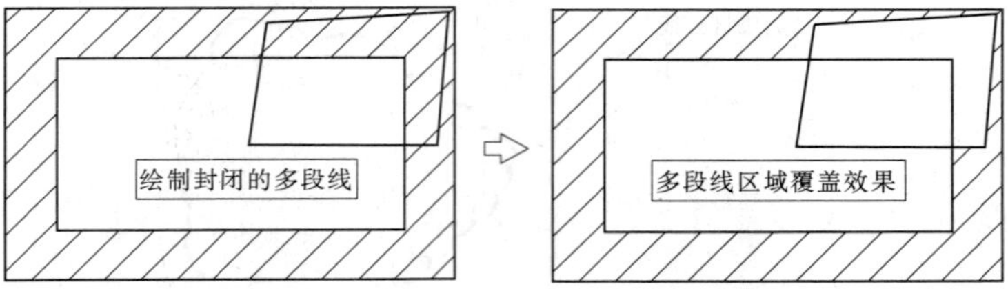

图 2-68　多段线区域覆盖对象

思考与练习

一、选择题

1. 用 RECTANG 命令绘制一个矩形,它包含(　　)图元。

A. 一个　　B. 二个　　C. 四个　　D. 不确定

2. 在 CAD 中,常使用“绘图”|“圆”命令中的(　　)子命令绘制连接弧。

A. 圆心、半径　　B. 三点　　C. 相切、相切、相切　　D. 相切、相切、半径

3. 在 AutoCAD 2021 中,系统提供了(　　)个命令来绘制圆弧。

A. 8　　B. 11　　C. 6　　D. 12

4. 在 AutoCAD 中一次绘制 3 条平行的直线,应该使用(　　)命令。

A. Pline　　B. Ray　　C. Xline　　D. Mline

5. 下面的(　　)选项不可以绘制圆弧。

A. 起点、圆心、端点　　B. 起点、方向、圆心

C. 圆心、起点、长度　　D. 起点、端点、半径

二、问答题

1. 常用的基本绘图命令有哪些?

2. 直线和多段线之间有何区别?

3. 等分点的作用有哪些?

4. 绘制圆的方法有哪几种?

三、上机练习题

使用基本绘图命令绘制图 2-69~图 2-73。

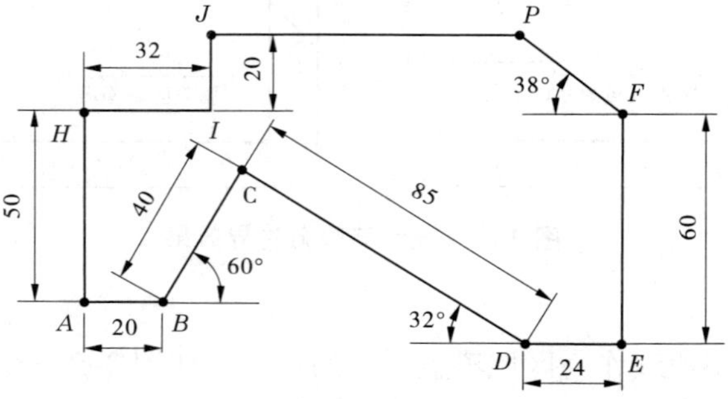

图 2-69

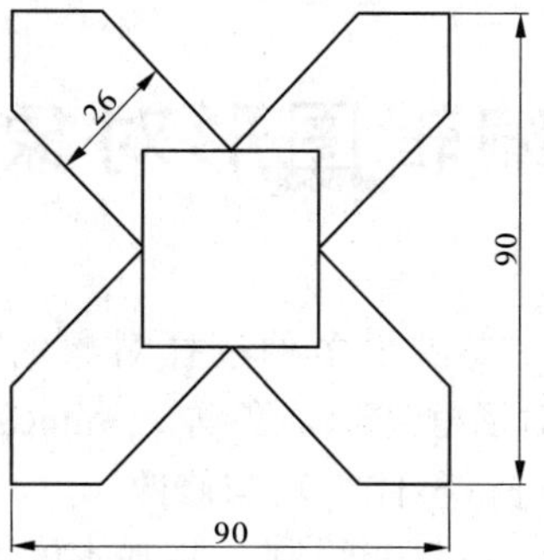

图 2-70

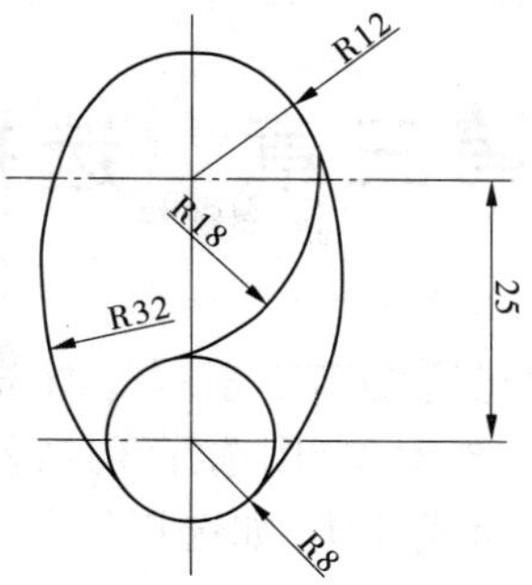

图 2-71

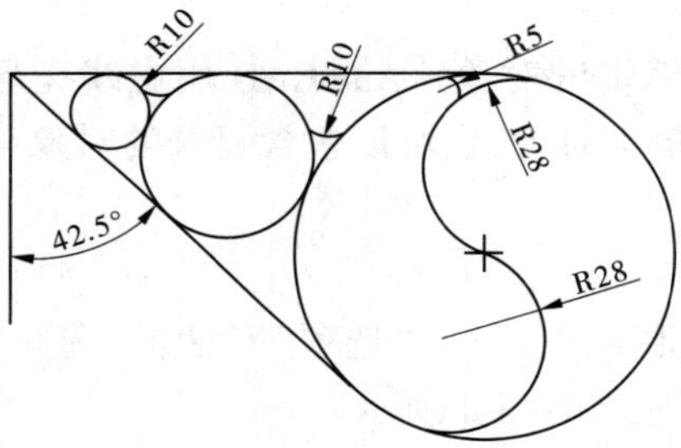

图 2-72

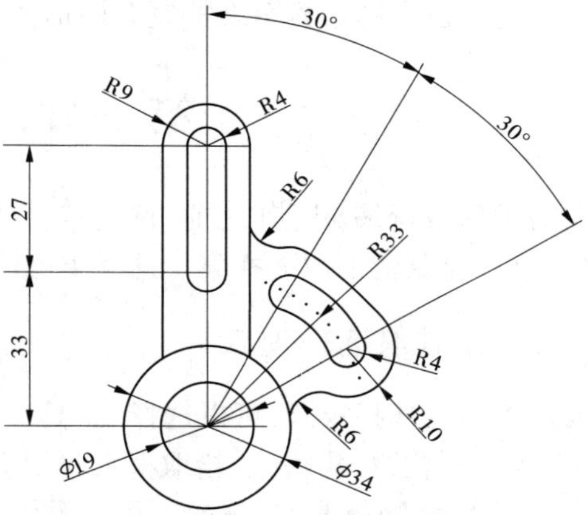

图 2-73

课后练习

第三章　选择和编辑图形对象

选择对象是进行编辑的前提。AutoCAD 2021 提供了多种选择对象的方法,如点取方法、用选择窗口选择对象、用选择线选择对象、用对话框选择对象等。AutoCAD 2021 可以把选择的多个对象组成整体(如选择集和对象组),进行整体编辑与修改。

在 AutoCAD 中,单纯地使用绘图命令或绘图工具只能绘制一些基本的图形对象。为了绘制复杂图形,很多情况下都必须借助于图形编辑命令。AutoCAD 2021 提供了众多的图形编辑命令,如复制、移动、旋转、镜像、偏移、阵列、拉伸及修剪等。使用这些命令,可以修改已有图形或通过已有图形构造新的复杂图形。

第一节　选择对象

在对图形进行编辑操作之前,首先需要选择要编辑的对象。AutoCAD 用虚线亮显所选的对象,这些对象就构成选择集。选择集可以包含单个对象,也可以包含复杂的对象编组。

一、设置对象选择模式

要设置对象选择模式,可以选择"工具" | "选项"命令,打开"选项"对话框,选择"选择集"选项卡,设置选择集模式、拾取框大小及夹点功能,如图 3-1 所示。

图 3-1　"选择集"选项卡

在"选择集模式"选项组中各选项的功能如下所示。

（一）“先选择后执行”复选框

该选项用于在执行大多数修改命令时调换传统的次序。该选项设置为打开时，可以在命令行“命令：”提示下，先选择对象，再执行修改命令。例如，如果要使用 COPY 命令复制一个对象，当“先选择后执行”复选框选中时，可以先选择该对象，然后调用 COPY 命令，此时 AutoCAD 将跳过“选择对象”提示，直接复制先前选择的对象。

（二）“用 Shift 键添加到选择集”复选框

当选中该复选框时，它激活一个附加选择方式，即需要按住 Shift 键才能添加新对象。例如，如果先选择一个对象，该对象亮显，此时若再选择一个对象，则新对象亮显，而前一个对象不呈亮显状态。若要两者均被选择，唯一的方法是选择第一个对象后按住 Shift 键选择第二个对象。与之类似，取消选择的对象也需用同样的方法。

当清除该复选框时，若选择新对象，只需直接选择对象或使用其他选项选择，AutoCAD 将直接向选择集中添加新的对象。

（三）“对象编组”复选框

当选中该复选框时，如果选择组中的任意一个对象，则该对象所在的组都会被选择。

（四）“关联图案填充”复选框

当选中该复选框时，如果选择关联填充的对象，则填充的边界对象也被选中。

（五）“隐含选择窗口中的对象”复选框

当选中该复选框时，用户在图形窗口用鼠标拖动或者用定义对角点的方式定义出一个矩形即可进行对象的选择。

二、选择对象的方法

在 AutoCAD 中，选择对象的方法很多，不同的对象有不同的选取方法。无论使用哪种方法，AutoCAD 2021 都将提示用户选择对象，并且光标的形状由十字光标变为拾取框。此时，可以选择对象。下面结合 SELECT 命令说明选择对象的方法。

SELECT 命令可以单独使用，即在命令行键入 SELECT 后回车，也可以在执行其他编辑命令时被自动调用。此时，屏幕出现提示：

选择对象：

等待用户以某种方式选择对象作为回答。AutoCAD 2021 提供多种选择方式，可以键入“?”查看这些选择方式。选择该选项后，出现如下提示：

需要点或窗口（W）/上一个（L）/窗交（C）/框（BOX）/全部（ALL）/栏选（F）/圈围（WP）/圈交（CP）/编组（G）/添加（A）/删除（R）/多个（M）/前一个（P）/放弃（U）/自动（AU）/单个（SI）/子对象/对象

（一）点取对象

要选择一个对象，可以简单地选取该对象。将拾取框移动到对象上，然后单击。AutoCAD 立即检索拾取框中的对象。值得注意的是，在“隐含窗口”处于打开状态时，如果拾取框中没有选中任何一个对象，该选择点将变成窗口或交叉窗口的第一个对角点。

（二）循环选择对象

在一个非常拥挤的图形中，选择对象将十分困难，因为对象之间的距离太近，或者其他对象正好位于另一个对象之上。单独选取对象时，在拾取框中可以循环选择对象，直到

AutoCAD 将用户所要选择的对象亮显。要达到此目的，将拾取框移动到所需对象上，并尽可能地靠近该对象，然后在按住 Ctrl 键的同时单击，AutoCAD 在命令行中显示下列信息：

命令：<循环开>

在激活对象循环后，每单击一次，AutoCAD 将会亮显一个不同的对象。在所需对象亮显时，按空格键将该对象添加到选择集中，随后 AutoCAD 关闭对象循环功能。

（三）使用“窗口”模式选择对象（W）

首先选中“隐含窗口”复选框、清除“按住并拖动”复选框。在图形窗口中选择第一个对角点，然后向右侧移动鼠标，显示为一个实线矩形，如图 3-2 所示。

选择第二个对角点，选取的对象为完全包含在实线矩形中的对象，而仅仅部分进入实线矩形中的对象不会被选取。例如，根据图 3-2 所示选取的对象为左侧的图形，而仅仅进入实线矩形右侧的图形则不会被选取，如图 3-3 所示。

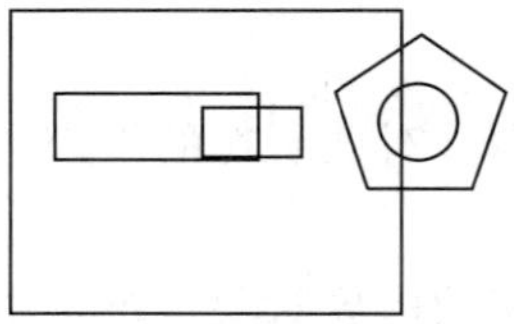

图 3-2 “窗口”模式中选取对象的矩形

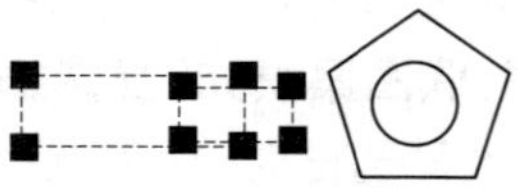

图 3-3 “窗口”模式中选取的对象

在“窗口”模式下，选取一个非常拥挤图形中的某一个对象时十分方便，用户无须担心进入到实线矩形的其他对象，因为只有全部位于实线矩形中的对象才会被选取，任何位于矩形以外或者与矩形边框相交叉的对象都不会被选取。

（四）上一个（L）

在“选择对象：”提示下键入 L 后回车，系统自动选取最后绘出的一个对象。

（五）使用“窗交”模式选取对象（C）

该方式与上述“窗口”方式相似，区别在于，它不但选中矩形窗口内部的对象，也选中与矩形窗口边界相交的对象。

首先选中“隐含窗口”复选框、清除“按住并拖动”复选框。在图形窗口中选择第一个对角点，然后向左侧移动鼠标，显示为一个虚线矩形，如图 3-4 所示。选择第二个对角点，选取的对象为与虚线矩形相交的全部对象。例如，根据图 3-4 选取的对象不仅包括左侧的图形，也包括部分进入虚线矩形右侧的图形，如图 3-5 所示。

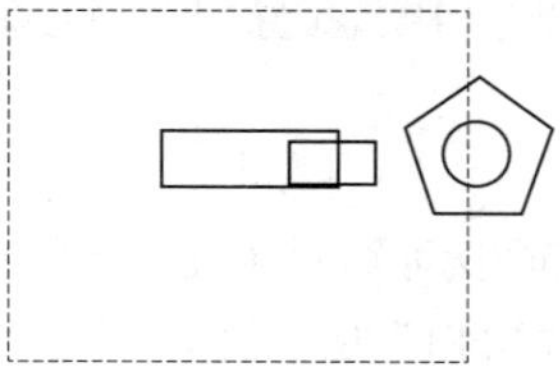

图 3-4 “窗交”模式中选取对象的矩形

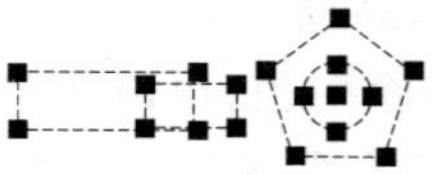

图 3-5 “窗交”模式中选取的对象

在“窗交”模式下选取对象，选取一个复杂对象时十分方便，用户无须将需要选择的对象全部包含在虚线矩形中即可选取该对象。“窗交模式”被简称为交叉选择。

进入交叉选择也不是只能自右至左拖动矩形来选择,在命令行输入 SELECT 命令,按 Enter 键,并且在命令行的“选择对象:”提示下输入“?”,将显示如下的提示信息:

需要点或窗口(W)/上一个(L)/窗交(C)/框(BOX)/全部(ALL)/栏选(F)/圈围(WP)/圈交(CP)/编组(G)/添加(A)/删除(R)/多个(M)/前一个(P)/放弃(U)/自动(AU)/单个(SI)/子对象/对象

其中:根据提示可以看到,按下 C 即可进入“窗交”模式。此时就不受只能从右至左拖动矩形的限制。

(六)使用“框”模式选择对象框(BOX)

该方式没有命令缩写字。使用时,系统根据用户在屏幕上给出的两个对角点的位置而自动引用“窗口”或“窗交”选择方式。若从左向右指定对角点,为“窗口”方式;反之,为“窗交”方式。

(七)全部(ALL)

选取绘图窗口中的所有对象。在“选择对象:”提示下键入 ALL 后回车。此时,绘图区域内的所有对象均被选中。

(八)使用“栏选择”模式选择对象(F)

根据上面的介绍,输入“SELECT”命令再输入“?”打开选择模式后,如果按下 F 键即可进入“栏选择”模式:使用栏选择可以很容易地选择复杂图形中的对象。栏选择看起来像多段线,但仅选择它经过的对象,并非通过封闭对象来选择它们。

(九)使用“圈围”模式选择对象(WP)

使用一个不规则的多边形来选择对象。在“选择对象:”提示下键入 WP 后回车,系统提示:

第一圈围点:(输入不规则多边形的第一个顶点坐标)

指定直线的端点或[放弃(U)]:(输入第二个顶点坐标)

指定直线的端点或[放弃(U)]:(输入下一个顶点坐标)

……

指定直线的端点或[放弃(U)]:(回车结束操作)

根据提示,用户依次输入构成多边形所有顶点的坐标,直到最后用回车作为空来回答结束操作,系统将自动连接第一个顶点与最后一个顶点形成封闭的多边形。多边形的边不能接触或穿过本身。若键入 U,取消才定义的坐标点并且重新指定。凡是被多边形围住的对象均被选中(不包括边界)。

(十)使用“圈交”模式选择对象(CP)

类似“圈围”模式,在提示后键入 CP,后续操作与 WP 方式相同。区别在于,与多边形边界相交的对象也被选中。

(十一)编组(G)

使用预先定义的对象组作为选择集。事先将若干个对象组成组,用组名引用。

(十二)添加(A)

添加下一个对象到选择集,也可以用于从移走模式(REMOVE)到选择模式的切换。添加模式也是 AutoCAD 2021 的默认方式。在提示符后键入 A,回车即可执行。

（十三）删除（R）

在“选择对象：”提示符后键入 R，回车，该行提示为：

删除对象：

按住 Shift 键选择对象，可以从当前选择集中移走该对象。对象由高亮显示状态变为正常状态。

（十四）多个（M）

指定多个点，不高亮显示对象。这种方法可以加快在复杂图形上的对象选择过程。若两个对象交叉，指定交叉点两次则可以选择这两个对象。

（十五）前一个（P）

用关键字 P 回答“选择对象：”的提示，则把上次编辑命令最后一次构造的选择集或最后一次使用“SELECT（DDSELECT）”命令预置的选择集作为当前选择集。这种方法适用于对同一选择集进行多种编辑操作。

（十六）放弃（U）

用于取消加入到选择集的对象。它可以将用户在选择集中所做的操作一步一步地后退，每退一步都把最近加入的对象移出，键入 U 后回车即可执行。

（十七）自动（AU）

这是 AutoCAD 的默认选择方式。其选择结果视用户在屏幕上的选择操作而定。如果选中单个对象，则该对象即为自动选择的结果；如果选择点落在对象内部或外部的空白处，系统会提示：

指定对角点：

此时，系统会采取一种窗口的选择方式，即把用户点取在空白处作为一矩形框的一个对角点，移动拾取框到另一个位置选点，系统将把该点作为矩形框的另一个对角点，此时便确定出一个矩形框，被该矩形框框住的对象会被选中。对象被选中后，变为虚线形式，并高亮显示。

（十八）单个（SI）

选择指定的第一个对象或对象集，而不继续提示进行进一步的选择。

（十九）子对象（SU）

使用户可以逐个选择原始形状，这些形状是复合实体的一部分或三维实体上的顶点、边和面。可以选择这些子对象的其中之一，也可以创建多个子对象的现择集。按住 Ctrl 键选择和在命令提示行中用“子对象”选择的效果一样。

三、过滤选择

选择对象时，通过对所创建的选择集使用一个过滤器可以限制哪些对象将被选择。一个选择集过滤器可以根据一些特性，如颜色、线型、对象类型或者这些特性的组合去选择对象。例如，可以创建一个选择集过滤器，以便在指定的图层上仅选择蓝色的圆或者选择蓝色的圆之外的对象。实际上，“快速选择”就是一个很好的选择集过滤器，用户可以通过“快速选择”十分方便地制定选择的特性。

AutoCAD 2021 还提供了另一种选择集过滤器。在命令行中输入 FILTER 后，按 Enter 键即可打开“对象选择过滤器”对话框，如图 3-6 所示。

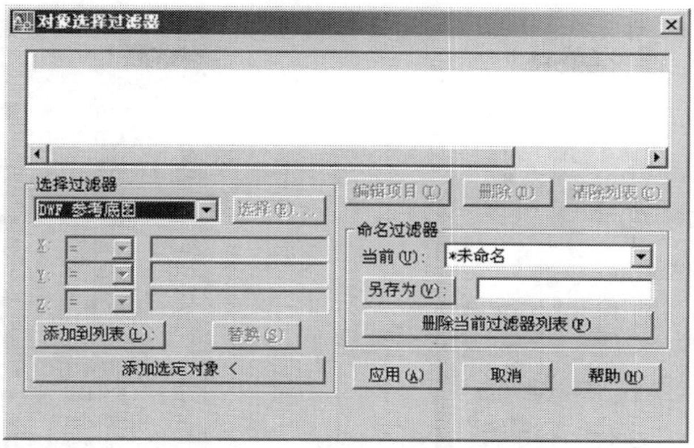

图 3-6 “对象选择过滤器”对话框

“对象选择过滤器”对话框上部的列表中,显示了当前用于限定选择集的过滤器。要将一个过滤器添加到列表中,在“选择过滤器”选项组的下拉列表中,选择所要添加的过滤器,然后单击“添加到列表”按钮。根据所选过滤器的类型,还可以指定其他参数,例如,一条直线的起点或者填充图案的名称。

过滤器列表一直保留在对话框中,直到清除列表或关闭 AutoCAD。如果需要,还可以为当前的选择集过滤器标记一个名称,并保存该过滤器,以便以后重新使用。AutoCAD 将命名的过滤器保存在 Filter. nfl 文件中。

既可以在执行一个命令前应用选择集过滤器,也可以在一个命令正在激活状态时应用选择集过滤器。如果在没有命令处于激活状态时应用选择集过滤器,通过指定前一个选择集可以编辑对象。

四、快速选择

有时用户需要选择具有某些共同属性的对象来构造选择集,如选择具有相同颜色、线型或线宽的对象,用户当然可以使用前面介绍的方法选择这些对象,但如果要选择的对象数量较多且分布在较复杂的图形中,工作量会很大。AutoCAD 2021 提供了 QSELECT 命令来解决这个问题,当需要选择具有某些共同特性的对象时,可利用“快速选择”对话框,根据对象的图层、线型、颜色、图案填充等特性和类型,创建选择集。

(1)命令格式。

· 菜单:工具→快速选择。

· 命令行:QSELECT。

· 右键快捷菜单:快速选择(见图 3-7)。

· 工具选项板:特性→快速选择(见图 3-8)。

(2)AutoCAD 打开“快速选择”对话框,如图 3-9 所示,在此对话框中,可以设置用户自定义的选择条件,然后快速选择需要的一个或一组对象。

实例目标:选择图 3-10 中所有居民地。

实例分析:本例主要使用“快速选择”对话框来选择所需要的一组对象。

操作步骤:

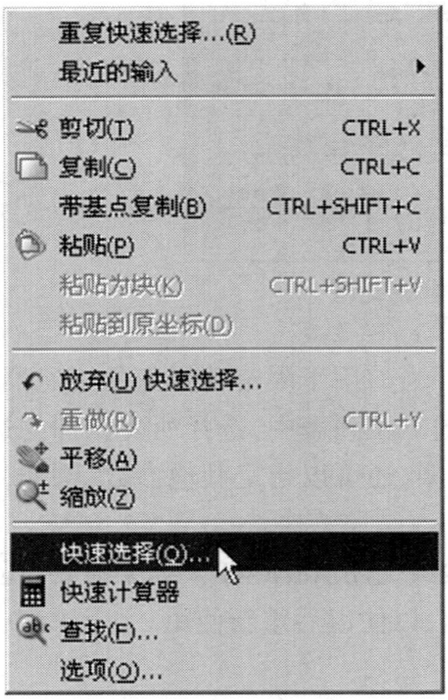

图 3-7 “快速选择”右键快捷菜单

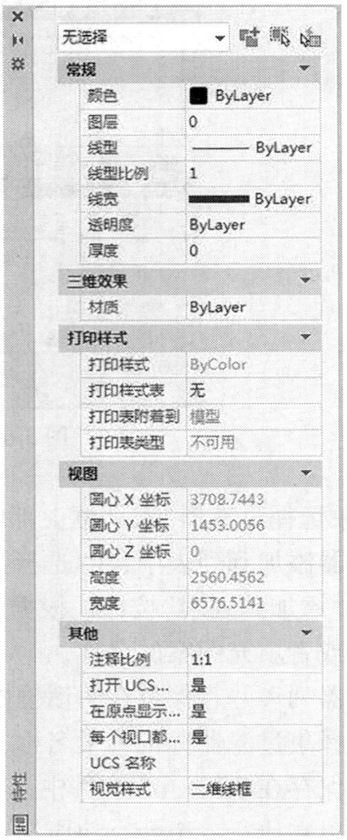

图 3-8 “特性”选项板

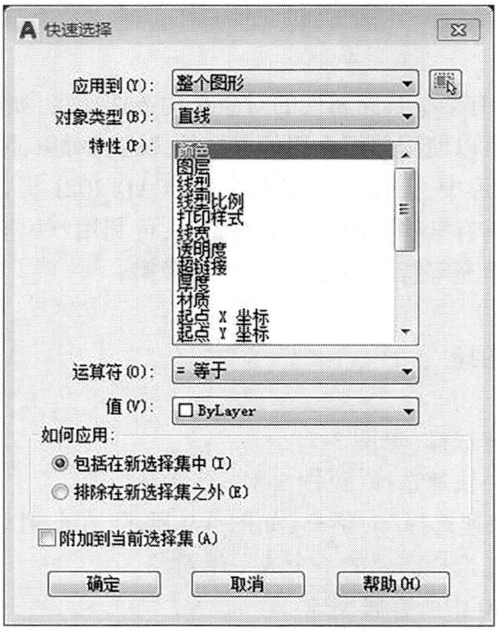

图 3-9 “快速选择”对话框

(1)启动 AutoCAD 2021,打开如图 3-10 所示的地形图。

(2)选择“工具”|“快速选择”命令,打开“快速选择”对话框。在“应用到”下拉列表框中,选择“整个图形”选项;在“对象类型”下拉列表框中,选择“所有图元”选项。

(3)在“特性”列表框中选择“图层”选项,在“运算符”下拉列表框中选择“=等于”选项,然后在“值”文本框中选择 JMD,表示选择图形中所有居民地。

(4)在“如何应用”选项组中,选择“包括在新选择集中”单选按钮,按设定条件创建新的选择集,如图 3-9 所示。

(5)单击“确定”按钮,将选中图形中所有符合要求的图形对象,如图 3-10 所示。

图 3-10　显示选择的结果

五、使用编组

在 AutoCAD 2021 中,可以将图形对象进行编组以创建一种选择集,使编辑对象变得更为灵活。

编组是保存的对象集,可以根据需要一起选择和编辑,也可以分别进行。编组提供了以组为单位操作图形元素的简单方法。

在命令行提示下输入 GROUP,并按 Enter 键,使用打开的“对象编组”对话框就可以来创建编组。

实例目标:将图 3-11 中所有的居民地创建一个编组 JMD。

图 3-11　创建对象编组

实例分析：本例主要使用“对象编组”对话框来创建编组 JMD。

操作步骤：

(1)启动 AutoCAD 2021，打开如图 3-11 所示的图形文件。

(2)在命令提示下输入 GROUP 命令，按 Enter 键，打开“对象编组”对话框。

(3)在“编组标识”选项组的“编组名”文本框中输入编组名 JMD，如图 3-12 所示。

(4)单击“新建”按钮，切换到绘图窗口，选择图 3-11 所示图形中的所有居民地。

(5)按 Enter 键结束对象选择，返回到“对象编组”对话框，单击“确定”按钮，完成对象编组。此时，如果单击编组中的任一对象，所有其他对象也同时被选中。

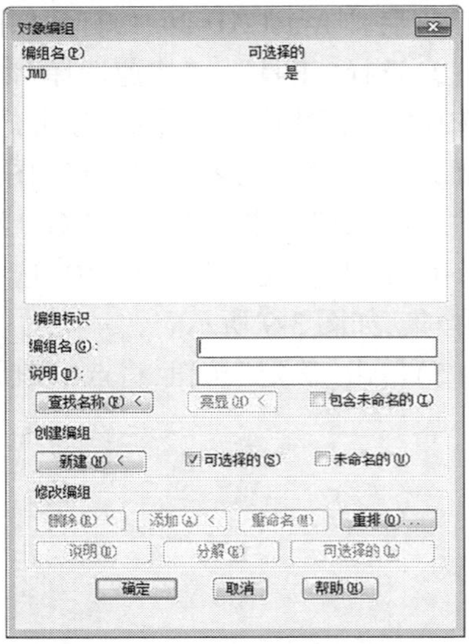

图 3-12　“对象编组”对话框

第二节　使用夹点编辑图形

在 AutoCAD 2021 中，用户可以使用夹点编辑完成某些编辑命令的功能。夹点编辑与通常所使用的修改方法是完全不同的。夹点是一种集成的编辑模式，提供了一种方便快捷的编辑操作途径。例如，使用夹点可以对对象进行拉伸、移动、旋转、缩放及镜像等操作。

一、使用夹点

当用户选择对象时，所选择的对象出现若干个小方框，这些小方框所确定的点即为对象的特征点，在 AutoCAD 中称为夹点。在选择对象实现某些编辑操作时，都可以通过对夹点的控制来完成。

在所选对象上激活夹点后，拾取要修改的夹点，使其变为填充状态，然后单击右键，弹出快捷菜单，如图 3-13 所示。

下面介绍夹点快捷菜单的各种编辑功能。

(一)拉伸顶点

在不执行任何命令的情况下选择对象，显示其夹点，然后单击其中一个夹点，进入编辑状态。此时，AutoCAD 自动将其作为拉伸的基点，进入“拉伸”编辑模式，命令行将显示如下提示信息：

＊＊ 拉伸 ＊＊

指定拉伸点或［基点(B)/复制(C)/放弃(U)/退出(X)］：

在上述提示中选项的含义和功能如下。

1. 指定拉伸点

该选项可以将指定基点拉伸到新位置。系统提示需输入新点的位置，AutoCAD 将所选对象上指定的基点拉伸到新点的位置。

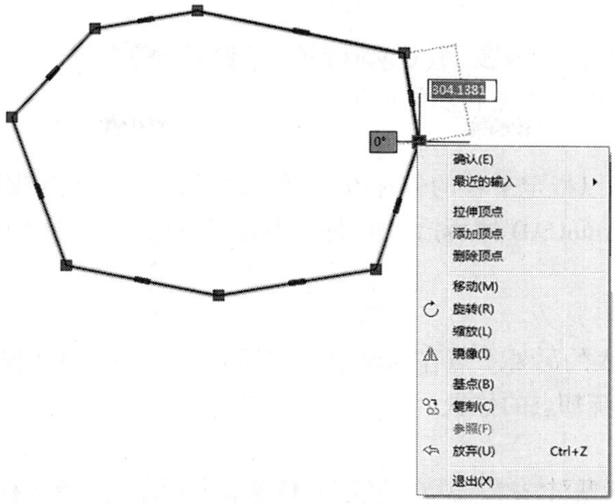

图 3-13　快捷菜单

2. 基点

选择该选项后，系统允许以输入的另外一点作为基点，然后 AutoCAD 提示：

指定基点：(输入新基点的位置)

* * 拉伸 * *

指定拉伸点或［基点(B)/复制(C)/放弃(U)/退出(X)］：(键入端点的坐标)

拉伸结果是所选对象以新点为基点发生了移动。

3. 复制

选择该选项后，AutoCAD 允许用户对所选对象进行多次移动操作，并保留所有移动后的对象。

(二) 添加顶点

在不执行任何命令的情况下选择对象，显示其夹点，然后单击其中一个夹点，进入编辑状态，右键选择"添加顶点"，命令行将显示如下提示信息。

添加新顶点：

系统允许以输入的另外一点作为新顶点。

(三) 删除顶点

在不执行任何命令的情况下选择对象，显示其夹点，然后单击其中一个夹点，进入编辑状态，右键选择"删除顶点"，命令行将显示如下提示信息。

拾取以删除顶点：

(四) 移动对象

利用该功能不但可以移动对象，还可以对所选对象进行多次复制。

移动对象仅仅是位置上的平移，对象的方向和大小并不会改变。要精确地移动对象，可使用捕捉模式、坐标、夹点和对象捕捉模式。在夹点编辑模式下确定基点后，在命令行提示下输入 MO 进入移动模式，命令行将显示如下提示信息。

移动的使用

＊＊ 移动 ＊＊

指定移动点或［基点(B)/复制(C)/放弃(U)/退出(X)］:

在上述提示中,选项的含义和功能如下。

1. 指定移动点

选择该选项后,可以指定平移的目标点。可以通过输入坐标点或通过鼠标在绘图窗口直接拾取点来确定。AutoCAD 把所拾取的夹点作为起始点,后面输入的点作为终止点,将对象平移到端点位置。

2. 基点

该选项允许用输入的另外一点作为基点来移动对象。AutoCAD 提示:

指定基点:(输入新基点的位置)

＊＊移动＊＊

指定移动点或[基点(B)/复制(C)/放弃(U)/退出(X)]:(指定移动的终点)

编辑结果是将选取的对象以指定的基点为起点,平移到终点位置。

3. 复制

选择该选项后,系统允许用户对所选对象进行多次移动操作,并保留所有移动后的对象。

(五)旋转对象

该命令用来将所选对象相对于基点进行旋转,同时可将所选对象进行多次复制。

以鼠标拾取对象的某夹点作为基点,然后在右击鼠标弹出的快捷菜单中选择“旋转”命令,AutoCAD 提示:

＊＊旋转＊＊

指定旋转角度或[基点(B)/复制(C)/放弃(U)/参照(R)/退出(X)]:

在上述提示中,选项的含义和功能如下。

1. 指定旋转角度

这是默认项,在提示后直接输入角度值,AutoCAD 把选中的对象绕特征基点旋转指定的角度。

2. 参照

选择该选项后,可以使用参照方式旋转对象。AutoCAD 提示:

指定参照角<0>:(输入参考方向的角度值)

＊＊旋转＊＊

指定新角度或[基点(B)/复制(C)/放弃(U)/参照(R)/退出(X)]:(输入相对于参考方向的角度值)

其余选项的操作与“移动(M)”命令中的相应选项的含义相同。

(六)缩放对象

该命令用于将所选对象相对于所选的基点进行缩放,同时可对所选对象进行多次复制。用鼠标拾取所选对象的某夹点作为基点,然后在单击鼠标右键弹出的快捷菜单中选择“比例(L)”命令,AutoCAD 提示:

比例缩放

＊＊比例缩放＊＊

指定比例因子或[基点(B)/复制(C)/放弃(U)/参照(R)/退出(X)]:

在上述提示中,选项的含义和功能如下。

1. 指定比例因子

这是默认项，在系统提示下直接输入比例因子值，AutoCAD 以指定的特征基点作为缩放基点，然后对所选对象按指定的比例因子进行缩放。

2. 参照

选择该选项后，可以用参照方式对所选对象进行比例缩放，然后 AutoCAD 提示：

指定参考长度<1.0000>:（输入参考长度）

＊＊比例缩放＊＊

指定新长度或[基点(B)/复制(C)/放弃(U)/参照(R)/退出(X)]:（输入新的长度）

AutoCAD 自动计算所选对象的缩放比例，比例值为“新长度/参考长度”，并按该比例对所选对象进行缩放。

其余选项的操作与“移动(M)”命令中的相应选项的操作相同。

(七)镜像对象

与“镜像”命令的功能类似，镜像操作后将删除原对象。在夹点编辑模式下确定基点后，在命令行提示下输入 MI 进入镜像模式，命令行将显示如下提示信息：

＊＊镜像＊＊

指定第二点或[基点(B)/复制(C)/放弃(U)/退出(X)]:

图 3-14 所示的是夹点编辑示例。其中对夹点 1 进行了拉伸操作，对夹点 4 进行了旋转操作，还对夹点 7 进行了镜像操作。

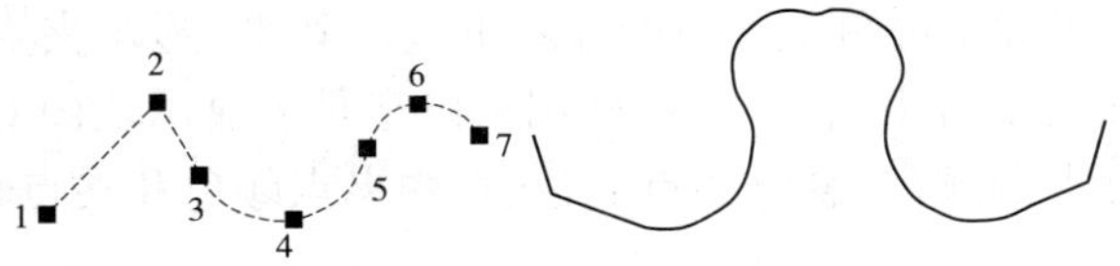

图 3-14　夹点编辑示例

二、设置夹点

对象上的夹点对编辑对象非常有效和方便。对象上的夹点还可以进行设置，以改变夹点的大小和颜色。为此，AutoCAD 提供了夹点编辑功能。使用 GRIPS 命令可打开一个对话框，在该对话框中可设置对象的夹点。

设置夹点的操作步骤如下：

(1)命令格式。

菜单：工具→选项。

(2)AutoCAD 打开“选项”对话框，选择“选项”选项卡，如图 3-15 所示。在“选项”选项卡中，可设置夹点的颜色、大小及开关状态等内容。

在“选项”选项卡中，各选项的功能介绍如下：

①选择集模式。

在该选项组中，可以设置夹点的选择模式。其中，“先选择后执行”复选框用来确定选用“名词/动词”选择方式，还是选用“动词/名词”选择方式。其他几个复选框用来确定选择操作的其他方式。

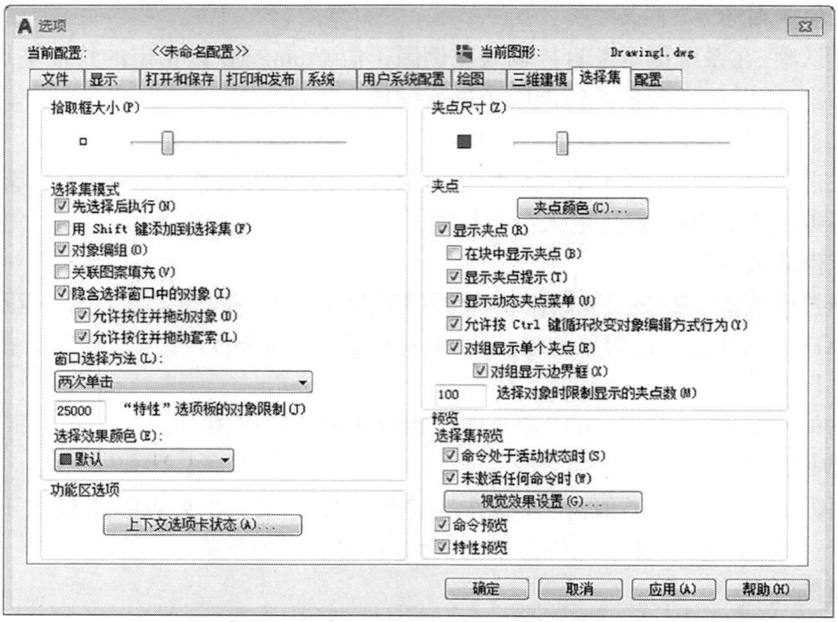

图 3-15 “选项”对话框的“选择集”选项卡

②夹点。

在该选项组中,可以确定屏幕上夹点的显示形式。其中“显示夹点”复选框用来确定是否打开夹点功能。“在块中启用夹点”复选框用来确定是否显示块内对象的夹点。“夹点颜色”用来设置未选中夹点的颜色、悬停夹点颜色、选中夹点颜色和夹点轮廓颜色。

③夹点大小。

利用该标尺可以确定显示夹点方框的尺寸。

第三节 删除、移动、旋转和对齐对象

在 AutoCAD 2021 中,不仅可以使用夹点来移动、旋转、对齐对象,还可以通过“修改”菜单中的相关命令来实现。

◆删除对象。

◆移动对象。

◆旋转对象。

◆对齐对象。

一、删除对象

如果所绘制的图形不符合要求或不小心错绘了图形,可以用删除命令 ERASE 把它删除。

(一)命令格式

· 下拉菜单:修改→删除。

· “修改”工具栏:。

· 命令行:ERASE。

· 命令别名:E。

(二)AutoCAD 提示

使用“删除”命令后,AutoCAD 会出现如下提示:

选择对象:

通常,发出“删除”命令后,需要选择要删除的对象,然后按 Enter 键或空格键结束对象选择,同时删除已选择的对象。也可以先选择对象,然后调用“删除”命令。

当选择多个对象时,多个对象被删除;若选择的对象属于某个对象组,则该对象组的所有对象都被删除。

二、移动对象

在绘图的过程中,常常需要调整图形对象的位置,在 AutoCAD 中,可以使用移动对象功能来实现。

(一)命令格式:

· 下拉菜单:修改→移动。

· “修改”工具栏:。

· 命令行:MOVE。

· 命令别名:M。

(二)AutoCAD 提示

使用“移动”命令后,AutoCAD 会出现如下提示:

选择对象:

……

需要用户选择一个或多个要移动的对象,然后 AutoCAD 接着提示:

指定基点或[位移(D)]<位移>:

如果在此提示下指定一点,AutoCAD 则接着提示:

指定位移的第二点或<使用第一个点作为位移>:

在此提示下再指定一点,AutoCAD 将按给定两点确定的位移矢量移动对象。

如果在“指定基点或位移:”提示下直接给出位移量,在“指定位移的第二点或<用第一点作位移>:”提示下回车,AutoCAD 会按给定的位移量移动对象。对象的位置发生了改变,而方向和大小不会改变。

如图 3-16 中,要移动代表地形图中的房屋,选择移动命令后,选择要移动的对象 1,指定移动基点 2,然后指定位移点 3,对象从点 2 移动到点 3,结果如图 3-17 所示。

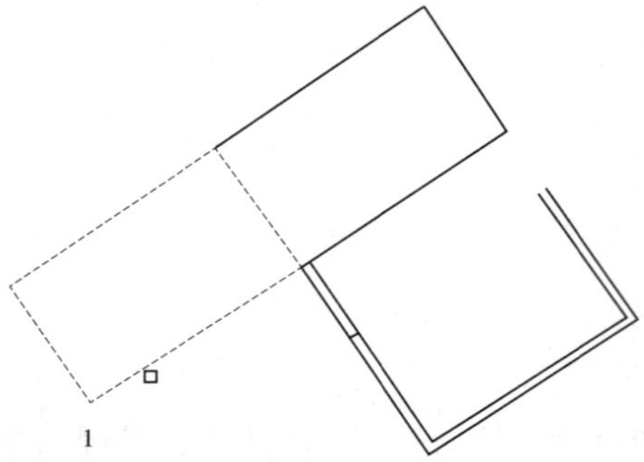

图 3-16　选择要移动的对象

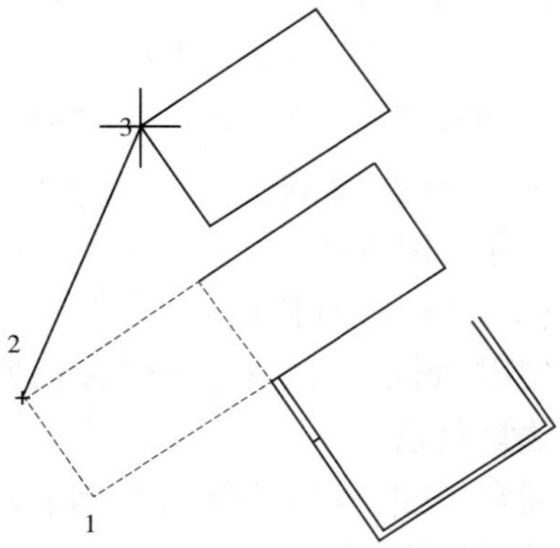

图 3-17　移动对象

三、旋转对象

该命令可将对象绕指定的基点旋转指定的角度。

(一)命令格式

· 下拉菜单:修改→旋转。

· “修改”工具栏:。

· 命令行:ROTATE。

· 命令别名:RO。

(二)AutoCAD 提示

使用“旋转”命令后,AutoCAD 会出现如下提示:

UCS 当前的正角方向:ANGDIR:逆时针 ANGBASE:0

选择对象:

上面提示中的第一行说明当前的正角度方向为逆时针方向,零角度方向与 X 轴正方向的夹角为 0°,即 X 轴正方向为零角度方向;“选择对象:”提示要求用户选择要旋转的对象,可以在该提示下依次选择多个对象,直到按 Enter 键或者空格键,AutoCAD 继续提示:

指定基点:

要求用户指定旋转的基点,然后 AutoCAD 接着提示:

指定旋转角度,或[复制(C)/参照(R)]<0>:

上面三选项的含义如下。

1. 指定旋转角度

这是默认项,直接在该提示下输入一角度值,AutoCAD 将对象绕基点转动该角度,且角度为正时逆时针旋转,角度为负时顺时针旋转。

可以用拖动的方式确定旋转角度。方法是在“指定旋转角度,或[复制(C)/参照(R)]<0>:”提示下拖动鼠标,AutoCAD 会从旋转基点向光标处引出一条橡皮筋线。该橡皮筋线方向与零角度方向的夹角即为要转动的角度,同时所选对象会按此角度动态地转动。拖动鼠标使对象转到所需位置后,按空格键或 Enter 键,即可实现旋转并结束命令的执行。

2. 复制

选择该选项,将复制一个新的旋转后的对象。AutoCAD 接着依次提示:

指定旋转角度,或[复制(C)/参照(R)]<0>:

给定一个旋转角度则复制了一个新的对象,如图 3-18 所示。

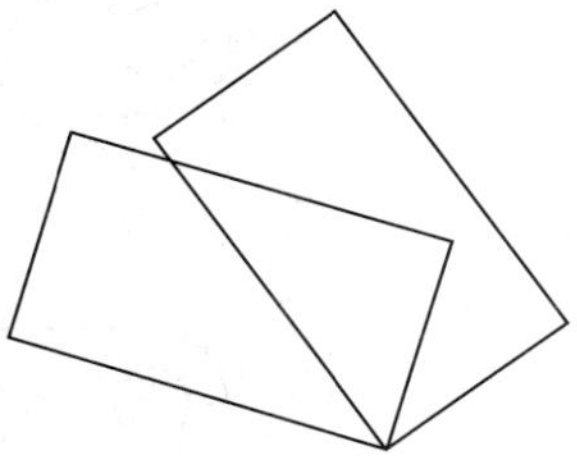

图 3-18　复制旋转对象

3. 参照

选择该选项,将以参考方式旋转对象。指定新角度或[点(P)] <160>接着依次提示:

指定参照角 <0>:

指定新角度或[点(P)] <160>

需要用户依次指定参考方向的角度值和相对于参考方向的角度或给定一点。

这种旋转方式的执行过程可以解释为,AutoCAD 将对象先假想地绕基点旋转参考角度(转动方向与由系统变量 ANGDIR 确定的方向相反),然后旋转新角度。这种旋转方式的实际旋转角度等于新角度减去参考角度。系统变量 ANGDIR 和 ANGBASE 决定旋转时的正方向和零角度方向。用户也可以通过"图形单位"对话框设置它们的值。

四、对齐对象

可以使当前对象与其他对象对齐,它既适用于二维对象,也适用于三维对象。

(一)命令格式

· 下拉菜单:修改→三维操作→对齐。

· 命令行:ALIGN。

· 命令别名:AL。

(二)AutoCAD 提示

使用"对齐"命令后,AutoCAD 将提示:

选择对象:

"选择对象:"提示要求用户选择要对齐的源对象,AutoCAD 接着依次提示:

指定第一个源点:

指定第一个目标点:

指定第二个源点:

指定第二个目标点:

指定第三个源点或 <继续>:

指定第三个目标点:

在对齐二维对象时,可以指定 1 对或 2 对对齐点(源点和目标点),在对齐三维对象时,则需要指定 3 对对齐点,如图 3-19 所示。

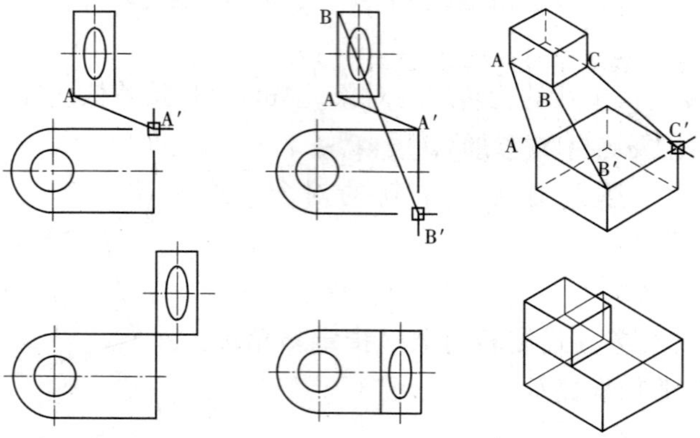

图 3-19　对齐对象

第四节　复制、阵列、偏移和镜像对象

在 AutoCAD 2021 中，使用“复制”“阵列”“偏移”“镜像”命令，可以复制对象，创建与原对象相同或相似的图形 。

一、复制对象

该命令可以对已有的对象复制出副本，并放置到指定的位置。

操作步骤：

（一）命令格式：

· 下拉菜单：修改→复制。

· “修改”工具栏：。

· 命令行：COPY。

· 命令别名：CO。

· 命令别名：CP。

（二）AutoCAD 提示

使用“复制”命令后，AutoCAD 将提示：

选择对象：

选择一个或多个对象后，AutoCAD 接着提示：

指定基点或[位移(D)/模式(O)] <位移>：

该提示中选项的含义如下。

1. 指定基点或位移

这是默认项。在上面的提示下指定一点，AutoCAD 接着提示：

指定位移的第二点或<使用第一点作为位移>：

在此提示下再指定一点，AutoCAD 将所选择的对象按这两点确定的位移矢量进行复制。如果在“指定位移的第二点或<使用第一点作为位移>：”提示下直接回车，AutoCAD 将使用第一点的各坐标分量作为复制的位移量来复制对象。

2. 模式

选择该选项，AutoCAD 接着提示：

输入复制模式选项[单个(S)/多个(M)]<多个>:

允许用户多次复制对象。AutoCAD 接着提示：

指定第二个点或[退出(E)/放弃(U)]<退出>:

要求用户指定基点，然后 AutoCAD 接着提示：

在该提示下用户可以依次指定位移的第二点，AutoCAD 将对象按基点与其他各点所确定的各位移矢量进行多次复制，如图 3-20 所示。

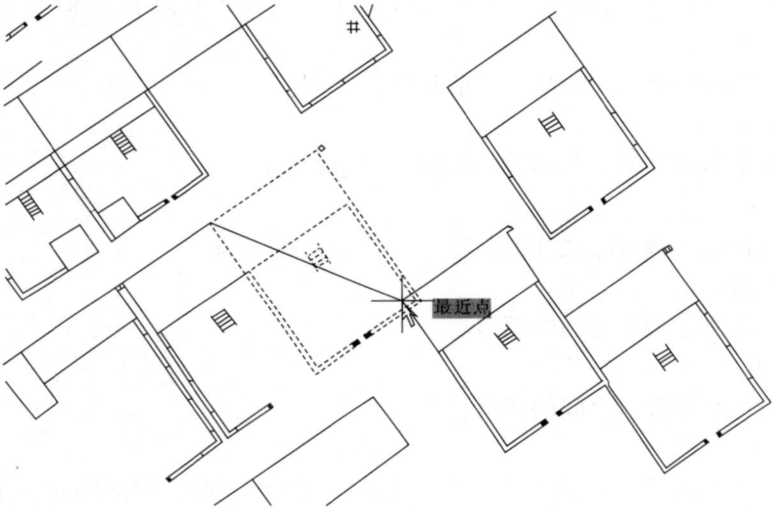

图 3-20　复制对象

二、阵列对象

在 AutoCAD 中，可以在矩形或环形(圆形)阵列中创建对象的副本。对于矩形阵列，可以控制行和列的数目及它们之间的距离。对于环形阵列，可以控制对象副本的数目并决定是否旋转副本。对于创建多个定间距的对象，阵列比复制要快。

矩形阵列

操作步骤：

(一) 矩形阵列

命令格式：

· 下拉菜单：修改→阵列→矩形阵列。

· “修改”工具栏：。

· 命令行：ARRAY。

· 命令别名：AR。

AutoCAD 提示：

选择对象：

选择一个或多个对象后，AutoCAD 接着提示：

类型 = 矩形 关联 = 是

选择夹点以编辑阵列或[关联(AS)/基点(B)/计数(COU)/间距(S)/列数(COL)/行数(R)/层数(L)/退出(X)]

该提示中各含选项的含义如下：

可以在该对话框中设置以矩形阵列或者环形阵列方式多重复制对象。创建矩形阵列的操作步骤如下。

1. 关联(AS)

关联和非关联阵列可以使用 ARRAY 命令中的选项来选择阵列默认为关联。关联阵列的优点是，以后可轻松进行修改。阵列项目包含在单个阵列对象中，类似于块。

2. 基点(B)

基点指定用于在阵列中放置项目的基点。

3. 计数(COU)

阵列的列数数和行数，默认列数数是 4，行数数是 3。

4. 间距(S)

指定列之间的距离和行之间的距离。

5. 列数(COL)

指定阵列的列数和列之间的距离。

6. 行数(R)

指定阵列的行数和行之间的距离。

7. 层数(L)

层是指三维阵列层数和层间距。层数指定阵列中的层数。层间距在 Z 坐标值中指定每个对象等效位置之间的差值。全部在 Z 坐标值中指定第一个和最后一个层中对象等效位置之间的总差值。

(二)命令格式

- 下拉菜单：修改→阵列→环形阵列。
- 命令行：ARRAYPOLAR。

AutoCAD 提示：

选择对象：

选择一个或多个对象后，AutoCAD 接着提示：

类型 = 极轴 关联 = 是

指定阵列的中心点或[基点(B)/旋转轴(A)]：

指定基点后，AutoCAD 接着提示：

选择夹点以编辑阵列或[关联(AS)/基点(B)/项目(I)/项目间角度(A)/填充角度(F)/行(ROW)/层(L)/旋转项目(ROT)/退出(X)] <退出>：

实例目标：绘制如图 3-21 所示的扇形窗。

实例分析：本例可以先绘制扇形窗外侧的圆弧和扇形，再以圆心为阵列中心，填充角度为 150°，阵列扇形。

操作步骤：

(1)在“面板”选项板的“二维绘图”选项组中单击“直线”按钮,绘制一条经过点(100,100)和(316,100)的直线。

(2)选择“绘图”→“圆弧”→“起点、端点、半径”命令,绘制经过直线两个端点且半径为108的圆弧,如图3-22所示。

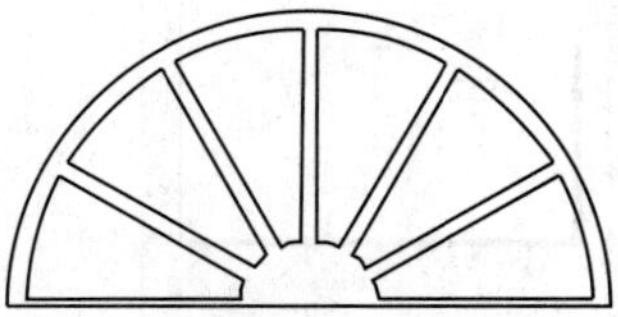

图3-21 绘制扇形窗

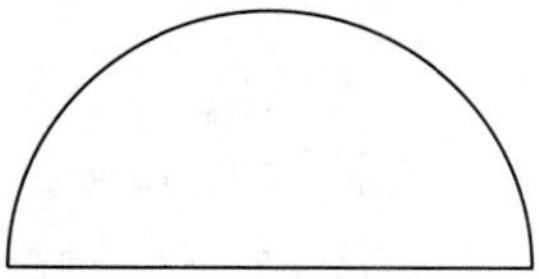

图3-22 绘制圆弧

(3)在“面板”选项板的“二维绘图”选项组中单击“偏移”按钮,将圆弧向内侧分别偏移6和83个单位,如图3-23所示。

(4)选择“绘图”→“射线”命令,以圆心为起点,绘制角度为150°的射线,如图3-24所示。

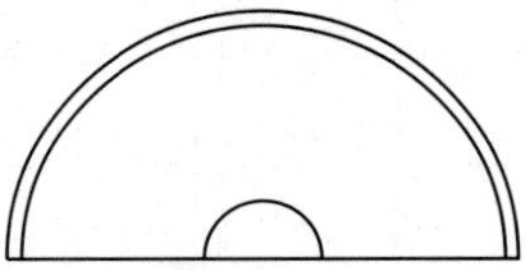

图3-23 使用偏移命令绘制圆弧

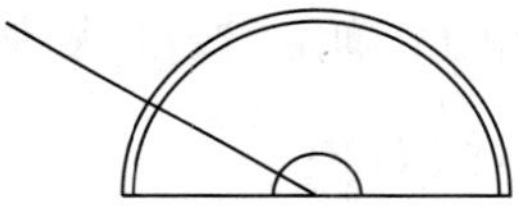

图3-24 绘制射线

(5)在“面板”选项板的“二维绘图”选项组中单击”修剪”按钮,修剪图形,结果如图3-25所示。

(6)在“面板”选项板的“二维绘图”选项组中单击“偏移”按钮,将水平直线向上方偏移3个单位,将倾斜的直线向下方偏移3个单位,如图3-26所示。

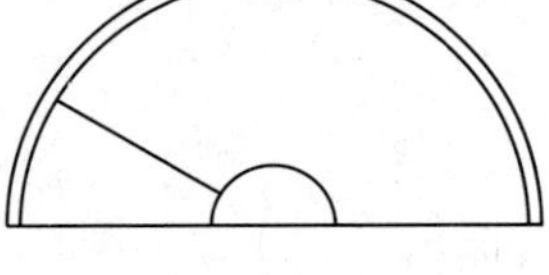

图3-25 修剪直线

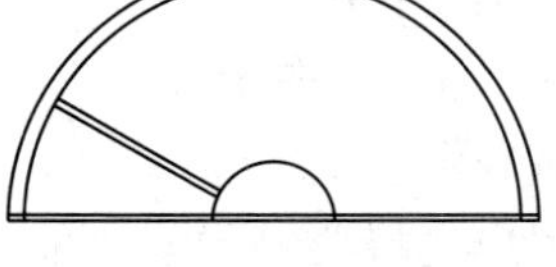

图3-26 使用偏移命令绘制直线

(7)在“面板”选项板的“二维绘图”选项组中单击“修剪”按钮,修剪图形,结果如图3-27所示。

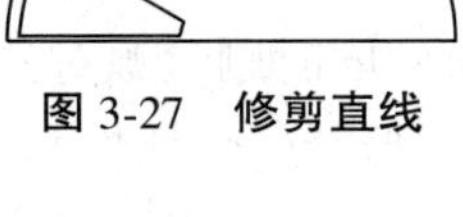

图3-27 修剪直线

(8)在修改菜单里选择阵列下的环形阵列,指定阵列的中心点,然后在绘图窗口中拾取圆心为中心点,并设置“项目总数”为6,“填充角度”为150,如图3-28所示。

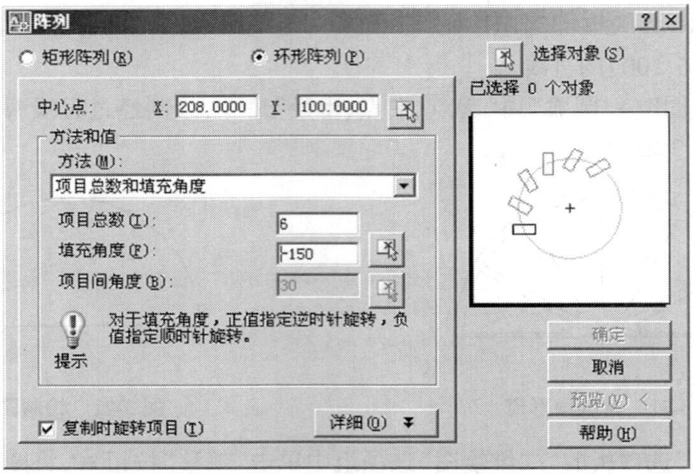

图 3-28 “阵列”对话框

(9)单击“选择对象”按钮，在绘图窗口中选择图中的扇形，并按 Enter 键，返回“阵列”对话框。

(10)单击“确定”按钮，复制结果如图 3-21 所示。

三、镜像对象

镜像可以创建对象的镜像图像。这对创建对称的对象非常有用，因为这样可以快速地绘制半个对象，然后创建镜像，而不必绘制整个对象。

镜像

操作步骤：

(一)命令格式

· 下拉菜单：修改→镜像。

· “修改”工具栏：。

· 命令行：MIRROR。

· 命令别名：MI。

(二)Auto CAD 提示

选择对象：

需要用户选择要镜像复制的对象，然后 AutoCAD 依次提示：

指定镜像线的第一点：

指定镜像线的第二点：

需要用户指定镜像线上的两个端点，AutoCAD 接着提示：

要删除源对象吗？[是(Y)/否(N)]<N>：

如果直接按 Enter 键，则镜像复制对象，并保留原来的对象；如果输入 Y，则在镜像复制对象的同时删除源对象。

创建文字、属性和属性定义的镜像时，仍然按照轴对称规则进行，生成被反转或倒置的图像。为避免出现这样的结果，应将系统变量 MIRRTEXT 设置为 0(关)。这样文字的对齐和对正方式在镜像前后相同，如图 3-29 所示。

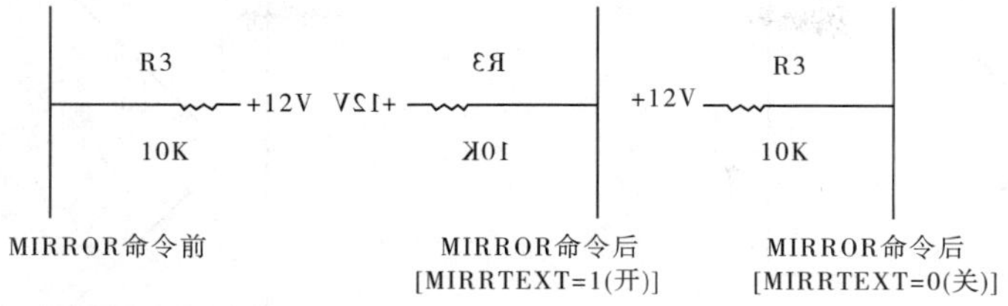

图 3-29　修正文字的镜像

默认情况下,MIRRTEXT 为关。此系统变量影响由 TEXT、ATTDEF 或 MTEXT 命令、属性定义和变量属性创建的文字。然而,插入块内的文字和固定属性也被镜像,因此整个块都得到镜像。不管 MIRRTEXT 的设置如何,这些对象都可以被倒置。

实例目标:绘制如图 3-30 所示的图形。

实例分析:本例在绘制菱形时,可以先过矩形边 a 和 b 的中点绘制一条直线,过矩形边 b 和 c 的中点绘制另一条直线,然后将绘制的两条直线向右移动 20 个单位,再镜像直线,最后修剪图形完成绘制。

操作步骤:

(1)在“面板”选项板的“二维绘图”选项组中单击“正多边形”按钮,绘制边长为 120 的正方形,如图 3-31 所示。

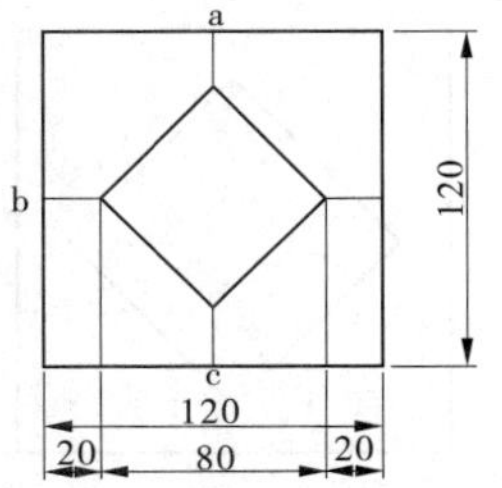

图 3-30　绘制图形

图 3-31　绘制正方形

(2)在“面板”选项板的“二维绘图”选项组中单击“直线”按钮,绘制经过边 a 和 b、b 和 c 中点的直线,如图 3-32 所示。

(3)使用移动命令,将两条直线向右侧移动 20 个单位。

命令:_MOVE

选择对象:找到 1 个

选择对象:找到 1 个,总计 2 个 //选择绘制的两条直线

选择对象:

指定基点或[位移(D)]<位移>:指定第二个点或<使用第一个点作为位移>:@ 20,0

绘制的结果如图 3-33 所示。

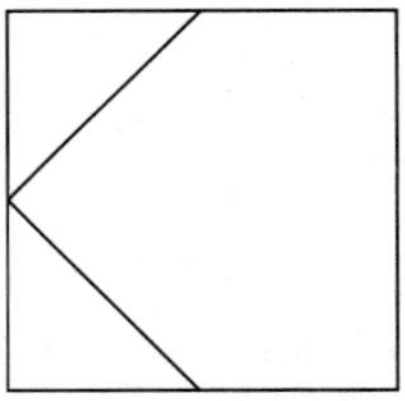

图 3-32　绘制两条直线

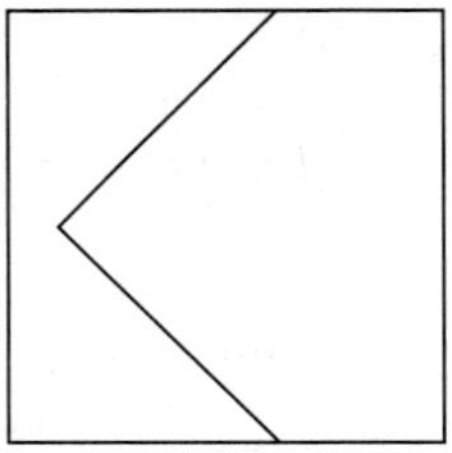

图 3-33　移动直线

(4)使用镜像命令,镜像两条直线。

命令:MIRROR

选择对象:找到 1 个

选择对象:找到 1 个,总计 2 个 //选择两条直线

选择对象:

指定镜像线的第一点://单击边 a 的中点

指定镜像线的第二点://单击边 c 的中点

要删除源对象吗?[是(Y)/否(N)]<N>:n

绘制的结果如图 3-34 所示。

(5)在"面板"选项板的"二维绘图"选项组中单击"修剪"按钮,修剪图形,效果如图 3-35 所示。

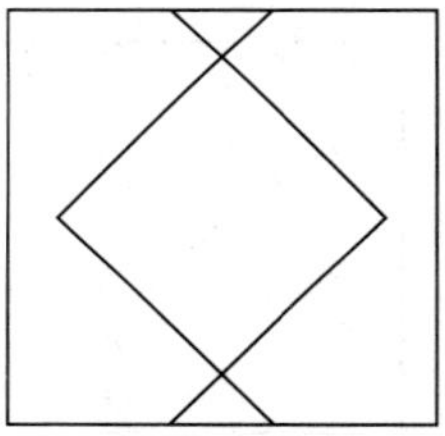

图 3-34　镜像对象

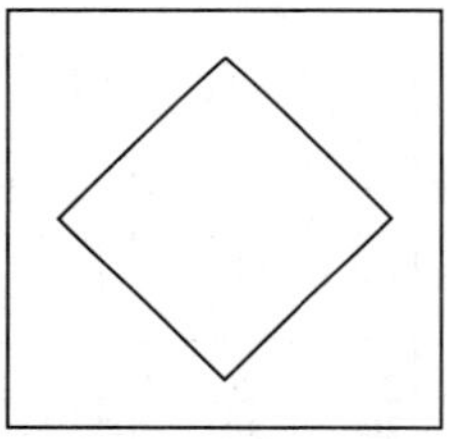

图 3-35　修剪图形

(6)在"面板"选项板的"二维绘图"选项组中单击"直线"按钮,绘制 4 条直线,如图 3-30 所示。

四、偏移对象

偏移对象可以创建其形状与选定对象形状平行的新对象。偏移圆或圆弧可以创建更大的或更小的圆或圆弧,这取决于向哪一侧偏移。可以偏移的对象包括直线、圆弧、圆、椭圆和椭圆弧(形成椭圆形样条曲线)、二维多段线、构造线(参照线)、射线和样条曲线。

操作步骤:

(一)命令格式

· 下拉菜单:修改→偏移。

· "修改"工具栏:。

· 命令行:OFFSET。

· 命令别名：O。

（二）Auto CAD 提示

指定偏移距离或[通过(T)/删除(E)/图层(L)]<通过>：

该提示的各个选项的含义如下。

1. 指定偏移距离

根据用户指定的距离来复制对象。在该提示下输入距离值后，AutoCAD 依次提示：

选择要偏移的对象，或[退出(E)/放弃(U)]<退出>：

指定通过点或[退出(E)/多个(M)/放弃(U)]<退出>：

要求用户选择要偏移复制的对象以及偏移的方向。在指定了对象和偏移方向后，即可复制出对象，同时 AutoCAD 接着提示：

选择要偏移的对象，或[退出(E)/放弃(U)]<退出>：

用户可以继续选择其他对象，以相同的距离来偏移对象。

2. 通过

根据用户指定的通过点来复制对象。选择该选项，AutoCAD 依次提示：

选择要偏移的对象，或[退出(E)/放弃(U)]<退出>：

指定通过点或[退出(E)/多个(M)/放弃(U)]<退出>：

要求用户选择要偏移复制的对象及复制出来的对象的通过点。在指定了对象和通过点以后，即可复制出对象，同时 AutoCAD 接着提示：

选择要偏移的对象，或[退出(E)/放弃(U)]<退出>：

用户可以继续选择其他对象，以相同的方法来偏移对象。

3. 删除

是否在偏移后删除或保留源对象。选择该选项，AutoCAD 依次提示：

要在偏移后删除源对象吗？[是(Y)/否(N)]<否>：

默认是保留源对象。

4. 图层

选择该选项，AutoCAD 依次提示：

输入偏移对象的图层选项[当前(C)/源(S)]<源>：

要求用户选择偏移复制后的对象保留在哪个图层，是和源对象同层还是当前建立的新图层。

（1）偏移命令是一个单对象编辑命令，在使用过程中，只能以直接拾取的方式选择对象。

（2）以给定偏移距离的方式来复制对象时，距离值必须大于零。

（3）对不同的对象执行 OFFSET 命令后有不同的结果，如图 3-36 所示。

①对圆弧作偏移后，新圆弧与旧圆弧同心且具有同样的包含角，但新圆弧的长度要发生改变。

②对圆或椭圆作偏移后，新圆、新椭圆与旧圆、旧椭圆有同样的圆心，但新圆的半径或新椭圆的轴长要发生变化。

③对直线段、构造线、射线作偏移，是平行复制。

实例目标：绘制如图 3-37 所示的井盖起吊孔平面图。

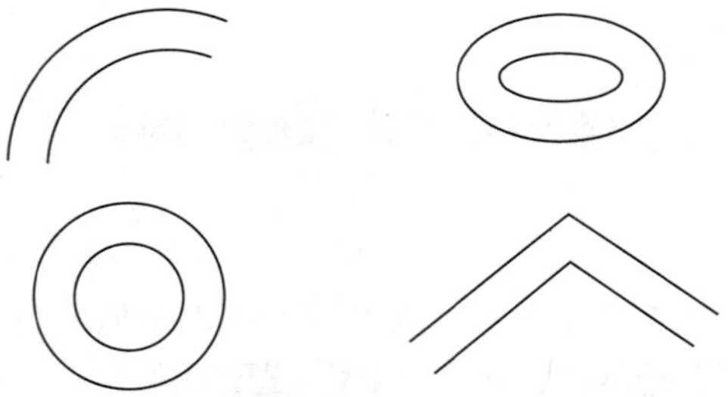

图 3-36　偏移示例

实例分析：本例可以先绘制一个圆和圆角矩形，然后使用偏移命令生成其他的圆和圆角矩形，再修剪图形。

操作步骤：

(1)在“面板”选项板的“二维绘图”选项组中单击“矩形”按钮，绘制一个长为 8、宽为 40，圆角半径为 4 的矩形，如图 3-38 所示。

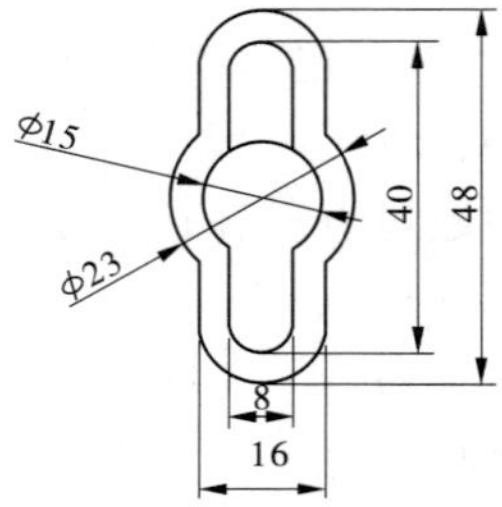

图 3-37　绘制井盖起吊孔平面图

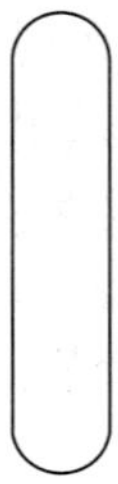

图 3-38　绘制圆角矩形

(2)在“面板”选项板的“二维绘图”选项组中单击“圆”按钮，通过追踪功能绘制直径为 15 的圆，如图 3-39 所示。

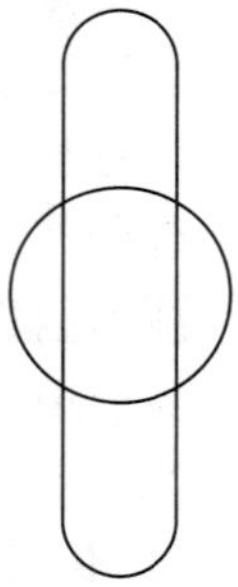

图 3-39　绘制圆

(3)使用偏移命令绘制圆和圆角矩形。

命令：_OFFSET

当前设置：删除源 = 否 图层 = 源 OFFSETGAPTYPE = 0

指定偏移距离或[通过(T)/删除(E)/图层(L)]<通过>：4

选择要偏移的对象，或[退出(E)/放弃(U)]<退出>：//选择圆

指定要偏移的那一侧上的点，或[退出(E)/多个(M)/放弃(U)]<退出>：//在圆的外侧单击

选择要偏移的对象，或[退出(E)/放弃(U)]<退出>：//选择圆角矩形

指定要偏移的那一侧上的点，或[退出(E)/多个(M)/放弃(U)]<退出>：//在圆角矩形的外侧单击

选择要偏移的对象，或[退出(E)/放弃(U)]<退出>：

绘制的结果如图 3-40 所示。

(4)在“面板”选项板的“二维绘图”选项组中单击“修剪”按钮，修剪图形，结果如图 3-41 所示。

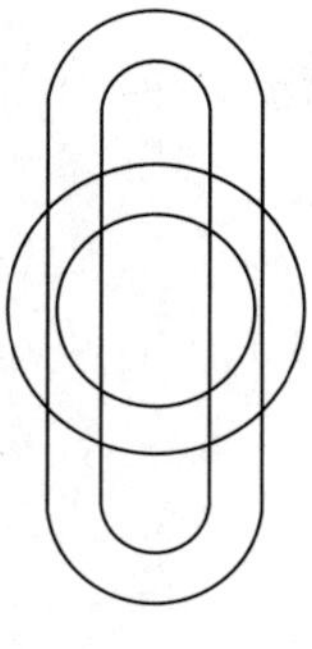

图 3-40　使用偏移命令绘制图形

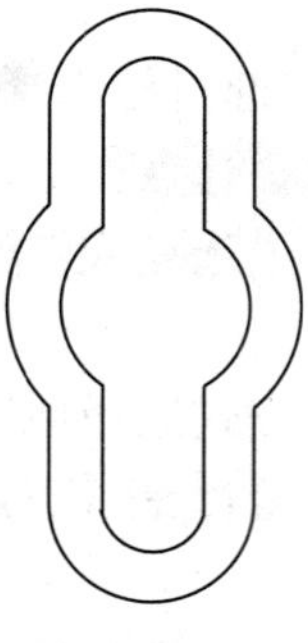

图 3-41　修剪图形

第五节　修改对象的形状和大小

在 AutoCAD 2021 中,可以使用“修剪”和“延伸”命令缩短或拉长对象,以与其他对象的边相接。也可以使用“缩放”“拉伸”和“拉长”命令,在一个方向上调整对象的大小或按比例增大或缩小对象。

一、修剪对象

该命令可用剪切边修剪对象。

(一)命令格式

· 下拉菜单:修改→修剪。

·“修改”工具栏: 。

· 命令行:TRIM。

· 命令别名:TR。

(二)AutoCAD 提示

选择“修剪”命令后,AutoCAD 提示:

当前设置:投影=UCS,边=无

选择剪切边…

选择对象或 <全部选择>:

……

提示中的第一行说明当前的修剪模式。“选择对象:”提示则要求用户选择作为剪切边的对象。用户可以选择多个对象,直到按 Enter 键或者空格键,AutoCAD 接着提示:

选择要修剪的对象,或按住 Shift 键选择要延伸的对象,或[栏选(F)/窗交(C)/投影(P)/边(E)/删除(R)/放弃(U)]:

提示中的各选项含义如下。

1. 剪切边(T)

这是默认项,选择要修剪的对象,即选择被剪边。用户在该提示下选择被剪对象后,AutoCAD 以剪切边为界,将被剪切对象上拾取对象的那一侧部分剪切掉。

2. 栏选(F)

选择该项,将通过栏选择方式修剪被剪对象。AutoCAD 提示:

指定第一个栏选点:

指定下一个栏选点或[放弃(U)]:

3. 窗交(C)

用窗口选择方式选择剪切边和被剪边。AutoCAD 提示:

指定第一个角点:指定对角点:

4. 模式(O)

修剪模式选项快速或标准。

5. 投影(P)

设置修剪的空间。选择该选项,AutoCAD 接着提示:

输入投影选项[无(N)/UCS(U)/视图(V)]<UCS>:

(1)无。按实际三维空间的相互关系修剪,而不是在平面上按投影关系修剪。

(2)UCS。在当前 UCS(用户坐标系)的 XOY 平面上修剪。选择该选项后,可在当前 XOY 平面上按投影关系修剪在三维空间中没有相交的对象。

(3)视图。在当前视图平面上修剪。

6. 边(E)

设置修剪边的隐含延伸模式。选择该选项,AutoCAD 提示:

输入隐含边延伸模式[延伸(E)/不延伸(N)]<不延伸>:

(1)延伸。按延伸方式实现修剪。如果修剪边太短而没有与被剪边相交,那么 AutoCAD 会假想地将修剪边延长,然后进行修剪。

(2)不延伸。只按边的实际相交情况修剪,如果修剪边太短,没有与被剪边相交,则不进行延伸修剪。

这两种模式的区别如图 3-42 所示。

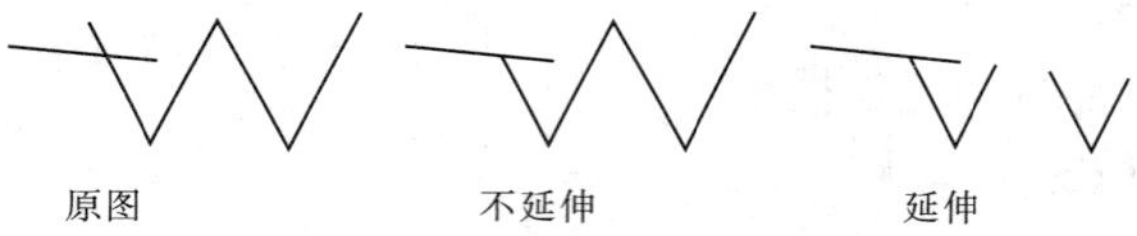

图 3-42 延伸模式

7. 放弃

取消上一次的操作。

(1)AutoCAD 允许用直线、圆弧、圆、椭圆或椭圆弧、多段线、样条曲线、构造线、射线及文字等对象作为剪切边。

(2)剪切边也可以同时作为被剪切边。

二、延伸对象

延伸对象,使它们精确地延伸至由其他对象定义的边界边。延伸对象的操作方法与修剪对象的方法非常相似:修剪对象需要选择剪切边和要修剪的边,延伸对象需要选择边界边和要延伸的边。该命令用于将指定的对象延长至另一对象。

命令格式：

· 下拉菜单：修改→延伸。

·“修改”工具栏：--/。

· 命令行：EXTEND。

· 命令别名：EX。

实际上，在 AutoCAD 2021 中，修剪命令和延伸命令已经在实质上融为一体了，因为从上面我们对修剪命令的介绍可以看出，修剪命令能够完成延伸操作；同样，延伸命令也能完成修剪操作。两者的操作过程基本相似，因此这里不再详述。

但要注意的是，修剪命令和延伸命令还是有所区别的。使用延伸命令时，如果按下 Shift 键的同时选择对象，则执行修剪命令；使用修剪命令时，如果按下 Shift 键的同时选择对象，则执行延伸命令。

例如，可以将一系列直线延伸到一个圆定义的边界，如图 3-43 所示。

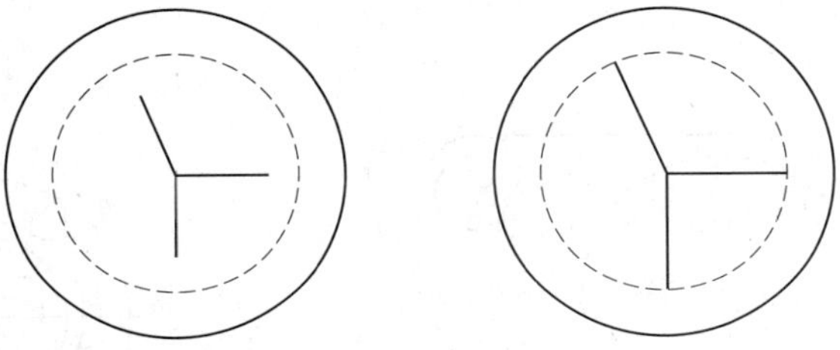

图 3-43　延伸对象

三、缩放对象

通过缩放，可以使对象变得更大或更小，但不改变它的比例。可以通过指定基点和长度（被用做基于当前图形单位的比例因子）或输入比例因子来缩放对象，也可以为对象指定当前长度和新长度。该命令可将对象按照指定的比例因子相对于指定基点进行尺寸缩放。

操作步骤：

（一）命令格式

· 下拉菜单：修改→缩放。

·“修改”工具栏：▣。

· 命令行：SCALE。

· 命令别名：SC。

（二）AutoCAD 提示

选择对象：

……

需要用户选择对象，按 Enter 键或者空格键，AutoCAD 接着依次提示：

指定基点：

指定比例因子或[复制(C)/参照(R)]<1.0000>：

需要用户指定缩放的基点和缩放比例，其中选项的含义如下。

1. 指定比例因子

这是默认项,用于直接指定缩放的比例因子。AutoCAD 根据该比例因子将对象相对于基点缩放,当比例因子大于 0 但小于 1 时缩小对象,当比例因子大于 1 时放大对象。

2. 参照

选择该选项,将对象按参考的方式缩放。AutotCAD 接着依次提示:

指定参考长度<l>:

指定新长度:

需要用户依次输入参考长度的值和新的长度值。AutoCAD 根据参考长度与新长度的值自动计算比例因子(比例因子等于新长度值除以参考长度值),然后进行相应的缩放。

例如,要将图 3-44 所示的左图图形缩小为原来的一半,可在“面板”选项板的“二维绘图”选项组中单击“缩放”按钮,选中所有图形,并指定基点,在“指定比例因子或[复制(C)/参照(R)]:”提示行输入比例因子 0.5,按 Enter 键即可。

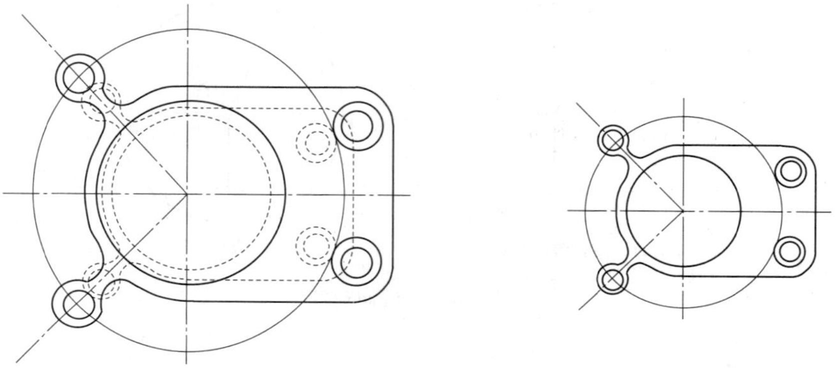

图 3-44 按比例缩放对象

选择“修改”|“缩放”命令(SCALE),或在“面板”选项板的“二维绘图”选项区域中单击“缩放”按钮,可以将对象按指定的比例因子相对于基点进行尺寸缩放。

四、拉伸对象

该命令用于移动或拉伸对象。它与 MOVE 命令类似,也可以移动部分图形。但用 STRETCH 命令移动图形时,移动部分图形与其他图形的连接元素,如直线、圆弧(ARC)、多段线等,有可能被拉伸或者被压缩。要拉伸对象,首先为拉伸指定一个基点,然后指定位移点。由于拉伸移动位于交叉选择窗口内部的端点,因此必须用“窗交”模式选择对象。要更精确地拉伸,可以在进行对象捕捉、栅格捕捉和相对坐标输入的同时使用夹点编辑。

(一)命令格式

· 下拉菜单:修改→拉伸。

· “修改”工具栏:。

· 命令行:STRETCH。

· 命令别名:S。

(二)AutoCAD 提示

以交叉窗口或交叉多边形选择要拉伸的对象…

选择对象：

……

上面提示中的第一行表示用户需要以交叉窗口方式或者交叉多边形方式选择对象。在"选择对象："提示下用这两种中的一种方式选择对象后，AutoCAD 接着依次提示：

指定基点或位移：

指定位移的第二个点或<使用第一个点作为位移>：

需要用户依次指定位移量，然后 AutoCAD 将全部位于选择窗口之内的对象移动，而将与选择窗口边界相交的对象按规则拉伸或压缩。

在"选择对象："提示下选择对象时，对于由直线、圆弧、区域填充和多段线等命令绘制的直线或圆弧，若它们所有部分均在选择窗口内，那么它们将被移动。如果它们只有一部分在选择窗口内，即对象与选择窗口的边界相交，则有以下拉伸规则：

(1)直线。位于窗口外的端点不动，位于窗口内的端点移动。

(2)圆弧。与直线类似，但在圆弧改变的过程中，圆弧的弦高保持不变，同时由此来调整圆心的位置和圆弧起始角、终止角的值。

(3)区域填充。位于窗口外的端点不动，位于窗口内的端点移动。

(4)多段线。与直线或圆弧相似，但多段线两端的宽度、切线方向及曲线拟合信息均不改变。

(5)其他对象。如果其定义点位于选择窗口内，对象发生移动，否则不动。各种对象的定义点如表 3-1 所示。

表 3-1　AutoCAD 图形对象的定义点

对象	定义点
圆	圆心
形和块	插入点
文字和属性定义	字符串基线左端点

五、拉长对象

该命令用于修改线段或圆弧的长度。拉长对象可以修改圆弧的包含角和某些对象的长度，可以修改开放直线、圆弧、开放多段线、椭圆弧和开放样条曲线的长度。改变长度的方法一般有以下几种：

(1)指定从端点开始测量的增量长度或角度。

(2)按总长度或角度的百分比指定新长度或角度。

(3)指定对象的总绝对长度或包含角。

(4)动态拖动对象的端点。

操作步骤：

(一)命令格式

· 下拉菜单：修改→拉长。

· 命令行：LENGTHEN。

·命令别名:LEN。

(二)AutoCAD 提示

选择对象或[增量(DE)/百分数(P)/全部(T)/动态(DY)]:

提示中各个选项的含义如下。

1. 选择对象

这是默认项,直接选择直线或者圆弧对象。用户选择对象后,AutoCAD 会显示出它的当前长度和包含角(如果是圆弧的话),之后 AutoCAD 继续提示:

选择对象或[增量(DE)/百分数(P)/全部(T)/动态(DY)]:

2. 增量

以增量方式修改圆弧的长度。选择该选项,AutoCAD 接着提示:

输入长度增量或[角度(A)]:

1)输入长度增量

直接输入直线或者圆弧的长度增量。输入了长度增量后,AutoCAD 接着提示:

选择要修改的对象或[放弃(U)]:

在该提示下选择直线或者圆弧,该直线或者圆弧会按指定的一端变长或变短。长度增量为正值时变长,长度增量为负值时变短。

2)角度

该选项只适用于圆弧,它根据圆弧的包含角增量来修改圆弧的长度。选择该项,AutoCAD 接着提示:

输入角度增量:

输入了圆弧的角度增量后,AutoCAD 接着提示:

选择要修改的对象或[放弃(U)]:

在该提示下选择圆弧,该圆弧会按指定的角度增量在离拾取点近的一端变长或变短。角度增量为正值时圆弧变长,角度增量为负值时圆弧变短。

3. 百分数

以相对原长度的百分比来修改直线或者圆弧的长度。选择该选项,AutoCAD 接着提示:

输入长度百分数:

需要输入拉长或者缩短的百分比,之后 AutoCAD 接着提示:

选择要修改的对象或[放弃(U)]:

需要用户选择要修改的对象,选中的圆弧或者直线在离拾取点近的一端按指定的百分比变长或变短。如果百分比大于 100,则拉长对象;如果百分比大于 0 但小于 100,则缩短对象。百分比不能是 0 和负数。

4. 全部

以给定直线新的总长度或者圆弧的新包含角来改变长度。选择该选项,AutoCAD 接着提示:

指定总长度或[角度(A)]:

1)指定总长度

要求输入直线或者圆弧的新的总长度。如果直接输入一个长度值,AutoCAD 接着提示:

选择要修改的对象或[放弃(U)]:

在该提示下选择直线或圆弧，所选的直线或圆弧的长度即变为输入的长度值。

2）角度

指定圆弧的新包含角度，该选项只适用于圆弧。选择该选项，AutoCAD 接着依次提示：

指定总角度：

选择要修改的对象或［放弃(U)］：

需要用户依次指定圆弧新的包含角和要修改的圆弧对象。

5. 动态

该选项允许用户动态地改变圆弧或者直线的长度。选择该选项，AutoCAD 接着提示：

选择要修改的对象或［放弃(U)］：

需要用户选择要修改的对象，选择以后，AutoCAD 给出一橡皮筋线，动态显示对象的长短变化，同时 AutoCAD 提示：

指定新端点：

在该提示下确定圆弧或直线的新端点位置后，圆弧或直线长度发生相应改变。

第六节　倒角、圆角和打断

在 AutoCAD 2021 中，可以使用“倒角”“圆角”命令修改对象使其以平角或圆角相接，使用“打断”命令在对象上创建间距。

一、倒角对象

该命令用于给对象绘制倒角。修倒角就是在两条非平行线之间创建直线的方法，它通常用于表示角点上的倒角边，可以为直线、多段线、参照线和射线加倒角。

操作步骤：

（一）命令格式

· 下拉菜单：修改→倒角。

· “修改”工具栏：⌜。

· 命令行：CHAMFER。

· 命令别名：CHA。

（二）AutoCAD 提示

（“修剪”模式）当前倒角距离 1 = 0.0000，距离 2 = 0.0000

选择第一条直线或［放弃(U)/多段线(P)/距离(D)/角度(A)/修剪(T)/方式(E)/多个(M)］：

上面提示中的第一行说明当前的倒角模式。第二行提示的各个选项含义如下。

1. 选择第一条直线

要求选择进行倒角的第一条直线。直接选择一直线，AutoCAD 接着提示：

选择第二条直线，或按住 Shift 键选择要应用角点的直线：

在该提示下选择相邻的另外一条直线，或选择要应用角点的直线，AutoCAD 按当前的倒角设置对这两条线进行倒角操作。

2. 放弃

取消上一次的操作。

3. 多段线

对整条多段线的交角进行倒角。选择该项,AutoCAD 接着提示:

选择二维多段线:

在该提示下选择多段线后,AutoCAD 对该多段线的各顶点(交角)以当前倒角模式倒角。

4. 距离

设置倒角距离尺寸。选择该选项,AutoCAD 接着依次提示:

指定第一个倒角距离:

指定第二个倒角距离:

在上面的提示下依次确定距离值后,AutoCAD 2021 返回到"选择第一条直线或[放弃(U)/多段线(P)/距离(D)/角度(A)/修剪(T)/方式(E)/多个(M)]:"提示状态,用户可以继续进行倒角操作。

5. 角度

根据第一个角的距离和角度来设置倒角尺寸。选择该选项,AutoCAD 依次提示:

指定第一条直线的倒角长度:

指定第一条直线的倒角角度:

倒角长度与倒角角度的含义如图 3-45 所示。

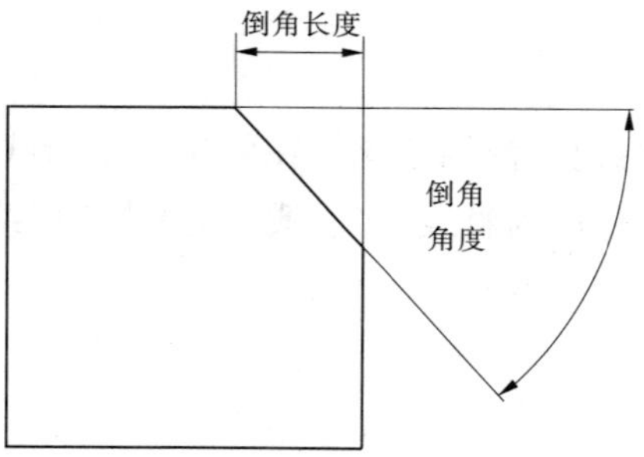

图 3-45 倒角长度与倒角角度的示意图

依次输入倒角长度与倒角角度后,AutoCAD 返回到"选择第一条直线或[放弃(U)/多段线(P)/距离(D)/角度(A)/修剪(T)/方式(E)/多个(M)]:"提示状态,用户可以继续进行倒角操作。

6. 修剪

设置倒角后是否将相应的倒角进行修剪。选择该选项,AutoCAD 接着提示:

输入修剪模式选项[修剪(T)/不修剪(N)]<修剪>:

"修剪(T)"项表示倒角后对倒角边进行修剪,"不修剪(N)"项表示不进行修剪。修剪与否的效果如图 3-46 所示。

7. 方式

设置倒角的方式。选择该选项,AutoCAD 接着提示:

输入修剪方法[距离(D)/角度(A)]:

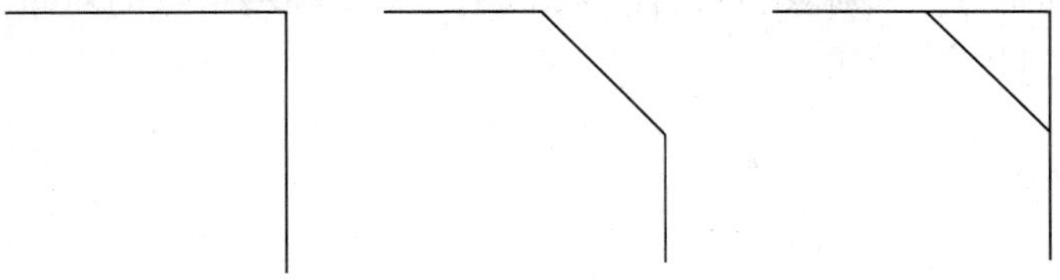

(a)原图　　(b)修剪　　(c)不修剪

图 3-46　倒角修剪模式

1)距离

选择该选项,将以两条边的倒角距离来倒角。

2)角度

选择该选项,将以一条边的距离及相应的角度来倒角。

8. 多个

选择该选项,AutoCAD 会给出相应的提示连续对直线进行倒角。

在进行倒角操作时,需要注意以下几点:

(1)倒角时,若设置的倒角距离太大或倒角角度无效,AutoCAD 会给出相应的提示。

(2)如果两条直线平行或发散,不能进行倒角,AutoCAD 会给出相应提示。

(3)以修剪模式对相交的两条边倒角,AutoCAD 总是保留所拾取的那部分对象。

(4)当两个倒角距离均为零时,CHAMFER 命令延伸两条直线使它们相交,不产生倒角。

二、圆角对象

圆角就是通过一个指定半径的圆弧来光滑地连接两个对象,内部角点称为内圆角,外部角点称为外圆角。可以修圆角的对象有圆弧、圆、椭圆和椭圆弧、直线、多段线、射线、样条曲线和构造线。圆角半径是连接被圆角对象的圆弧半径,修改圆角半径将影响后续的圆角操作。如果将圆角半径设为 0,则被圆角的对象将被修剪或延伸直到它们相交,并不创建圆弧。该命令可在对象上绘制圆弧倒角。

操作步骤:

(一)命令格式

· 下拉菜单:修改→圆角。

· “修改”工具栏:。

· 命令行:FILLET。

· 命令别名:F。

(二)AutoCAD 提示

当前设置:模式 = 不修剪,半径 = 0.0000

选择第一个对象或[放弃(U)/多段线(P)/半径(R)/修剪(T)/多个(M)]:

上面提示中的第一行说明当前的圆角模式,第二行提示中的各个选项含义如下。

1. 选择第一个对象

这是默认项。用户直接选择倒圆角的第一个对象后,AutoCAD 接着提示:

选择第二个对象,或按住 Shift 键选择要应用角点的对象:

在此提示下选择另一个对象，或按住 Shift 键选择要应用角点的对象，AutoCAD 按当前的倒圆角设置对它们绘制圆角。

2. 放弃

取消上一次的操作。

3. 多段线

对二维多段线的各个交角进行倒圆角。选择该项，AutoCAD 接着提示：

选择二维多段线：

在该提示下选择多段线后，AutoCAD 按当前的倒圆角设置对该多段线的各顶点处倒圆角。

4. 半径

设置倒圆角的圆弧半径，选择该选项，AutoCAD 接着提示：

指定圆角半径：

要求用户输入倒圆角的圆角半径值。之后 AutoCAD 返回到“选择第一个对象或［放弃(U)/多段线(P)/半径(R)/修剪(T)/多个(M)］：”提示状态，用户可以继续进行倒圆角操作。

5. 修剪

设置倒圆角操作的修剪模式。选择该选项，AutoCAD 接着提示：

输入修剪模式选项［修剪(T)/不修剪(N)］：

“修剪(T)”表示在倒圆角的同时将相应的两个对象作修剪，“不修剪(N)”则表示不进行修剪，如图 3-47 所示。

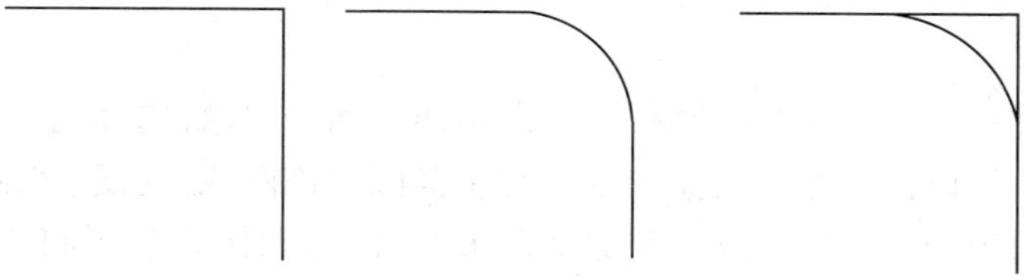

(a)原图　(b)修剪　(c)不修剪

图 3-47　圆角修剪模式

6. 多个

选择该选项，AutoCAD 会给出相应的提示连续对直线进行倒圆角。

在进行倒圆角操作时，需要注意以下几点：

(1)圆角对象不同，圆角后的效果也不同。

(2)若圆角半径设置太大，倒不出圆角，AutoCAD 会给出相应的提示。

(3)在修剪模式下对相交对象倒圆角时，总是保留所拾取对象的那部分。

(4)AutoCAD 允许对两条平行线倒圆角，倒角的结果是 AutoCAD 自动将圆角的半径设为两条平行线距离的一半。

三、打断

打断对象可以在一个对象上创建间距，使分开的两个部分之间有空间。可以创建打断的对象包括圆弧、圆、椭圆和椭圆弧、直线、多段线、射线、样条曲线和构造线。该命令可部分删除对象或把对象分解为两部分。

在 AutoCAD 2021 中,使用“打断”命令可部分删除对象或把对象分解成两部分,还可以使用“打断于点”命令将对象在一点处断开成两个对象。

操作步骤:

(一)命令格式

· 下拉菜单:修改→打断。

· “修改”工具栏:□。

· 命令行:BREAK。

· 命令别名:BR。

(二)AutoCAD 提示

选择对象:

选择需要打断的对象。选择对象后,AutoCAD 接着提示:

指定第二个打断点或[第一点(F)]:

该提示的各个选项含义如下。

1. 指定第二个打断点

AutoCAD 默认把选择对象时的拾取点作为第一断点,这时需要指定第二个断点。如果直接点取对象上的另一点或者在对象的一端之外拾取一点,AutoCAD 将对象上位于两个拾取点之间的那部分对象删除。

2. 第一点

重新确定第一断点。选择该选项,AutoCAD 接着依次提示:

指定第一个打断点:

指定第二个打断点:

AutoCAD 将对象上位于两个断点之间的那部分对象删除。如果第一断点和第二断点重合,对象将被一分为二。

(1)用户也可以在“指定第二个打断点:”和“指定第二个打断点或[第一点(F)]:”提示下输入“@”,使得第一、第二断点重合,这实际上就是点打断的操作。

(2)对圆进行打断后,AutoCAD 沿逆时针方向将圆上从第一个断点到第二个断点之间的那段圆弧删除掉。

图 3-48 显示的是圆的一部分被打断的结果。

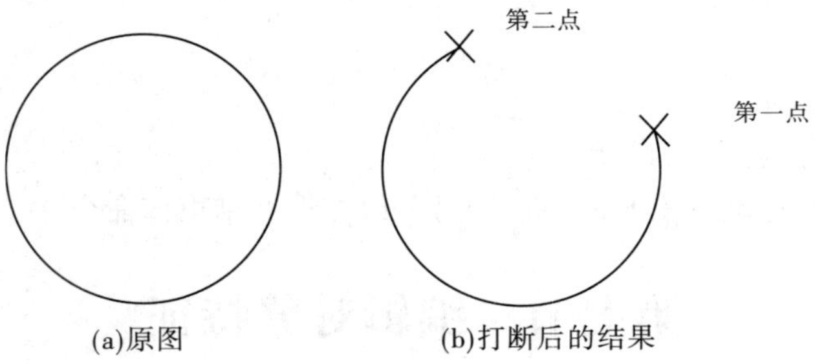

(a)原图　(b)打断后的结果

图 3-48　打断示例

四、合并对象

合并功能,可以将直线、圆、椭圆弧和样条曲线等独立的线段合并为一个对象。如果需要连接某一连续图形上的两个部分,或者将某段圆弧闭合为整圆,可以使用该命令。

操作步骤:

(一)命令格式

·下拉菜单:修改→合并。

·"修改"工具栏:。

·命令行:JOIN。

(二)AutoCAD 提示

选择源对象:(选择一个对象)

选择要合并到源的直线:(选择另一个对象)

找到 1 个

选择要合并到源的直线:

1 条线段已添加到多段线

将两条多段线合并为一条多段线,如图 3-49 所示。

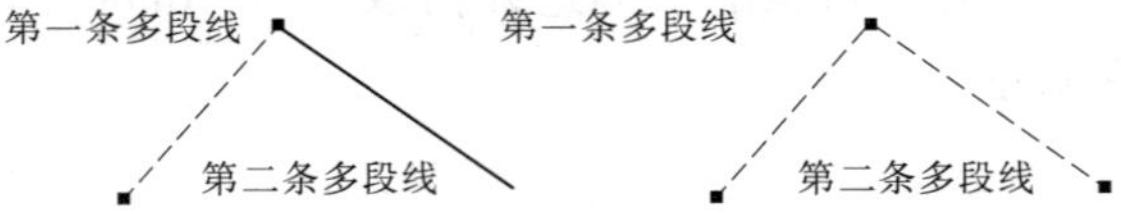

图 3-49　合并对象

五、分解对象

对于矩形、块等由多个对象组成的组合对象,如果需要对单个成员进行编辑,就需要先将它分解开。

操作步骤:

(一)命令格式

·下拉菜单:修改→分解。

·"修改"工具栏:。

·命令行:EXPLODE。

·命令别名:E。

(二)AutoCAD 提示

选择对象:(选择要分解的对象)

选择需要分解的对象后按 Enter 键,即可分解图形并结束该命令。

第七节　编辑对象特征

绘制的每个对象都具有特性。有些特性是基本特性,适用于多数对象,例如图层、颜色、线型和打印样式。有些特性是专用于某个对象的特性,例如,圆的特性包括半径和面积,直线的特性包括长度和角度。

用户不仅可以查看对象的特性，还可以设置对象的特性，甚至可在多个对象间复制特性。

一、列表对象特性

选择“工具”｜“查询”｜“列表显示”命令，在图形窗口中选择一个对象，然后按 Enter 键即可在打开的文本窗口中显示列表，如图 3-50 所示。

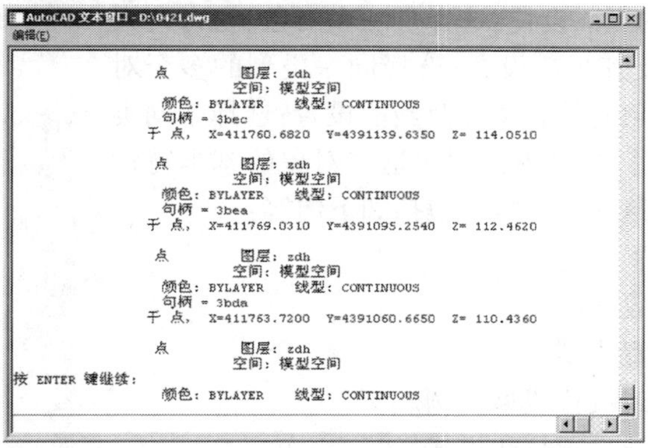

图 3-50　显示列表对象

二、查看和更改对象特性

对象特性包含一般特性和几何特性，一般特性包括对象的颜色、线型、图层及线宽等，几何特性包括对象的尺寸和位置。可以直接在“特性”窗口中设置和修改对象的特性。

“特性”窗口显示当前选择集中对象的所有属性和属性值，选中多个对象时，将显示它们共有的属性。用户可以修改单个对象的属性及由快速选择构造的选择集中对象共有的属性和多个选择集中对象的共同属性。

操作步骤：

（一）命令格式

· 下拉菜单：修改→对象特性。

· “标准”工具栏：。

· 命令行：PROPERTIES。

（二）AutoCAD 弹出如图 3-51 所示的“特性”窗口

“特性”选项板默认处于浮动状态。在“特性”选项板的标题栏上右击，将弹出一个快捷菜单，如图 3-52 所示。可通过该快捷菜单确定是否隐藏选项板、是否在选项板内显示特性的说明部分以及是否将选项板锁定在主窗口中。

例如，在对象“特性”选项板快捷菜单中选择了“说明”命令，然后在“特性”选项板中选择对象的某一特性，则“特性”选项板下面将显示该特性的说明信息。在对象“特性”选项板快捷菜单中选择“自动隐藏”命令，则不使用对象“特性”选项板时，它会自动隐藏，只显示一个标题栏。

“特性”窗口主要用于浏览、修改 AutoCAD 对象的特性，也可以通过该窗口浏览、修改满足 AutoCAD 应用程序接口(Application Programming Interface，即 API)标准的第三方应用程序对象。

AutoCAD 的“特性”窗口有如下特点：

(1)“特性”窗口不影响用户在 AutoCAD 环境中的工作，即打开“特性”窗口后，用以执行 AutoCAD 命令，进行各种操作。

(2)打开“特性”窗口，在没有对象被选中时，窗口显示整个图纸的特性及它们的当前设置；选择了一个对象，窗口内列出该对象的全部特性及其当前设置；选择同一类型的多个对象，窗口内列出这些对象的共有特性及当前设置；选择不同类型的多个对象，在“特性”窗口内只列出这些对象的基本特性以及它们的当前设置，这些基本特性包括如下内容：

· 颜色：显示或设置颜色。

· 图层：显示或设置图层。

· 线型：显示或设置线型。

· 线型比例：显示或设置线型比例。

· 打印样式：显示或设置打印样式。

· 线宽：显示或设置线宽。

· 超级链接：显示或设置超级链接。

· 厚度：显示或设置厚度。

用户可根据需要修改这些特性。

图 3-51 “特性”窗口

(3)单击“特性”窗口中的“快速选择”按钮，AutoCAD 弹出如图 3-53 所示的“快速选择”对话框，用户可通过该对话框快速创建供编辑用的选择集。

单击“特性”窗口中的“选择对象”按钮，光标切换到绘图窗口，并变为选择对象的小方框，用户可以使用本章前面介绍的构造选择集的方法选择对象。

“特性”窗口中的“切换 PICKADD 系统变量值”按钮用于修改 PICKADD 系统变量的值，即切换到“特性”窗口中，是否可以选择多个对象进行编辑。

实际上，不通过这 3 个按钮，只需要将光标在绘图区单击两次，将绘图窗口激活为当前窗口，就可以选择对象，选中的对象的特性反映到“特性”窗口中。

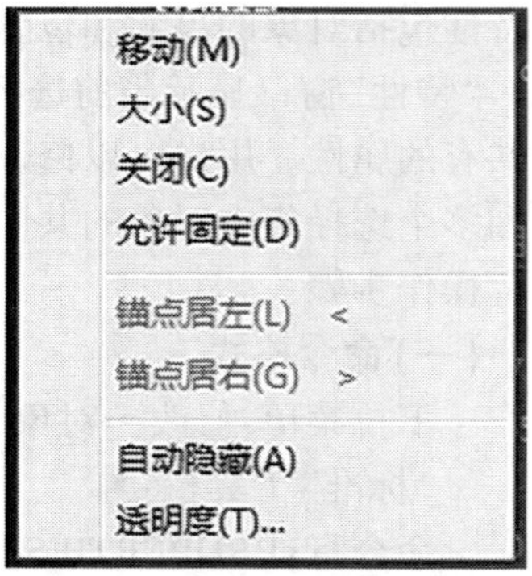

图 3-52 对象“特性”选项板快捷菜单

(4)在“特性”窗口双击对象非输入的特性栏，将依次出现该特性所有可能的取值。

(5)用户可通过“特性”窗口修改所选择的某一对象或某几个对象的可修改特性。对象特性的类型不同，修改方法也不同。一般情况下可用下述方法之一进行修改：

· 输入新值。

· 从列表中选择值。

· 通过对话框改变值。

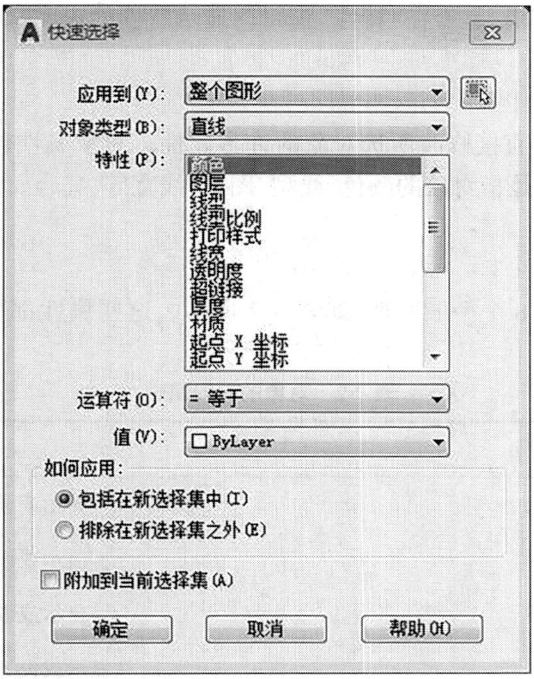

图 3-53 “快速选择”对话框

·利用“拾取点”按钮在绘图区改变坐标值。

(6)用户可以按对象分类,也可以按对象特性的字母排列顺序显示对象特性,从而提高了访问效率。

(7)“特性”窗口的大小可以改变,并且可以锁定在主窗口上,如图 3-54 所示。它会自动记忆上一次使用的位置、大小和窗口锁定状态。

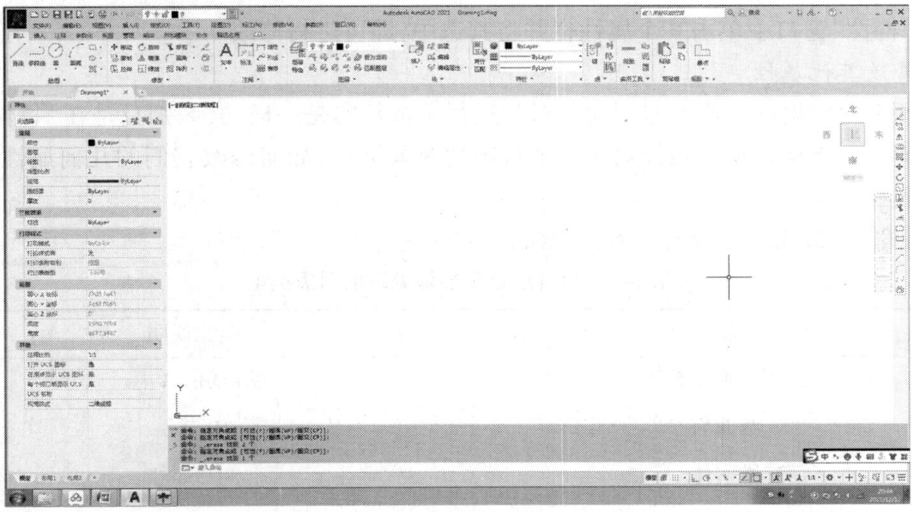

图 3-54 “特性”窗口锁定在主窗口中

(8)在“特性”窗口内单击鼠标右键,AutoCAD 弹出相应的快捷菜单,用户可通过该菜单确定是否隐藏“特性”窗口，是否在“特性”窗口内显示特性的说明部分，是否将“特性”窗口锁定在主窗口中。

（三）修改对象属性

在“特性”窗口内可直接修改所选对象的许多属性。对象属性包含一般信息和几何属性等。对象的一般属性是指对象的颜色、线型、图层、线宽等，集合属性则定义了对象的尺寸和位置。

1. 修改一般属性

任何对象都有下列 8 个一般属性，如表 3-2 所示。这些属性都可在“特性”窗口的“基本”节点里修改。

表 3-2 对象的一般属性

类型	说明
颜色	显示或设置颜色
图层	显示或设置图层
线型	显示或设置线型
线型比例	显示或设置线型比例
打印样式	显示或设置打印样式
线宽	显示或设置线宽
超级链接	显示或设置超级链接
厚度	显示或设置厚度

在“特性”窗口中单击某个属性栏并将其选中，即可进行修改。

2. 修改其他属性

对所有对象属性的修改和用命令对其进行编辑其实是一样的，区别只是在“特性”窗口里修改而已。下面主要介绍针对每一个特定的对象类型，如何修改它们的几何属性及其他特定的属性。

“特性”窗口能够处理的对象类型如表 3-3 所示。

表 3-3 “特性”窗口能够处理的对象类型

类型	英文说明
三维动态观察系统	3D Orbit View
三维曲面	3D Face
三维实体	3D Solid
圆弧	Arc
属性定义字符串	Attribute Definition

续表 3-3

类型	英文说明
插入的图块	Block Reference
结合成一体的实体或者曲面	Body
圆	Circle
标注	Dimension
椭圆	Ellipse
外部引用	External Reference
阴影线	Hatch
光栅图像	Image
引线	Leader
线段	Line
多个图块插入	Multiple Insertion
多线	Multiline
多行文本	MText
点	Point
二维多段线	Polyline(2D and Lightweight)
三维多段线	Polyline(3D)
三维多边形网格	Polyline(3D Polygon Mesh)
多义面网格	Polyline(Polyface Mesh)
射线	Ray
区域	Region
字型	Shape
实体	Solid
样条曲线	Spline
文本	Text
公差	Tolerance
宽线	Trace
视口	Viewport
构造直线	Xline

下面仅通过众多对象类型中 1 个讲解对象的属性直线,其他的对象类型基本类同。

当选择了一条直线,“特性”窗口将显示 Line 的所有属性,除了熟悉的一般属性外,还有几何属性,表 3-4 列出了直线的几何属性。表中的“备注”栏说明了对应的属性是否可以让用户修改,否则只显示出来。

表 3-4　直线的几何属性

属性	说明	备注
起点 X 坐标	线段起点的 X,Y,Z 坐标	显示/修改
起点 Y 坐标		
起点 Z 坐标		
端点 X 坐标	线段终点的 X,Y,Z 坐标	显示/修改
端点 Y 坐标		
端点 Z 坐标		
增量 X 坐标	线段起点和终点坐标的差值	显示
增量 Y 坐标		
增量 Z 坐标		
长度	线段长度	显示
角度	线段从起点到终点的方向矢量与 X 轴的夹角,遵循右手规则	显示

三、“特性”选项板的功能

“特性”选项板中显示了当前选择集中对象的所有特性和特性值,当选中多个对象时,将显示它们的共有特性。可以通过它浏览、修改对象的特性,也可以通过它浏览、修改满足应用程序接口标准的第三方应用程序对象。

思考与练习

一、选择题

1. 能够改变一条线段长度的命令有(　　)。

(A)DDMODIFY　(B)LENGTHEN　(C)EXTEND　(D)TRIM

(E)STRETCH　(F)SCALE　(G)BREAK　(H)MOVE

2. 能够将物体某部分进行大小不变的复制的命令有(　　)。

(A)MIRROR　(B)COPY　(C)ROTATE　(D)ARRAY

3. 下面命令中,哪一个命令在选择物体时必须采取交叉窗口或交叉多边形窗口进行选择?(　　)

(A)LENGTHEN　(B)STRETCH　(C)ARRAY　(D)MIRROR

4. 下列命令中哪些可以用来去掉图形中不需要的部分?(　　)

(A)删除　(B)清除　(C)修剪　(D)放弃

二、连线题

将下列命令与其命令名连线。

CHAMFER　　拉伸
LENGTHEN　　圆角
FILLET　　拉长
STRETCH　　倒角

三、问答题

1. 请分析 COPYCLIP 与 COPYLINK 两个命令的异同。

2. 在利用“修剪”命令对图形进行“修剪”时,有时无法实现,试分析可能的原因。

四、上机练习题

绘制图 3-55 和图 3-56。

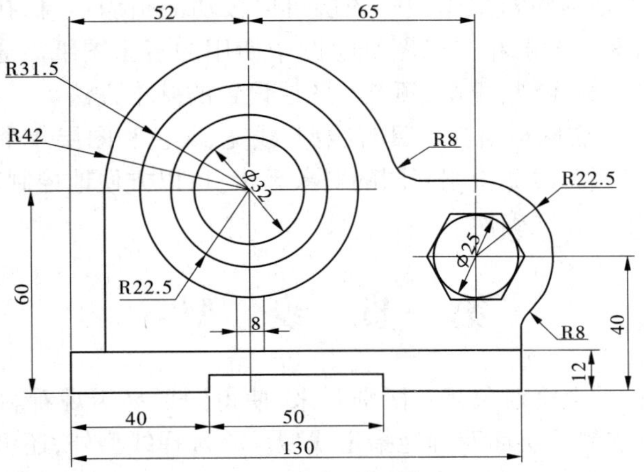

图 3-55

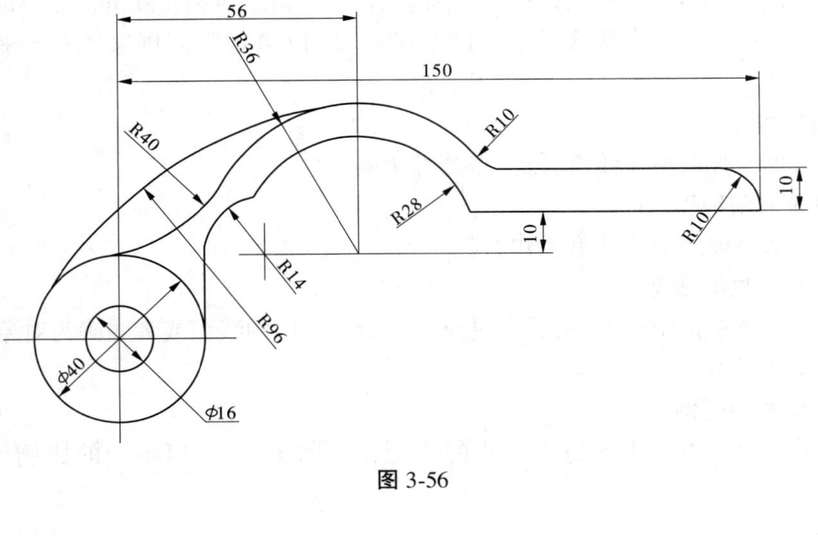

图 3-56

第四章　线型、线宽、颜色与图层管理

AutoCAD 绘制的每个对象都具有特性。有些特性是基本特性，适用于多数对象，例如线型、颜色和图层。本章将集中介绍线型、颜色和图层设置的方法。使用线型可以在视觉上将对象相互区别开来，使得图形易于观看。通过控制图形显示和打印中的线宽，可以进一步区分图形中的对象。使用颜色可以直观地将对象编组。图层可以按功能组织信息，执行线型、颜色和其他标准。图层相当于图纸绘图中使用的多张图纸。通过本章的学习，读者将学会线型、线宽、颜色及图层设置的基本方法。

线型、线宽、颜色与图层

AutoCAD 2021 中，所有图形对象都具有线型、线宽、颜色和图层 4 个基本属性。可以使用不同的图层、颜色、线型和线宽绘制不同的对象元素，可以方便地控制对象的显示和编辑，提高绘制复杂图形的效率和准确性。

第一节　线　型

使用线型可以在视觉上将对象相互区别开来，使得图形易于观看。可以通过图层指定对象的线型，也可以不依赖图层而明确地指定线型。除选择线型外，还可以设置线型比例以控制横线和空格的大小，也可以创建自定义线型。

一、线型概述

线型是指图形基本元素中线条的组成和显示方式，如虚线和实线等。在 AutoCAD 中既有简单线型，也有由一些特殊符号组成的复杂线型，以满足不同国家或行业标准的使用要求。

（一）加载线型

在工程开始时加载所需线型，以便需要时使用。

（二）设置当前线型

所有对象都是使用当前线型创建的。

（三）更改对象的线型

通过将对象重新指定给另一图层、更改对象所在图层的线型或者明确为对象指定线型，可以更改对象的线型。

（四）控制线型比例

通过全局更改或单个更改每个对象的线型比例因子，可以以不同的比例使用同一个线型。

二、加载线型

用户应在工程开始时加载线型，以便需要时使用。如果要了解哪些线型可用，可以显示在图形中加载的或者存储在 LIN(线型定义)文件中的线型列表。

AutoCAD 中包括线型定义文件 acad. 1in 和 acadiso. 1in。选择哪个线型文件取决于是使用英制测量系统还是公制测量系统。

(1)如果使用英制测量系统,应使用 acad. 1in 文件。

(2)如果使用公制测量系统,应使用 acadiso. 1in 文件。

选择“格式”|“线型”命令,打开“线型管理器”对话框,如图 4-1 所示,单击“加载”按钮,打开“加载或重载线型”对话框,在列表框中选择一种需要加载的线型,如图 4-2 所示,然后单击“确定”按钮,就可以加载线型。

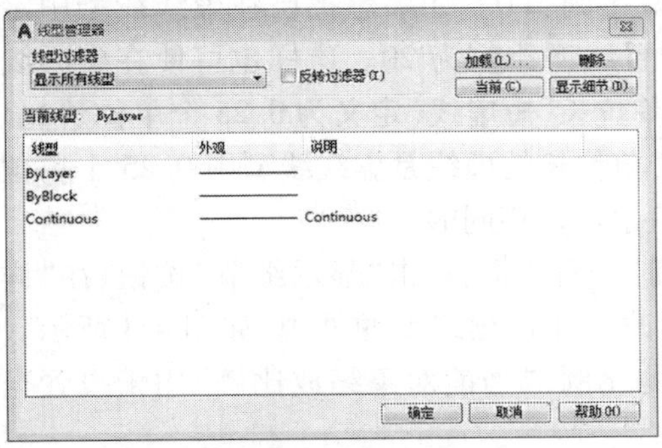

图 4-1 “线型管理器”对话框

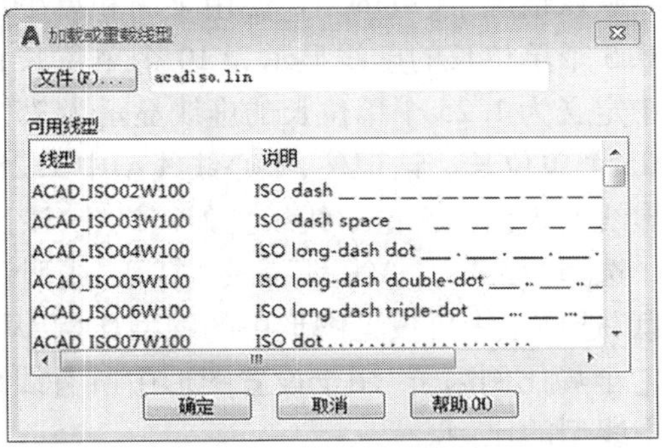

图 4-2 “加载或重载线型”对话框

三、设置当前线型

所有对象都是使用当前线型创建的。在“线型管理器”对话框的列表框中选择一种线型,然后单击“当前”按钮,就可以使用该线型绘制随后的新对象;选择 ByLayer,可以使用指定给当前图层的线型绘制新对象;选择 ByBlock,可以使用当前的线型绘制新对象,直到将对象编组到块中。在图形中插入块时,块中的对象将采用当前的线型设置。

当然,也可以右击工具栏,从弹出的快捷菜单中选择“特性”命令,显示“特性”工具栏,在“线型控制”下拉列表框中选择一种线型,就可以将其设置为当前线型,如图 4-3 所示。

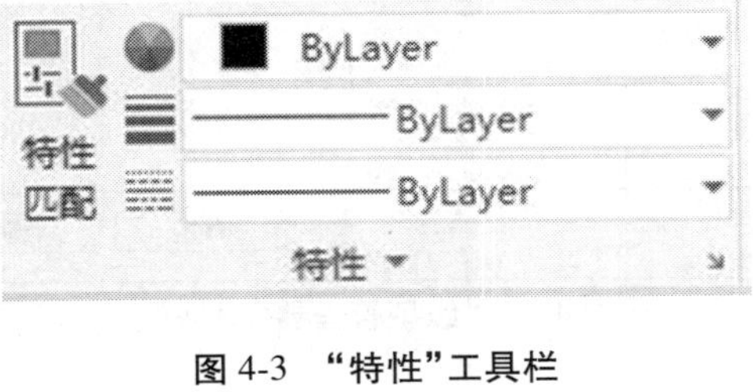

图 4-3 “特性”工具栏

四、更改对象的线型

在 AutoCAD 中,对已绘制的图形,也可以更改线型,主要有以下三种方法:

(1)将对象重新指定给不同线型的其他图层。如果对象的线型设置为 ByLayer,并且将该对象指定给了不同的图层,它将采用新图层的线型。

(2)改变指定给该对象所在图层的线型。如果对象的线型设置为 ByLayer,则它采用其图层的线型。当更改指定绘图层的线型时，被指定 ByLayer 线型的图层上面的所有对象将自动更新。

（3）为对象指定一个线型以代替图层的线型，可以明确指定每个对象的线型。如果要使用不同的线型替代一个由图层决定的对象线型，应将现有对象线型由 ByLayer 改为特定线型。

五、控制线型比例

通过全局更改或单个更改每个对象的线型比例因子，可以以不同的比例使用同一个线型。默认情况下，AutoCAD 使用全局和单个线型比例 1.0。如果想把已在虚线线型中定义为 0.5 个单位长的虚线显示为 10 个单位长，设置线型比例为 20。这样也可使在中心线线型中定义为 1.25 个单位长的虚线显示为 25 个单位长，短虚线（定义为 0.25 个单位长）显示为 25 个单位长。请记住，中心线线型中 1.25 个单位长的虚线是虚线线型中 0.25 个单位长的虚线的 5 倍。无论虚线线型如何设置，该比值永远是相同的。

选择“格式”｜“线型”命令，打开“线型管理器”对话框，单击“显示细节”按钮，在“详细信息”选项组中可设置图形中的线型比例，从而改变非连续线型的外观，如图 4-4 所示。其中，“全局比例因子”用于设置图形中所有线型的比例，“当前对象缩放比例”用于设置当前选中线型的比例。

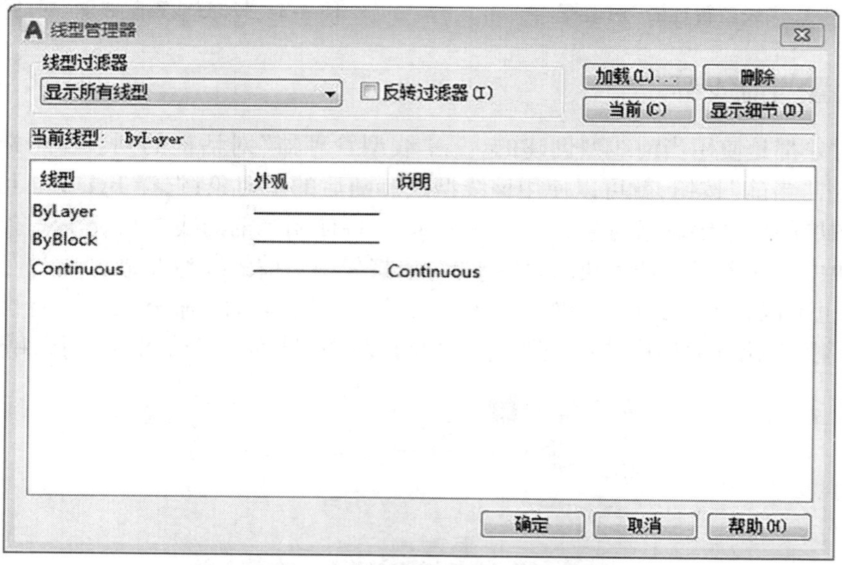

图 4-4 “线型管理器”对话框

第二节 线 宽

通过控制图形显示和打印中的线宽，可以进一步区分图形中的对象。

使用线宽，可以用粗线和细线清楚地表现出部件的截面、标高的深度、尺寸线和标记，以及不同对象的厚度。例如，通过为不同图层指定不同的线宽，可以很方便地区分新建的、现有的和被破坏的结构。除非单击状态栏中的“线宽”按钮,否则不显示线宽。

除 TrueType 字体、光栅图像、点和实体填充(二维实体)以外的所有对象都可以显示线宽。在平面视图中,宽多段线忽略所有用线宽设置的宽度值。仅当在视图中而不是在“平面”中查看宽多段线时,多段线才显示线宽。可以将图形输出到其他应用程序中,或者将对象剪切到剪贴板上并保留线宽信息。

在模型空间中,线宽以像素显示,并且在缩放时不发生变化。因此,在模型空间中精确表示对象的宽度时不应该使用线宽。例如,如果要绘制一个实际宽度为 0.5 英寸的对象,就不能使用线宽而应该用宽度为 0.5 英寸的多段线表现对象。

一、显示线宽

线宽的显示在模型空间和图纸空间布局中是不同的,主要表现在以下两个方面:

(1)在模型空间中,线宽值为 0 时显示为一个像素,其他线宽使用与其真实值成比例的像素宽度。

(2)在图纸空间布局中,线宽以实际打印宽度显示。

在模型空间中,合并的线宽形成一个没有端点封口的倾斜接头,可以用打印样式把不同的接头和端点封口样式应用于具有线宽的对象。在模型空间中,显示的线宽不随缩放比例因子而变化。例如,无论如何放大,以四个像素的宽度表现的线宽值总是用四个像素显示。当线宽以大于一个像素的宽度显示时,重生成时间会加长。

关闭线宽显示,可以优化 AutoCAD 的性能。在“模型”选项卡上,可以通过单击状态栏中的“线宽”按钮打开或关闭线宽的显示。

在布局和打印预览显示方式中,线宽是以实际单位显示的,并且随缩放比例因子而变化。可以通过“打印”对话框中的“打印设置”选项卡来控制图形中的线宽打印和缩放。在图纸空间布局中,可以通过单击状态栏中的“线宽”按钮打开或关闭线宽的显示。此设置不影响打印。

二、设置线宽

要设置图层的线宽,可以选择“格式”|“线宽”命令,打开“线宽设置”对话框。通过调整线宽比例,使图形中的线宽显示得更宽或更窄,如图 4-5 所示。

在“线宽设置”对话框的“线宽”列表框中选择所需线条的宽度后,还可以设置其单位和显示比例等参数,各选项的功能如下:

(1)“列出单位”选项组。设置线宽的单位,可以是“毫米”或“英寸”。

(2)“显示线宽”复选框。设置是否按照实际线宽来显示图形,也可以单击状态栏中的“线宽”按钮来显示或关闭线宽。

(3)“默认”下拉列表框。设置默认线宽值,即关闭显示线宽后 AutoCAD 所显示的线宽。

(4)“调整显示比例”选项组。通过调节显示比例滑块,可以设置线宽的显示比例大小。

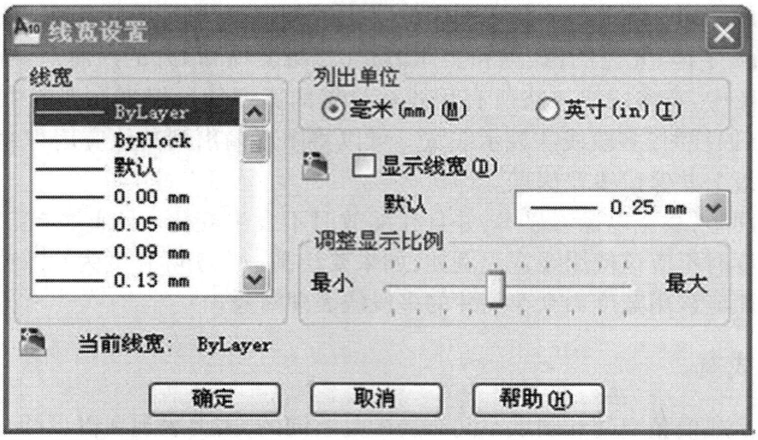

图 4-5 “线宽设置”对话框

第三节 颜 色

使用颜色能直观地将对象编组。可以通过图层指定对象的颜色,也可以不依赖图层而明确地指定颜色。通过图层指定颜色可以在图形中轻易地识别每个图层,明确地指定颜色会在同一个图层的对象之间产生其他的差别。颜色也可以用做一种为颜色相关打印指示线宽的方式。

为对象指定颜色时,可以使用以下多种调色板:AutoCAD 颜色索引(ACI)、真彩色、PANTONE 和 RAL 配色系统及输入到配色系统中的颜色。

要设置对象的颜色,可以选择“格式”|“颜色”命令,打开“选择颜色”对话框,如图 4-6 所示。

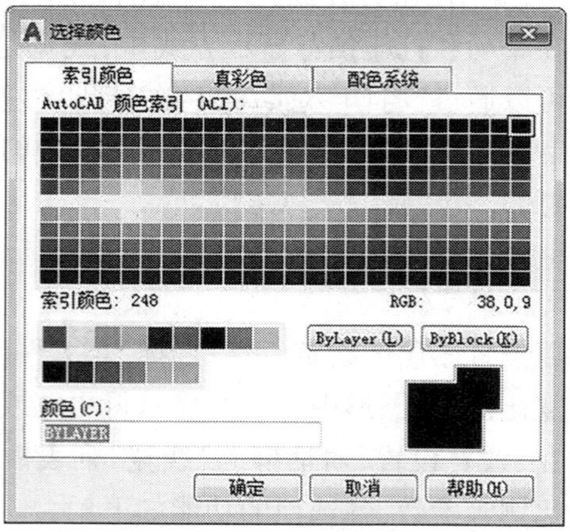

图 4-6 “选择颜色”对话框

在“选择颜色”对话框中,可以使用“索引颜色”“真彩色”和“配色系统”3 个选项卡为图层设置颜色。

(1)“索引颜色”选项卡:可以使用 AutoCAD 的标准颜色(ACI 颜色)。在 ACI 颜色表中,每一种颜色用一个 ACI 编号(1~255 的整数)标识。“索引颜色”选项卡实际上是一张包含 256 种颜色的颜色表。

(2)“真彩色”选项卡:使用 24 位颜色定义显示 16 M 色。指定真彩色时,可以使用 RGB 或 HSL 颜色模式。如果使用 RGB 颜色模式,则可以指定颜色的红、绿、蓝组合;如果使用 HSL 颜色模式,则可以指定颜色的色调、饱和度和亮度要素,如图 4-7 所示。在这两种颜色模式下,可以得到同一种所需的颜色,但是组合颜色的方式不同。

(3)“配色系统”选项卡:使用标准 PANTONE 颜色系统设置图层颜色,如图 4-8 所示。

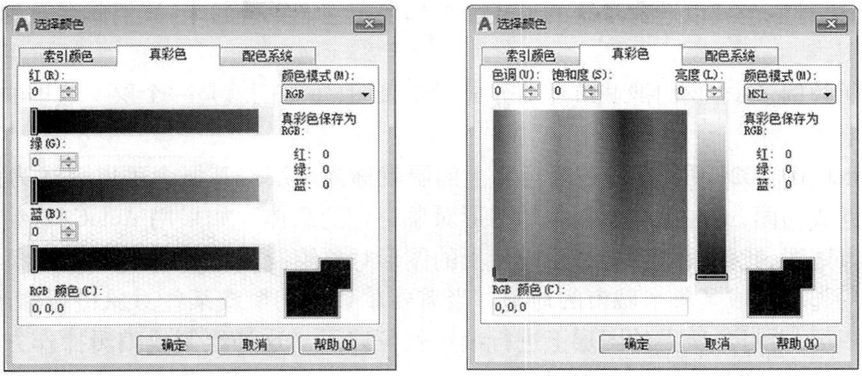

(a) (b)

图 4-7 RGB 和 HSL 颜色模式

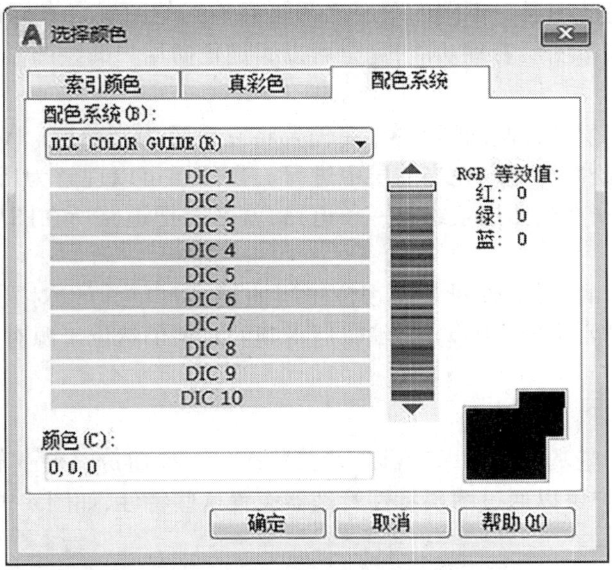

图 4-8 “配色系统”选项卡

第四节 图层的概念与特性

图层是 AutoCAD 2021 中的一个重要概念，特别对于绘制复杂图形，它有着非常重要的实际作用。充分有效地使用图层功能能够大大降低图形绘制工作中编辑操作的难度，同时也能很好地提高绘图的准确性。本节将重点介绍图层的概念及其设置。

一、图层的概念

首先我们通过一个实例来理解“层”的概念。

假设现在有 5 张透明的胶片，在这些胶片上分别绘制了一个城市的房屋、道路、公用设施、公园及河流。如果分别看每一张胶片，它们上面绘制的图形对象都具有共性，即同属一类，但都无法对整个城市进行系统的描述。可如果把它们重叠起来，我们就会看到一张完整的城市地图。

在上面的例子中，我们把城市地图分成了 5 张图，每张图就是一个层。这里的层是逻辑意义上的层。

在 AutoCAD 2021 中，这种逻辑意义上的层就称为图层。其概念可以表述为：AutoCAD 中性质相近或相同，或在逻辑上相关的图形对象集合的载体。如果用 AutoCAD 绘制上面例子中的城市地图，我们就可以把每张胶片上的图形对象绘制在同一个图层上，最后把 5 个图层叠加在一起就构成了整个城市的地图。当需要单独对某个或某些对象进行修改时，只要屏蔽其他图层，在对象所在的图层上进行编辑就可以了。这种绘制或编辑操作方式既简明方便，又不会影响到其他图层上的对象。

图层是 AutoCAD 中用来组织图形的重要工具之一，但它本身并不是图形对象。AutoCAD 的所有图形对象都必须绘制在某一个图层上，该图层可以是 AutoCAD 默认的图层，也可以是用户自己创建的图层。不同的图层之间是靠不同的图层名来标识和区别的。另外，AutoCAD 还提供了大量图层管理功能，完全可以满足任何用户的绘图需要，而每个图层上的对象数是无限制的。

如果要在某个图层上绘制图形对象，首先要将它设置为当前层。AutoCAD 中有且只有一个当前层，所在的绘图操作均在当前层中进行。当前层可以理解为所有胶片中最上面的那张，比如要在道路所在的图层上绘制一条道路，就必须把道路所在图层设为当前层，然后进行绘制。

不同于绘制操作的是，不管对象是否位于当前层，用户总可以对其进行一般的编辑操作，如移动、复制、旋转、镜像及阵列等，编辑后得到的对象仍然位于源对象所在的图层。

二、图层的特性

每个图层都有一些基本特性，如名称、开关状态、冻结/解冻、锁定/解锁、颜色、线型、线宽、打印样式等。用户可以通过图层特性管理器设置这些特性，如图 4-9 所示。

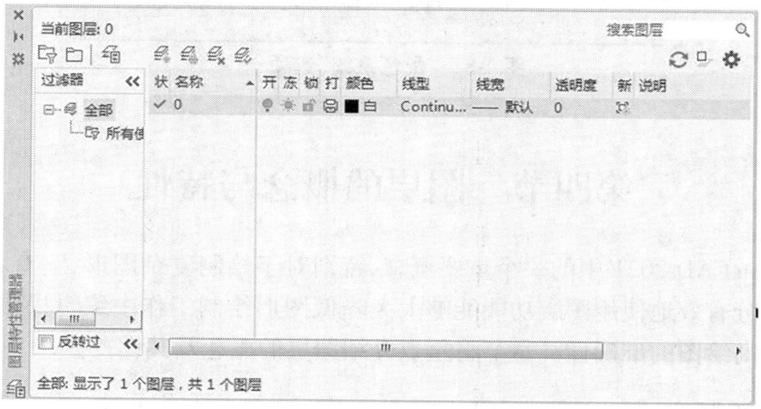

图 4-9　图层特性管理器

当在图层上绘图时，绘制的新对象的各种特性将默认为“随层”，即由当前图层的默认设置决定。用户也可以单独设置对象的特性，新设置的特性将覆盖原来随层的特性。

每个图形都有一个称为“0”的图层，默认情况下，0 层的颜色为白色，线型为连续线。0 层不可更改名称或删除。

下面分别介绍图层的各个特性。

(一)名称

名称是使用图层的唯一标识，是图层的名字。图层的名称可以在创建该图层时设置，也可以修改。修改方法是先选中一个图层，然后单击该图层的名称部分，该图层的名称即变为可编辑状态，直接输入新名称即可。

(二)开关状态(/)

开关状态是指图层处于打开状态还是关闭状态。如果图层被打开，则该图层上的图形可以在显示器上显示，也可以在输出设备上打印。如果图层关闭，该图层仍然是图形的一部分，但该图层上的图形对象不显示，也不能打印输出。

在“图层特性管理器”对话框中，“开”对应的列是小灯泡图标。通过单击小灯泡图标可实现打开或关闭图层的切换。如果灯泡颜色是黄色，表示对应图层是打开的；如果灯泡颜色是灰色，则表示对应图层是关闭的。

如果关闭当前层，AutoCAD 会显示出如图 4-10 所示的对话框，警告正在关闭当前层。但用户仍然可以关闭当前层。

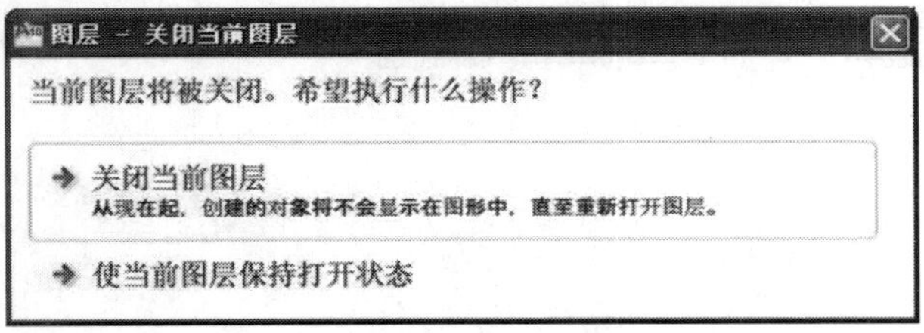

图 4-10　警告信息

(三)冻结/解冻(/)

如果图层被冻结，则该图层上的图形对象不能被显示出来，也不能打印输出，而且也不参加图形之间的操作(例如不能将该图层上的对象复制到其他的图形上)；被解冻的图层则正好相反。

在“图层特性管理器”对话框中，“在所有视口冻结”对应的列是太阳或者雪花图标。太阳表示所对应的图层没有冻结，雪花则表示相应的图层被冻结。单击这些图标可实现图层冻结与解冻的切换。

用户不能冻结当前层，也不能将冻结层改为当前层。如果要将当前层冻结，AutoCAD 会显示警告信息；如果要将冻结层改为当前层，也会显示警告信息。

从可见性来说，冻结的图层与关闭的图层是相同的，但冻结的对象不参加处理过程中的运算，关闭的图层则要参加运算，所以在复杂的图形中冻结不需要的图层可以加快系统重新生成图形时的速度。但是，用户不能冻结当前层。

(四)锁定/解锁(/)

锁定状态并不影响该图层上图形对象的显示，但用户不能编辑锁定图层上的对象。如果锁定的是当前图层，用户仍可以在该层上绘图。此外，用户还可以在锁定的图层上使用查询命令和对象捕捉功能。

在“图层特性管理器”对话框中，“锁定”列对应的是关闭或打开的小锁图标。单击这些图标可实现图层锁定与解锁的切换。

（五）颜色

“颜色”列对应的各小方图标的颜色反映该图层的颜色。如果要改变某一图层的颜色，单击对应的图标，AutoCAD 弹出如图 4-6 所示的“选择颜色”对话框，用户从中选择所需颜色即可。

（六）线型

“线型”列显示各图层的线型名称。如果要改变某一个图层的线型，单击该图层的线型名称，AutoCAD 弹出如图 4-11 所示的“线型管理器”对话框，用户从中进行选择所需线型即可。如果没有需要的线型，可以单击该对话框的“加载”按钮，加载其他线型。

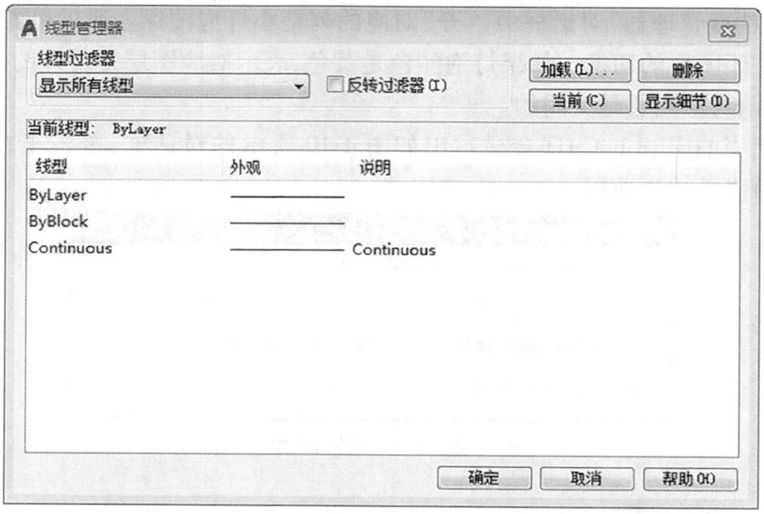

图 4-11 “线型管理器”对话框

（七）线宽

“线宽”列显示各图层的线宽值。如果要改变某一图层的线宽，单击该层的线宽图标，AutoCAD 会弹出如图 4-12 所示的“线宽”对话框，用户可从中选择所需线宽。

图层设置的线宽特性是否能显示在显示器上，还需要通过图 4-13 所示的“线宽设置”对话框来设置。

（八）打印样式

用户可以通过“打印样式”列确定各图层的打印样式。但如果使用的是彩色绘图仪，则不能改变这些打印样式。

（九）打印

打印特性设置是否打印该图层，这样就可以在保持图形显示可见性不变的前提下控制图形的打印特性。此功能只对可见的图层起作用，即只对没有冻结和没有关闭的图层起作用。用户可以通过单击相应的按钮来确定。

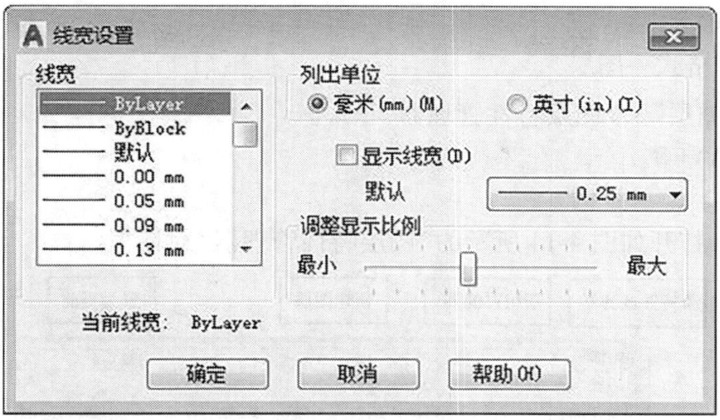

图 4-12 “线宽”对话框

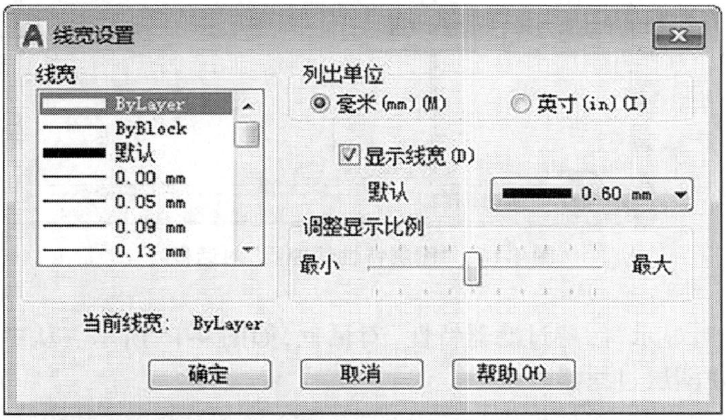

图 4-13 “线宽设置”对话框

第五节 图层设置与管理

图层就像一层透明的薄片,各层之间完全对齐,一层上的某一基准点准确对准其他层上的同一基准点。用户可以对每一图层指定在该层上绘图用的线型、线宽和颜色,将具有相同线型和颜色的图形对象在同一图层上绘制,例如用户可以创建一个图层专门进行尺寸标注,还可以创建一个图层把所有中心线放在上面等。一个完整的图形就是将它所包含的所有图层上的对象叠加在一起。

一、设置图层

在用图层功能绘图之前,首先要对图层的各项特性进行设置,包括建立和命名图层、设置当前图层、设置图层的颜色和线型、图层是否关闭、图层是否冻结、图层是否锁定及图层的删除等。本节主要对图层的这些相关操作进行介绍。

AutoCAD 2021 提供了详细直观的“图层特性管理器”对话框,用户可以方便地通过对该对话框中的备选项及其二级对话框的设置,实现建立新图层、设置图层颜色及线型等各种操作。

操作步骤:

(1)命令格式。

· 下拉菜单:格式→图层。

· 工具栏:“图层”→“图层特性管理器”。

· 命令行:LAYER。

· 命令别名:LA。

(2)AutoCAD 打开如图 4-14 所示的“图层特性管理器”对话框。

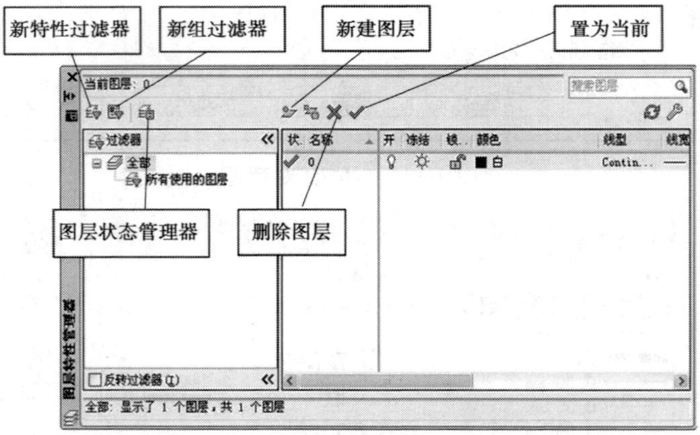

图 4-14 “图层特性管理器”对话框

新特性过滤器:显示“图层过滤器特性”对话框,如图 4-15 所示。从中可以基于一个或多个图层特性创建图层过滤器。

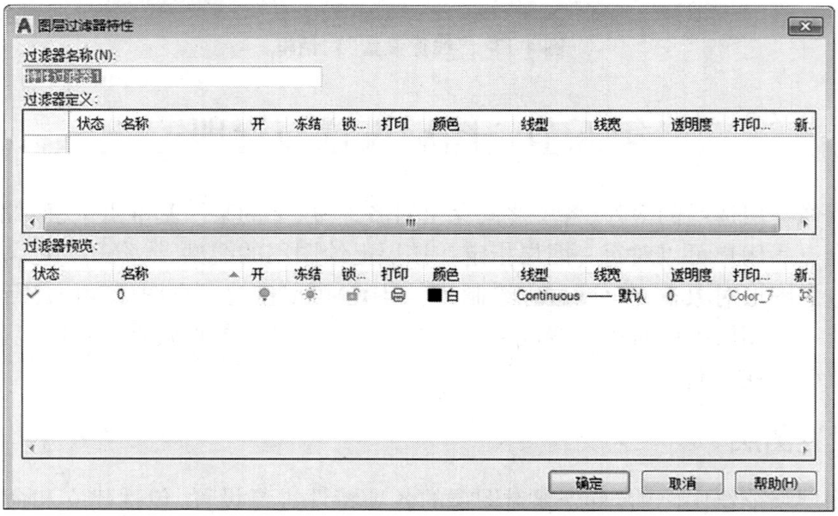

图 4-15 “图层过滤器特性”对话框

新组过滤器:创建一个图层过滤器,其中包含用户选定并添加到该过滤器的图层。AutoCAD 2021 中还可以通过“新组过滤器”过滤图层。可在“图层特性管理器”中单击“新组过滤器”按钮,并在对话框左侧过滤器树列表中添加一个“组过滤器 1”(也可以根据需要命名组过滤器)。在过滤器树中单击“所有使用的图层”节点或其他过滤器,显示对应的图层信息,然后将需要分组过滤的图层拖动到创建的“组过滤器 1”上即可。

使用“图层过滤器特性”对话框创建的过滤器中包含的图层是特定的,只有符合过滤条件的图层才能存放在该过滤器中。使用“新组过滤器”创建的过滤器中包含的图层取决于用户的需要。

搜索图层:输入字符时,按名称快速过滤图层列表。关闭图层特性管理器时并不保存此过滤器。

图层状态管理器:显示“图层状态管理器”对话框,如图 4-16 所示。在其中可以将图层的当前特性设置保存到命名图层状态中,以后可以再恢复这些设置。

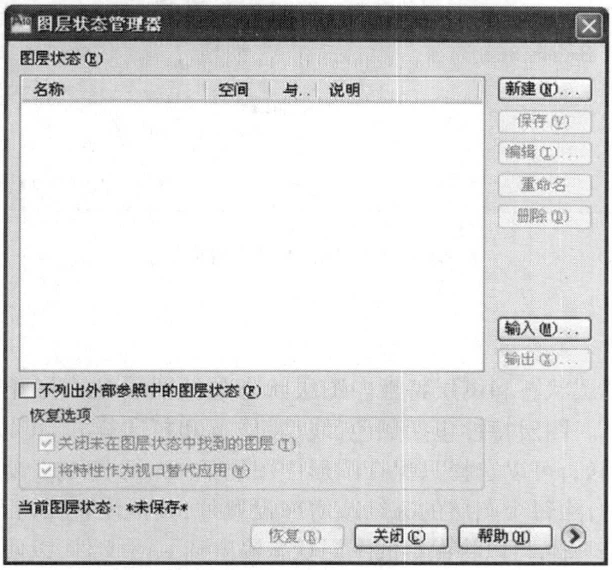

图 4-16 “图层状态管理器”对话框

新建图层:建立新图层。单击此按钮,图层列表中出现一个新的图层名称“图层 1”,用户可使用此名字,也可以改名。新的图层继承了建立新图层时所选中的已有图层的所有特性(包括颜色、线型、ON/OFF 状态等),如果新建图层时没有图层被选中,则新图层具有默认的设置。

反转过滤器:选中此复选框,显示所有不满足选定图层特性过滤器中条件的图层。

设置:单击此按钮弹出如图 4-17 所示的“图层设置”对话框。通过此对话框可以设置新图层通知设置、是否将图层过滤器更改应用于“图层”工具栏及更改图层特性替代的背景色。

指示正在使用的图层:在图层列表框中显示图标以指示图层是否处于使用状态。在具有多个图层的图形中,清除此选项可提高性能。

删除图层:删除所选图层。在图层列表中选中某一图层,然后单击此按钮,则该层删除。

置为当前:设置当前图层。在图层列表中选中某一图层,然后单击此按钮,则把该层设置为当前层。

在“图层特性管理器”对话框中还有一个重要的部分——图层列表区。它显示已有的图层及其特性。要修改某一图层的某一特性,单击它所对应的图标即可。右击空白区域,利用打开的快捷菜单可快速选中所有图层。

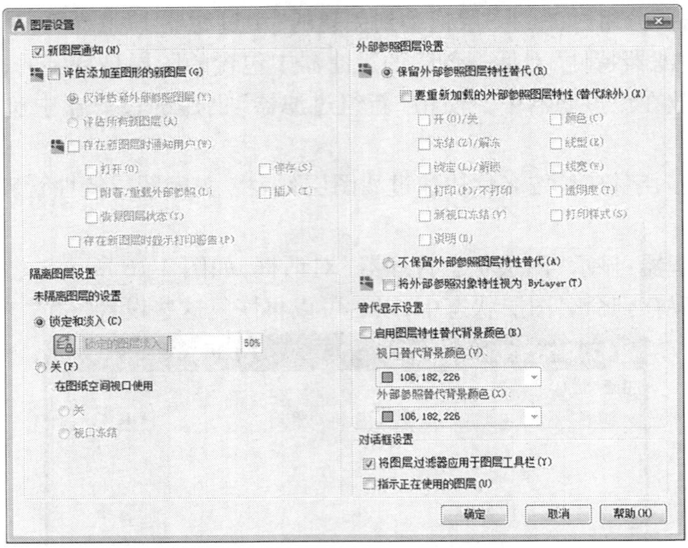

图 4-17 “图层设置”对话框

二、图层管理

图层设置包括图层状态和图层特性。图层状态包括图层是否打开、冻结、锁定、打印和在新视口中自动冻结。图层特性包括颜色、线型、线宽和打印样式,可以选择要保存的图层状态和图层特性。例如,可以选择只保存图形中图层的“冻结/解冻”设置,忽略所有其他设置。恢复图层状态时,除每个图层的冻结或解冻设置外,其他设置保持当前设置。

使用图层状态管理器,可以将保存的图层状态输出到 LAS 文件,以便在其他图形中使用。

不能输出外部参照的图层状态。

除恢复以前保存的图层设置外,可以编辑、重命名或删除命名的设置。还可以导入被输出到 LAS 文件中保存的图层设置。

无论是恢复保存在图形中的图层状态,还是从 LAS 文件中导入的图层状态,只有那些在保存图层状态时指定的图层设置(图层状态和图层特性)被恢复,所有未指定的图层设置才保留原来设置。

(一)保存图层状态

如果要保存图层状态,可在“图层特性管理器”对话框的图层列表中右击要保存层的图,在弹出的快捷菜单中选择“保存图层状态”命令,打开“要保存的新图层状态”对话框,如图 4-18 所示。在“新图层状态名”文本框中输入图层状态的名称,在“说明”文本框中输入相关的图层说明文字,然后单击“确定”按钮,返回“图层状态管理器”对话框,在“要恢复的图层设置”选项组中设置恢复选项,然后单击“关闭”按钮即可。

(二)恢复图层状态

如果改变了图层的显示等状态,还可以恢复以前保存的图层设置。在“图层特性管理器”对话框的图层列表中右击要恢复的图层,在弹出的快捷菜单中选择“恢复图层状态”命令,打开“图层状态管理器”对话框,选择需要恢复的图层状态后,单击“恢复”按钮即可,如图 4-19 所示。

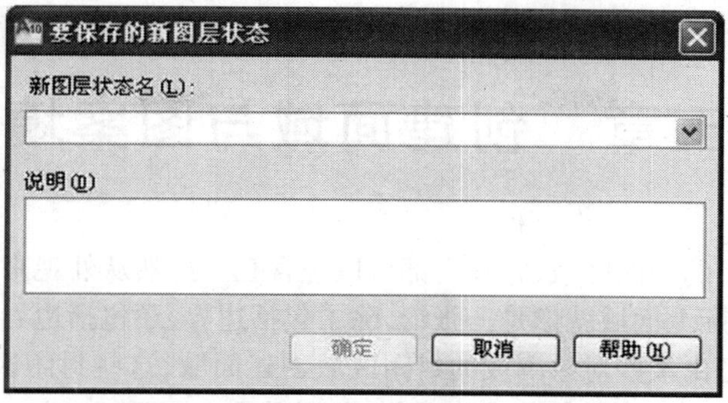

图 4-18 “要保存的新图层状态”对话框

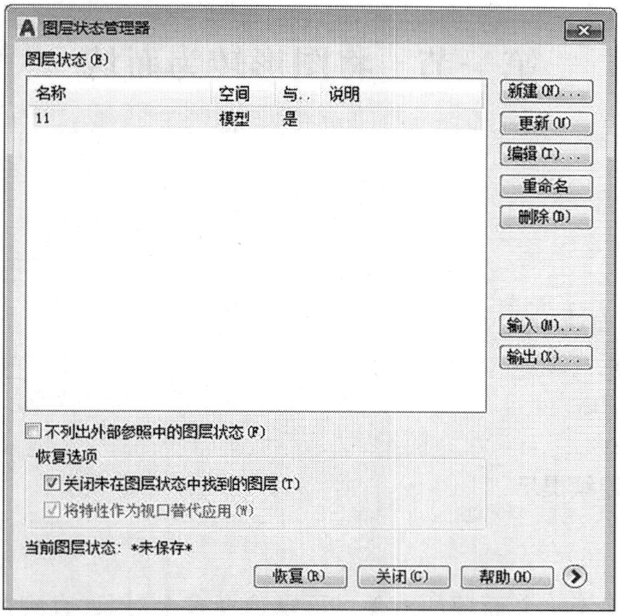

图 4-19 “图层状态管理器”对话框

(三)改变对象所在图层

在实际绘图时,如果绘制完某一图形元素后,发现该元素并没有绘制在预先设置的图层上,可选中该图形元素,并在“面板”选项板的“图层”选项组的“应用的过滤器”下拉列表框中选择预设图层名,即可改变对象所在的图层。

思考与练习

1. 试分析如果在绘图时不设置图层,将为绘图带来什么后果?
2. 新建图层的方法有哪几种?
3. 绘制图形时,需要一种前面没有用到过的线型,请给出解决步骤。
4. 设置或修改图层颜色的方法有哪几种?

第五章　创建面域与图案填充

面域是具有边界的平面区域,它的内部可以包含孔。虽然从外观来说,面域和一般的封闭线框无区别,但实际上面域就像是一张纸,除了包括边界,还包括边界内的平面。

AutoCAD 能够把由某些对象围成的封闭区域创建面域,这些封闭区域可以是圆、椭圆、封闭的二维多段线和封闭的样条曲线等对象,也可以是由圆弧、直线、二维多段线、椭圆弧、样条曲线等对象构成的封闭区域。

第一节　将图形转为面域

一、创建面域

创建面域

操作步骤:

(一)命令格式

· 菜单:绘图→面域。

·“绘图”工具栏:。

· 命令行:REGION。

· 命令别名:REG。

(二)AutoCAD 连续提示

选择对象:

……

需要用户选择用于定义面域的对象。可以选择多个对象,直到按下 Enter 键。之后 AutoCAD 提示:

已提取 n 个环。

已创建 n 个面域。

上面提示中的“n”为创建面域的个数。

(1)用户可以对面域进行诸如复制、移动之类的编辑操作。

(2)面域总是以线框的形式显示。

(3)如果系统变量 DELOBJ 的值为 1,AutoCAD 在定义了面域后删除原始对象;如果系统变量 DELOBJ 的值为 0,则不删除原始对象。

(4)用 EXPLODE 命令能够把面域的各个环转换成相应的线、圆、椭圆等对象。

(5)还可以通过“边界创建”对话框来定义面域。调用 BOUNDARY 命令,AutoCAD 弹出如图 5-1 所示的“边界创建”对话框。在该对话框中,如果将“对象类型”设置为创建面域,创建的即是一个面域,而不是边界。

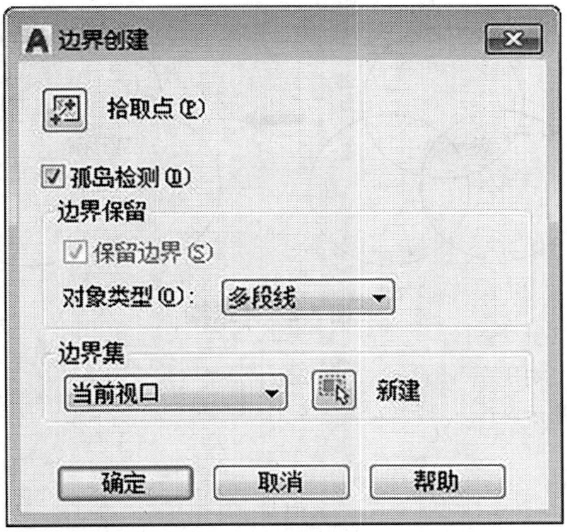

图 5-1 “边界创建”对话框

二、面域布尔运算

布尔运算是一种数学上的逻辑运算,用在 AutoCAD 绘图中对提高绘图效率具有很大作用,尤其是绘制比较复杂的图形时。布尔运算的对象只包括实体和共面的面域,因此对于普通的图形对象无法使用布尔运算,下面介绍的是面域布尔运算。

布尔运算包括并运算、差运算和交运算。

(一)并运算

并运算用于创建面域的并集,即将多个面域合并为一个面域。

操作步骤:

1. 命令格式

· 菜单:修改→实体编辑→并集。

· 命令行:UNION。

· 命令别名:UNI。

2. AutoCAD 连续提示

选择对象:

……

需要用户连续选择要合并的面域对象,直到按下 Enter 键结束选择,AutoCAD 将选择的面域合并结束命令。

图 5-2 所示的是并运算的前后结果。

(二)差运算

差运算用于创建面域的差集,即用一部分面域减去另一部分面域。

操作步骤:

1. 命令格式

· 菜单:修改→实体编辑→差集。

· 命令行:SUBTRACT。

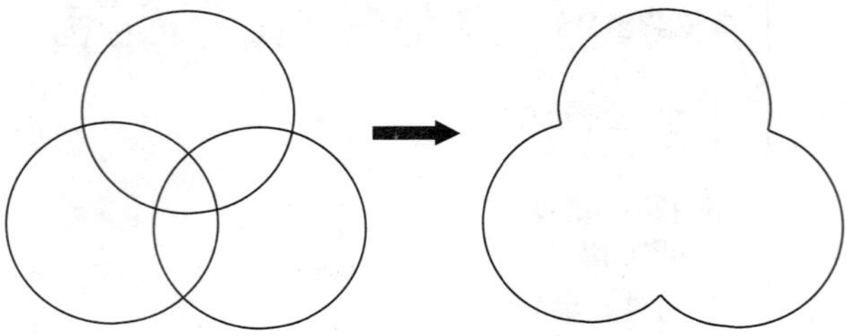

图 5-2　并运算

· 命令别名:SU。

2. AutoCAD 连续提示

选择对象:

……

需要用户选择被减去的面域。可以选择多个,直到按下 Enter 键,然后 AutoCAD 接着提示:

选择要删除的实体或面域:

选择对象:

……

需要用户选择要删除的面域。可以选择多个,直到按下 Enter 键。

运算结果是得到一个经过差运算后的新面域。

图 5-3 所示的是差运算的前后结果。

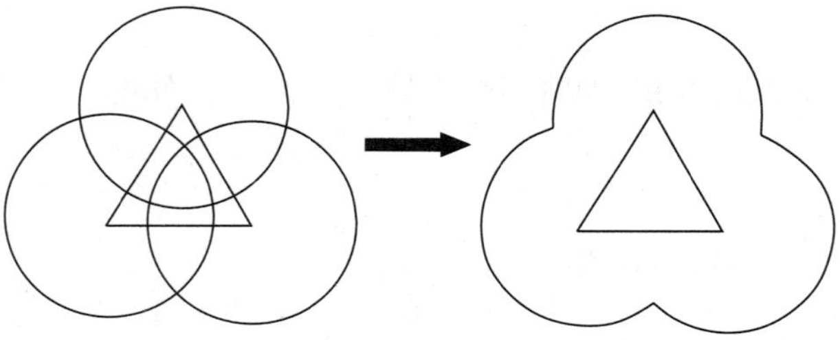

图 5-3　差运算

(三)交运算

交运算用于创建多个面域的并集,即各个面域的公共部分。

操作步骤:

1. 命令格式

· 菜单:修改→实体编辑→交集。

· 命令行:INTERSECT。

· 命令别名:IN。

2. AutoCAD 连续提示

选择对象:

……

需要用户选择要进行交运算的面域对象。需要选择两个以上面域对象,直到按下 Enter 键结束选择,得到的运算结果是由参与运算的所有面域的公共部分组成的新面域。

图 5-4 所示的是交运算的前后结果。

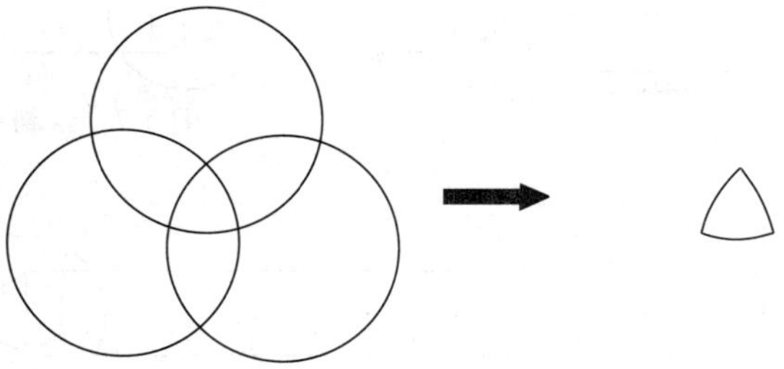

图 5-4　交运算

三、从面域中提取数据

由于面域是实体对象，因此它比对应的线框模型含有更多的信息。在 AutoCAD 中，选择“工具”|“查询”|“面域/质量特性”命令（MASSPROP），然后选择面域对象，按 Enter 键，系统将自动切换到“AutoCAD 文本窗口”，显示面域对象的数据特性，如图 5-5 所示。

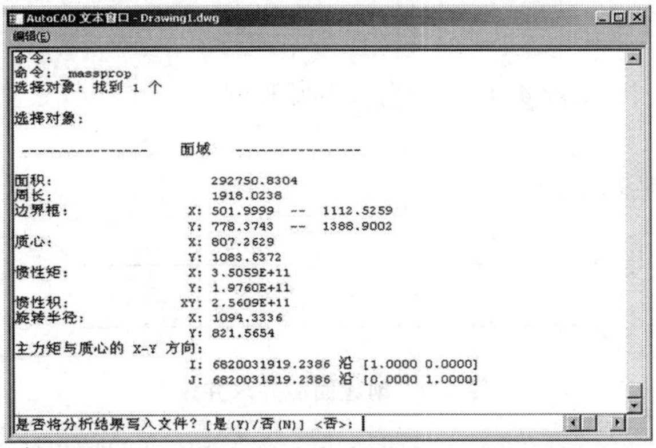

图 5-5　在“AutoCAD 文本窗口”中显示面域对象的数据特性

实例目标：绘制如图 5-6 所示的开口扳手。

实例分析：本例主要使用面域命令，将矩形、圆和正六边形转换成面域，并用布尔运算求并集和差集。

操作步骤：

（1）在“面板”选项板的“二维绘图”选项组中单击“矩形”按钮，以（50，50）和（100，40）为角点绘制矩形。

（2）在“面板”选项板的“二维绘图”选项组中单击“圆”按钮，以（50，45）为圆心，绘制半径为 10 的圆。

（3）在“面板”选项板的“二维绘图”选项组中单击“正多边形”按钮，以（50，45）为圆心，绘制正六边形，如图 5-7 所示。

（4）在“面板”选项板的“二维绘图”选项组中单击“镜像”按钮，以矩形右侧边为镜像线，镜像图形，如图 5-8 所示。

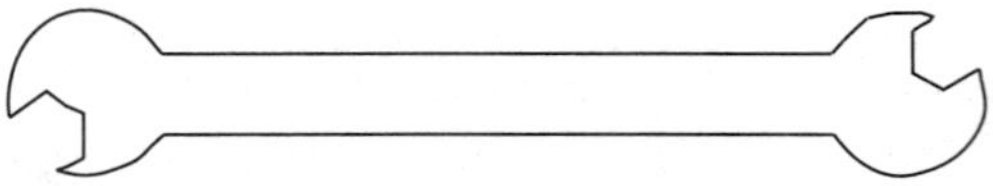
图 5-6 开口扳手

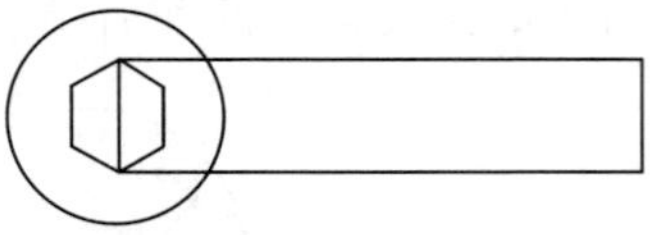
图 5-7 绘制正六边形

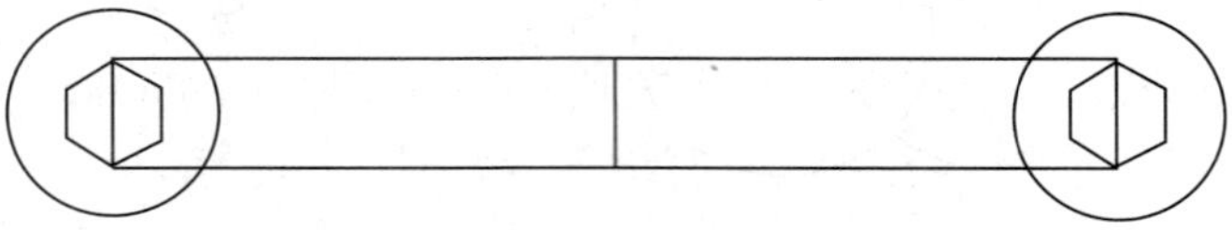
图 5-8 镜像图形

(5)创建面域并求并集。

命令: REGION ↙

选择对象:找到 1 个,总计 6 个↙//选择图 5-8 中的图形

选择对象:↙

已提取 6 个环

已创建 6 个面域

命令: UNION

选择对象:找到 1 个,总计 4 个↙//选择矩形和圆

选择对象:↙

绘制的结果如图 5-9 所示。

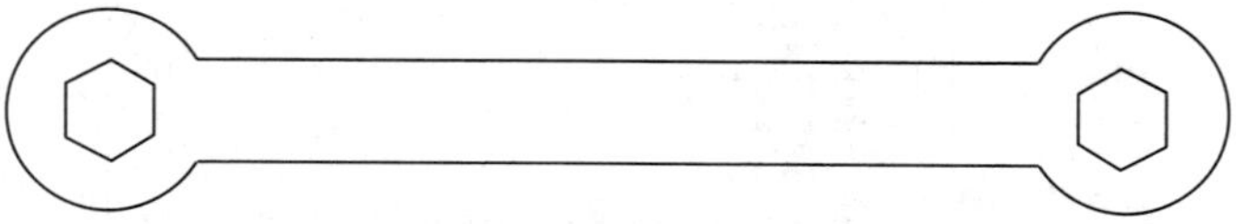
图 5-9 创建面域并求并集

(6)在“面板”选项板的“二维绘图”选项组中单击“移动”按钮 ✥,以(50,45)为基点,以(45,40)为位移点,移动左侧的正六边形;以(150,45)为基点,以(155,50)为位移点,移动右侧的正六边形;如图 5-10 所示。

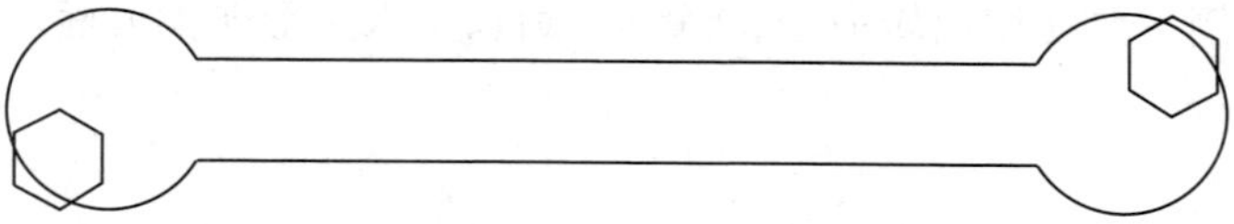
图 5-10 移动正六边形

(7)差集处理。

命令: SUBTRACT 选择要从中减去的实体或面域…

选择对象:找到 1 个//选择外部轮廓线

选择对象:↙

选择要减去的实体或面域..

选择对象:找到 1 个,总计 2 个//选择六边形面域

选择对象:↙

绘制的结果如图 5-6 所示。

第二节 使用图案填充

用户经常要重复绘制某些图案去填充图形中的一个区域,以表达该区域的特性,可以使用 BHATCH 命令建立一个相关联的填充阴影对象,然后指定相应的区域进行填充,即所谓的图案填充。图案填充在 AutoCAD 中的应用非常广泛,填充图案可以帮助绘图者实现表达信息的目的。

图案填充

一、基本概念

(一)图案边界

当进行图案填充时,首先要确定填充图案的边界。定义边界的对象只能是直线、双向射线、单向射线、多段线、样条曲线、圆弧、圆、椭圆、椭圆弧、面域等对象或用这些对象定义的块,而且作为边界的对象在当前屏幕上必须全部可见。

(二)孤岛

在进行图案填充时,我们把位于总填充域内的封闭区域称为孤岛,如图 5-11 所示。在用 BHATCH 命令填充时,AutoCAD 允许用户以点取点的方式确定填充边界,即在希望填充的区域内任意点取一点,AutoCAD 会自动确定出填充边界,同时也确定该边界内的岛。如果用户是以点取对象的方式确定填充边界的,则必须确切地点取这些岛。

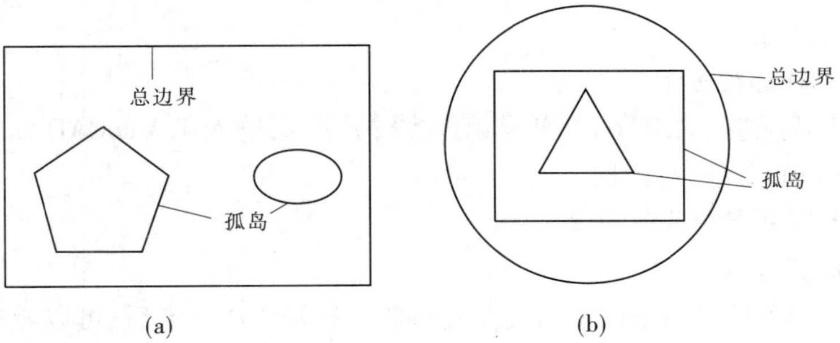

(a) (b)

图 5-11 孤岛

(三)填充方式

在进行图案填充时,需要控制填充的范围,AutoCAD 为用户设置了三种填充方式实现对填充范围的控制。

1. 普通方式

如图 5-12(a)所示,该方式从边界开始,由每条填充线或每个填充符号的两端向里画,遇到内部对象与它相交时,填充线或符号断开,直到遇到下一次相交时再继续画。采用这种方式时,要避免剖面线或符号与内部对象的相交次数为奇数。该方式为系统内部的默认方式。

2. 最外层方式

如图 5-12(b)所示,该方式从边界向里画剖面符号,只要在边界内部与对象相交,剖面符号便由此断开，而不再继续画。

3. 忽略方式

如图 5-12(c)所示，该方式忽略边界内的对象，所有内部结构都被剖面符号覆盖。

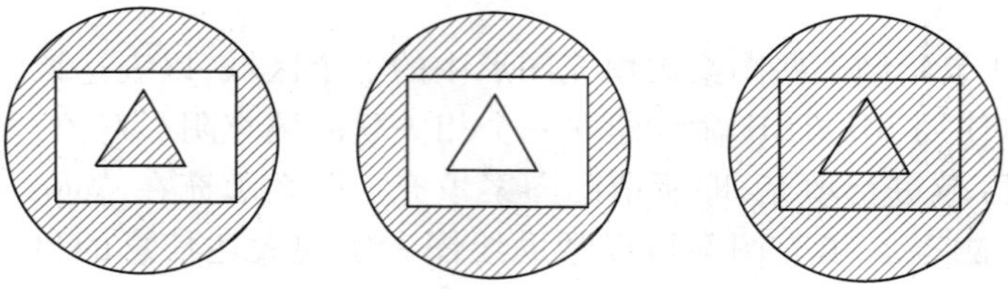

(a) (b) (c)

图 5-12 填充方式

二、图案填充的操作

创建图案填充通常有两种方式：对话框和命令行。但对于一般用户来说，对话框操作更加直观方便。

操作步骤：

（一）命令格式

· 下拉菜单：绘图→图案填充。

· “绘图”工具栏：▦。

· 命令行：BHATCH。

· 命令别名：BH。

（二）AutoCAD 连续提示

拾取内部点或[选择对象(S)//放弃(U)/设置(T)]，输入 T AutoCAD 弹出如图 5-13 所示的“图案填充和渐变色”对话框。

下面介绍各选项卡中选项的含义。

1. “图案填充”选项卡

此选项卡中的各选项用来确定图案及其参数。打开此选项卡后，可以看到图 5-13 左边的选项。下面介绍各选项的含义。

1）类型

此下拉列表框用于确定填充图案的类型及图案。单击右侧的下三角按钮，弹出其下拉列表。其中，“用户定义”选项表示用户要临时定义填充图案，与命令行方式中的“U”选项作用一样；“自定义”选项表示选用 ACAD. PAT 图案文件或其他图案文件（. pat 文件）中的图案填充；“预定义”选项表示用 AutoCAD 标准图案文件（ACAD. PAT 文件）中的图案填充。

2）图案

此下拉列表框用于确定标准图案文件中的填充图案。在弹出的下拉列表中，用户可从中选取填充图案。选取所需要的填充图案后，在“样例”框内会显示出该图案。只有用户在“类型”下拉列表框中选择了“预定义”，此项才以正常亮度显示，即允许用户从自己定义的图案文件中选取填充图案。

如果选择的图案类型是“预定义”，单击“图案”下拉列表框右边的按钮，会弹出如图 5-14 所示的对话框，该对话框中显示了所选类型所具有的图案，用户可从中确定所需要的图案。

图 5-13 “图案填充和渐变色”对话框

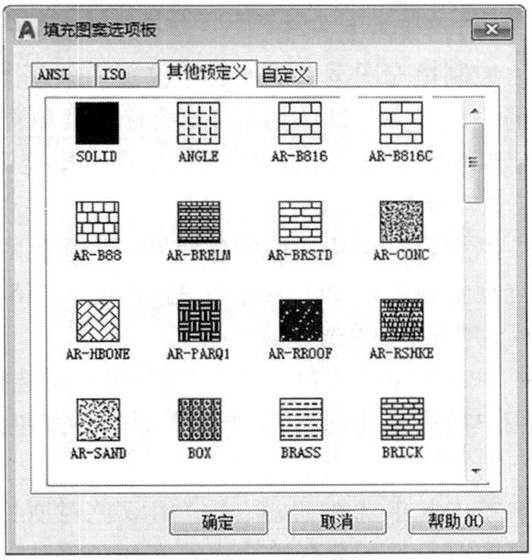

图 5-14 图案列表

3）样例

此框用来给出一个样本图案。用户可以通过单击该图像的方式迅速查看或选取已有的填充图案（见图 5-14）。

4）自定义图案

此下拉列表框用于从用户定义的填充图案中进行选取。只有在“类型”下拉列表框中选用“自定义”选项后，该项才以正常亮度显示，即允许用户从自己定义的图案文件中选取填充图案。

5）角度

此下拉列表框用于确定填充图案时的旋转角度。每种图案在定义时的旋转角度为零，用户可在“角度”下拉列表框中输入所希望的旋转角度。

6）比例

此下拉列表框用于确定填充图案的比例值。每种图案在定义时的初始比例为 1，用户可以根据需要放大或缩小，方法是在“比例”下拉列表框内输入相应的比例值。

7）双向

用于确定用户临时定义的填充线是一组平行线，还是相互垂直的两组平行线。只有当在“类型”下拉列表框中选用“用户定义”选项时，该项才可以使用。

8）相对图纸空间

确定是否相对于图纸空间单位确定填充图案的比例值。选择此选项，可以按适合于版面布局的比例方便地显示填充图案。该选项仅仅适用于图形版面编排。

9）间距

指定线之间的间距，在“间距”文本框内输入值即可。只有在“类型”下拉列表框中选用

"用户定义"选项时,该项才可以使用。

10)ISO 笔宽

此下拉列表框告诉用户根据所选择的笔宽确定与 ISO 有关的图案比例。只有选择了已定义的 ISO 填充图案后,才可确定它的内容。

11)图案填充原点

控制填充图案生成的起始位置。某些图案填充(例如砖块图案)需要与图案填充边界上的一点对齐。默认情况下,所有图案填充原点都对应于当前的 UCS 原点。也可以选择"指定的原点"及下面一级的选项重新指定原点。

2."渐变色"选项卡

渐变色是指从一种颜色到另一种颜色的平滑过渡。渐变色能产生光的效果,可为图形添加视觉效果。单击该标签,打开如图 5-15 所示的选项卡,其中各选项含义如下。

1)"单色"单选按钮

单击此单选按钮,系统应用单色对所选择的对象进行渐变填充。它下面的显示框显示了用户所选择的真彩色,单击右边的小按钮,系统打开"选择颜色"对话框,如图 4-6 所示。

2)"双色"单选按钮

单击此单选按钮,系统应用双色对所选择的对象进行渐变填充。填充颜色将从颜色 1 渐变到颜色 2。颜色 1 和颜色 2 的选取与单色选取类似。

3)"渐变方式"样板

在"渐变色"选项卡的中间有 9 种渐变方式,包括线形、球形和抛物线形等方式。

4)"居中"复选框

该复选框决定渐变填充是否居中。

5)"角度"下拉列表框

在该下拉列表框中选择角度,此角度为渐变色倾斜的角度。不同的渐变色填充如图 5-16 所示。

图 5-15 "渐变色"选项卡

3.边界

1)添加:拾取点

以点取点的形式自动确定填充区域的边界。在填充的区域内任意点取一点,AutoCAD 会自动确定出包围该点的封闭填充边界,并且这些边界以高亮度显示,如图 5-17 所示。

2)添加:选择对象

以选取对象的方式确定填充区域的边界。用户可以根据需要选取构成填充区域的边界。同样,被选择的边界也会以高亮度显示,如图 5-18 所示。

3)删除边界

从边界定义中删除以前添加的任何对象,如图 5-19 所示。

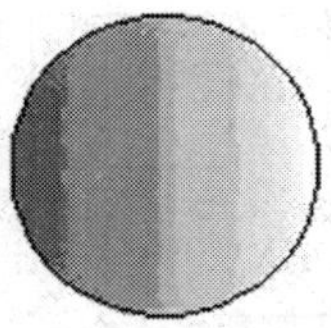

(a) 单色线形居中 0 角度渐变填充

(b) 双色抛物线形居中 0 角度渐变填充

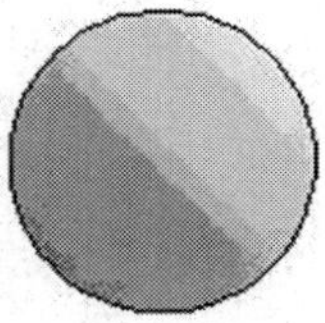

(c) 单色线形居中 45 度渐变填充

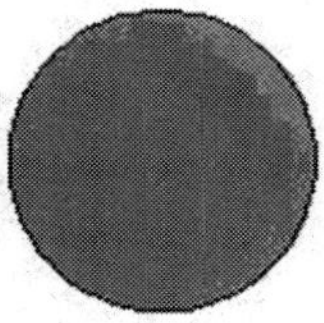

(d) 双色球形不居中 0 角度渐变填充

图 5-16　不同的渐变色填充

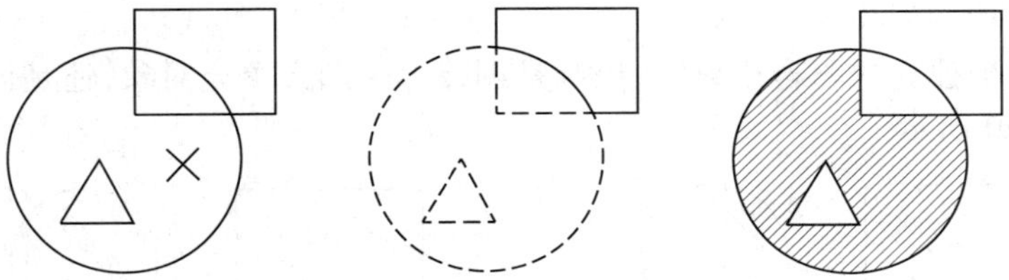

(a)选择一点　(b)填充区域　(c)填充结果

图 5-17　边界确定

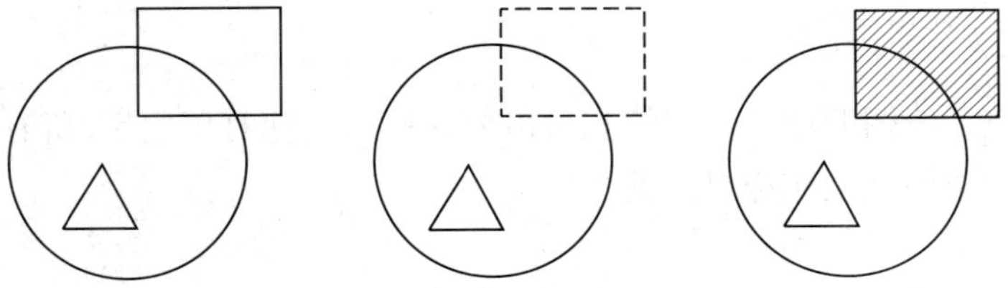

(a)原始图形　(b)选取边界对象　(c)填充结果

图 5-18　选取边界对象

4) 重新创建边界

围绕选定的图案填充或填充对象创建多段线或面域。

5) 查看选择集

观看填充区域的边界。单击该按钮，AutoCAD 将临时切换到作图屏幕，将所选择的作为填充边界的对象以高亮方式显示。只有通过“添加:拾取点”按钮或“添加:选择对象”按钮选取了填充边界，“查看选择集”按钮才可以使用。

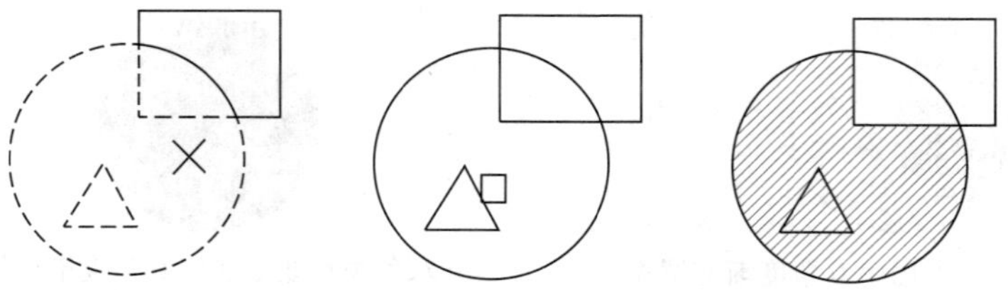

(a)选取边界对象　　(b)删除边界　　(c)填充结果

图 5-19　删除边界后的新边界

4. 选项

1) 关联

此复选框用于确定填充图案与边界的关系。若选中此复选框,则填充的图案与填充边界保持着关联关系,即图案填充后,当用钳夹功能对边界进行拉伸等编辑操作时,AutoCAD会根据边界的新位置重新生成填充图案。

2) 创建独立的图案填充

当指定了几个独立的闭合边界时,控制是创建单个图案填充对象,还是创建多个图案填充对象,如图 5-20 所示。

(a)独立，选中时不是一个整体　　(b)不独立，选中时是一个整体

图 5-20　独立与不独立

3) 绘图次序

指定图案填充的绘图顺序。图案填充可以放在所有其他对象之后、所有其他对象之前、图案填充边界之后或图案填充边界之前。

5. 继承特性

此按钮的作用是选用图中已有的填充图案作为当前的填充图案。

6. 孤岛

1) 孤岛检测

确定是否检测孤岛。

2) 孤岛显示样式

该选项组用于确定图案的填充方式。用户可以从中选取所需要的填充方式。有普通、外部、忽略三种填充方式可以选择。默认的填充方式为普通。用户也可以在右键快捷菜单中选择填充方式。

(1) 普通。普通填充方式的填充原理为:从最外边界向里画填充线,遇到与之相交的内部边界时断开填充线,不再继续往里绘制填充线。

(2)外部。外部填充方式的填充原理为：从最外边界向里画填充线，遇到与之相交的内部边界时断开填充线，再遇到下一个内部边界时再继续绘制填充线。

(3)忽略。忽略填充方式的忽略边界内的对象，所有内部结构都被填充线覆盖。

例如，调用图案填充命令，三种填充方式的结果如图 5-21 所示。

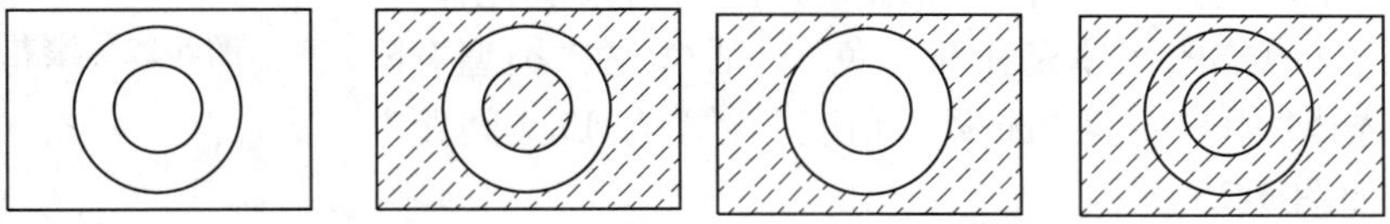

(a)原图　(b)普通填充方式　(c)外部填充方式　(d)忽略填充方式

图 5-21　不同填充方式的结果

7. 边界保留

指定是否将边界保留为对象，并确定应用于这些边界对象的对象类型是多段线还是面域。

8. 边界集

此选项组用于定义边界集。当单击“添加：拾取点”按钮以根据一指定点的方式确定填充区域时，有两种定义边界集的方式：一种是将包围所指定的最近的有效对象作为填充边界，即“当前视口”选项，该项是系统默认方式；另一种是用户自己选定一组对象来构造边界，AutoCAD 临时切换到作图屏幕，并提示用户选取作为构造边界集的对象，此时选取“现有集合”选项，AutoCAD 会根据用户指定的边界集中的对象来构造一封闭边界。

9. 允许的间隙

允许的间隙是指设置将对象用做图案填充边界时可以忽略的最大间隙。默认值为 0，此值指定对象必须封闭区域而没有间隙。

10. 继承选项

使用“继承特性”创建图案填充时，控制图案填充原点的位置。

三、编辑填充的图案

利用 HATCHEDIT 命令可以编辑已经填充的图案。

操作步骤：

(1)命令格式。

· 下拉菜单：修改→对象→图案填充。

· 命令行：HATCHEDIT。

· 命令别名：HE。

(2)AutoCAD 弹出如图 5-13 所示的“图案填充和渐变色”对话框。

在图 5-13 中，只有正常显示的选项才可以对其进行操作，对话框中各项的含义同前。利用该对话框，可以对已选中的图案进行一系列的编辑修改。

实例目标：绘制如图 5-22 所示的滚花零件。

实例分析:用直线绘制零件主题部分,然后进行填充。

操作步骤:

(1)用“直线”命令绘制零件主体部分,如图 5-23 所示。

(2)用“圆弧”命令绘制零件断裂部分示意线,如图 5-24 所示。

(3)利用“图案填充”命令填充断面。输入图案填充命令 BHATCH,系统打开“图案填充和渐变色”对话框,在“类型”下拉列表框中选择“用户定义”选项,“角度”设置为 45,“间距”设置为 0.2,如图 5-25 所示。

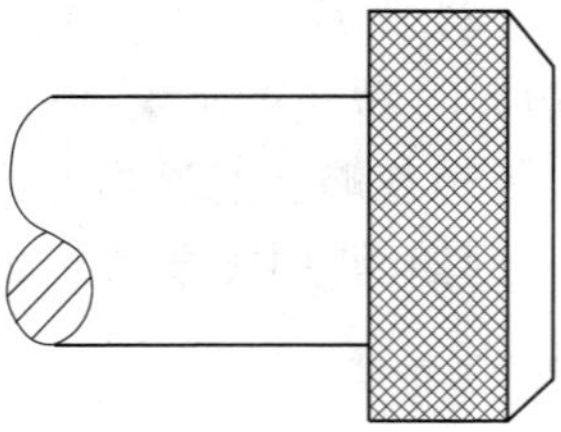

图 5-22　滚花零件

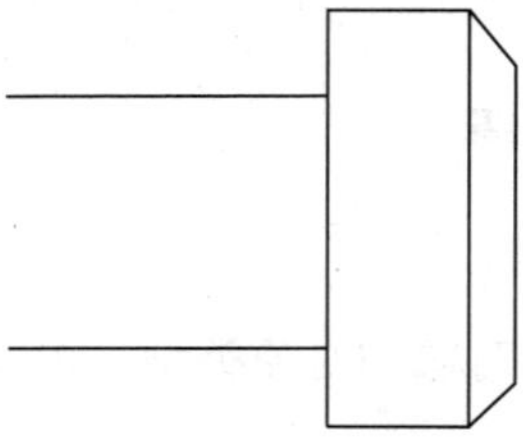

图 5-23　绘制主体

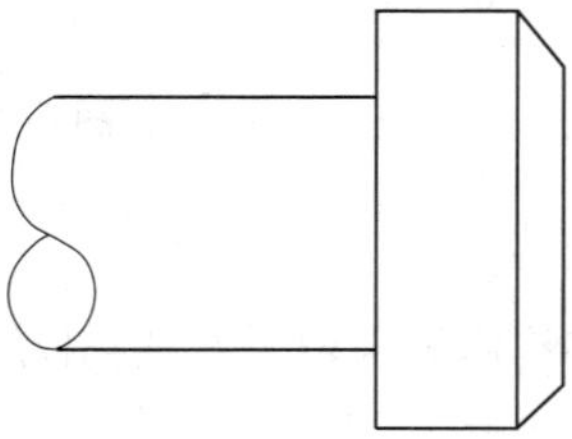

图 5-24　绘制断裂线

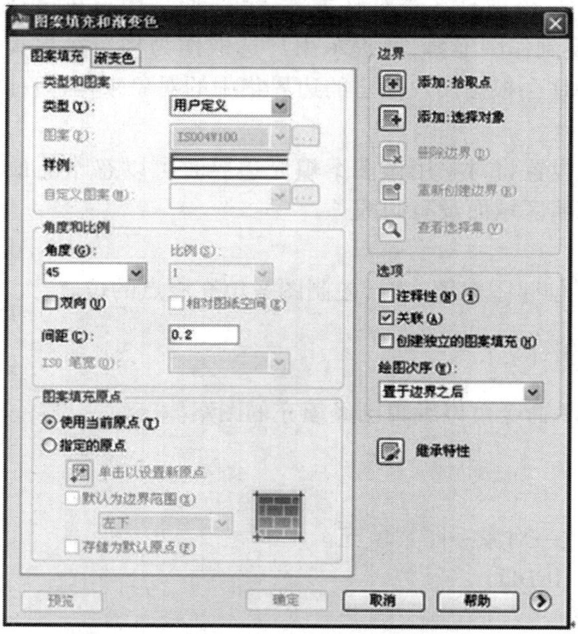

图 5-25　图案填充设置

点击“添加:拾取点”按钮,系统切换到绘图平面,在断面处拾取一点,如图 5-26 所示。单击鼠标右键,系统打开右键快捷菜单,选择“确认”命令,如图 5-27 所示。系统回到“图案填充和渐变色”对话框,单击“确定”按钮确认退出。填充结果如图 5-28 所示。

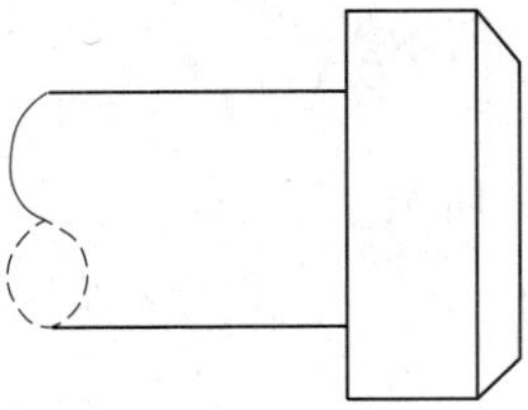

图 5-26　拾取点

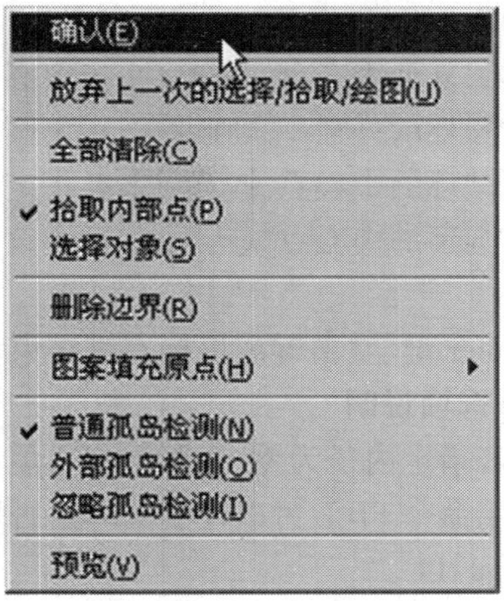

图 5-27　右键快捷菜单

(4)绘制滚花表面。重新输入图案填充命令,打开“图案填充和渐变色”对话框,在“类型”下拉列表框中选择“用户定义”选项,“角度”设置为 45,“间距”设置为 0.1,选中“双向”复选框。单击“添加:选择对象”按钮,系统切换到绘图平面,选择边界对象,选中的对象亮显,如图 5-29 所示。单击鼠标右键,系统打开右键快捷菜单,选择“确认”命令,系统回到“图案填充和渐变色”对话框,单击“确定”按钮确认退出。最终绘制的图形如图 5-22 所示。

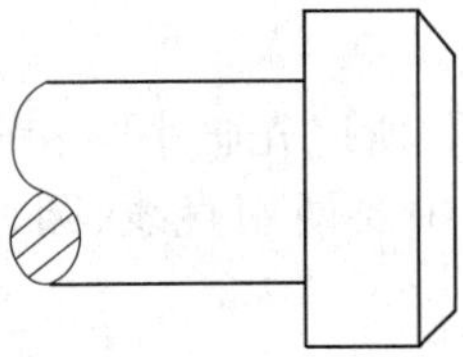

图 5-28　填充结果

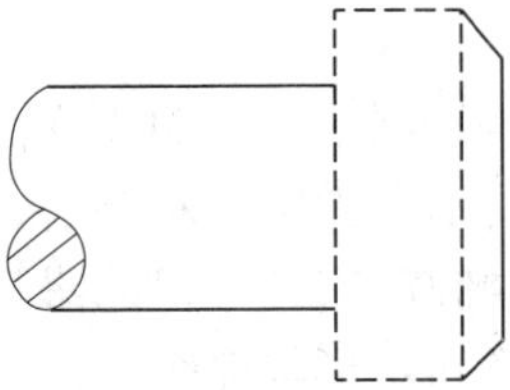

图 5-29　选择边界对象

第三节　绘制圆环、宽线和二维填充图形

一、绘制圆环

填充圆环可看做由一组带宽度的弧段组成的多段线,其主要参数有圆心、内直径和外直径。如内直径为 0,则为填充圆;如内直径等于外直径,则为普通圆。填充圆环有很多有用的功能。

操作步骤:

(一)命令格式

· 下拉菜单:绘图→圆环。

· 命令行:DONUT。

· 命令别名:DO。

(二)AutoCAD 提示

指定圆环的内径<0.5000>:(指定圆环内径)

指定圆环的外径<1.0000>:(指定圆环外径)

指定圆环的中心点或<退出>:(指定圆环的中心点)

指定圆环的中心点或<退出>:(继续指定圆环的中心点,则继续绘制相同内外径的圆环)

用 Enter 键、空格键或鼠标右键结束命令,如图 5-30(a)所示。

(三)选项说明

(1)若指定内径为零,则画出实心填充圆,如图 5-30(b)所示。

(2)用命令 FILL 可以控制圆环是否填充,具体方法是:

命令:FILL。

输入模式[开(ON)/关(OFF)]<开>:(选择 ON 表示填充,选择 OFF 表示不填充,如图 5-30(c)所示。

(a) (b) (c)

图 5-30 绘制圆环

实例目标:绘制如图 5-31 所示的卡通造型。

实例分析:本例大圆与小圆、大圆与矩形分别有相切关系,所以先画小圆和矩形,再画大圆及其内部的椭圆和正六边形,最后画其他部分。绘制过程中要使用直线、圆、矩形、圆环、椭圆、正多边形和矩形等命令。

操作步骤:

(1)选择"绘图"|"圆"|"圆心、半径"命令,以点(230,210)为圆心,绘制一个半径为 30 的圆。

(2)选择"绘图"|"圆环"命令,发出"_DONUT"命令,绘制圆环,其命令执行过程如下所示。

命令:_DONUT

指定圆环的内径<0.5000>:5↙

指定圆环的外径<1.0000>:15↙

指定圆环的中心点或<退出>:230,210↙

指定圆环的中心点或<退出>:↙

绘制结果如图 5-32 所示。

(3)选择"绘图"|"矩形"命令,或在"面板"选项板的"二维绘图"选项组中单击"矩形"按钮,绘制以(200,122)和(420,88)为两个角点的矩形,绘制结果如图 5-33 所示。

(4)选择"绘图"|"圆"|"相切、相切、半径"命令,绘制与圆和矩形相切,且半径为 70 的圆,如图 5-34 所示。

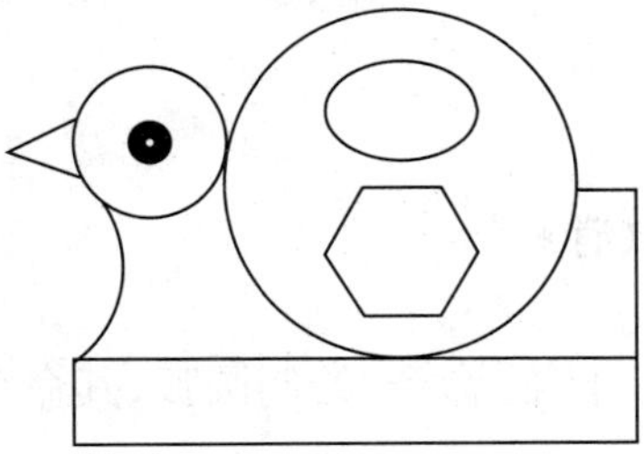

图 5-31　绘制卡通造型

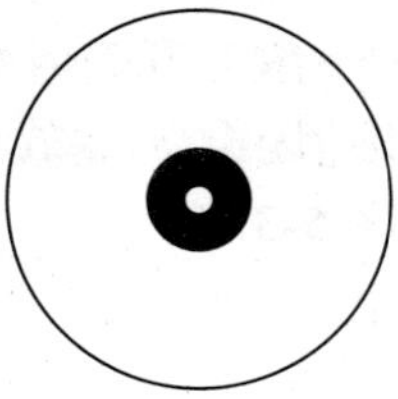

图 5-32　绘制圆环

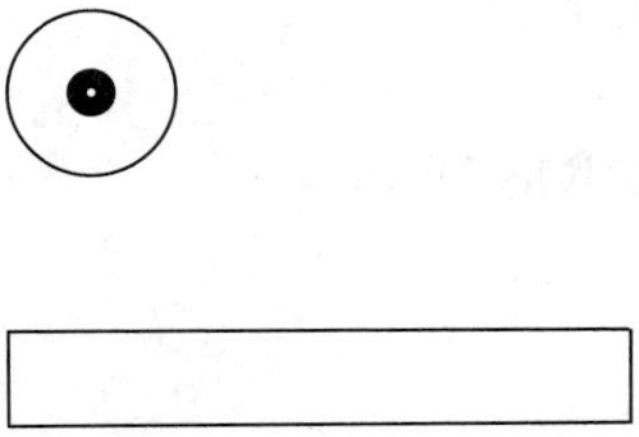

图 5-33　绘制矩形

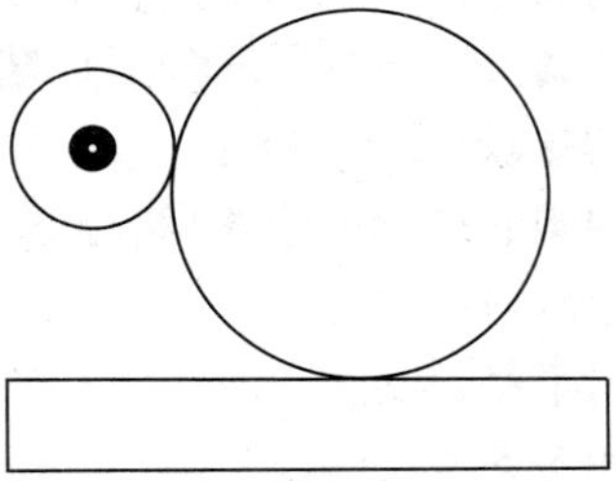

图 5-34　绘制相切圆

(5)选择“绘图”|”椭圆”|“中心点”命令,或在“面板”选项板的“二维绘图”选项组中单击“椭圆”按钮,发出_ELLIPSE 命令,绘制椭圆,其命令执行过程如下所示。

命令:_ELLIPSE

指定椭圆的轴端点或[圆弧(A)/中心点(C)]:_C

指定椭圆的中心点:330,222↙

指定轴的端点:360,222↙

指定另一条半轴长度或[旋转(R)]:20↙

绘制结果如图 5-35 所示。

(6)选择“绘图”|“正多边形”命令,或在“面板”选项板的“二维绘图”选项组中单击“正多边形”按钮,绘制以(330,165)为中心的正六边形,且内接半径为 30 的圆,如图 5-36 所示。

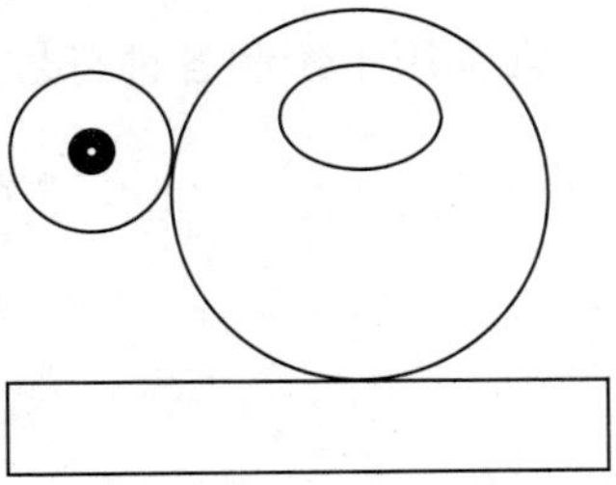

图 5-35　绘制椭圆

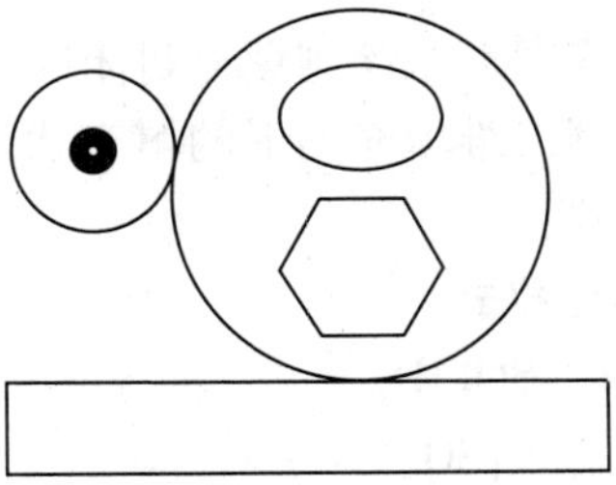

图 5-36　绘制正六边形

(7)选择“绘图”|“直线”命令,或在“面板”选项板的“二维绘图”选项组中单击“直线”按钮,发出 LINE 命令,绘制经过点(202,221)、(@30<-150)和(@30<-20)的直线,其命令执行过程如下所示。

命令:_LINE 指定第一点:202,221

指定下一点或[放弃(U)]:@ 30<-150

指定下一点或[放弃(U)]:@ 30<-20

指定下一点或[闭合(C)/放弃(U)]: * 取消 *

绘制结果如图 5-37 所示。

(8)选择“绘图”|“圆弧”|“起点、端点、半径”命令,绘制圆弧,其命令执行过程如下所示。

命令:_ARC

指定圆弧的起点或[圆心(C)]: 200,122 ↙

指定圆弧的第二个点或[圆心(C)/端点(E)]: E ↙

指定圆弧的端点: 210,188 ↙

指定圆弧的圆心或[角度(A)/方向(D)/半径(R)]: R ↙

需要数值距离或第二点。

指定圆弧的半径: 45 ↙

绘制结果如图 5-38 所示。

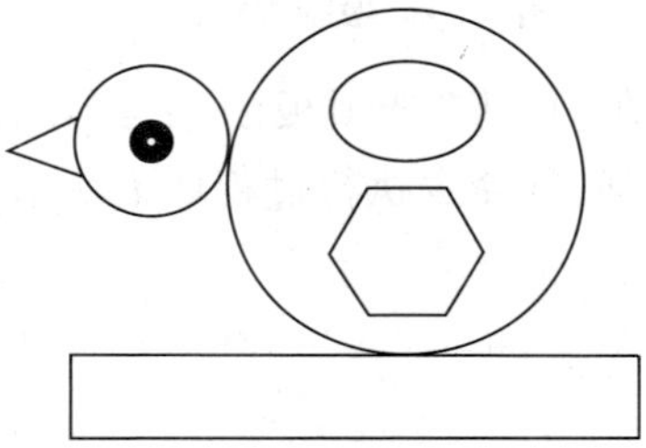

图 5-37 绘制直线

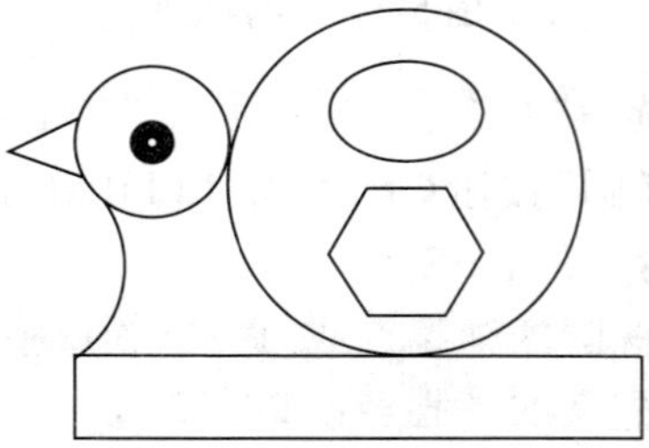

图 5-38 绘制圆弧

(9)选择“绘图”|“直线”命令,或在“面板”选项板的“二维绘图”选项组中单击“直线”按钮,发出 LINE 命令,绘制经过点(420,122)、(@ 68<90)和(@ 23<180)的直线,如图 5-31 所示。

二、绘制二维填充图形

二维填充图形是绘制填充封闭区域的图形对象,它常常用于绘制各种符号。通过 FILL 命令可以控制二维填充图形的填充状态。

操作步骤:

(一)命令格式

· 命令行:SOLID。

· 命令别名:SO。

(二)AutoCAD 连续提示

指定第一点:(指定第一个点)

指定第二点:(指定第二个点)

指定第三点:(指定第三个点)

指定第四点或<退出>:(指定第四个点或退出)

指定第三点:(再次指定第三个点)

指定第四点或<退出>:(再次指定第四个点或退出)

(三)选项说明

(1)实体填充与否,同样由命令 FILL 控制,将填充模式设置为“开(ON)”则填充,否则不填充,如图 5-39(a)、(b)所示。

(2)系统填充的方式是第一点连接第三点,第二点连接第四点,如图 5-39(c)所示。请注意,这一点与我们通常理解的 1234 顺序不同。

(3)在第一次提示“指定第四点或<退出>:”时,如果输入一个新点,系统对四边形进行填充;如果按下空格键、Enter 键或鼠标右键,系统则对前三点形成的三角形进行填充[如图 5-39(c)、(d)所示]。

(4)SOLID 可以绘制多个填充实体,在绘制完一个填充实体后,系统会接着提示:

指定第三点:

表示以上次绘制的实体的最后一条边的端点作为新实体的第一点和第二点,依次进行绘制填充(如图 5-39(e)所示)。

(5)如果将要求指定的 4 个点指定在两个点上,则区域收缩成一条线段。同理,如果将 4 点指定在同一个点上,则区域收缩成一个点(如图 5-39(f)、(g)所示)。

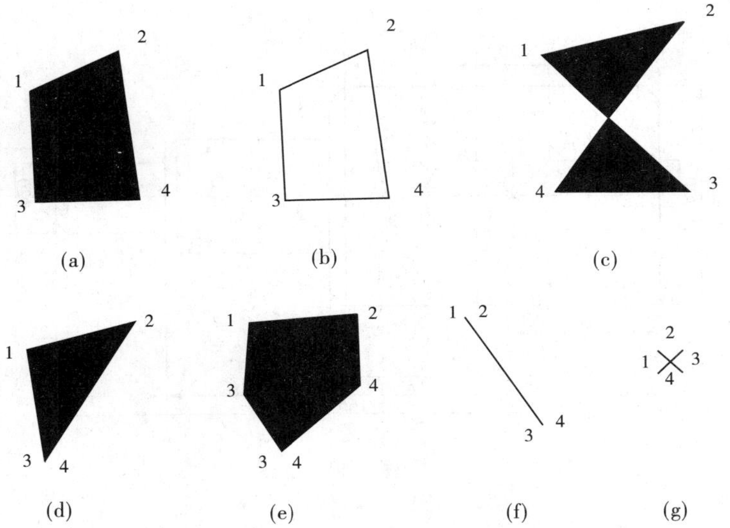

图 5-39　区域填充的不同情形

思考与练习

一、选择题

1. 可以有宽度的线有(　　)

A. 构造线　　B. 多段线　　C. 宽线　　D. 射线

2. 可以用 FILL 命令进行填充的图形有(　　)

A. 区域填充　　B. 多段线　　C. 圆环　　D. 宽线　　E. 多边形

3. 下面的命令能绘制出线段或类似线段图形的有(　　)

A. LINE　　B. TRACE　　C. PLINE　　D. SOLID　　E. ARC

4. 动手试操作一下,进行图案填充时,下面图案类型中需要同时指定角度和比例的有(　　)

A. 预定义　　B. 用户定义　　C. 自定义

二、连线题

将下列命令与其命令名连线。

直线段	RAY
构造线	PLINE
宽线	XLINE
射线	LINE
多段线	TRACE

三、问答题

1. 请分析多段线与宽线两个命令的异同。

2. 请分析布尔运算中并运算、差运算和交运算的区别。

四、上机练习题

绘制图 5-40。

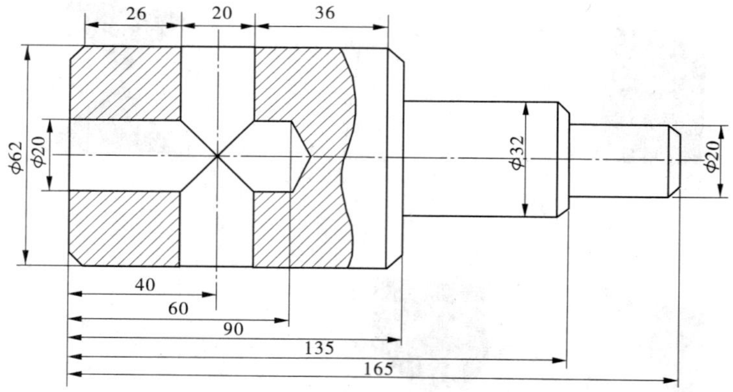

图 5-40

第六章 精确绘制图形与控制图形显示

为了更准确、快速地完成图形的设计与绘制，需要利用捕捉、追踪和动态输入功能辅助设计者绘图，同时利用缩放、平移和鸟瞰视图功能，有效控制图形的显示，辅助设计者快速观察、对比和校准图形。

本章主要介绍 AutoCAD 2021 状态栏中各个功能按钮的使用方法，以及控制图形显示的常用工具的使用方法和操作技巧。

第一节 捕捉、栅格和正交功能定位点

在绘图时尽管可以通过移动光标或相对坐标来指定点的位置，却很难快速精确地进行指定。为了提高绘图的速度和效率，通常使用栅格、捕捉和正交功能辅助精确绘图。使用栅格和捕捉功能可快速指定点的位置，而使用正交功能可使光标沿垂直或水平方向移动。

捕捉、栅格和正交功能

一、捕捉

捕捉是指按照用户指定的栅格间距移动光标。该功能有助于精确地指定点的位置。

执行捕捉操作，首先启用状态栏中的“捕捉”功能，移动鼠标，则光标将沿着栅格点或线移动，如图 6-1 所示。

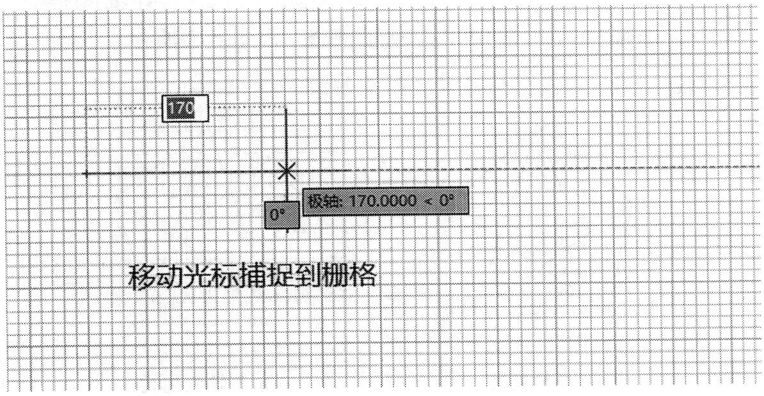

图 6-1 启用捕捉功能移动光标

要设置捕捉方式，可右击状态栏中的“捕捉”功能，并选择“设置”选项，将打开“草图设置”对话框，然后在该对话框中选择“捕捉和栅格”选项卡，如图 6-2 所示。各主要选项介绍如下。

(1)启用捕捉。该复选框可设置启用或禁用捕捉功能，启用该复选框，则启用捕捉功能。

(2)捕捉间距。在该选项组中可设置捕捉间距，禁用“X 轴间距和 Y 轴间距相等”复选

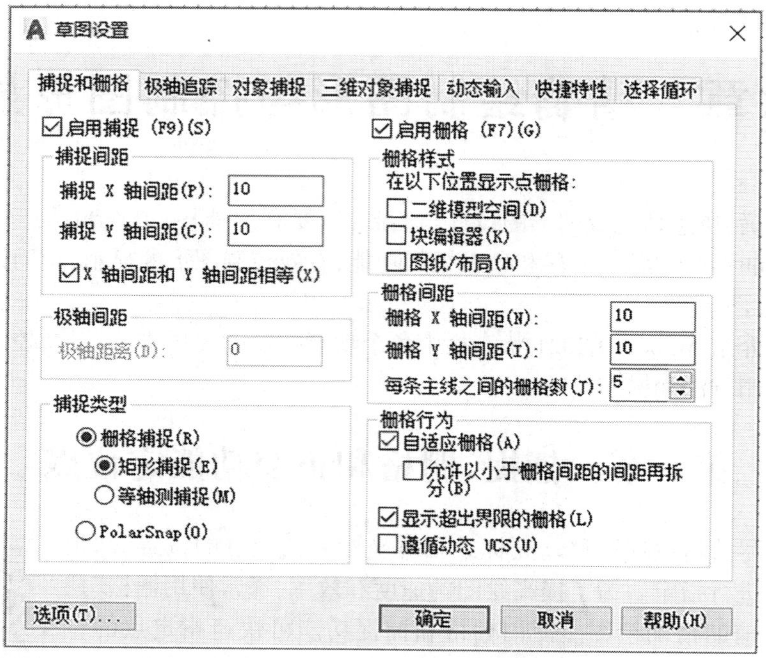

图 6-2 “捕捉和栅格”选项卡

框,可设置 X 轴、Y 轴不同间距。

(3)捕捉类型。在该选项组中可设置捕捉类型和样式,包括栅格捕捉和极轴捕捉两种,如下所述:

①栅格捕捉。选中该单选按钮,可设置捕捉样式为栅格。其中选中“矩形捕捉”单选按钮,设置为标准矩形捕捉方式,光标可捕捉一个矩形栅格;选中“等轴测捕捉”单选按钮,设置为等轴测捕捉方式,该捕捉方式常用于绘制轴测图,如图 6-3 所示。

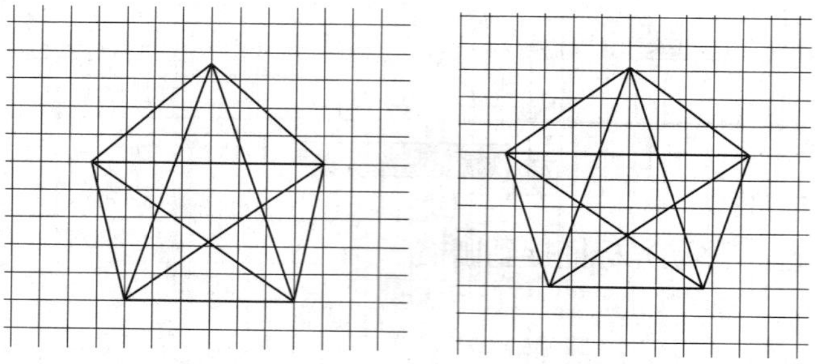

(a)矩形捕捉　(b)等轴测捕捉

图 6-3　矩形捕捉与等轴测捕捉

②极轴捕捉。选中该单选按钮,将捕捉方式设置为极轴捕捉方式,“极轴距离”文本框将处于激活状态,在该文本框内设置距离值,光标将沿极轴角度按指定增量进行移动。

知识延伸:

在设置捕捉间距时,不需要和栅格间距相同。例如,可以设置较宽的栅格间距用做参照,但使用较小的捕捉间距以保证定位点的精确性。

二、栅格

所谓栅格，是指点或线的矩阵遍布于所指定图形界限的整个区域。使用栅格类似于在图形下放置一张坐标纸。利用栅格可以对齐对象并直观显示对象之间的距离，因此可将栅格视为定位基准参照。

启用状态栏中的“栅格”功能，屏幕上将显示当前图形界限内均匀分布的小点，如图 6-4 所示。

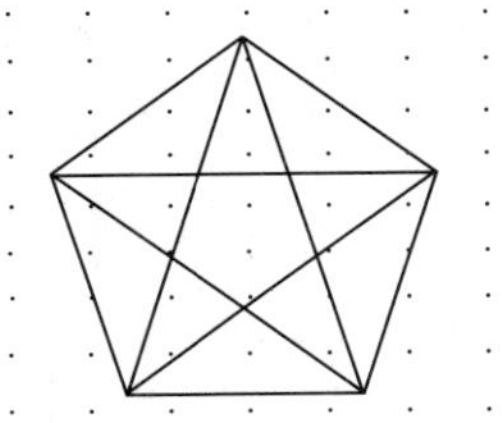

图 6-4　启用“栅格”功能

在 AutoCAD 中不仅可以控制其间距和对齐，而且可以控制其显示样式和区域，以及主栅格频率等，如下所述。

(一)控制栅格的显示样式和区域

栅格的显示样式有点矩阵和线矩阵两种。要切换栅格样式，可选择“视图”|“视觉样式”选项，并在打开的“视觉样式”列表框中选择对应的样式即可。仅当选择“二维线框”选项时栅格才显示为点，否则栅格将显示为线。如图 6-5 所示，设置视觉样式为“三维线框”形式，栅格将由点转换为线。

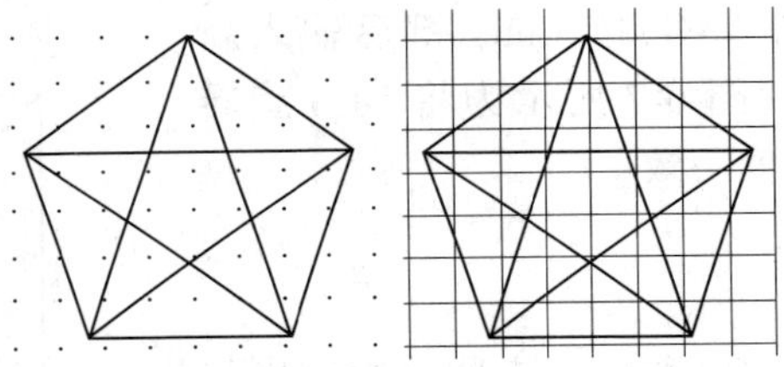

(a)二维线框　　(b)三维线框

图 6-5　栅格的两种形式

要调整栅格覆盖的区域，可选择“格式”|“图形界限”选项，重新指定图形界限，栅格覆盖区域也随之改变。

(二)控制主栅格线的频率

当栅格以线显示时，颜色较浅的线(称为主栅格线)将间隔显示，在以十进制单位或英尺和英寸绘图时，主栅格线对于快速测量距离尤其有用。

要设置主栅格线的频率，可右击状态栏中的“栅格”功能，并选择“设置”选项，将打开“草图设置”对话框，如图 6-2 所示。

可在该对话框中的“栅格 X 轴间距”和“栅格 Y 轴间距”文本框中输入间距值，从而控制主栅格线的频率，如图 6-6 所示。

“草图设置”对话框中的“栅格行为”选项组用于设置视觉样式下栅格线的显示样式(三维线框除外)，如下所述。

(1)自适应栅格：有时缩放图形时，由于栅格线太密导致栅格无法显示。此时便可启用该复选框，限制缩放时栅格的密度。

(2)允许以小于栅格间距的间距再拆分：启用该复选框，能够使用小于指定栅格间距的间距来拆分该栅格。

(3)显示超出界限的栅格：启用该复选框，用于确定是否显示图形界限之外的栅格。

(4)遵循动态 UCS：启用该复选框，将跟随动态 UCS 的 XY 平面来改变栅格平面。

知识延伸：

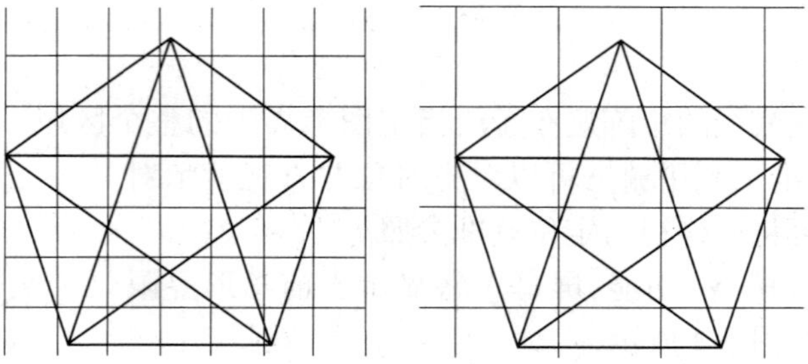

图 6-6　设置主栅格线频率

控制主栅格线频率的另一种方法是：在命令行中输入 GRIDDISPLAY，然后输入该栅格频率参数，该参数为 0～15。

(三)更改栅格角度和基点

在绘图过程中，如果需要沿特定的对齐方向或角度绘图，可以通过旋转 UCS 坐标系来更改栅格角度。该旋转将十字光标在屏幕上重新对齐，并与新的角度匹配。

在命令行中输入 SNAPANG，按 Enter 键后输入新值，即可修改栅格角度。如图 6-7 所示为将 UCS 旋转 45°以与正方形对角线的角度一致。

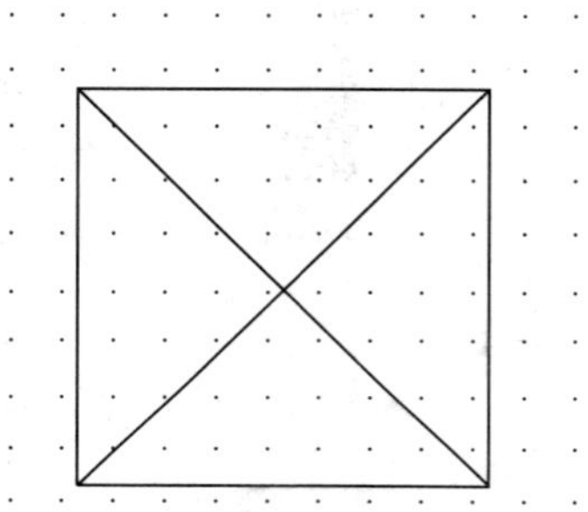

图 6-7　更改栅格角度

三、正交

在绘图过程中使用正交功能，可以方便地绘制出与当前 X 轴或 Y 轴平行的线段。该功能在绘制零件图的水平或竖直中心线，以及轮廓线时经常使用。

启用状态栏中的“正交”功能，这样绘制图形时，光标将沿与当前 X 轴或 Y 轴平行的方向移动，如图 6-8 所示。

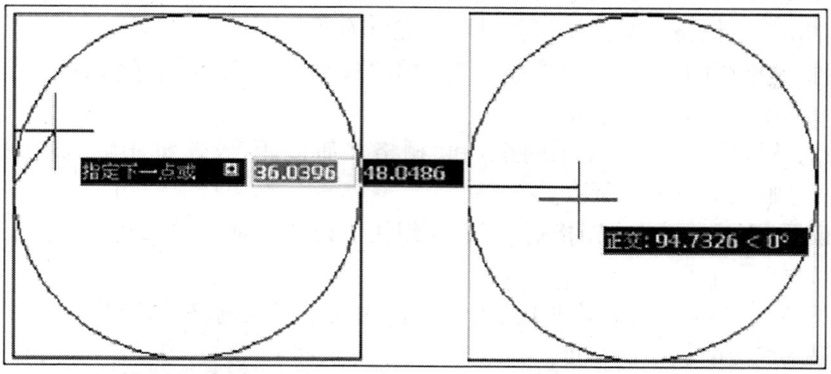

图 6-8　启用正交前后对比

知识延伸：

按 F7 键可启用或禁用“栅格”功能，按 F9 键可启用或禁用“捕捉”功能，按 F8 键可启用或禁用“正交”功能。

第二节　对象捕捉功能

对象捕捉是 AutoCAD 中最为重要的工具之一,它可以进行精确定位,使用户在绘图过程中可直接利用光标来准确地确定目标点,如圆心、端点、垂足等。而自动追踪有助于按指定角度或与其他对象呈指定关系绘制对象。

一、对象捕捉

在绘图时经常需要捕捉一些特殊点,如图形的圆心、切点和交点等,以便进行复杂的图形操作。使用对象捕捉功能,当把光标放在一个对象上时,系统会自动捕捉到对象上所有符合这些条件的点。对象捕捉的模式主要有以下几种。

(一)草图设置捕捉模式

该捕捉模式是绘图过程中最常用的捕捉模式,只需先指定捕捉点的类型,系统将进入自动捕捉该点类型的模式。

右击状态栏中的“对象捕捉”功能,选择“设置”选项,然后在打开的“草图设置”对话框中选择“对象捕捉”选项卡。在该选项卡中即可选择对象捕捉点的类型。如图 6-9 所示,要捕捉圆的圆心,可启用“圆心”复选框,在接下来的绘图过程中,光标移动到图形对象的圆心位置时,将捕捉对象圆心。

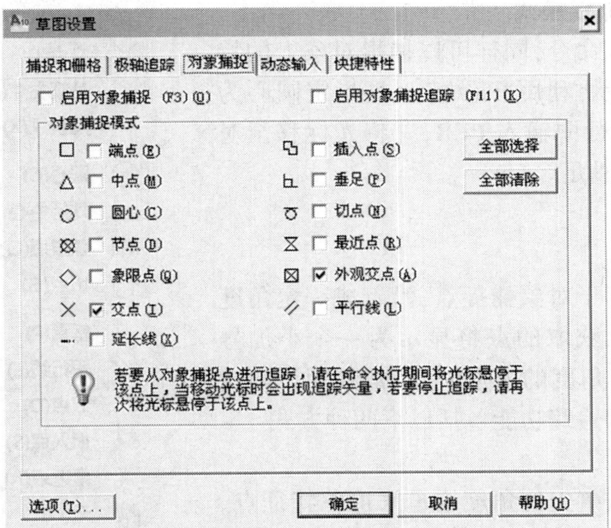

图 6-9　“对象捕捉”选项卡

(二)工具栏设置捕捉模式

当在绘图过程中指定点时,特别是指定临时跟随点或捕捉自指定点时,需要在“对象捕捉”工具栏中单击特征点按钮,然后移动光标至捕捉对象的特征点附近,即可捕捉到相应的点。

如图 6-10 所示,在该工具栏中单击“捕捉自”按钮 ,捕捉自图中边的中点为 8 的点,绘制直线。

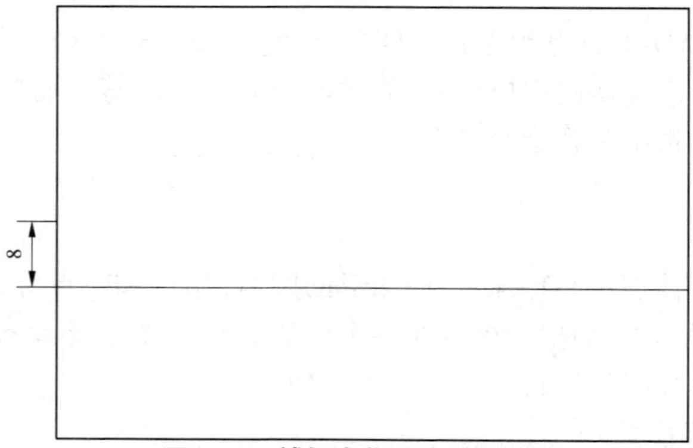

图 6-10 捕捉自指定点绘制直线

(三)快捷菜单捕捉模式

快捷菜单捕捉模式与“对象捕捉”工具栏设置捕捉模式相同,但前者设置捕捉点的类型更加简单方便。

按住 Shift 键在绘图区右击,即可打开快捷菜单,如图 6-11 所示。在该菜单中即可选择捕捉点的类型。

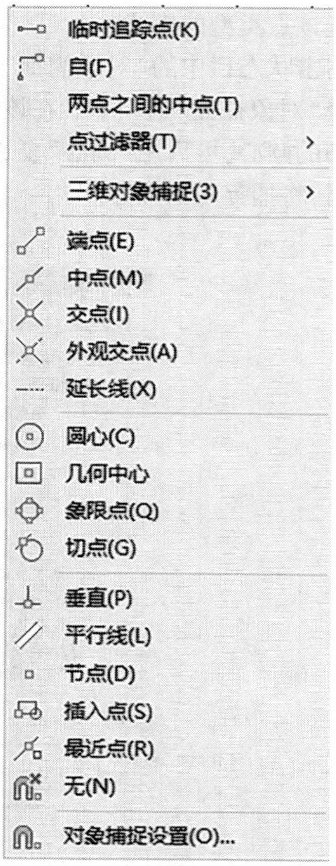

图 6-11 快捷菜单捕捉模式

(四)输入命令捕捉模式

在命令行中输入命令,同样可以捕捉对象上的特殊点。如图 6-12 所示,利用“直线”工具指定圆心为第一点后,可在命令行中输入 PER,并将光标移至对应直线处,即可捕捉垂足。

二、自动追踪

自动追踪是指基于对象捕捉点,沿着成一定角度的路径进行追踪,已获取的点将显示为一个小加号“+”。在绘制具有多角度的图形时,经常利用该功能进行辅助操作。自动追踪功能包括以下两种方式。

(一)极轴追踪

极轴追踪是指按事先的角度增量来追踪特征点。该追踪在指定一个点时,按预先设置的角度增量显示一条无限延伸的辅助线,这时就可以沿辅助线追踪得到光标点。

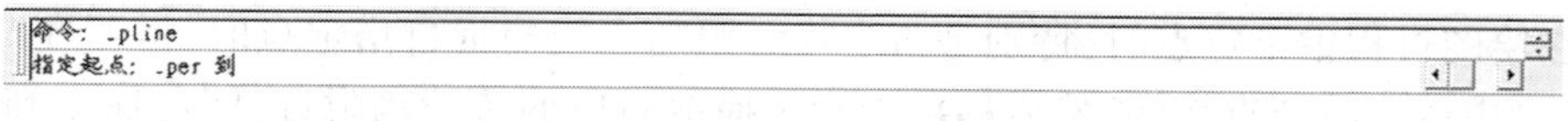

图 6-12 输入捕捉命令捕捉特殊点

执行极轴追踪操作,可启用状态栏中的“极轴”功能,并选择“设置”选项,然后在打开的“草图设置”对话框中选择“极轴追踪”选项卡,如图 6-13 所示。

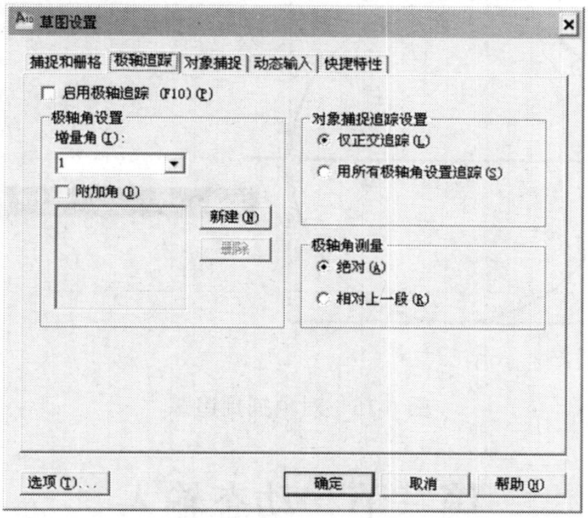

图 6-13　“极轴追踪”选项卡

在该选项卡中可创建新的极轴角,只需在“增量角”下拉列表中选择系统预设的角度。如果该下拉列表中的角度不能满足需要,可启用“附加角”复选框,此时下面的列表框被激活,然后单击“新建”按钮,添加新的角度即可。如图 6-14 所示,新建附加角为 60°,绘制直线时将显示该附加角的极轴追踪。

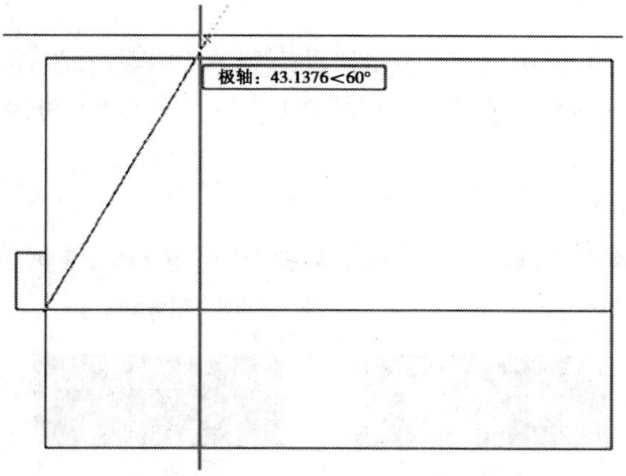

图 6-14　利用极轴追踪绘制直线

(二)对象捕捉追踪

对象捕捉追踪是指按照与对象的某种特性关系进行追踪。它按照对象捕捉设置,对这些捕捉点进行追踪。因此,对象捕捉是追踪的基础,必须设置对象捕捉才能从对象的捕捉点进行追踪。

启用状态栏中的“对象追踪”功能,系统进入“对象追踪”模式,同样在“极轴追踪”选项卡中设置对象捕捉追踪对应参数。

在“对象捕捉追踪设置”选项组中选中“仅正交追踪”单选按钮,可在启用对象捕捉追踪时,只显示获取的对象捕捉点的正交(水平/竖直)路径;如果选中“用所有极轴角设置追踪”

单选按钮,可以将极轴追踪设置应用到对象捕捉追踪,如图 6-15 所示。

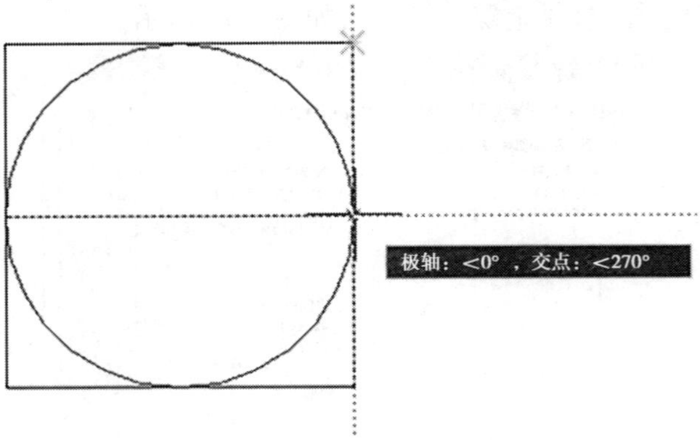

图 6-15 对象捕捉追踪

第三节 动态输入

在 AutoCAD 中,启用动态输入功能,就会在光标位置处显示指定的坐标值、标注输入和命令提示等信息,并且这些信息会随着光标移动而动态更新。这样可以帮助用户专注于绘图区域,从而极大地提高设计效率。

动态输入功能

一、指针输入

执行指针输入操作,可启用状态栏中的“动态输入”功能,在“草图设置”对话框的“动态输入”选项卡中启用“启用指针输入”复选框,将显示指针输入坐标值,如图 6-16 所示。

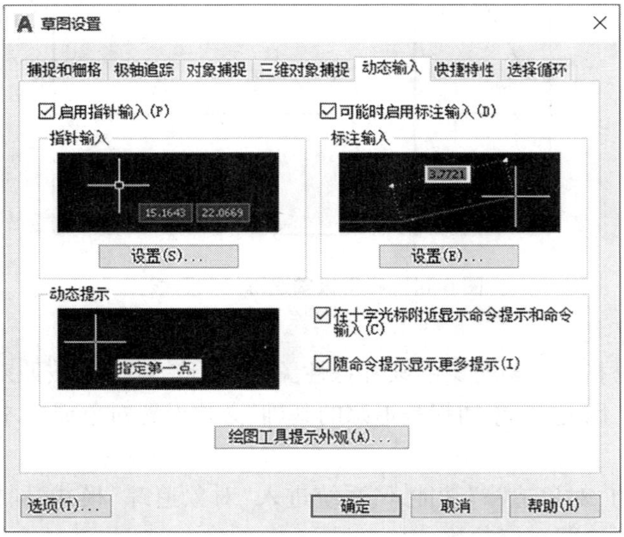

图 6-16 “动态输入”选项卡

启用指针输入功能后，在执行操作时，可以在十字光标附近的工具栏提示中输入坐标值，而不用在命令行中输入，如图 6-17 所示。

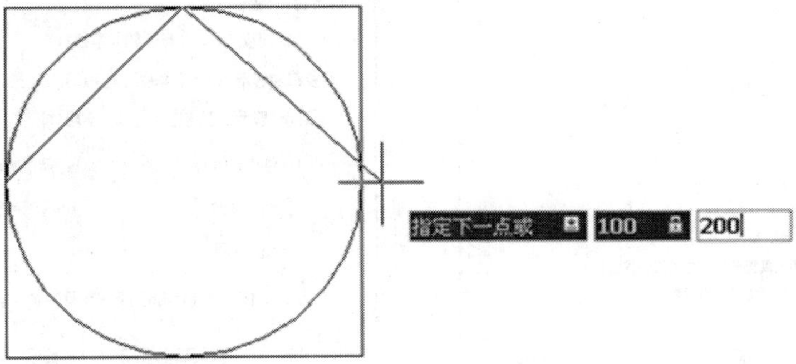

图 6-17　通过指针输入定义直线

在"指针输入"选项组中单击"设置"按钮，便可在打开的"指针输入设置"对话框中设置指针的格式和可见性，如图 6-18 所示。

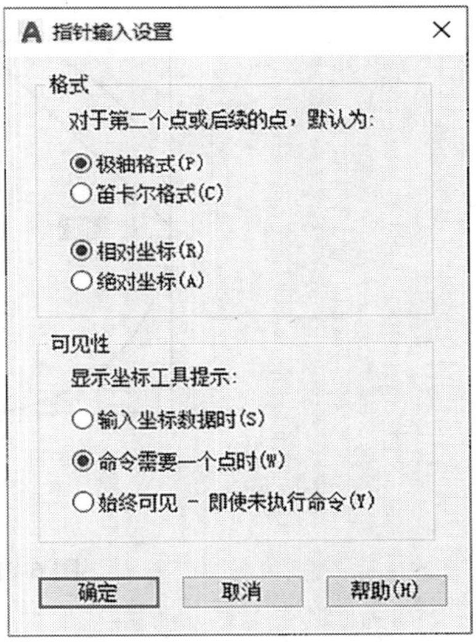

图 6-18　指针输入设置

在执行动态输入操作过程中，将显示指针输入的坐标值并允许修改大小。方法是：单击"草图工具提示外观"按钮，打开"工具提示外观"对话框，在该对话框中设置指针输入工具栏的大小，如图 6-19 所示。

知识延伸：

在使用指针输入坐标点时，第二个点和后续点的默认设置为相对极坐标，如果需要使用绝对坐标，需要使用#号前缀。

二、启用标注输入

启用标注输入功能，当有命令在执行时，十字光标附近的工具栏中将显示坐标值，提示输入距离和角度值，并且提示中的值将随着光标移动而改变，此时按住 Tab 键可以使光标移动到要更改的值处。

要进行标注输入设置，可在"动态输入"选项卡中启用"可能时启用标注输入"复选框，并在"标注输入"选项组中单击"设置"按钮，即可在打开的"标注输入的设置"对话框中设置标注的可见性，效果如图 6-20 所示。

此外，在"动态输入"选项卡中启用"动态提示"选项组中的"在十字光标附近显示命令提示和命令输入"复选框，可在光标附近显示命令提示。例如，使用夹点拉伸圆弧轮廓线时，将显示"指定拉伸点"提示框，可指定新的坐标点或者按 Enter 键，如图 6-21 所示。

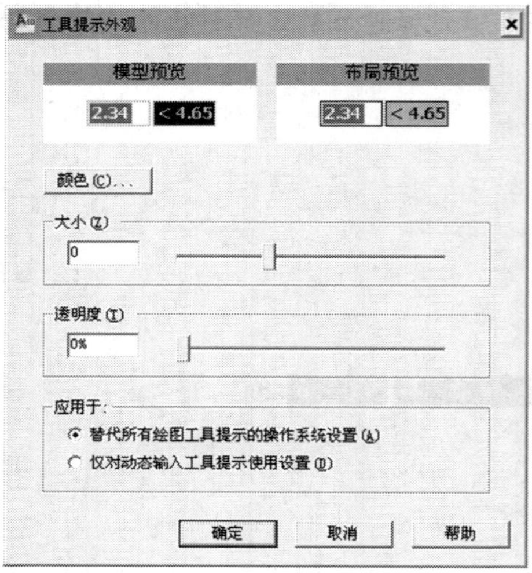

图 6-19 “工具提示外观”对话框

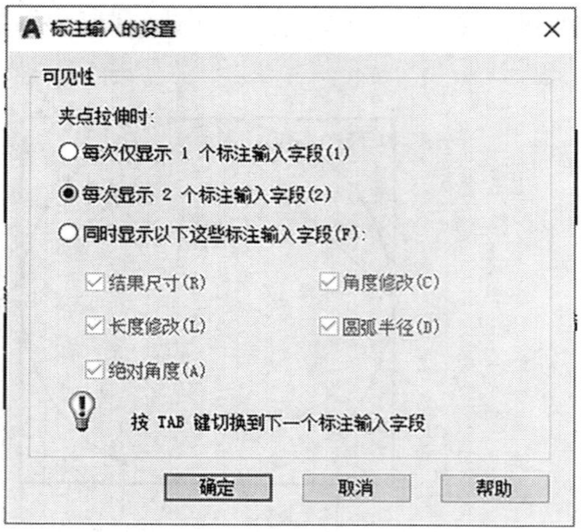

图 6-20 “标注输入的设置”对话框

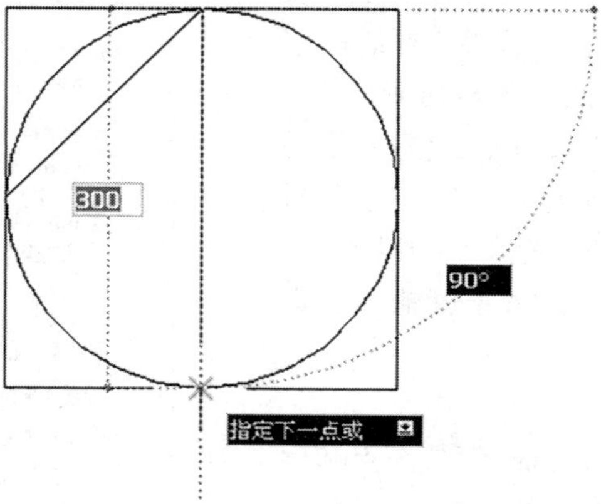

图 6-21 显示动态输入提示

第四节 重画和重生成图形

利用“重画”和“重生成”工具可以将当前图形中的临时标记删除,以提高图形的清晰度和整体效果,或者对图形进行重生成更新,使某些操作对图生效,以提高图形的实时显示。

重画和重生成图形

一、重画图形

在绘制图形的过程中会产生临时标记点,这些临时标记点不属于图形中的对象,但往往会对图形的显示效果产生负面影响。此时执行重画图形操作,可在显示内存中更新屏幕,消除临时标记,从而更新当前视图显示。

在命令行中输入 BLIPMODE,即可打开点标记模式。此时选择“视图”|“重画”选项,

也可以按住鼠标左键移动图形,即可将绘图区中的拾取标记全部删除,如图 6-22 所示。

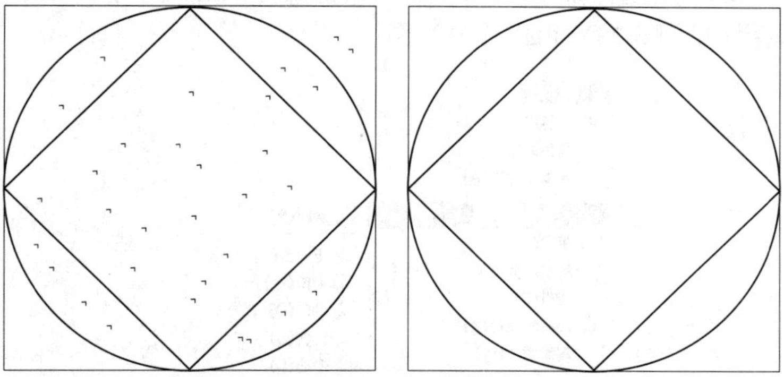

图 6-22　重画图形

二、重生成图形

执行重生成操作在当前视口中以最新的设置更新整个图形,并重新计算所有对象的屏幕坐标。它还可以重新创建图形数据库索引,从而优化显示和对象选择的性能。该操作的执行速度慢,更新屏幕花费时间较长。

选择“视图”|“重生成”选项,即可完成图形对象的重生成操作。在 AutoCAD 中,某些操作只有在使用“重生成”工具后才生效,如打开和关闭文字显示时的重生成,以及控制填充对象显示的重生成,如图 6-23 所示。

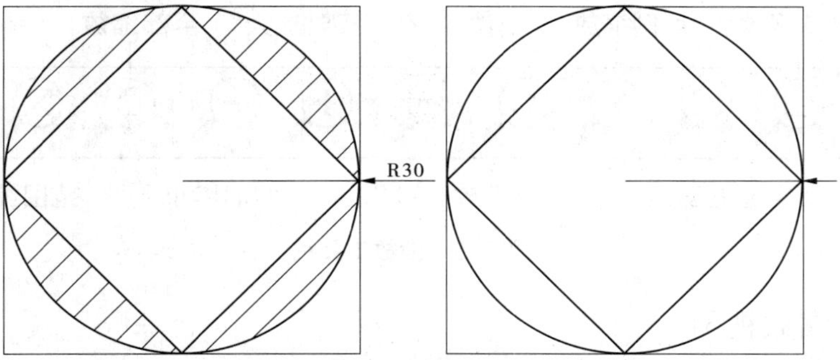

图 6-23　重生成图形

第五节　缩放视图

按一定比例、观察位置和角度显示的图形称为视图。通常,在绘制图形的局部细节时,需要使用缩放工具放大该绘图区域,当绘制完成后,再使用缩放工具缩小图形来观察图形的整体效果。在 AutoCAD 中,可以通过缩放视图来观察图形对象。缩放视图可以增加或减小图形对象的屏幕显示尺寸,但对象的真实尺寸保持不变。通过改变显示区域和图形对象的大小可以更准确、更详细地绘图。常用的缩放命令或工具有“实时”

缩放视图

“窗口”“动态”和“中心点”等。

在 AutoCAD 2021 中，选择菜单“视图”｜“缩放”命令（ZOOM）中的命令（见图 6-24）或使用“缩放”工具栏（见图 6-25），可以缩放视图。

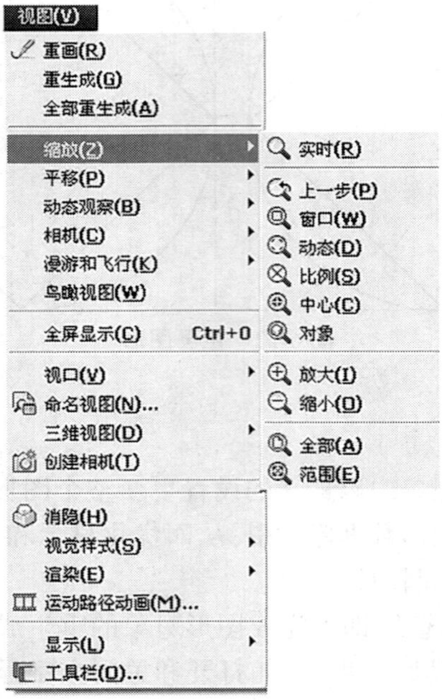

图 6-24　缩放菜单

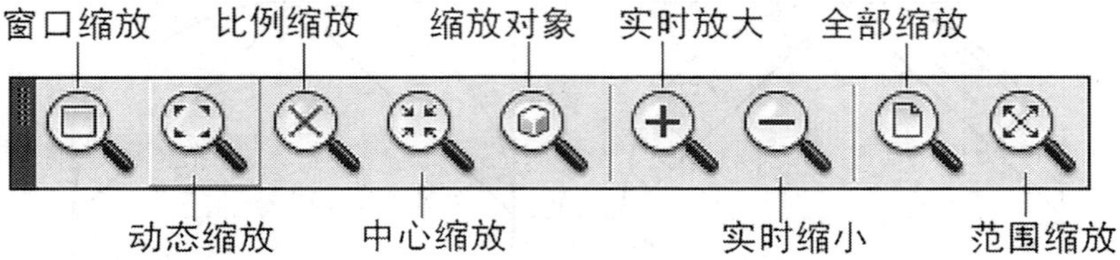

图 6-25　缩放工具栏

一、实时缩放视图

“缩放”｜“实时”提供了交互的缩放功能。随着定点设备的移动，图形图像就会放大或缩小。

要使用实时缩放，可以单击“视图”｜“缩放”｜“实时”菜单命令，实时选项还是“ZOOM”命令的默认选项。在实时缩放模式中，可以通过按住定点设备的拾取键来放大或缩小图形，垂直向上移动光标则放大视图，垂直向下移动光标则缩小视图，如图 6-26 所示。

二、窗口缩放视图

选择“视图”｜“缩放”｜“窗口”命令，可以在屏幕上拾取两个对角点以确定一个矩形窗口，之后系统将矩形范围内的图形放大至整个屏幕，如图 6-27 所示。

在使用窗口缩放时，如果系统变量 REGENAUTO 设置为关闭状态，则与当前显示设置

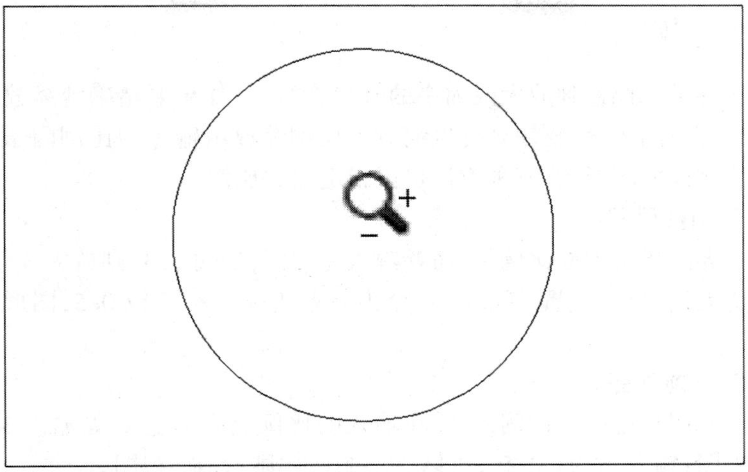

图 6-26　实时缩放命令

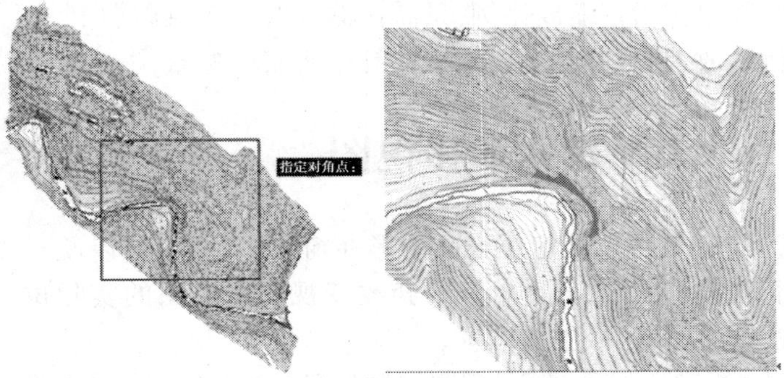

图 6-27　窗口缩放视图前后对比

的界限相比,拾取区域显得过小。系统提示将重新生成图形,并询问是否继续下去,此时应回答 NO,并重新选择较大的窗口区域。

三、动态缩放视图

选择“视图”|“缩放”|“动态”命令,可以动态缩放视图。当进入动态缩放模式时,在屏幕中将显示一个带“×”的矩形方框。单击鼠标左键,此时选择窗口中心的“×”消失,显示一个位于右边框的方向箭头,拖动鼠标可改变选择窗口的大小,以确定选择区域大小,最后按下 Enter 键,即可缩放图形。

四、中心缩放视图

选择“视图”|“缩放”|“中心点”命令,在图形中指定一点,然后指定一个缩放比例因子或者指定高度值来显示一个新视图,而选择的点将作为该新视图的中心点。如果输入的数值比默认值小,则会放大图像。如果输入的数值比默认值大,则会缩小图像。

要指定相对的显示比例,可输入带 x 的比例因子数值。例如,输入 2x 将显示比当前视图大两倍的视图。如果正在使用浮动视口,则可以输入 xp 来相对于图纸空间进行比例缩放。

五、按比例缩放视图

以上的缩放都是只要达到放大或缩小的效果就行了，如果要精确地缩放图形又该如何操作？要精确地缩放图形，就要用到比例缩放。比例缩放由输入的比例因子来决定缩放效果。精确地按比例缩放图形，有三种方法可以指定缩放比例。

(一)相对于图形界限

相对于图形界限指定缩放比例，只需要输入比例值，如输入 3，则放大 3 倍，当然超出图形界限的部分将无法显示(设置 LIMITS 命令为 ON 时)；输入.5 或 0.5，图形将缩小为原来的一半。

(二)相对于当前视图

相对于当前视图指定缩放比例，只需在输入的比例值后加上 x，如输入 3x，将以 3 倍的尺寸显示当前视图；输入.5x 或 0.5x，则以一半的尺寸显示当前视图。

(三)相对于图纸空间单位

相对于图纸空间单位指定缩放比例，只需在输入的比例值后加上 xp。它指定了相对当前图纸空间按比例缩放视图，并且可以用来在打印前缩放视图。

第六节　平移视图

使用"平移视图"工具可重新定位当前图形在窗口中的位置，以便对图形其他部分进行浏览或绘制。此命令不会改变视图中对象的实际位置，只改变当前视图在操作区域中的位置。

平移视图

选择"视图"｜"平移"选项，即可打开"平移"子菜单。在该菜单中除可以沿上、下、左、右方向简单地平移视图外，还可以利用实时平移和定点平移工具对视图位置进行精确调整。

一、实时平移

使用该工具可以将视图随光标的移动而移动，从而可以在任意方向上调整视图的位置。

选择"视图"｜"平移"｜"实时"选项，或单击状态栏中的"平移"功能按钮，即可进入实时平移模式。此时光标将显示形状，按住鼠标左键并拖动，窗口中的图形将随着光标移动的方向移动，释放鼠标即可返回到平移等待状态，按 Esc 键可退出平移操作。

知识延伸：

在绘图过程中，为提高绘图的速度，当平移视图时可直接按住鼠标左键将视图移动到指定位置，释放视图即可获得移动效果。

二、定点平移

使用"定点平移"工具可以通过指定移动基点和位移值的方式进行视图的精确平移。选择"视图"｜"平移"｜"定点"选项，进入定点平移模式，此时屏幕中将显示一个"十"字形光标，单击左键指定移动基点，偏移光标指定视图的移动方向，然后在命令行中输入位移距离，按 Enter 键指定位移距离，即可完成视图的定点平移，如图 6-28 所示。

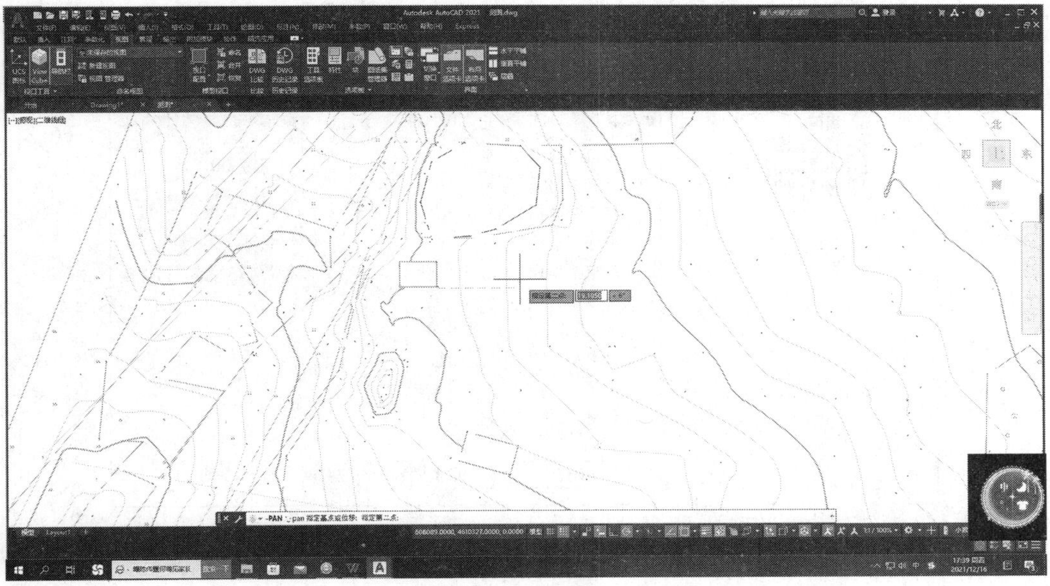

图 6-28　定点平移

第七节　命名视图

在工程绘图过程中，为了表现零部件内外结构特征，不仅可以创建多个投影视图和剖视图来表达，还可以对这些视图命名，这样在查看或修改图纸上某一部分视图时，再将该视图恢复出来即可执行编辑修改操作。

命名视图

一、创建命名视图

创建命名视图是使用命名视图的首要操作，只有创建出所需的命名视图后，才能对命名的视图进行各种操作。

在“视图”选项卡的“视图”选项板中单击“命名视图”按钮，打开“视图管理器”对话框，如图 6-29 所示。在该对话框中可以创建、设置、重命名和删除命名视图。在该对话框中单击“新建”按钮，将打开“新建视图｜快照特性”对话框，如图 6-30 所示。在该对话框的“视图名称”文本框中设置视图名称，在“视图类别”下拉列表中为命名视图选择或输入一个类别，并且在以下两个选项卡中可以设置视图方式。

(一)视图特性

该选项卡包括 3 个选项组，简要介绍如下。

1. 边界

在该选项组中可以通过选中“当前显示”或“定义窗口”单选按钮来创建视图的边界区域。如图 6-31 所示为通过框选窗口定义的视图边界。

2. 设置

在该选项组中可设置是否将图层快照与视图一起保存，并可以通过 UCS 下拉列表框设置命名视图的 UCS。

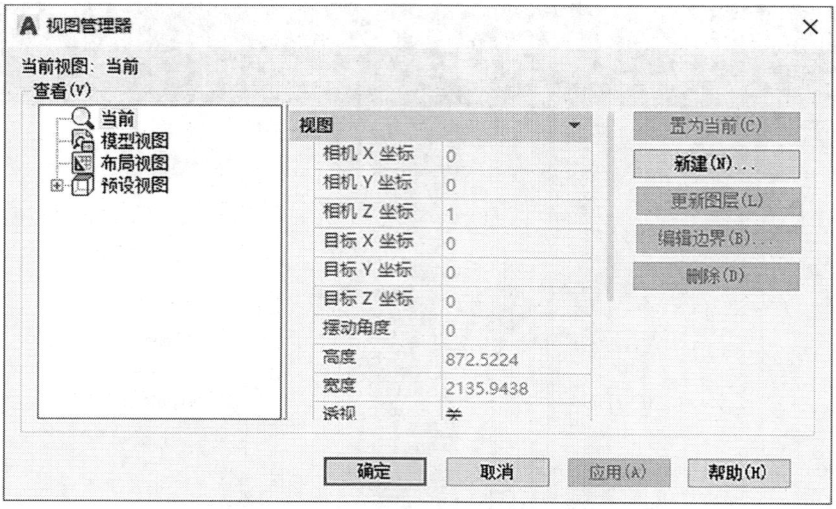

图 6-29 “视图管理器”对话框

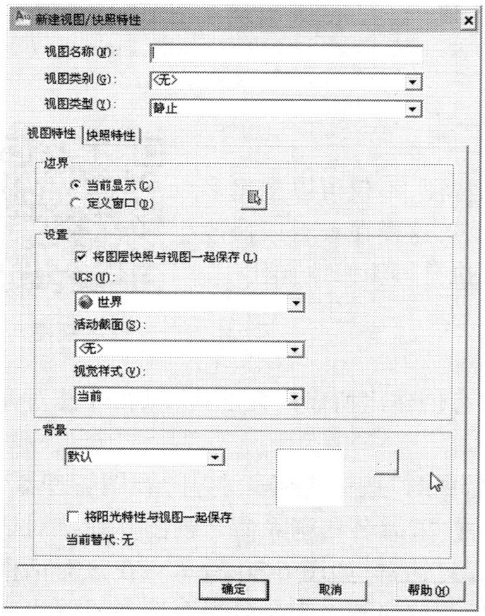

图 6-30 “新建视图/快照特性”对话框

图 6-31 定义视图边界

3. 背景

在该选项组中可以选择新的背景来替代默认的背景，其中包括纯色、渐变色和图像，并且可以预览设置效果。

(二)快照特性

该选项卡中两个选项组的参数设置都是围绕视图特性设置展示效果的。其中在“转场”选项组中设置转场类型和时间，而在“运动”选项组中设置运动时间。单击下方的“预览”按钮，即可查看快照特性设置效果。

二、管理命名视图

创建命名视图后，如果需要重新使用一个已命名的视图，可再次打开"视图管理器"对话框。在"查看"选项组中选择执行操作的视图后，该对话框中所有的按钮则处于激活状态，如图 6-32 所示。这些激活按钮的含义介绍如下。

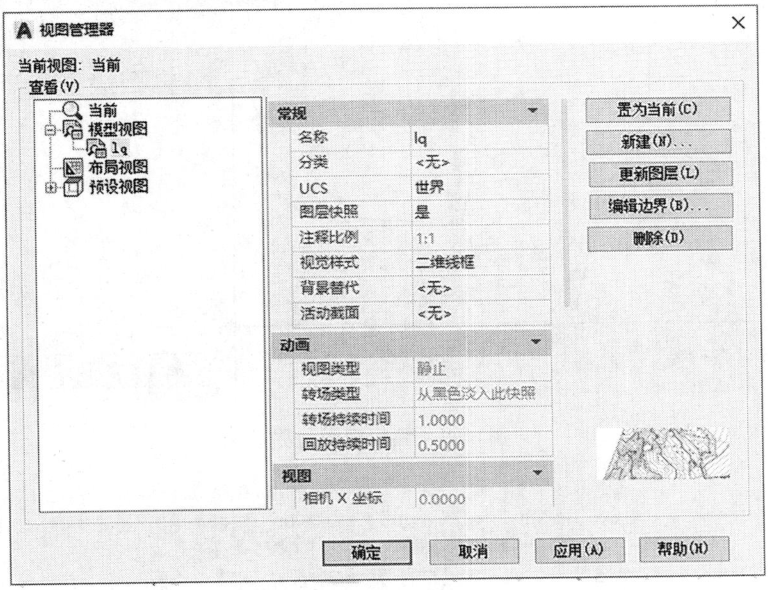

图 6-32 "视图管理器"对话框

(一)置为当前

选择视图选项后，单击"置为当前"按钮，即可将所选的命名视图设置为当前活动视图，如图 6-32 所示将主视图设置为当前视图，单击"确定"按钮将切换主视图为当前视图方式。

(二)更新图层

单击该按钮，可将所选的命名视图中保存的图层信息更新为当前模型空间或布局视口中的图层信息。

(三)编辑边界

单击该按钮，将切换到绘图窗口中，可以重新定义视图的边界，如图 6-33 所示为框选窗口重新定义边界的效果(其中白色区域为原来的视图边界)。

第八节 视口配置

视口就是在窗口客户区的显示原点，根据不同的显示模式，设置视口后，平面上的区域就根据视口和显示模式来确定坐标。后面这两个函数就是设置窗口的初始位置，后一个为设置视口的原始位置。

视口配置有多种类型如图 6-34 所示。

对于所选择的视口类型可能进行以下步骤操作。

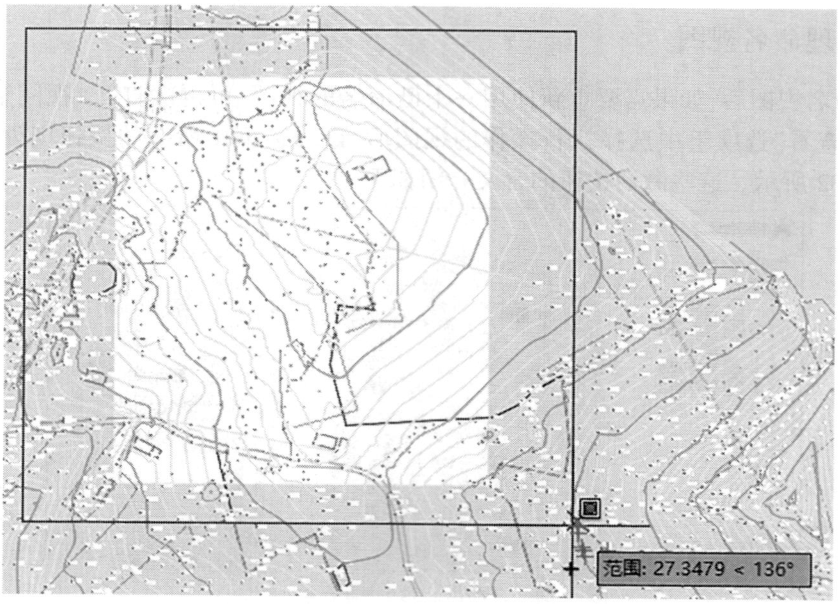

图 6-33　编辑视图边界

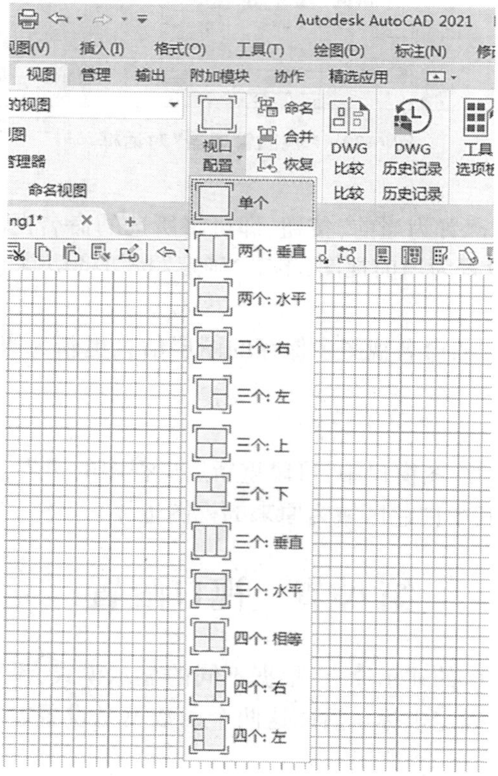

图 6-34　视口选项

视口配置：

(一)命名视口

恢复保存的视口排列的步骤：依次单击“视图”选项卡“ 视口 ”面板 “命名” 查找在“视口”对话框(见图 6-35)的“命名视口 ”选项卡(见图 6-36)中，从列表中选择视口配置的名称。

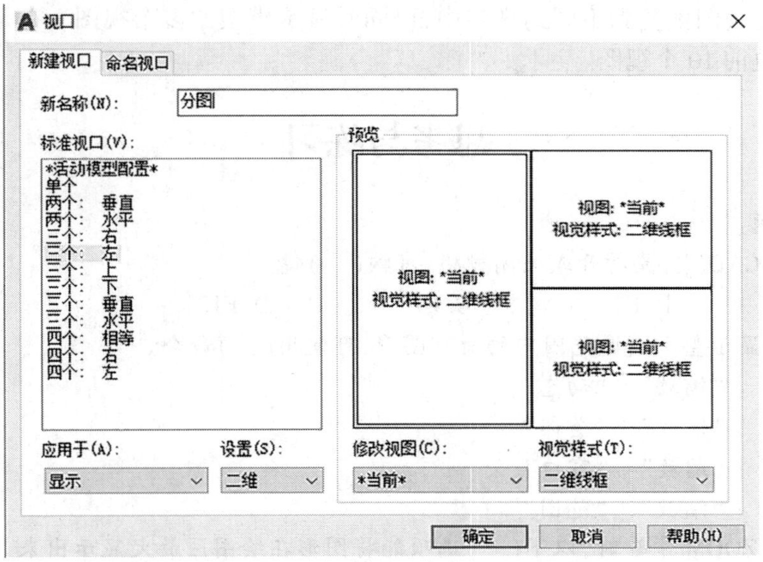

图 6-35　新建视口

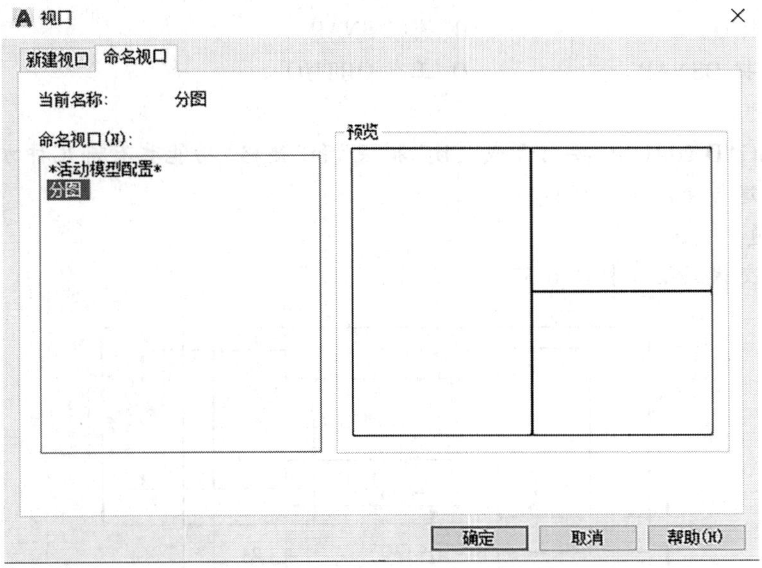

图 6-36　命名视口

(二)合并视口

合并将两个邻接的模型视口合并为一个较大的视口。两个模型视口必须公用一条长度相同的边。得到的视口将继承主视口的视图。

(三)恢复视口

如果模型空间中有多个视口,请单击该视口内部以显示要恢复的视图。如果正在某个布局中工作,请双击该布局视口内部以显示要恢复的视图。

在恢复命名视图过程中,如果绘图窗口中包含多个视口,也可以将视图恢复到活动视口中,或将不同的视图恢复到不同的视口中,以同时显示模型的多个视图。在每个图形任务中,最多可恢复前 10 个视图。

思考与练习

一、选择题

1. 在 AutoCAD 中,要打开或关闭栅格,可按(　)键。

A. F9　　B. F2　　C. F7　　D. F12

2. 要快速显示整个图像范围内的所有图形,可使用(　)命令。

A.“视图”|“缩放”|“动态”

B.“视图”|“缩放”|“全部”

C.“视图”|“缩放”|“窗口”

D.“视图”|“缩放”|“范围”

3. 在使用 ZOOM 命令时,以下(　)选项能将图形在绘图区最大显示出来。

A. ALL　　B. MAX　　C. EXTENTS　　D. PREVIOUS

4. 使光标只能在水平方向或垂直方向移动执行下面(　)命令。

A. 栅格 GRID　　B. 捕捉 SNAP

C. 对象捕捉 OSNAP　　D. 正交 ORTHO

二、简答题

1. 在 AutoCAD 2021 中,要打开或关闭“捕捉”和“栅格”功能共有哪几种方法?

2. 如何创建与使用命名视口?

三、上机题

1. 使用正交模式绘制机图 6-37。

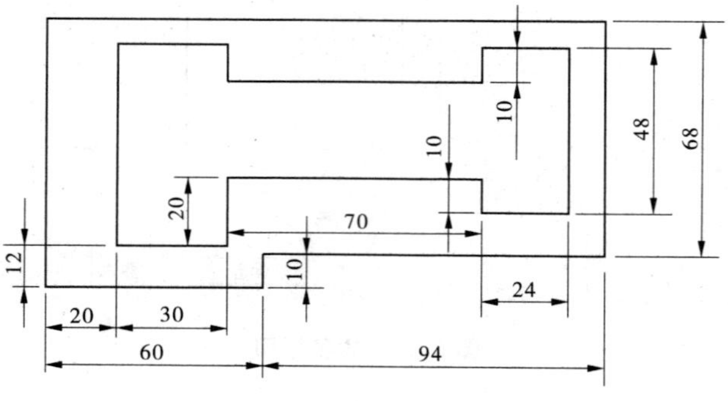

图 6-37

2. 利用目标捕捉方式将图 6-38(a)修改为图 6-38(b)。

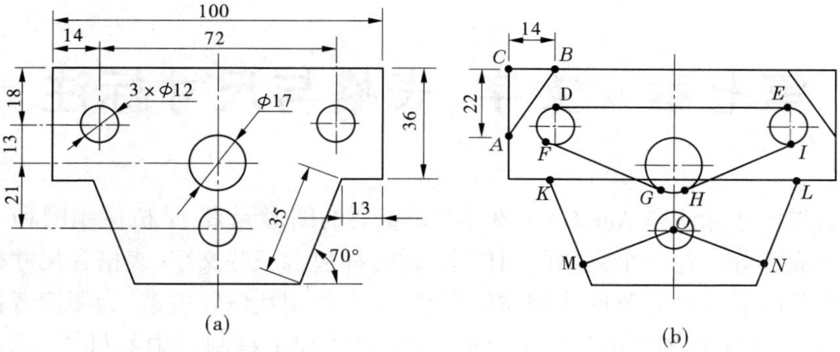

图 6-38

3. 打开极轴追踪模式(F10),通过输入直线的长度绘制如图 6-39 所示的图形。

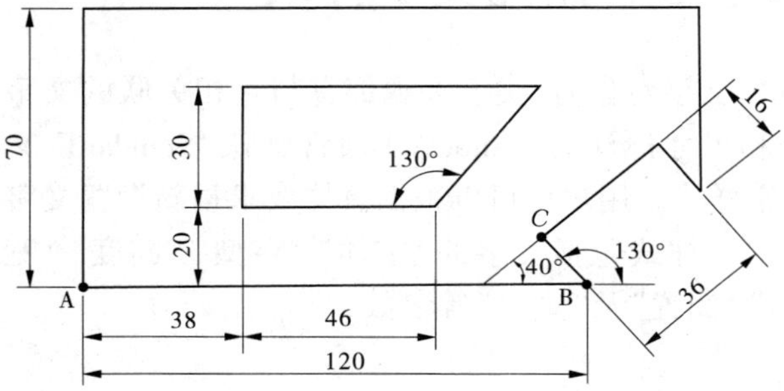

图 6-39

第七章　文字、表格与尺寸标注

文字对象与尺寸标注是 AutoCAD 图形中很重要的图形元素，是机械制图和工程制图中不可缺少的组成部分。在一个完整的图样中，通常都包含一些文字、表格和尺寸标注来注释图样中的一些非图形信息以及反映物体的形状、大小和相互位置关系，为阅读者提供更准确的信息。例如，机械工程图形中的技术要求、装配说明和工程制图中的材料说明、施工要求以及各部件形状尺寸等。

第一节　创建文字样式

在 AutoCAD 中创建文字对象时，文字外观都有与它相关联的文字样式。在创建文字注释和尺寸标注时，AutoCAD 通常默认“Standard”文字样式为当前使用的文字样式。用户也可以根据具体要求重新设置文字样式或创建新的样式。文字样式包括文字的“字体”“字型”“高度”“宽度系数”“倾斜角”“反向”“倒置”及“垂直”等参数。

创建文字样式

一、新建文字样式

新建文字样式的命令主要有以下几种方式：

(1) 选择菜单栏中“格式”|“文字样式”命令。

(2) 单击文字工具栏中的按钮。

(3) 在命令行中执行 STYLE 命令。

执行该命令后，将弹出如图 7-1 所示的“文字样式”对话框。

在该对话框中即可新建需要的文字样式。具体设置步骤如下：

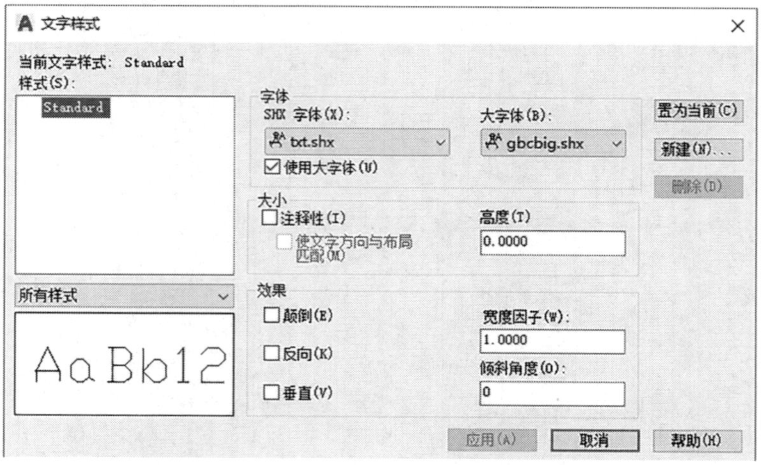

图 7-1　“文字样式”对话框

步骤一：在“文字样式”对话框中单击新建(N)...按钮，弹出如图7-1所示的“文字样式”对话框，在“样式名”文本框中输入新建文字样式的名称，如“绘图说明”，单击确定按钮。

步骤二：在“样式”(S)下方列表中选择“绘图说明”，在“字体”栏中的下拉列表中选择欲使用的字体，在“高度”文本框中设置该样式的文字高度。

步骤三：在“效果”栏中设置文字的特殊效果，其中各选项的含义如下：

颠倒(E)复选框：使文字颠倒。

反向(K)复选框：使文字反向显示。

垂直(V)复选框：显示垂直对齐的字符，只有在选择的字体支持双向时该复选框才被激活，其中TrueType字体的垂直定位不可用。

设置文字的显示效果，如图7-2所示。

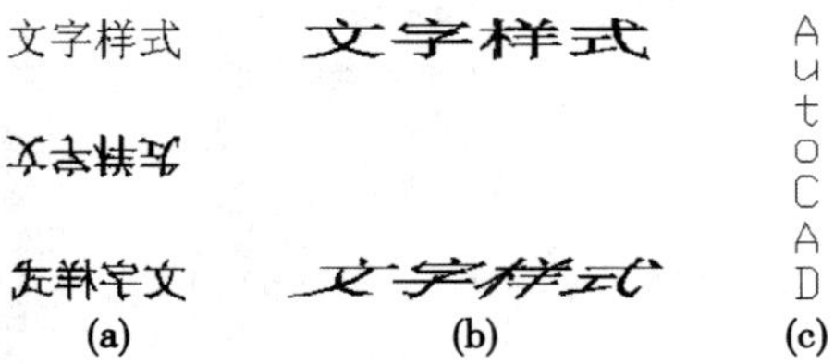

图7-2　文字的显示效果

宽度因子(W)：文本框：用于设置文字的宽度比例，其值小于1.0时将压缩文字，大于1.0时将扩大文字，在机械制图中一般设置为0.7。

倾斜角度(O)：文本框：用于设置该样式的倾斜角度，如在机械制图中一般设置为15。

注意：设置时不加“°”的符号。

二、指定当前文字样式

新建一种文字样式后，如果想要使用该样式，首先应将其设置为当前的文字样式，其操作方法如下：

(1)在“文字样式”对话框的样式(S)：下的列表框中选择当前需要使用的文字样式，然后单击关闭(C)按钮。

(2)在“样式”工具栏的“文字样式”下拉列表框中选择需设置为当前的文字样式名称，如图7-3。

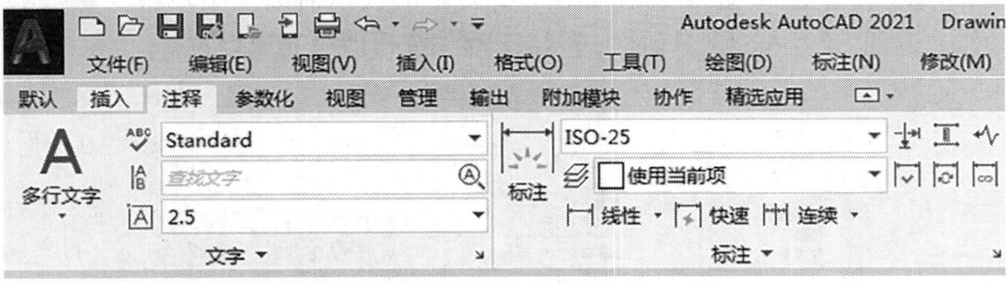

图7-3　“样式”工具栏

三、修改文字样式

如果在对文字样式设置完成后或在文字样式的使用中发现某些内容设置不满意，可以对其进行修改，具体操作步骤如下。

步骤一：在菜单栏“格式”下拉菜单中单击“文字样式”命令，此时会弹出“文字样式”对话框。

步骤二：在样式(S)：下的列表框中选择需要修改的文字样式，然后修改其设置，完成后单

击 应用(A) 按钮，再单击 关闭(C) 按钮即可完成文字样式的修改。

四、重命名文字样式

如果对已创建的文字样式的名称不满意，可以对其进行重命名，其操作方法如下：

选择菜单栏“注释”｜“文字样式”命令对话框，将弹出如图 7-4 所示的“重命名”对话框，在需改名的列表框中选择要修改的文字样式名称，右键选择“重名命”，然后输入新的名称即可。

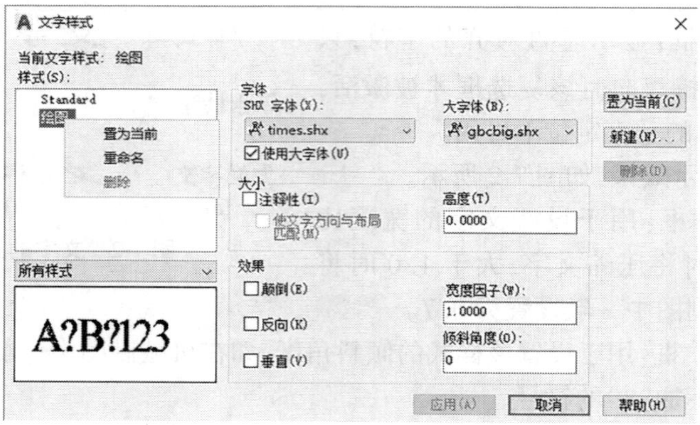

图 7-4 “重命名”对话框

五、删除文字样式

当不再需要某个文字样式时，可以将其删除，但系统默认的“Standard”文字样式与当前图形文件正在使用的文字样式是不能被删除的，其操作有两种方法，过程如下。

步骤一：选择菜单栏“注释”｜“文字样式”命令，弹出“文字样式”对话框，在 样式(S)： 的下拉列表框中选择要删除的文字样式。

步骤二：单击 删除(D) 按钮，在弹出如图 7-5 所示的提示对话框中单击 确定 按钮以确认删除操作。返回“文字样式”对话框，单击 关闭(C) 按钮即可完成设置。

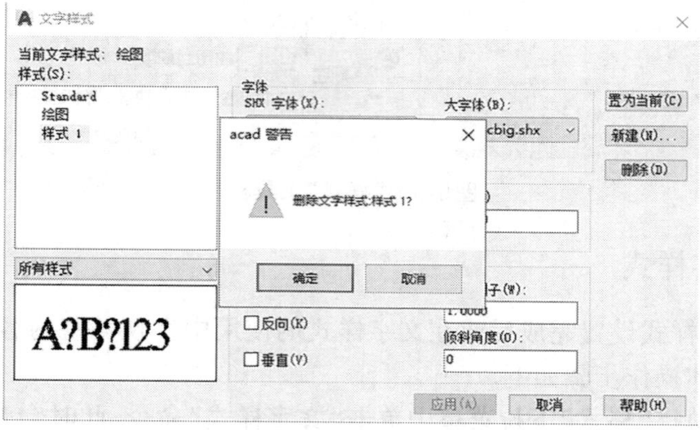

图 7-5 提示对话框

第二节　创建文字与编辑

创建了新的文字样式并将其设置为当前文字样式后，即可开始创建相应的文字说明，在AutoCAD 2021 中，使用如图 7-6 所示的“文字”工具栏和如图 7-7 所示的“注释”选项卡中的“文字”面板都可以创建和编辑文字。

图 7-6　“文字”工具栏

图 7-7　“注释”选项卡中的“文字”面板

标注文字方式可分为单行文字与多行文字两种。对于单行文字来说，每一行都是一个文字对象，因此可以用来创建文字内容比较简短的文字对象（如标签），并且可以进行单独编辑。而多行文字则是指创建的文字信息相对较多的一个整体对象。下面就这两种文字标注方式作详细讲解。

一、创建单行文字说明

如果需要创建的文字说明内容较少，可采取创建单行文字的方法，启动单行文字命令的方法有以下几种：

◆在快速访问工具栏下拉菜单中单击“显示菜单栏”命令，在弹出的菜单栏中选择“绘图”|“文字”|“单行文字”命令。

◆单击“文字”工具栏中的“单行文字”按钮 AI 。

◆在“功能区”选项板中选择“注释”选项卡，在“文字”面板中单击“单行文字”按钮 AI 。

执行命令后，命令行中提示如下：

命令：_DTEXT

当前文字样式：“STANDARD”　文字高度：2.5000　注释性：否

指定文字的起点或[对正(J)/样式(S)]：

指定高度<2.5000>：5

指定文字的旋转角度<0>：

当绘图区域出现 I 闪动光标时，便可直接输入需要创建的文字说明，如果要输入多行文字，可以直接按 Enter 键换行，再输入下一行文字。

在执行命令过程中有两个关键选项作如下说明。

(一)对正

设置单行文字的对齐方式。选择该选项后,命令行中的提示如图 7-8 所示,选择所需的选项便可以使用相应的文本对齐方式。

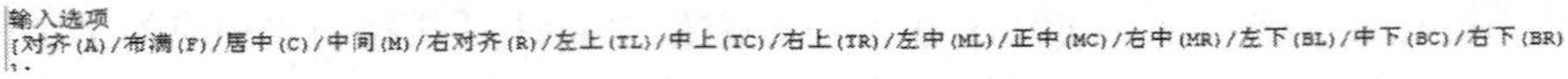
输入选项
[对齐(A)/布满(F)/居中(C)/中间(M)/右对齐(R)/左上(TL)/中上(TC)/右上(TR)/左中(ML)/正中(MC)/右中(MR)/左下(BL)/中下(BC)/右下(BR)

图 7-8　命令行提示信息

(二)样式

当创建多个文字样式时,选择该选项后可以重新选择要使用的文字样式。

二、创建多行文字说明

“多行文字”又称为段落文字,由两行以上的文字组成,用单行文字命令虽然也可以标注多行文字,但换行时定位及行列对齐比较困难,且每行文本都是一个单独的实体,不易编辑。因此,AutoCAD 又提供了多行文字命令,运行此命令,可以一次标注多行文字,并且各行文本都以指定宽度排列对齐,所输入的文字将是一个整体,并且作为一个整体可以进行处理,更加方便用户对文字对象的管理。在机械制图中,就常使用多行文字功能创建较为复杂的文字说明,如图样的技术要求等。

启动多行文字命令的方法有以下几种:

◆在快速访问工具栏的下拉菜单中选择“显示菜单栏”命令,在弹出的菜单栏中选择“绘图”|“文字”|“多行文字”命令。

◆在“功能区”选项板中选择“注释”选项卡,在“文字”面板中单击“多行文字”按钮 A|。

◆单击工具栏中的“多行文字”按钮 A|。

执行命令后,在绘图窗口中指定一个用来放置多行文字的矩形区域,这时将会打开文字输入窗口和“文字编辑器”选项卡。利用它们可以设置多行文字的样式、字体及大小等属性,如图 7-9、图 7-10 所示。

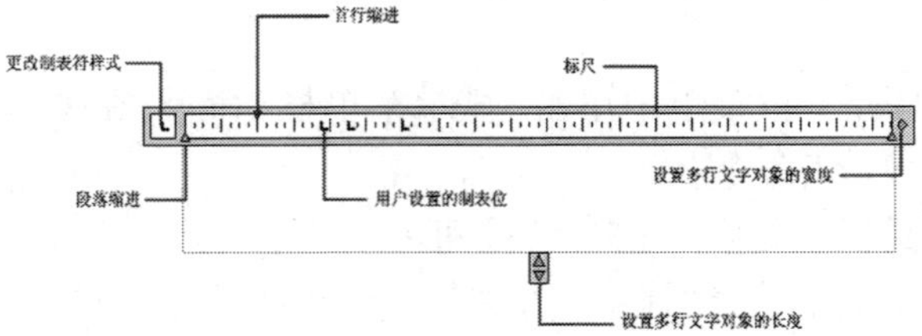

图 7-9　文字输入窗口

图 7-10　“文字编辑器”选项卡

三、编辑与修改文字

若发现已标注的文本内容出错,要对其进行再编辑与修改时可按下述方法来完成:

◆选择菜单栏中的"修改"|"对象"|"文字"|"编辑"命令。

◆在命令行中输入 DDEDIT 后,再按 Enter 键。

◆选择文字对象,并在绘图区内单击鼠标右键,在出现的快捷菜单中选择"编辑文字"命令。

◆用鼠标直接双击需要编辑的文字,可以快速进入文字编辑状态。

执行命令后,用户便可进行相应的修改或再编辑。

为了增强编辑、修改文字的功能,AutoCAD 在多行文字中提供了如图 7-10 所示的多行文字编辑器。在此编辑器中不仅可以输入多行文字的内容,而且可以设置多行文字的格式。

在 AutoCAD 2021 中,使用表格功能可以创建不同类型的表格,还可以在其他软件中复制表格,以简化制图操作。

第三节　创建表格样式和表格

一张完整的图纸除具备图形、标注、文字来表达有形及无形信息外,还需有必要的表格,如必须绘出标题栏、装配图和应有的明细栏等。本节将主要围绕表格创建来向大家具体介绍。

一、创建表格样式

表格的外观由表格样式控制,因此在绘制表格之前,首先应在"表格样式"对话框中创建表样式。启用"表格样式"命令的方法有如下几种:

创建表格样式

◆选择菜单栏中"注释"|"表格样式"命令。

◆单击"表格"工具栏中的按钮。

◆在命令行中执行 TABLESTYLE(TS)命令。

执行该命令后,将弹出如图 7-11 所示的"表格样式"对话框,在该对话框左侧列表框中显示了当前图形中的表格样式名称,在右侧列表框中显示了所选表格样式的预览形式。在 AutoCAD 中默认创建了一个名为 Standard 的表格样式,用户可直接对该表格样式的参数进行修改,也可创建新的表格样式。

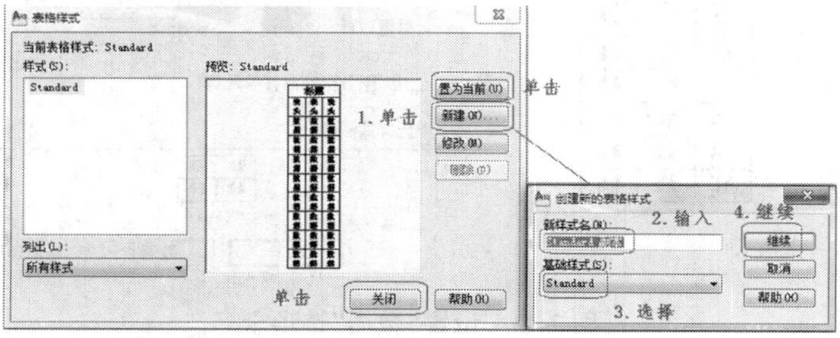

图 7-11　"表格样式"对话框

在“表格样式”对话框中进行相应设置的操作步骤如下。

步骤一：在“表格样式”对话框中单击 新建(N)... 按钮，弹出如图 7-10 右侧所示的“创建新的表格样式”对话框。

步骤二：在“新样式名”的文本框中输入表格样式的名称，如“标题栏”，在“基础样式”下拉列表中选择新的表格样式的基础样式，不选则系统默认 Standard 样式。

步骤三：单击 继续 按钮，弹出如图 7-12 所示的“新建表格样式：标题栏”对话框，该对话框由“标题”“表头”和“数据”3 个选项卡组成。每个选项卡都分别指定了单元基本特性、文字特性和边界特性。

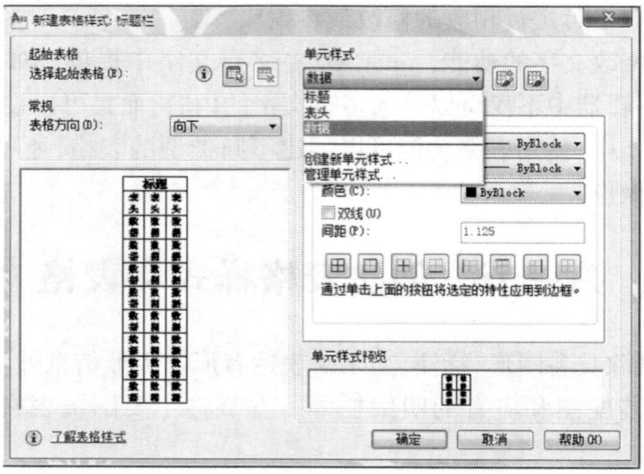

图 7-12 “新建表格样式：标题栏”对话框

步骤四：分别对三个选项卡中的“常规”“文字”和“边框”进行相应设置，如图 7-13～图 7-15 所示操作步骤。其中各项设置内容介绍如下：

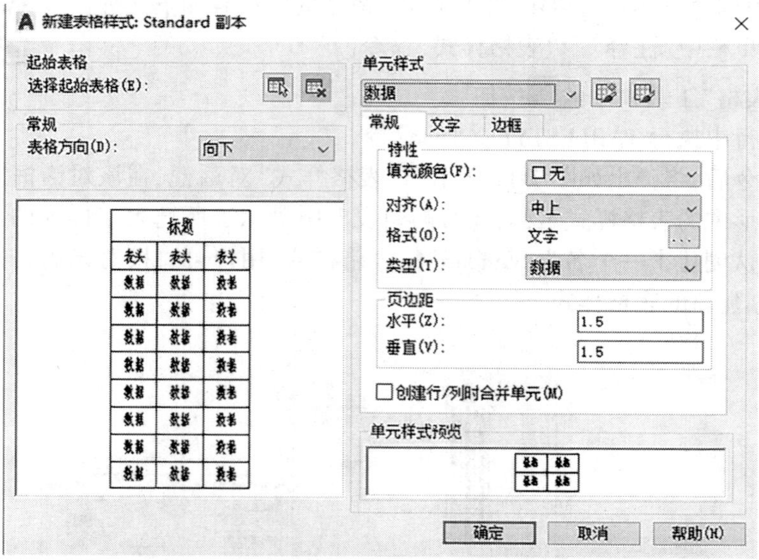

图 7-13 设置“数据”选项卡

（1）“常规”选项卡。设置表格的填充颜色、对齐方向、格式、类型及页边距等特性。

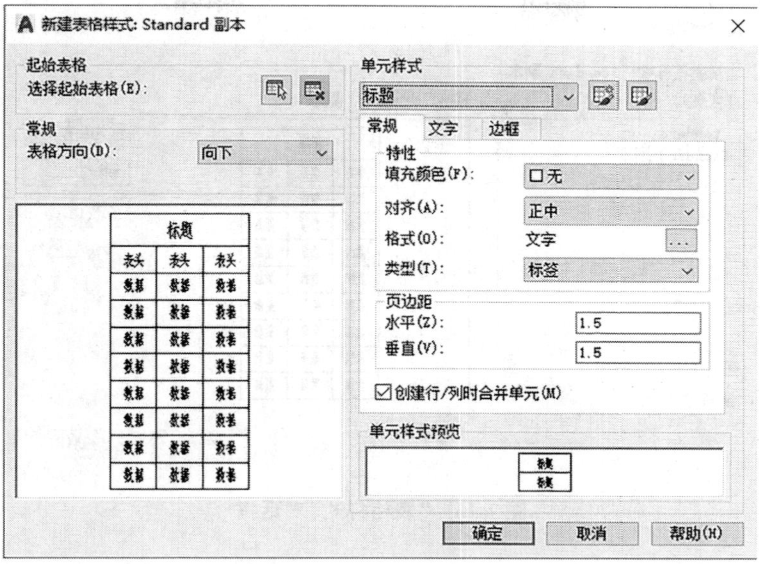

图 7-14 设置“标题”选项卡

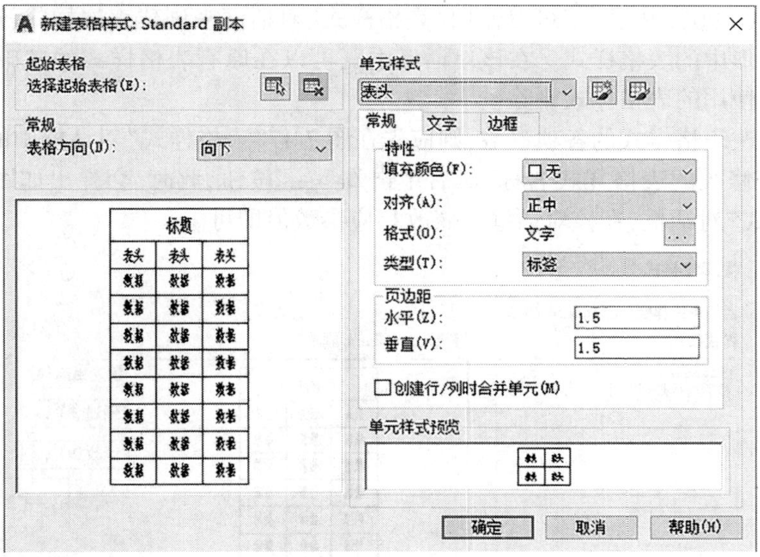

图 7-15 设置“表头”选项卡

(2)“文字”选项卡。设置表格单元中的文字样式、高度、颜色和角度等特性。

(3)“边框”选项卡。单击边框设置按钮,可以设置表格的边框是否存在。当表格具有边框时,还可以设置表格的线宽、线型、颜色和间距等特性。

步骤五:设置完成后,单击 确定 按钮返回“表格样式”对话框,此时,在该对话框左侧列表中即显示了刚刚创建的样式名称,单击 关闭 按钮完成操作,如图 7-16 所示。

如果用户继续创建了多个表格样式,在“表格样式”对话框左侧“样式”下方列表中选中某个表格样式名称,再单击右侧的 置为当前(U) 按钮则可将所选的表格样式设置为当前可使用的样式。

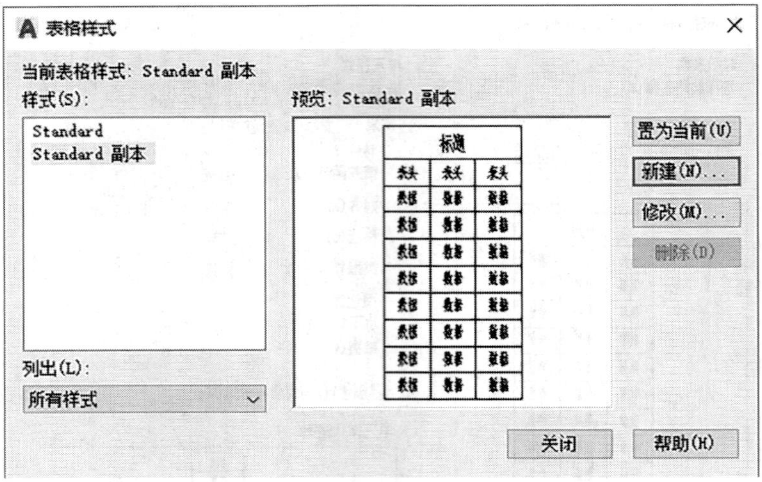

图 7-16 “表格样式”对话框

二、管理表格样式

在 AutoCAD 2021 中,除了可以使用“表格样式”对话框来创建表格样式,还可以在此对话框中管理图形中的表格样式。在该对话框中既可以在原有表格样式的基础上进行修改,也可以将不再使用的表格样式删除。

若需要修改表格样式的各项参数,则应先在图 7-17“表格样式”对话框中的“样式”下方列表里选中要修改的表格样式名称,然后单击 修改(M)... 按钮,此时,会弹出如图 7-18 所示的“修改表格样式”对话框,在该对话框中修改相应参数值即可。

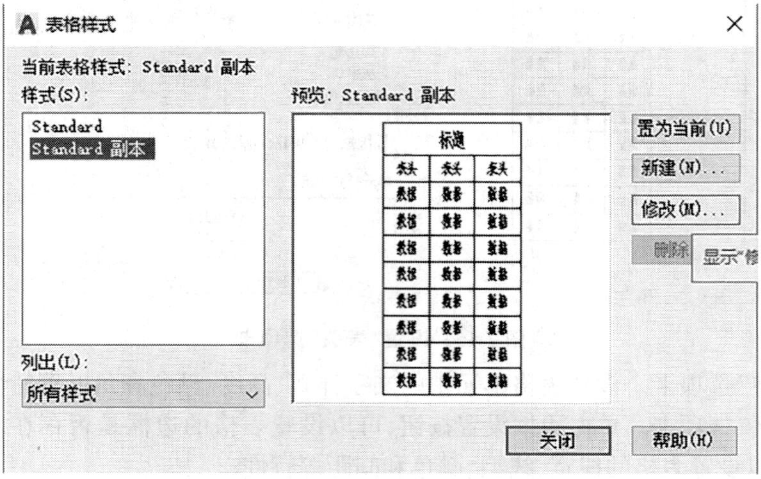

图 7-17 “表格样式”对话框

若需要删除多余的表格样式,应先在“表格样式”对话框中的“样式”下方列表里选择将要删除的表格样式名称,然后单击右侧 删除(D) 按钮即可完成删除。

三、创建表格

设置完满足自己要求的表格样式后,即可根据表格样式来创建表格,并输入相应的内

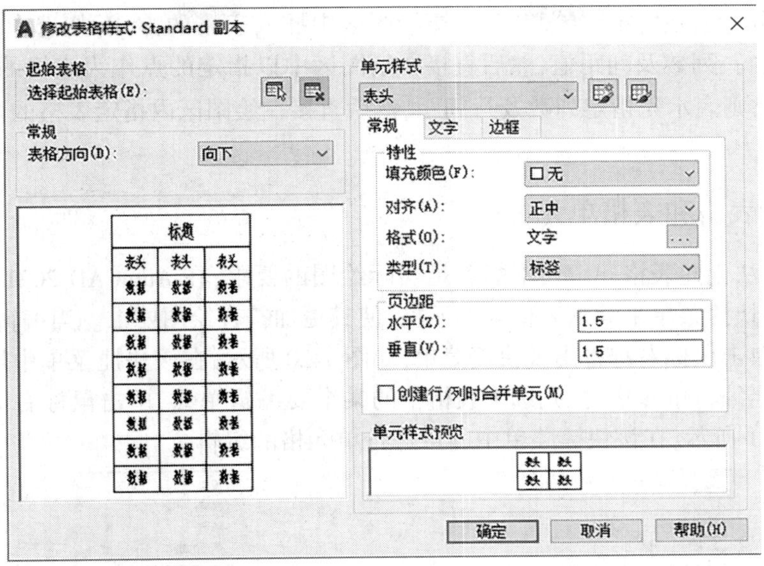

图 7-18 “修改表格样式”对话框

容,但在创建表格之前,用户需首先将要使用的表格样式置为当前,可在“表格样式”对话框中选择相应的表格样式名称后,在右侧单击 置为当前(U) 按钮即可。

创建表格的命令有以下几种方式:

◆在快速访问工具栏下拉菜单中选择“显示菜单栏”命令,在弹出的菜单栏中选择“绘图”|“表格”命令。

◆在“功能区”选项板中选择“注释”选项卡,在“表格”面板中单击 表格 按钮。

◆在命令行中执行 TABLE 命令。

执行该命令后,将弹出如图 7-19 所示的“插入表格”对话框,在此对话框中便可完成创建表格的操作。

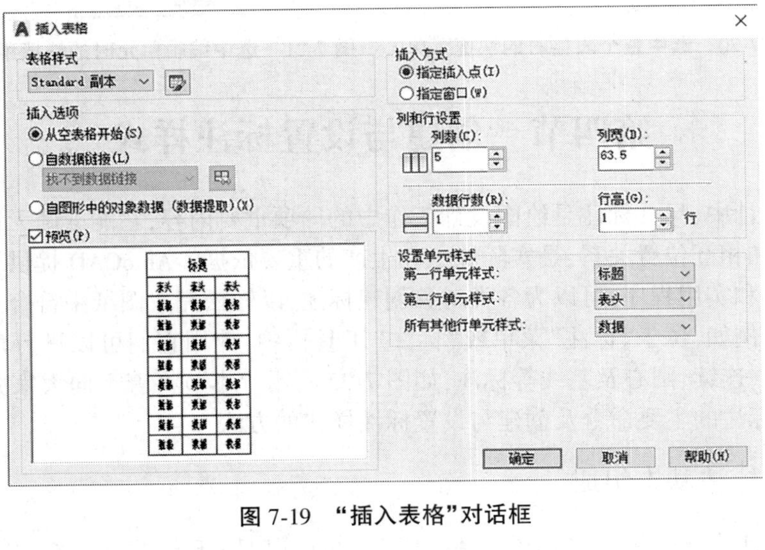

图 7-19 “插入表格”对话框

需要说明的是，在“插入方式”中选择绘图区中插入表格的方式，如选中 ◉ 指定插入点(I)，则表示先指定行、列数及间距值，然后直接在绘图区中以指定的点作为表格的插入点；如选中 ◉ 指定窗口(W)，则表示先指定列数及行间距，然后直接在绘图区内指定表格的两个对角点来创建表格。

四、编辑表格和表格单元

按上述方法创建表格一般还不能满足实际绘图的要求，在 AutoCAD 2021 中，还可以通过使用表格的快捷菜单来编辑表格与单元格，使其更加符合绘图要求。当编辑表格时，先选中整个表格，单击鼠标右键将出现快捷菜单，如图 7-20 所示，在该快捷菜单中即可进行相应的表格编辑；当编辑单元格时，先选中表格中的某个要编辑单元，单击鼠标右键将出现快捷菜单，如图 7-21 所示，在该快捷菜单中即可进行单元格的编辑。

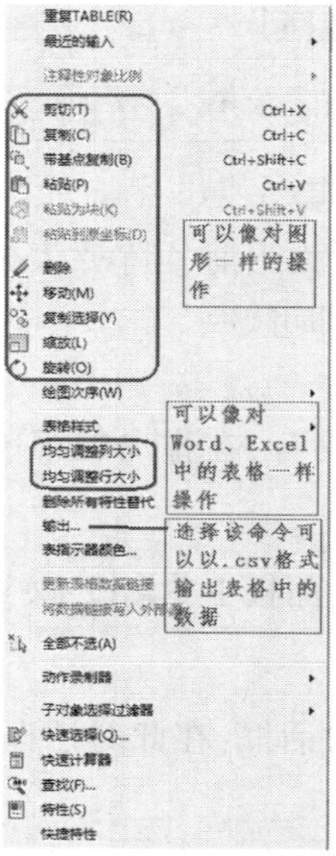

图 7-20　选中整个表格时的快捷菜单

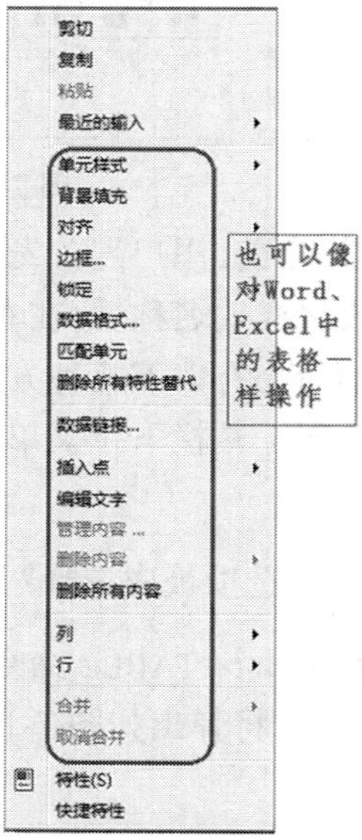

图 7-21　选中编辑单元时的快捷菜单

第四节　创建与设置标注样式

在图形设计中，尺寸标注是绘图设计工作中的一项重要内容，它能准确无误地反映物体的形状、大小和相互位置关系，是实际施工和生产的重要依据。AutoCAD 提供了一套完整的尺寸标注命令和实用程序，可以为各类对象创建标注，以轻松完成图纸中符合工程设计标准的尺寸标注。例如，位于“标注”菜单或“标注”工具栏中，使用它们可以进行角度、直径、半径、线性、对齐、连续、圆心及基线等标注，如图 7-22 所示。本节将着重向大家介绍尺寸标注的基本构成、标注的主要命令及创建与设置标注样式的方法。

一、尺寸标注基本组成

从尺寸标注构成的角度看，一个完整的尺寸标注应由标注文字、尺寸线、延伸线、尺寸箭

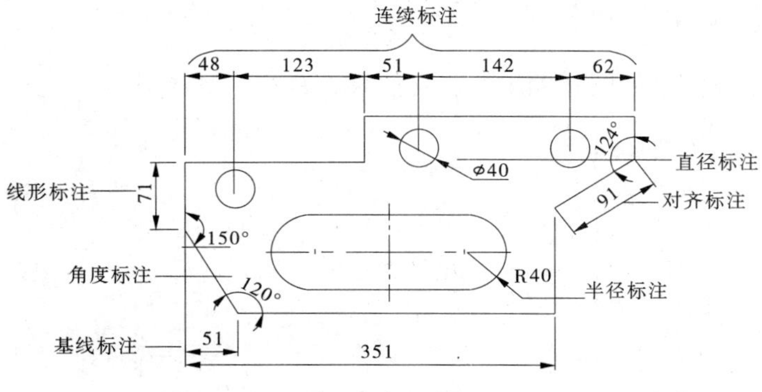

图 7-22　各类型尺寸标注

头等元素组成，如图 7-23 所示。

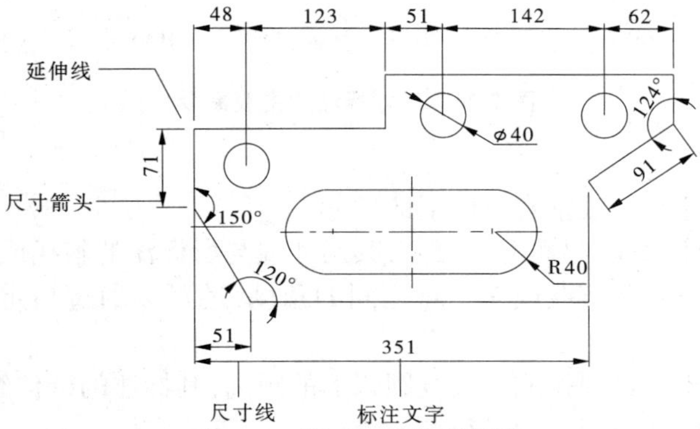

图 7-23　尺寸标注组成元素

各组成元素的含义如下。

(一)标注文字

标注文字通常位于尺寸线的上方或中断处，用以表示所选标注对象的具体尺寸大小。在进行尺寸标注时，AutoCAD 会自动生成所标注对象的尺寸数值，用户也可以对标注文字进行修改、添加等编辑操作。

(二)尺寸线

尺寸线通常与所标注的对象平行，放在两尺寸延伸线之间用于指定标注的方向和范围。通常尺寸线为直线，而角度标注尺寸线则为一段圆弧。

(三)延伸线

延伸线也称尺寸界线，用于标注尺寸的界限，由图样中的轮廓线、轴线或对称中心线引出。标注时，延伸线从所标注的对象上自动延伸出来，它的端点与所标注的对象接近但并未连接到对象上。

(四)尺寸箭头

尺寸箭头在尺寸线两端，用以表明尺寸线的起始位置，用户可为标注箭头指定不同的尺寸大小和样式。

二、尺寸标注的主要命令

尺寸标注的主要命令如图 7-24 所示。

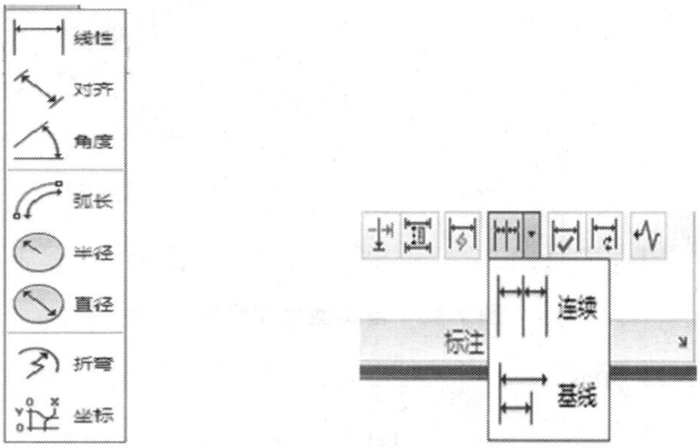

(a)　　　　(b)

图 7-24　尺寸标注的主要命令

选项说明如下。

“线性标注”:标注水平或垂直方向上的尺寸。

“对齐标注”:标注斜线、斜面上的尺寸,其尺寸线与所标注的斜线或斜面互相平行。

“角度标注”:测量两条直线或 3 个点之间的角度,还可以通过指定角度顶点或端点标注角度。

“弧长标注”:用于测量圆弧或多段线圆弧上的距离,其标注的延伸线可以正交或径向。

“半径标注”:标注圆或圆弧的半径。

“直径标注”:标注圆或圆弧的直径。

“折弯标注”:当圆弧或圆的中心位于布局之外并且无法在其实际位置显示时,使用折弯标注。

“坐标标注”:用来标注坐标型尺寸,沿指定点引一线标注 X 与 Y 的坐标。

“打断标注”:在标注或延伸线与其他对象交叉处折断或恢复标注和延伸线。可以将打断标注添加到线性标注、角度标注和坐标标注中。

“调整间距”:用来调整线性标注或角度标注之间的间距。平行尺寸线之间的间距设为相等,当其间距设为 0 时,则一系列线性标注或角度标注的尺寸线将平齐。

“快速标注”:快速生成一系列尺寸标注。此命令特别有用。

“连续标注”:创建从上一个标注的延伸线处开始的标注。前一尺寸的第二条尺寸界线就是后一尺寸的第一条尺寸界线(除第一个尺寸线和最后一个尺寸线外)。

“检验标注”:添加或删除与选定标注关联的检验信息。用于指定应检查制造的部件的频率,以确保标注值和部件公差处于指定范围内。

“更新标注”:用当前标注样式更新标注对象,可以将标注的系统变量保存或恢复到选定的标注样式。

“折弯线性标注”:在线性或对齐标注上添加或删除折弯线。标注中的折弯线表示所标注的对象中的折断,标注值表示实际距离,而不是图形中测量的距离。

各类型尺寸标注如图 7-25 所示。

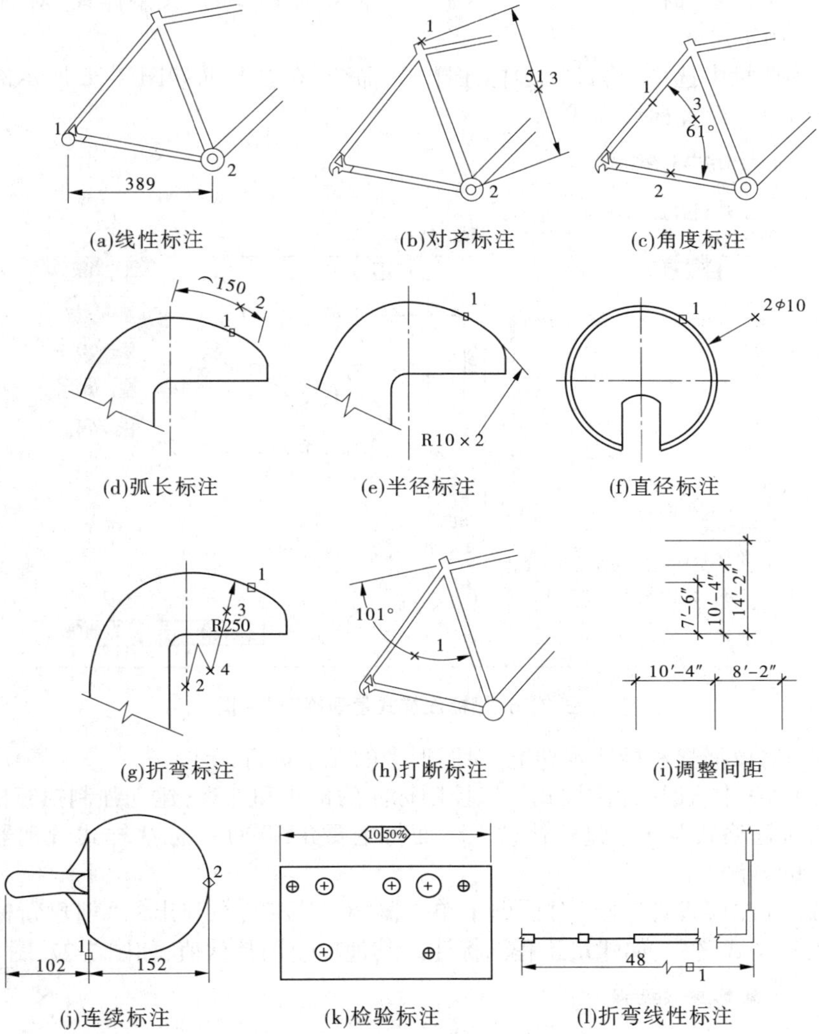

(a)线性标注　(b)对齐标注　(c)角度标注

(d)弧长标注　(e)半径标注　(f)直径标注

(g)折弯标注　(h)打断标注　(i)调整间距

(j)连续标注　(k)检验标注　(l)折弯线性标注

图 7-25　各类型尺寸标注

由于 AutoCAD 能自动测量尺寸大小,所以最好采用 1:1的比例绘图,绘图时无须换算,在标注尺寸时也无须再键入尺寸数值,待最后修改全图比例时调整“全局比例因子”即可。

三、创建与设置标注样式

尺寸的外观形式称为标注样式,在 AutoCAD 中,对标注样式进行相应设置可以控制标注的格式和外观。建立强制执行的绘图标准,可以保证标注在图形上的各个尺寸形式相同、字型一致,并有利于对标注格式及用途进行修改。

创建标注样式

在 AutoCAD 中对图形进行尺寸标注设置的基本步骤如下:

(1)在快速访问工具栏下拉菜单中选择“显示菜单栏”命令,在弹出的菜单中选择“格式”|“图层”,在打开的“图层特性管理器”对话框中创建一个独立的图层,用于尺寸标注。

（2）在菜单栏中选择“格式”｜“文字样式”命令，在打开的“文字样式”对话框中创建一种文字样式，用于尺寸标注。

（3）在菜单栏中选择“格式”｜“标注样式”命令，在打开的如图 7-26 所示的“标注样式管理器”对话框中设置标注样式。

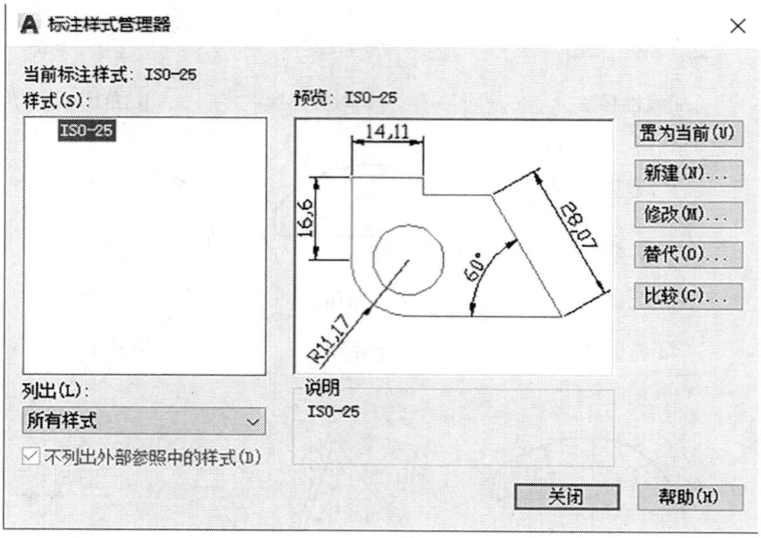

图 7-26 “标注样式管理器”对话框

（4）使用对象捕捉和标注等功能，对图形中的元素进行标注。

在 AutoCAD 中，使用标注样式可以控制标注的格式和外观，建立强制执行的绘图标准，并有利于对标注格式及用途进行修改。下面将主要介绍使用“标注样式管理器”对话框创建标注样式的方法。

首先在“标注样式管理器”对话框中单击 新建(N)... 按钮，在弹出的“创建新标注样式”对话框中输入新样式名称，如建筑工程图标注。其他项使用默认值，如图 7-27、图 7-28 所示。

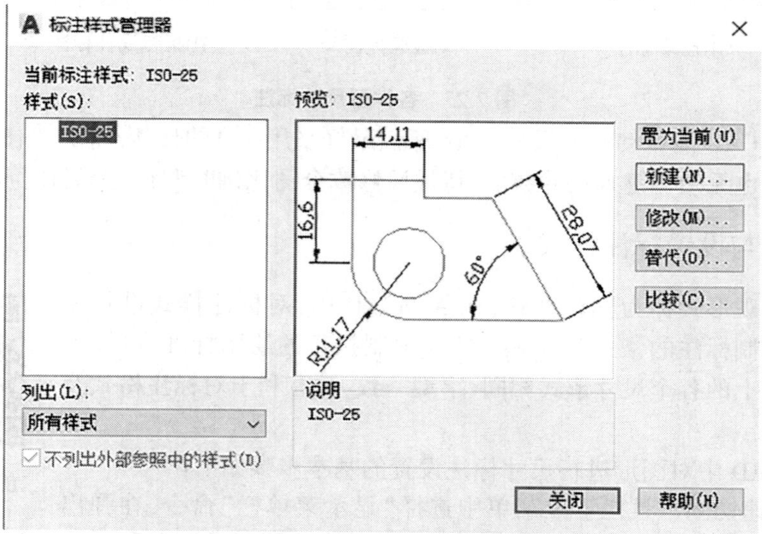

图 7-27 “标注样式管理器”对话框单击 新建(N)...

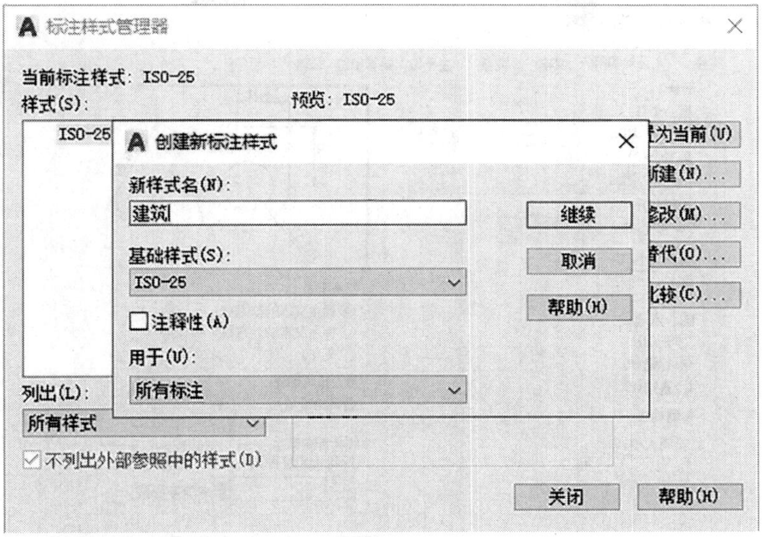

图 7-28　**“创建新标注样式”对话框**

①设置线样式。

单击继续按钮，弹出“新建标注样式”对话框。在线选项卡中的“超出尺寸线”“起点偏移量”进行相应设置，如分别设置为 2、3，如图 7-29 所示。

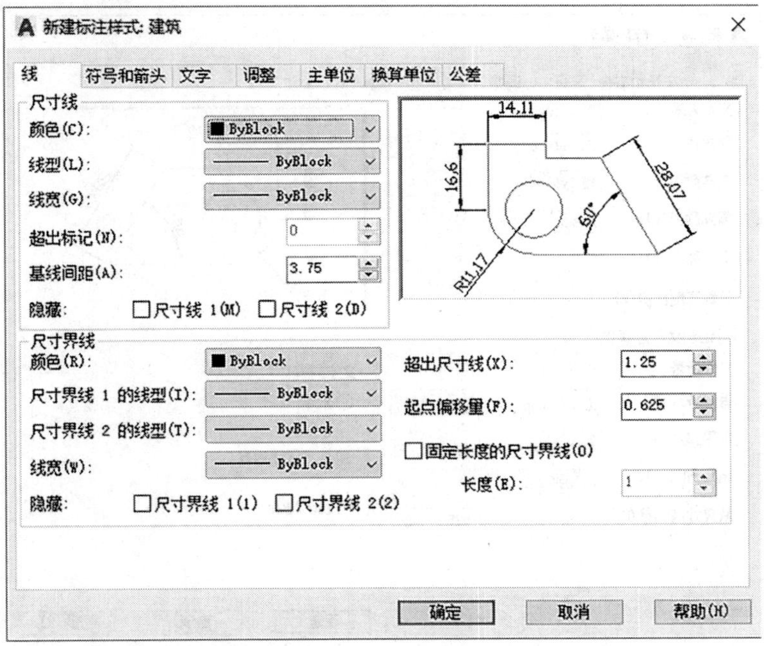

图 7-29　**“新建标注样式”对话框“线”设置**

②设置符号和箭头样式。

在“新建标注样式”对话框中，单击符号和箭头选项卡，设置尺寸标注的箭头、圆心标记、弧长符号和半径标注折弯等选项，如图 7-30 所示。

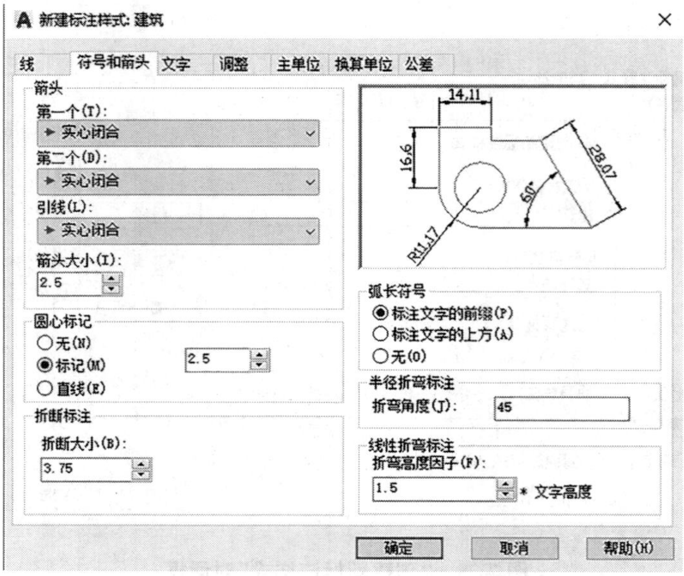

图 7-30 “新建标注样式”对话框“符号和箭头”设置

③设置文字样式。

单击文字选项卡,对文字样式、颜色、字高、文字位置等进行相应设置,如图 7-31 所示。

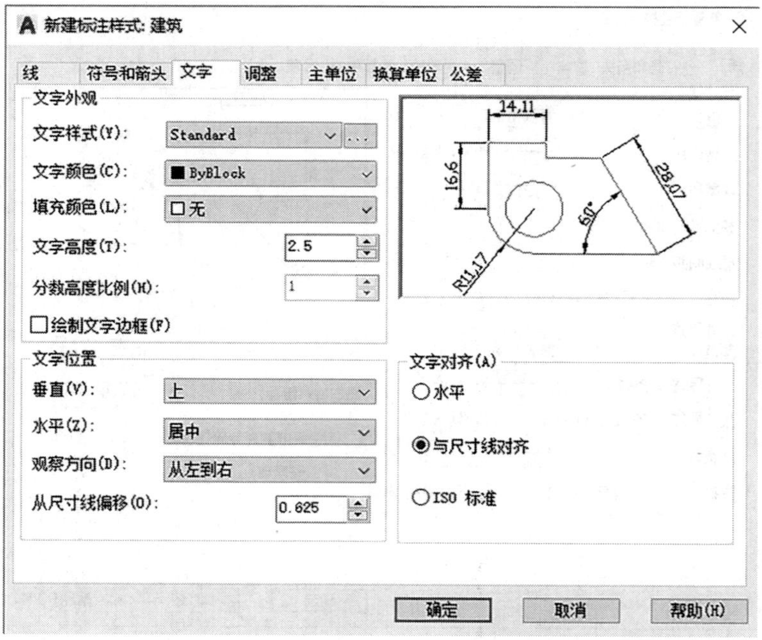

图 7-31 “新建标注样式”对话框“文字”设置

④设置调整样式。

单击调整选项卡,用户可以设置标注文字、尺寸线和尺寸箭头的位置,如图 7-32 所示。

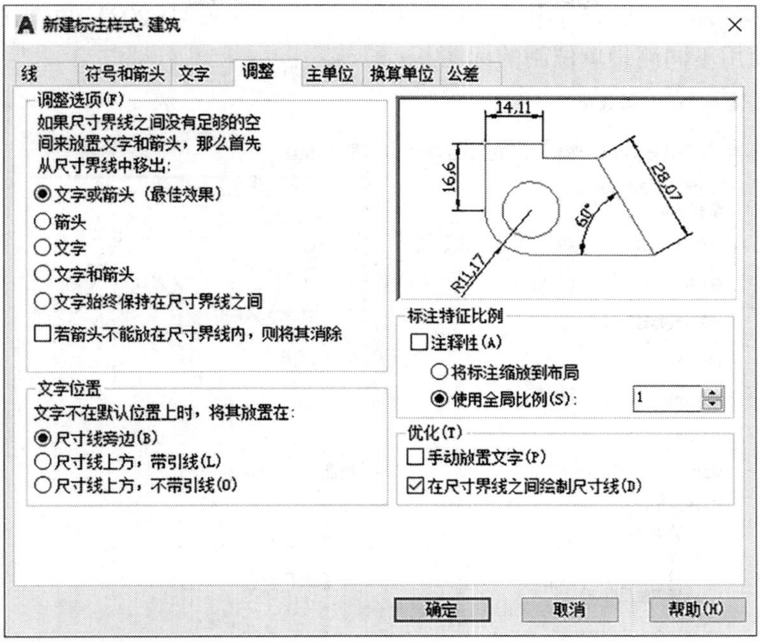

图 7-32　“新建标注样式”对话框“调整”设置

⑤设置主单位样式。

单击 **主单位** 选项卡，可以设置主单位的格式与精度、标注文字的前缀和后缀等属性，如图 7-33 所示。

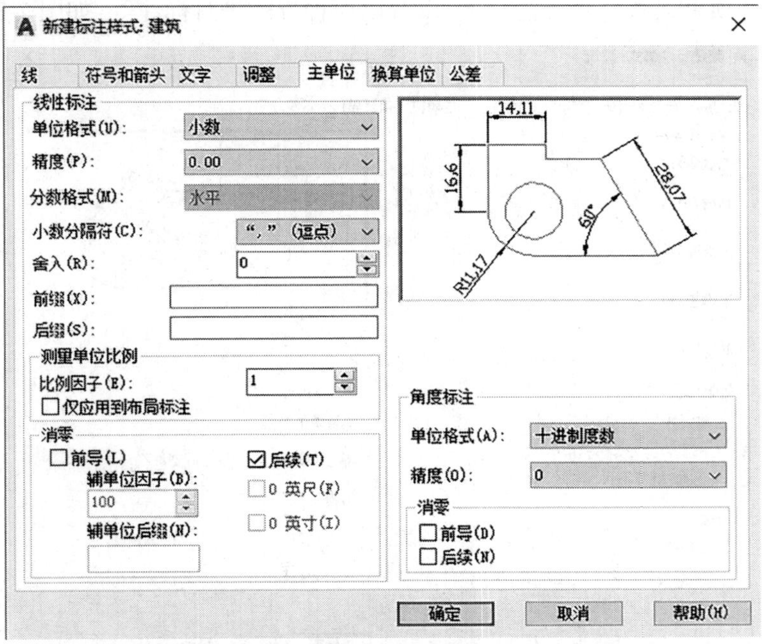

图 7-33　“新建标注样式”对话框“主单位”设置

⑥设置换算单位样式。

单击 **换算单位** 选项卡，可以设置换算单位的格式、精度等。在标注文字中，换算标注单位显示在主单位旁边的方括号[ ]中,如图 7-34 所示。在 AutoCAD 2021 中,通过换算标注单位,可以转换使用不同测量单位制的标注。

图 7-34 “新建标注样式”对话框“换算单位”设置

⑦设置公差样式。

单击公差选项卡设置是否标注公差,以及以何种方式进行标注等,如图 7-35 所示。

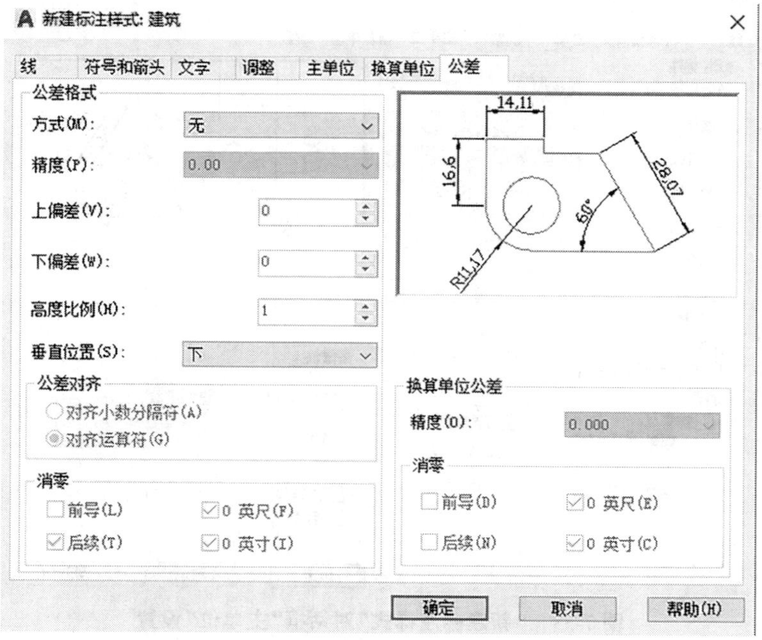

图 7-35 “新建标注样式”对话框“公差”设置

单击【确定】按钮返回到“标注样式管理器”中。在样式列表中选择“建筑工程图标注”并单击【置为当前(U)】按钮，将该样式设置为当前标注样式，最后单击【关闭】按钮保存新建的标注样式设置，如图 7-36 所示。

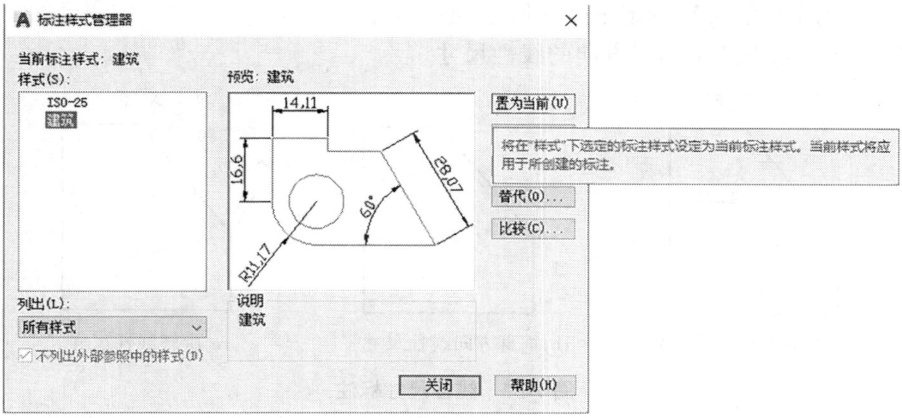

图 7-36 “标注样式管理器”对话框

在“标注样式管理器”中，用户还可对标注样式进行相应的修改、替代、比较和删除，请同学们按提示要求自行演练操作。

第五节　常用的几种尺寸标注

在了解了尺寸标注的基本知识及标注样式的创建和设置方法后，本节将以常见的几种尺寸标注为例向大家介绍在中文版 AutoCAD 2021 中如何标注图形尺寸。

一、线性标注

线性标注表示当前用户在坐标系 XY 平面中的两个点之间的距离量测值，这两个点可以是端点、交点、切点及任意两点。启动线性标注命令方式有以下三种：

◆在快速访问工具栏下拉菜单中选择“显示菜单栏”命令，在弹出的菜单中选择“标注”｜“线性”命令。

◆在“功能区”选项板中选择“注释”选项卡，在“标注”面板中单击“线性”按钮。

◆在命令行中输入 DIMLINEAR，并按 Enter 键。

执行该命令后，此时命令行提示如下信息：

指定第一条延伸线原点或<选择对象>：(在图上选择要标注的某一点也可直接按 Enter 键，然后选取要进行标注的线段，选择第一条延伸线原点后，此时命令行提示如下)

指定第二条延伸线原点：(在此提示下可选择延伸线的另一点，选取之后，命令行提示如下)

指定尺寸线位置或[多行文字(M)/文字(T)/角度(A)/水平(H)/垂直(V)/旋转(R)]：

选项说明如下：

“多行文字”：用于设置多行标注数字，输入 M↙

“文字”：用于设置标注数字，输入 T↙

“角度”:用于设置尺寸数字的角度,输入 A↙

“水平”:用于标注水平方向的尺寸,输入 H↙

“垂直”:用于标注垂直方向的尺寸,输入 V↙

“旋转”:用于标注旋转一定角度的尺寸,输入 R↙

如图 7-37 所示表达了不同方向的线性尺寸。

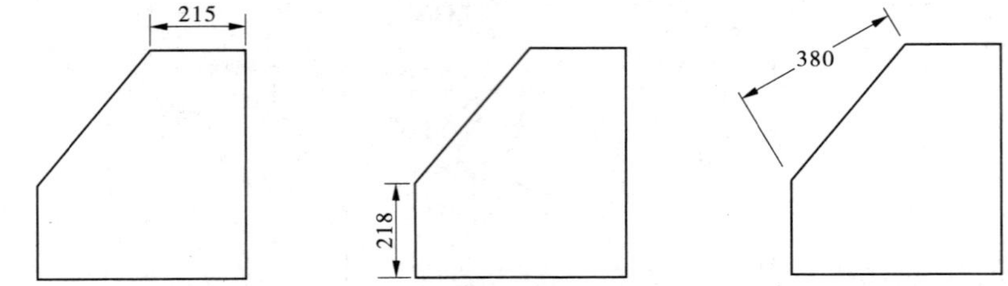

(a)水平方向线性尺寸　(b)垂直方向线性尺寸　(c)旋转线性尺寸

图 7-37　线性尺寸标注

二、对齐标注

对齐标注的尺寸线与延伸线的两个原点的连线平行。根据这个特点,当要标注倾斜线段的长度时,可使用对齐标注。

启动对齐标注命令方式有如下三种:

◆在快速访问工具栏下拉菜单中选择“显示菜单栏”命令,在弹出的菜单中选择“标注”|“对齐”。

◆在“功能区”选项板中选择“注释”选项卡,在“标注”面板中单击“对齐”按钮。

◆在命令行中输入 DIMALIGNED,并按 Enter 键。

执行该命令后,其余操作步骤同线性标注。如图 7-38 所示为对齐标注。

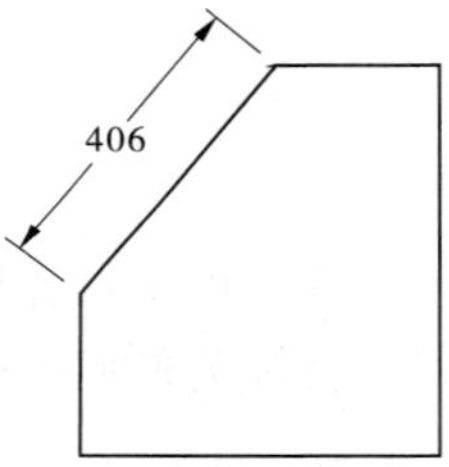

图 7-38　对齐标注

三、弧长标注

弧长标注是用来标注圆弧或多段线圆弧上的距离。其启动方式有如下几种:

◆在快速访问工具栏下拉菜单中选择“显示菜单栏”命令,在弹出的菜单中选择“标注”|“弧长”。

◆在“功能区”选项板中选择“注释”选项卡,在“标注”面板中单击“弧长”按钮。

◆在命令行中输入 DIMARC,并按 Enter 键。

执行该命令后,其余步骤按命令行提示进行操作。如图 7-39 所示为弧长标注。

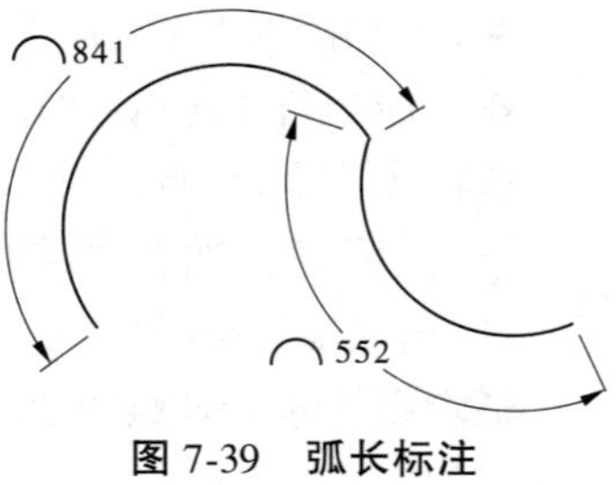

图 7-39　弧长标注

四、半径标注

半径标注用来标注圆或圆弧的半径。其命令启动方式有如下三种:

◆快速访问工具栏下拉菜单中选择“显示菜单栏”命令,在弹出的菜单中选择“标注”|“半径”。

◆在“功能区”选项板中选择“注释”选项卡,在“标注”面板中单击“半径”按钮。

◆在命令行中输入 DIMRADIUS,并按 Enter 键。

执行该命令后,其余步骤按命令行提示进行操作。如图 7-40 所示为半径标注。

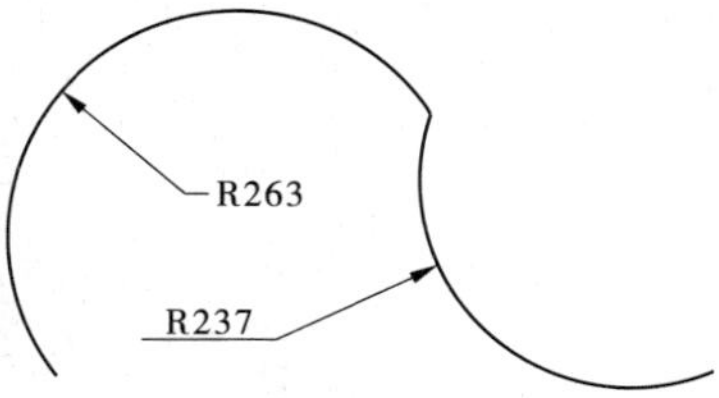

图 7-40 半径标注

五、直径标注

直径标注是用来标注圆或圆弧的直径。启动该命令的方法有:

◆在快速访问工具栏下拉菜单中选择“显示菜单栏”命令,在弹出的菜单中选择“标注”|“直径”。

◆在“功能区”选项板中选择“注释”选项卡,在“标注”面板中单击“直径”按钮。

◆在命令行中输入 DIMDIAMETER,并按 Enter 键。

执行该命令后,其余步骤按命令行提示进行操作。如图 7-41 所示为直径标注。

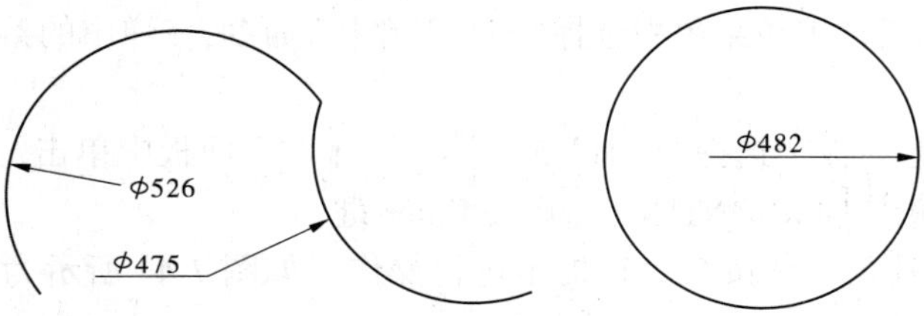

图 7-41 直径标注

六、角度标注

角度标注用来测量两条直线或 3 个点之间的角度,还可以通过指定角度顶点或端点标注角度。该命令启动方式如下:

◆在快速访问工具栏下拉菜单中选择“显示菜单栏”命令,在弹出的菜单中选择“标注”|“角度”。

◆在“功能区”选项板中选择“注释”选项卡,在“标注”面板中单击“角度”按钮。

◆在命令行中输入 DIMANGULAR,并按 Enter 键。

执行该命令后,其余步骤按命令行提示进行操作。如图 7-42 所示为角度标注。

七、基线标注

基线标注是指从同一基线处测量的多个标注。在创建基线标注前,需要创建线性、坐标和角度标注中的至少一种,也可以自最近创建的标注中以增量方式创建基线标注。启动基线标注命令方式有如下两种:

◆在快速访问工具栏下拉菜单中选择“显示菜单栏”命令,在弹出的菜单中选择“标注”|“基线”。

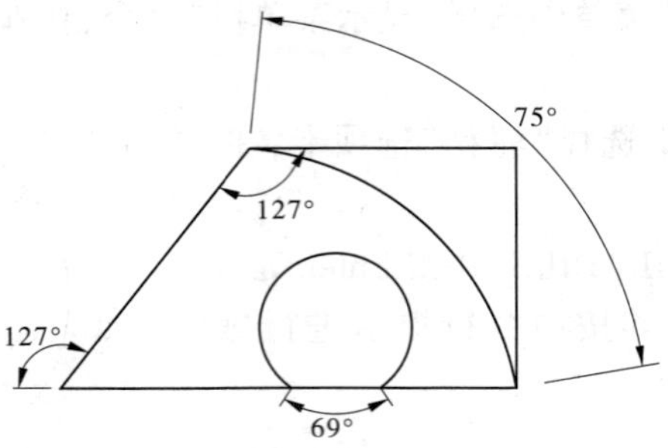

图 7-42　角度标注

◆在命令行中输入 DIMBASELINE,并按 Enter 键。

执行该命令后,其余步骤按命令行提示进行操作。如图 7-43 所示为基线标注。

八、连续标注

连续标注即在标注同类型尺寸时,后一次尺寸标注的第一条延伸线与前一次尺寸标注的延伸线重合的标注,与基线标注类似,其启动命令方式有如下几种:

◆在快速访问工具栏下拉菜单中选择“显示菜单栏”命令,在弹出的菜单中选择“标注”|“连续”。

◆在“功能区”选项板中选择“注释”选项卡,在“标注”面板中单击“连续”按钮。

◆在命令行中输入 DIMCONTINUE,并按 Enter 键。

执行该命令后,其余步骤按命令行提示进行操作。如图 7-44 所示为连续标注。

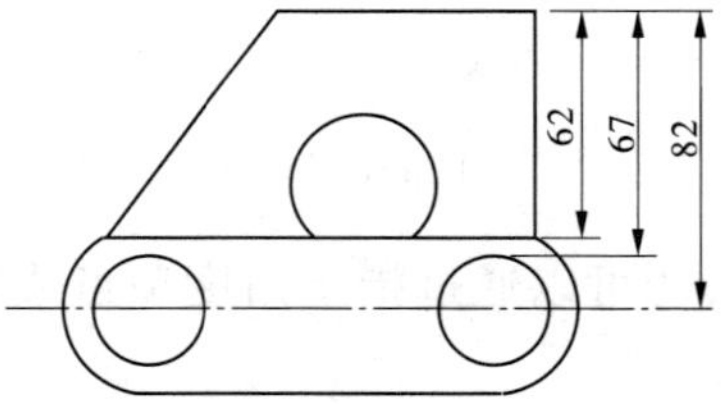

图 7-43　基线标注

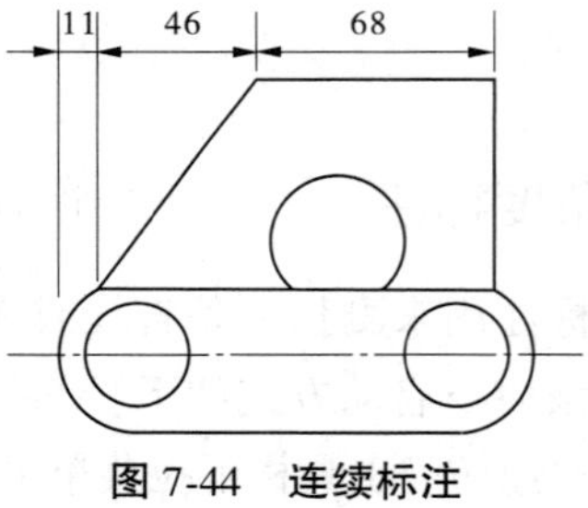

图 7-44　连续标注

九、折弯标注

当圆弧或圆的中心位于布局之外并且无法在其实际位置显示时,使用折弯标注。其命令启动方式如下:

◆在快速访问工具栏下拉菜单中选择“显示菜单栏”命令,在弹出的菜单中选择“标注”|“折弯”。

◆在“功能区”选项板中选择“注释”选项卡,在“标注”面板中单击“折弯”按钮。

◆在命令行中输入 DIMJOGGED,并按 Enter 键。

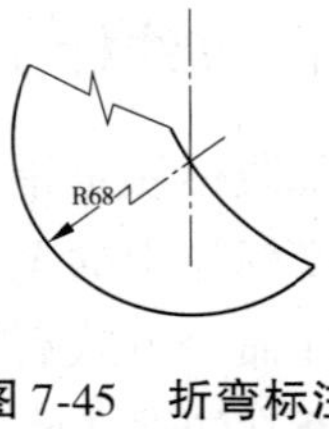

图 7-45　折弯标注

执行该命令后,其余步骤按命令行提示进行操作。如图 7-45

所示为折弯标注。

十、圆心标记

圆心标记用于标注圆或圆弧的圆心。该命令能使用户将十字光标放在圆或圆弧的圆心上。其命令启动方式如下：

◆快速访问工具栏下拉菜单中选择“显示菜单栏”命令，在弹出的菜单中选择“标注”|“圆心标记”。

◆在“功能区”选项板中选择“注释”选项卡，在“标注”面板中单击“圆心标记”按钮。

◆在命令行中输入 DIMCENTER，并按 Enter 键。

执行该命令后，其余步骤按命令行提示进行操作。如图 7-46 所示为圆心标记。

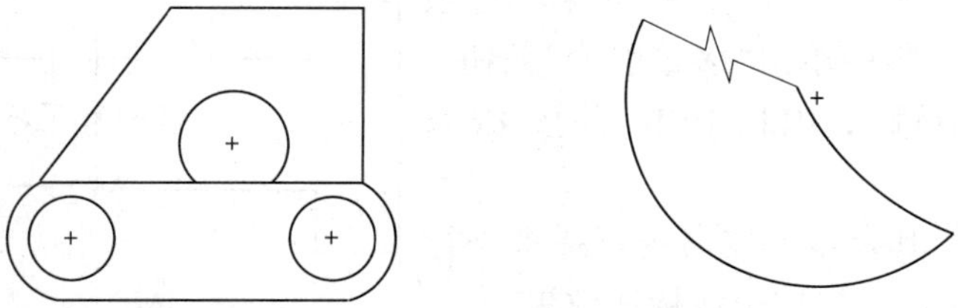

图 7-46　圆心标记

十一、坐标标注

坐标标注用于标注指定点在用户坐标系下的 X、Y 坐标值。该命令启动方式如下：

◆在快速访问工具栏下拉菜单中选择“显示菜单栏”命令，在弹出的菜单中选择“标注”|“坐标”。

◆在“功能区”选项板中选择“注释”选项卡，在“标注”面板中单击“坐标”按钮。

◆在命令行中输入 DIMORDINATE，并按 Enter 键。

执行该命令后，其余步骤按命令行提示进行操作。如图 7-47 所示为坐标标注。

十二、折弯线性标注

在线性或对齐标注上添加或删除折弯线。标注中的折弯线表示所标注的对象中的折断，标注值表示实际距离，而不是图形中测量的距离。其启动命令方式如下：

◆在快速访问工具栏下拉菜单中选择“显示菜单栏”命令，在弹出的菜单中选择“标注”|“折弯线性”。

◆在“功能区”选项板中选择“注释”选项卡，在“标注”面板中单击“折弯线性”按钮。

◆在命令行中输入 DIMJOGLINE，并按 Enter 键。

执行该命令后，其余步骤按命令行提示进行操作。如图 7-48 所示为折弯线性标注。

十三、多重引线标注

多重引线标注常用于标注某对象的说明信息，即在使用引线标注对象时，通常情况下不标注尺寸等数字信息，而只标注文字信息。其命令启动方式如下：

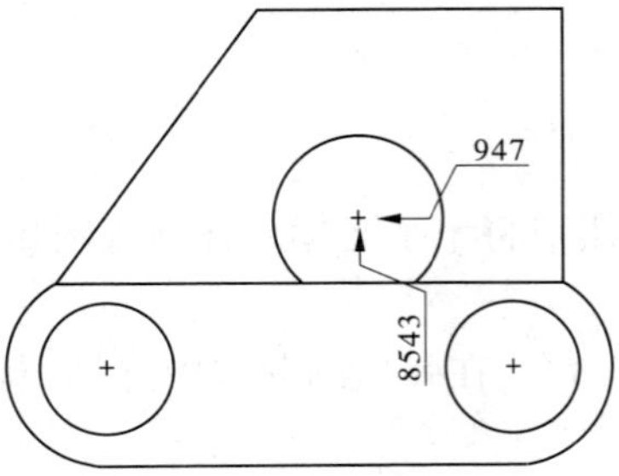

图 7-47　坐标标注

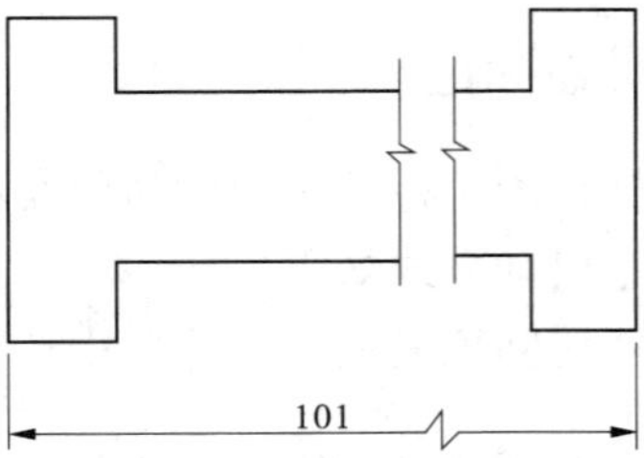

图 7-48　折弯线性标注

◆在快速访问工具栏下拉菜单中选择“显示菜单栏”命令，在弹出的菜单中选择“标注”|“多重引线”。

◆在“功能区”选项板中选择“注释”选项卡，在“多重引线”面板中单击“多重引线”按钮。

◆在命令行中输入 MLEADER，并按 Enter 键。

执行该命令后，其余步骤按命令行提示进行操作。如图 7-49 所示为多重引线标注效果。

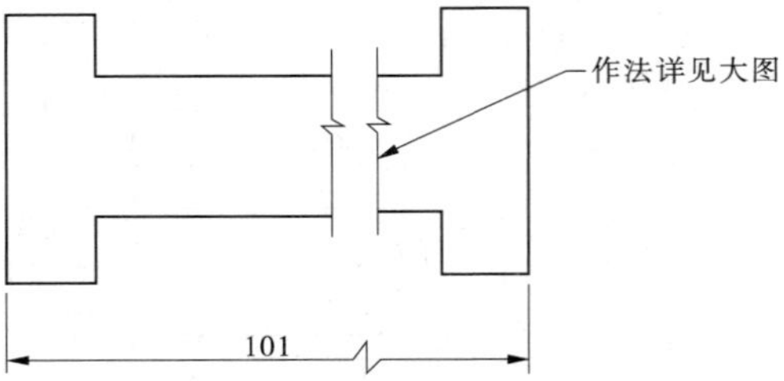

图 7-49　多重引线标注

以上列举了几种常见的标注类型，在机械、建筑等专业设计绘图中，除上述方法标注外，还可能应用到其他标注类型，如快速标注，它可以快速创建成组的基线、连续和坐标标注等，快速标注多个圆、圆弧，以及编辑现有标注的布局，使用起来非常方便、快捷；“调整间距”可以修改已经标注的图形中标注线的位置间距大小。还有其他标注类型在此就不一一列举了，请同学们慢慢摸索、演练。

第六节　编辑标注文字、尺寸标注的关联性

一个尺寸标注创建后，若发现个别处出现错误或是标注样式不能满足专业绘图规范的要求，用户则可利用 AutoCAD 2021 提供的标注编辑命令对未满足要求的标注进行修正。

一、编辑标注文字

在 AutoCAD 中，要对文本内容进行修改，可以在命令行中输入文字编辑命令 DDEDIT 或标注编辑命令 DIMEDIT 即可完成此任务，还可通过选择菜单栏“修改”|“对象”|“文字”|“编辑”命令来对文字进行重编辑。

执行该命令后，此时命令行提示操作如下：

输入标注编辑类型[默认(H)/新建(N)/旋转(R)/倾斜(O)]<默认>：N ↙

//选择“新建”选项，系统将弹出多行文字输入框及文字格式工具栏如图 7-50 所示，在文字输入框中输入要修改的标注新内容，然后单击“文字格式”工具栏中的“确定”按钮//

选择对象：找到 1 个//选择要修改为所输入的文字内容的尺寸标注//

选择对象：　　　　//继续修改其他标注或按 Enter 键结束命令//

在执行 DIMEDIT 命令过程中有几个关键选项的含义如下。

图 7-50　文字格式工具栏及文字输入框

◆默认:将标注文字移动到由标注样式指定的默认位置和旋转角。

◆新建:重新输入尺寸标注文字。

◆旋转:将标注文字旋转指定的角度。

◆倾斜:调整线性尺寸标注中延伸线的角度。当延伸线与图形的其他部件冲突时该选项很有用处。

二、编辑标注文字的位置

标注文字的位置虽然可以在“标注样式”中进行设置,但在该样式下创建的所有标注,其文字位置都是相同的,如果在一些特殊情况下需要更改某个或某几个标注文字的位置,则可以使用 DIMTEDIT 命令来完成;还可选择菜单栏中“标注”|“对齐文字”菜单下的相应子菜单命令,如图 7-51 所示;还可在如图 7-52 所示的“功能区”选项板中的“标注”面板点击相应图标来完成编辑。

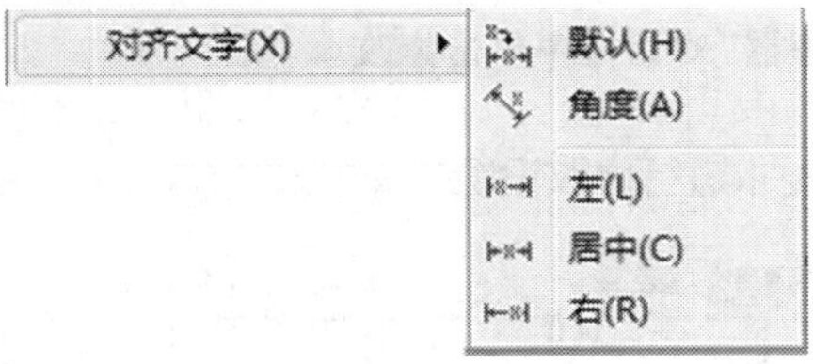

图 7-51　对齐文字菜单下的子菜单

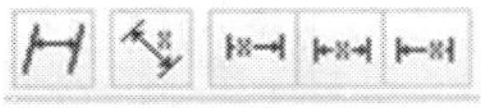

图 7-52　编辑文字位置的各个图标

执行完该命令后,命令行提示信息如下:

选择标注:　　　　　//选择要修改标注文字位置的尺寸标注//

为标注文字指定新位置或[左对齐(L)/右对齐(R)/居中(C)/默认(H)/角度(A)]:

//移动鼠标确定标注文字的位置或选择相应的选项、设置标注文字的位置//

在执行 DIMTEDIT 命令过程中几个关键选项的含义如下。

◆左对齐:将标注文字左对齐。

◆右对齐:将标注文字右对齐。

◆居中:将标注文字定位于尺寸线中心。

◆默认:将标注文字移动到标注样式设置的默认位置。

◆角度:改变标注文字的角度。

三、编辑标注尺寸

在对图形标注完成后,若发现在所有标注中都有一项或几项相同的参数需要修改,则可以通过 AutoCAD 提供的标注样式进行参数的整体调整,从而实现所有尺寸标注若干项的整体编辑,如修改、替代尺寸标注样式参数等。

(一) 修改尺寸标注样式参数

在“标注样式管理器”对话框中进行修改尺寸标注样式参数的具体操作步骤如下。

标注尺寸

步骤一:选择菜单栏“格式”|“标注样式”命令,弹出如图 7-53 所示的“标注样式管理器”对话框,在“样式”下方列表栏内选中要修改的标注样式名称。

步骤二:单击 修改(M)... 按钮,将弹出“修改标注样式”对话框,在该对话框内采用与创建标注样式相同的方法修改标注样式,如图 7-54 所示。

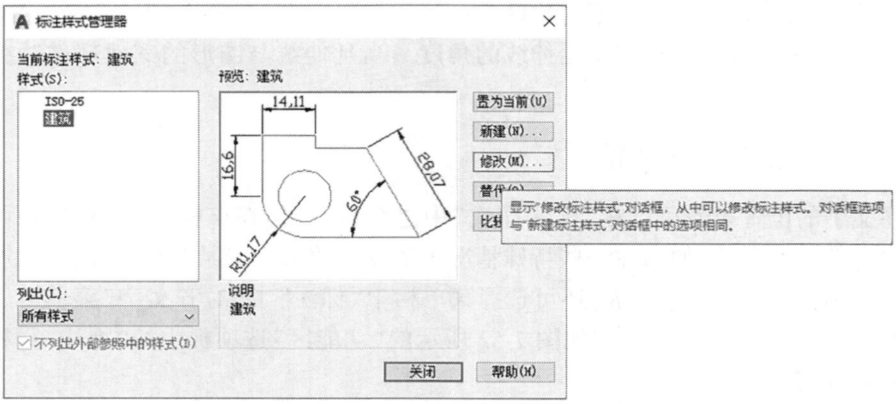

图 7-53 “标注样式管理器”对话框中单击修改

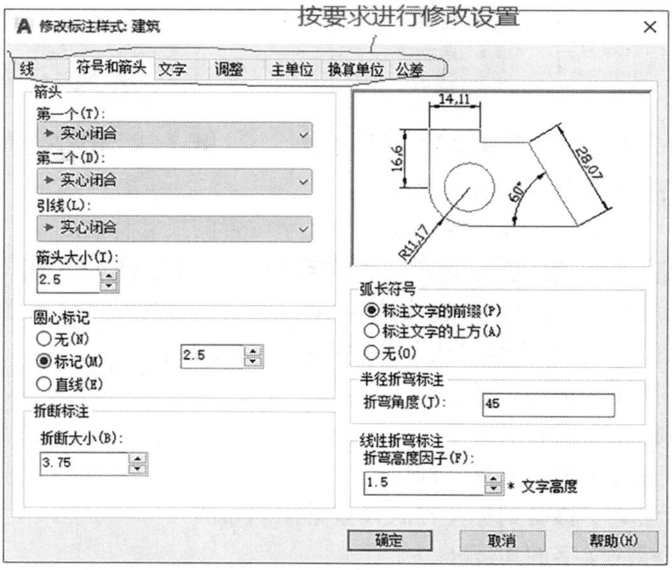

图 7-54 修改标注样式对话框

(二) 替代尺寸标注样式参数

当用户需要使用某个尺寸标注样式中的部分参数,而又不想创建新的尺寸标注样式时,可采用替代标注样式,其操作过程如下。

步骤一:选择菜单栏“格式”|“标注样式”命令,弹出“标注样式管理器”对话框,在“样

式”下方列表栏内选中需要使用参数的标注样式名称。

步骤二：单击[替代(O)...]按钮，弹出“替代当前样式”对话框，在其中修改必要的参数，如图 7-55 所示。

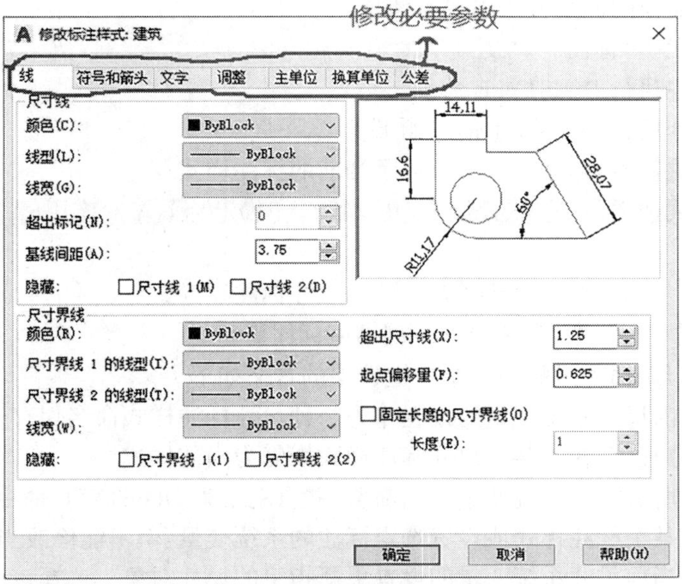

图 7-55　替代当前样式对话框

步骤三：单击[确定]按钮返回至“标注样式管理器”对话框，此时样式列表中将显示当前标注样式的替代标注样式，如图 7-56 所示。

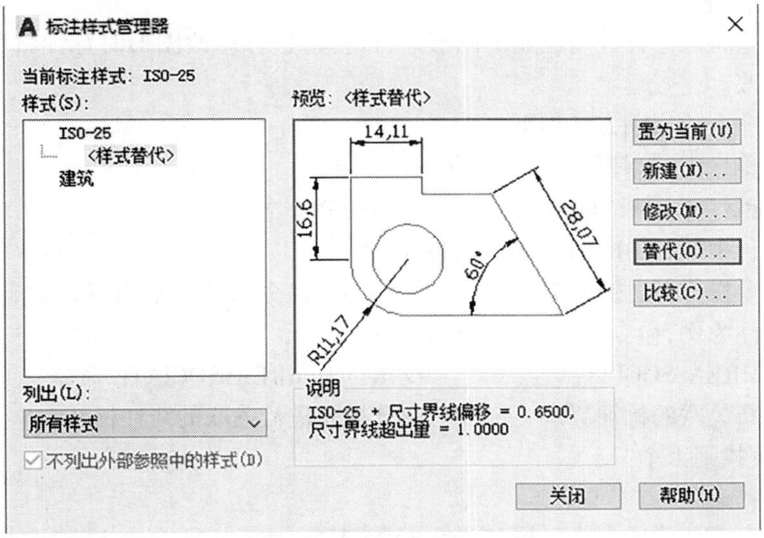

图 7-56　创建替代标注样式

步骤四：单击按钮关闭“标注样式管理器”对话框，完成尺寸标注样式的替代操作。

值得注意的是，当使用其他尺寸标注样式标注尺寸后，替代尺寸标注样式将失去作用，并自动删除。

(三) 更新标注

当用户通过替代标注样式的方式修改了当前标注样式部分参数的设置后,要想将修改后的标注样式应用到已经创建好的部分尺寸标注中来实现修改效果,则可以通过更新标注命令来完成。其命令的调用方法主要有两种:

◆选择菜单栏中“标注”|“更新”命令。

◆在命令行中执行 DIMSTYLE 命令。

执行完该命令后,命令行提示信息如下:

当前标注样式:建筑标注　　　//提示当前的标注样式//

输入标注样式选项[保存(S)/恢复(R)/状态(ST)/变量(V)/应用(A)/?]<恢复>://输入标注选项//

选择对象:　　　//选择要更新的尺寸标注//

选择对象:↙　　　//按 Enter 键结束标注更新//

执行 DIMSTYLE 命令过程中几个关键选项的含义如下。

◆保存:将当前尺寸系统变量的设置作为一种尺寸标注样式命名保存。

◆恢复:将用户已存在的某一尺寸标注样式恢复为当前样式。

◆状态:显示所有标注系统变量的当前值,并自动结束 DIMSTYLE 命令。

◆变量:列出某个标注样式或设置选定标注的系统变量,但不能修改当前设置。

◆应用:根据当前尺寸系统变量的设置更新指定的尺寸对象。选择该选项,所选的标注对象将被更新为当前标注格式。

◆?:列出当前图形中命名的尺寸标注样式。

(四) 关联标注

关联标注指将尺寸标注与绘制的图形进行链接,这样修改图形时标注将根据图形的变化自动进行修改。

关联标注命令的启动方法如下:

◆选择菜单栏中“标注”|“重新关联标注”命令。

◆在“功能区”选项板“标注”面板中单击按钮。

◆在命令行中执行 DIMREASSOCIATE 命令。

执行该命令操作时,选择的尺寸标注类型不同,命令行中提示内容也会有所不同,下面以关联线性标注为例,命令行中提示信息如下:

命令:_DIMREASSOCIATE　　　//执行 DIMREASSOCIATE 命令//

选择要重新关联的标注...　　　//选择要进行关联的线性标注//

选择对象:找到 1 个

选择对象:

指定第一个延伸线原点或[选择对象(S)]<下一个>://按 Enter 键默认指定的第一个延伸线原点//

指定第二个延伸线原点<下一个>://按 Enter 键默认系统指定的第二个延伸线原点//

思考与练习

1. 什么是单行文字？什么是多行文字？如何执行单行及多行文字命令？

2. 如何创建新的文字样式？如何对文本的字体、字高等进行相应的设置？

3. 在“文字样式”对话框中能否对系统默认的“Standard”文字样式进行重命名操作，试操作后再做解答。

4. 简述创建表格样式的基本操作步骤。

5. 若用户创建了多个表格样式，如何选取某个表格样式作为当前可使用的样式？

6. 尺寸标注的基本组成元素都有哪些？找一个尺寸标注，指出其各部分的名称。

7. 如何创建新的尺寸标注样式，如何删除尺寸标注样式？试上机演练。

8. 在 AutoCAD 2021 中，尺寸标注类型有哪些？各有什么特点？

9. 修改尺寸标注样式与替代尺寸标注样式有何区别？

10. 标注更新与关联标注分别有何作用？

11. 创建一个名为“技术说明”的文字样式，设置字体为仿宋、字高为 5、宽度比例为 0.7，应用该样式后，再将该样式的字体修改为 romand. shx。

12. 绘制如图 7-57 所示的国标标题栏。通过该试验，练习创建表格、设置表格样式等操作。

<table>
<tr><td colspan="3" rowspan="2"></td><td>比例</td><td></td><td rowspan="2"></td></tr>
<tr><td>件数</td><td></td></tr>
<tr><td>制图</td><td></td><td></td><td>重量</td><td></td><td>共　张第　张</td></tr>
<tr><td>描图</td><td></td><td></td><td colspan="3" rowspan="2"></td></tr>
<tr><td>审核</td><td></td><td></td></tr>
</table>

图 7-57　国标标题栏

13. 综合运用多种标注命令，标注一个较为复杂的二维图形（如图 7-58 所示），来巩固本章所学的知识点。

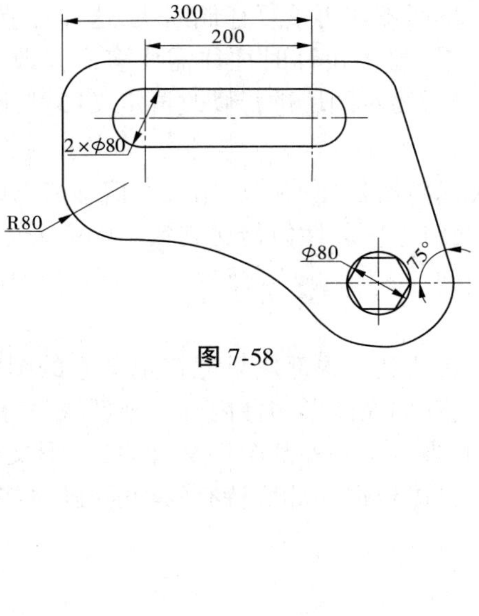

图 7-58

第八章　使用块、属性块和外部参照

在工程制图时，常常会遇到大量相同或相似的图形，如果每次都重新绘制这些图形，不仅造成大量的重复工作，而且存储这些图形及其信息还要占据相当大的磁盘空间。为此，我们可以把那些要重复绘制的图形创建成块（也称为图块），并根据需要为块创建属性，指定块的名称、用途及设计者等信息，在需要时直接插入它们，从而提高绘图效率。当然，用户也可以把外部的图形文件以参照的形式插入到当前图形中即外部参照，但插入外部参照和图块是有本质区别的。本章将主要介绍这两方面内容。

第一节　创建和编辑块

一、块的概念及特点

创建和编辑块

（一）块的概念

块又称图块，是一个或多个图形实体的集合，并以一个名称命名的图形单元，它是一个整体即单一对象，常用于绘制复杂、重复的图形。

要定义一个图块，首先应先绘制好组成图块的图形实体，然后对其进行定义。当按照绘图要求将其插入到图中指定位置时可以指定不同的缩放比例和旋转角度。在 AutoCAD 中可以把图块作为一个对象进行编辑修改等操作；若要对组成图块的单个图形对象进行修改，则可以利用 EXPLODE 命令把图块分解成若干个对象后再进行相应修改。

（二）块的特点

（1）提高绘图效率。把经常要绘制的图形以图块保存，需要时用插入块的方法实现，即可提高绘图效率。

（2）节省存储空间。每个图块在图形文件中只存储过一次，当图块多次被插入图形中时，计算机只保存了插入信息，而不需再重复存储图块，这样可节省大量存储空间。

（3）便于图形修改。在实际绘图设计时往往需要多次修改，如果要修改的部分是通过插入块的方式绘制的，那么只需要对图块进行修改再定义即可，图形中的所有该图块均会自动更新。

（4）加入属性。例如可以将所创建的图块用文字信息加以说明，创建它的文字属性，还可以设置可变的属性值，从而将这些属性值传送到数据库中。

二、创建块

图块分为内部块和外部块两类。内部块只能在定义它的图形文件中调用，它是跟随定义它的图形文件一起保存的，存储在图形文件内部。外部块又称为外部图块文件，它是以文件的形式保存在计算机中的，当定义好外部图块文件后，图形文件则不包含该外部图块，它们之间没有任何联系。用户可以根据外部块特有的功能，随时将其调用到其他图形文件中。

(一)创建内部块

由于内部块是存储在图形文件内部,所以只能在存储的文件中使用,而不能在其他图形文件中使用。创建内部块的命令有以下几种方式:

◆在快速访问工具栏的下拉菜单中选择“显示菜单栏”命令,在弹出的菜单栏中选择“绘图”|“块”|“创建”。

◆在“功能区”选项板中选择“常用”选项卡,在“块”面板中单击 按钮。

◆在命令行中执行 BLOCK 命令。

执行完该命令后,系统将弹出如图 8-1 所示的“块定义”对话框,在此即可完成创建内部块的操作。

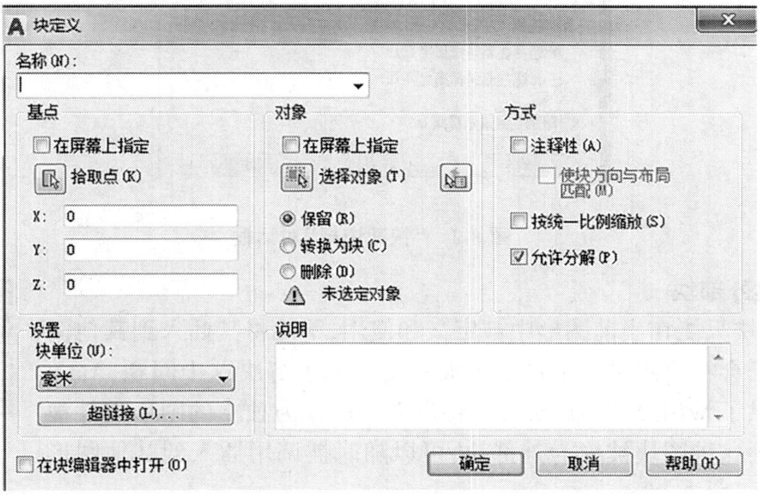

图 8-1 “块定义”对话框

具体操作步骤如下。

步骤一:在“名称”下拉列表框中输入要定义的图块名称,如“螺杆”。

步骤二:单击“对象”栏中的 选择对象(T) 按钮返回绘图区,选择要定义为块的图形。按 Enter 键返回“块定义”对话框,此时,在名称下拉列表的右侧将显示被定义图块的图标。选中“对象”栏下方“保留”“转换为块”“删除”三个选项中的其中一项。单击“快速选择” 按钮,弹出如图 8-2 所示的“快速选择”对话框,用户可以通过该对话框来确定选择对象的过滤条件。

步骤三:单击“基点”栏中的 拾取点(K) 按钮返回绘图区,指定图块的基点。指定基点后自动返回“块定义”对话框,此时在“X”、“Y”和“Z”的文本框中将显示指定基点的坐标值。

步骤四:在设置“块单位”下拉列表中选择插入块时的缩放单位,系统默认为“毫米”选项。

步骤五:在“说明”文本区内输入该图块的说明信息,也可以不输入。单击 确定 按钮,完成该图块定义。

需要介绍的是,在“对象”栏下方的三个选项的各项含义如下。

◆保留:被定义为图块的源图形仍然以原格式保留在绘图区域内。

◆转换为块:定义内部块后,绘图区内的源图形同时也被转换为块。

◆删除:定义内部块后,绘图区域内的源图形将被删除。

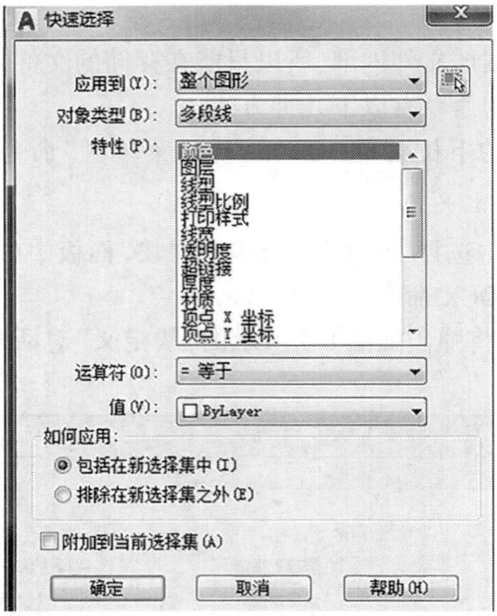

图 8-2 “快速选择”对话框

(二)创建外部块

由于内部块只能在当前图形中被定义和使用,不能将其插入到其他图形文件中,这样会在绘图过程中带来很大不便。为了解决这个问题,AutoCAD 2021 提供了 WBLOCK 命令,可以将定义的块作为独立的图形文件被保存在磁盘中,这种图块被称为外部块,可以随时被调用插入到其他图形文件中。

创建外部块

在命令行中输入 WBLOCK 命令,按下 Enter 键,系统将弹出如图 8-3 所示的“写块”对话框,创建外部块的操作即在此对话框中完成。

其具体操作步骤如下。

步骤一:在“源”选项组中选取存储要定义为外部图块的对象。选中 ◉整个图形(E) 单选按钮,表示将整个图形作为图块保存在磁盘中;选中 ◉对象(O) 单选按钮,表示用户在绘图区内选中部分图形对象作为外部图块存入磁盘。

步骤二:在“对象”选项组中指定要定义为外部图块的对象并对其进行设置。单击“选择对象”按钮,切换到绘图区中选择要定义为外部图块的图形,按 Enter 键返回至对话框中,其中“保留”“转换为块”“从图形中删除”三个单选按钮与创建内部块时相应选项含义相同。

步骤三:在“基点”栏中指定外部块的插入基点。

步骤四:在“目标”栏中的“文件名和路径”下拉列表中指定外部图块的名称和要存放的位置,如“C:\Users\Administrator\Documents\新块”。

步骤五:在“插入单位”下拉列表中选择外部图块插入到图形中的单位,一般保持默认“毫米”单位即可。单击 确定 按钮,即可完成外部块的创建。

三、插入块

图块被创建完成后,用户在实际绘图过程中则可以根据需要将图块插入到图形中,插入

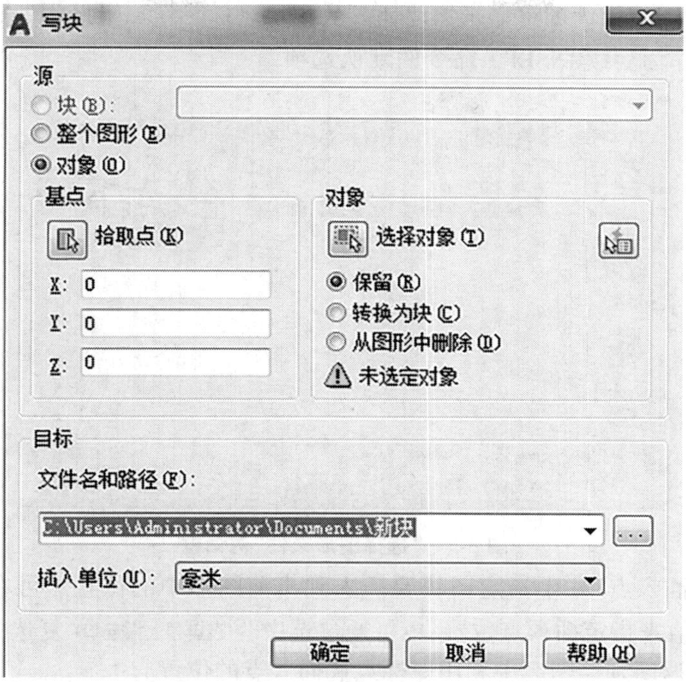

图 8-3 “写块”对话框

时还可对该图块插入的比例系数和旋转角度等进行相应设置。启动插入块命令有如下几种方式：

◆在快速访问工具栏下拉列表中选择“显示菜单栏”命令,在弹出的菜单中选择“插入”|“块”命令。

◆在“功能区”选项板中选择“常用”选项卡,在“块”面板中单击按钮。

◆在命令行中执行 INSERT 命令。

执行完该命令后,系统将弹出如图 8-4 所示的“插入”对话框,通过该对话框即可将图块插入到图形中。

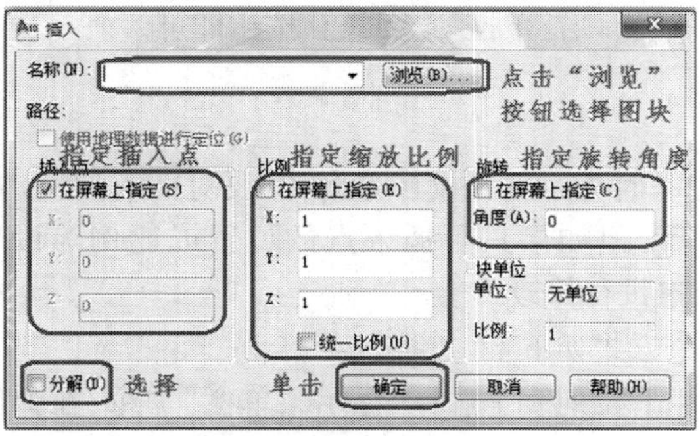

图 8-4 “插入”对话框

其具体操作步骤如下。

步骤一:在“名称”下拉列表中选择要插入的内部图块,或单击“浏览”按钮,在弹出的如图 8-5 所示的“选择图形文件”对话框中选择保存于磁盘中的外部块,然后单击 打开(O) 按钮,在名称右侧的列表框中即可显示需要插入的图块名称。在编辑操作期间,前面最近一次被插入的图块将作为后续 INSERT 命令的默认选项。

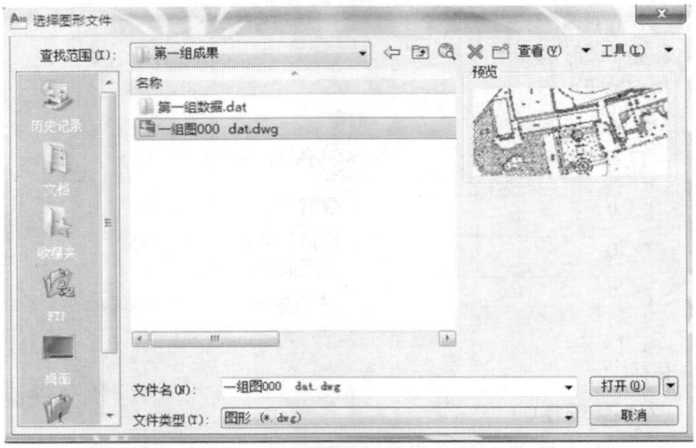

图 8-5 “选择图形文件”对话框

步骤二:在“插入点”栏中指定图块要插入到当前图形中的位置。可在 X、Y、Z 文本框中直接输入坐标值来指定插入点位置;也可通过选中 ☑在屏幕上指定(S) 复选框,在完成参数设置点击“确定”后返回到绘图区中利用鼠标点选插入点的位置。

步骤三:在“比例”栏中设置插入图块的比例。可在 X、Y、Z 文本框中直接输入比例值,大于 1 为放大,小于 1 为缩小,其默认值为 1;也可通过选中 ☑在屏幕上指定(E) 复选框,在完成参数设置点击“确定”后返回到绘图区中指定对角点。若选中 ☑统一比例(U) 复选框,则只需 X 方向的缩放比例,Y、Z 方向上的缩放比例均与 X 方向相同。缩放比例值可以是正数也可以是负数,当为负数时,表示插入图块的镜像。

步骤四:在“旋转”栏中指定图块的旋转角度。可直接在“角度”文本框中输入角度值,其值可以是正数(表示沿逆时针方向旋转),也可以是负数(表示沿顺时针方向旋转);用户还可以选中 ☑在屏幕上指定(C) 复选框,在完成参数设置后返回绘图区中指定图块的旋转角度。

步骤五:选中 ☑分解(D) 复选框,可将插入的图块分解成组成图块的各独立图形对象,便于用户对其再编辑。完成设置后,单击 确定 按钮即可。

四、编辑块

图块在创建完成后,有时为了更新设计方案,需要对插入的块进行编辑,如重新定义或删除图形中定义的图块等,但如果只是插入点的位置或比例等设置不正确,则可以使用 AutoCAD 2021 的特性窗口进行修改。

启动特性窗口的命令方式如下:

◆在快速访问工具栏下拉列表中选择“显示菜单栏”命令,在弹出的菜单中选择菜单栏中的“修改”|“特性”命令。

◆在命令行中执行 PROPERTIES 命令。

执行该命令后,系统将弹出如图 8-6 所示的“特性”窗口,在该窗口中,用户可以修改块的插入点和 X、Y、Z 方向上的缩放比例等,若该图块是阴影图案,则只能修改插入点,而不能修改缩放比例、行数、列数和行间距;如果要修改块中的成员对象,则必须先将块分解,然后才能进行修改。

(一)分解图块

用户在插入一个块时,可以对其进行缩放和旋转等操作,此时块始终是作为一个整体被设置的,但在对图块的实际应用中,被插入的图块有时不是当前图形恰好需要的图形,需要对其进行部分编辑,这时,必须先将图块分解后才能使用各种编辑命令对其进行编辑。启动分解图块命令的方式有如下几种:

◆在快速访问工具栏下拉列表中选择“显示菜单栏”命令,在弹出的菜单中选择菜单栏中的“修改”|“分解”命令。

◆在命令行中执行 EXPLODE 命令。

执行该命令后,只需按命令行提示选择要分解的图块,再按 Enter 键即可。图块被分解后,它的各个组成元素将变为单独的对象,用户便可根据实际需要对其各个组成元素进行再编辑。在编辑修改之后,可以进行如下三种操作:

(1)创建新的块定义。

(2)重新定义现有的图块。

(3)保留组成对象但不组合以供他用。

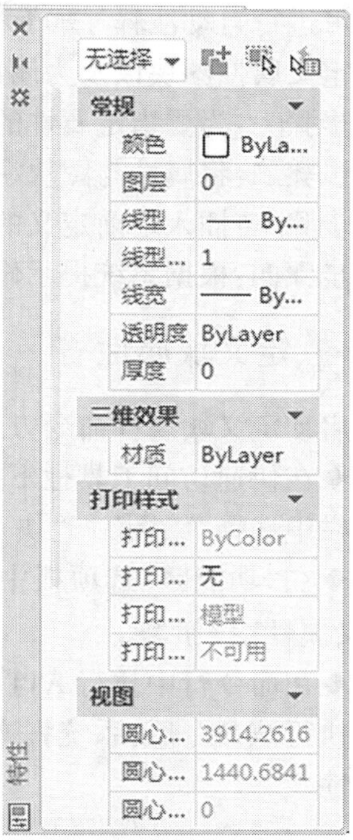

图 8-6 “特性”窗口

(二)重新定义图块

重新定义图块的操作方法与创建图块的方法基本相同,其具体操作步骤如下。

步骤一:执行 EXPLODE 命令将当前图形中需要重新定义的图块分解成由各个元素组成的对象。

步骤二:对分解后的图块组成元素进行编辑,完成编辑后,重新执行 BLOCK 命令,在弹出的“块定义”对话框的“名称”下拉列表中选择源图块的名称。

步骤三:选择编辑后的图形,并为图块指定插入基点及单位等,单击“确定”按钮,将弹出如图 8-7 所示的对话框,询问用户是否重定义图块,单击 重定义 按钮即可重新定义图块。

图 8-7 重新定义图块

第二节 编辑与管理块属性

块属性是附属于块的非图形信息,是块的组成部分,它必须依赖于块而存在。块有许多属性,包括块的可见性、块说明、块的插入点、块所在的图层与颜色等属性。在定义一个块时,属性同构成图块的图形实体一样必须预先定义而后选择。通常属性用于在块的插入过程中可进行自动注释，赋予不同的属性值。

定义属性图块以及为属性图块指定相应值的具体操作如下。

步骤一：为要指定属性的图块定义属性。

步骤二：将属性与图块一同再定义为一个图块。

步骤三：插入之前定义的包含属性的图块。

步骤四：根据系统提示修改图块属性值。

一、定义块属性

编辑块属性

启动定义块属性命令方式如下：

◆在快速访问工具栏下拉菜单中选择“显示菜单栏”命令，在弹出的菜单栏中选择“绘图”|“块”|“定义属性”命令。

◆在“功能区”选项板中选择“常用”选项卡，在“属性”面板中单击“定义属性”按钮。

◆在命令行中执行 ATTDEF 命令。

执行该命令后，系统将弹出如图 8-8 所示的“属性定义”对话框，在该对话框中即可创建块属性。

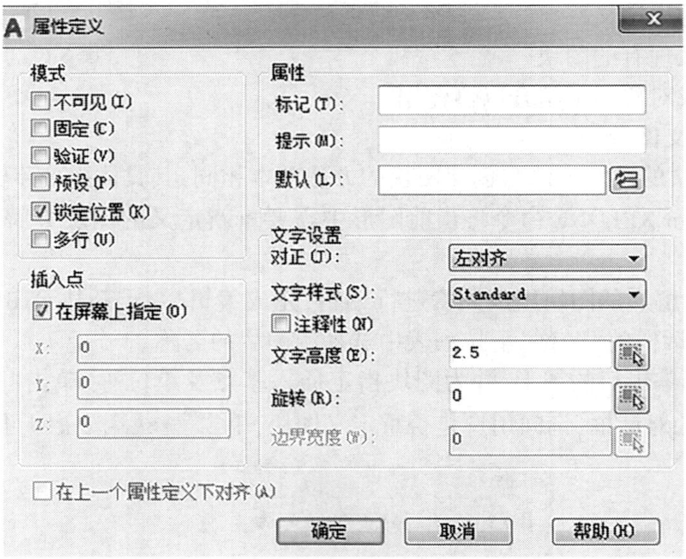

图 8-8 “属性定义”对话框

对该对话框中各选项说明如下：

“模式” 用于设置属性的模式，包括 6 个复选框。

(1) 不可见(I)：设置图块插入后是否显示属性值。

(2) 固定(C)：设置属性数是否为固定值。

(3) 验证(V)：设置插入图块时，系统将提示我们确认属性值的正确性。

(4) 预设(P)：设置是否将属性值设置成默认值，而不再提示输入属性值。

(5) 锁定位置(K)：锁定块参照中属性的位置。解锁后，属性可以相对于使用夹点编辑的块的其他部分移动，并且可以调整多行文字属性的大小。

(6) ☑多行(U)：指定属性值可以包含多行文字，选定此选项后，可以指定属性的边界宽度。

“属性”用于设置每个属性的标签和提示信息等。其下有三个文本框设置。

(1) 标记(T)：用于输入属性的标签，此项不能为空。

(2) 提示(M)：用于设置在插入属性块时系统提示的属性。

(3) 默认(L)：指定默认的属性值。

“插入点”指定块对象属性文字的起点位置，类似于定义块时“基点”位置的设置。用户可直接在 X、Y、Z 文本框中输入插入点的坐标；也可以选中 ☑在屏幕上指定(O) 复选框在绘图区中指定。

“文字设置”用于设置属性文本的格式。

对正(J)：设置属性文本相对于插入点的对齐方式，可单击右侧的倒三角选择已有的对齐方式。

“文字样式”用于设置属性文本的文字样式，可单击右侧的倒三角选择已有的文字样式。

(1) 文字高度(E)：用于设置属性文字的高度。用户可直接在文本框中输入文字的高度值，也可以单击文本框右侧的按钮，在绘图区中利用鼠标点取两点以确定文字高度。如果选择文字样式为已有固定高度的文字样式，或者在对正(J)：下拉列表中选择了“对齐”方式，则文字高度(E)：将不可用。

(2) 旋转(R)：用于设置属性文字的旋转角度。用户可直接在文本框中输入角度值，也可以单击文本框右侧的按钮，在绘图区中利用鼠标点取两点以确定旋转角度。

(3) 边界宽度(W)：当属性值为多行文字时，用于设置多行文字两侧的宽度。用户可直接在文本框中输入宽度值，也可以单击文本框右侧的按钮，在绘图区中利用鼠标点取两点以确定边界宽度。

“☑在上一个属性定义下对齐(A)”只有在前面定义过属性时此复选框才可用，表示当前属性采用上一个属性的文字样式、文字高度和旋转角度，并且另起一行按上一个属性的对齐方式排列，此时“插入点”和“文字设置”两个区域不需要再定义。

设置完“属性定义”对话框中的各个选项内容后，单击对话框 确定 按钮即可完成一个属性定义。按此操作可以为图块定义多个属性。

二、插入带属性的块

在创建带有附加属性的图块时，需要同时选择块属性作为该图块的成员对象。创建过程不再赘述，带有属性的块创建完成后，就可以使用“插入”图块的命令在图形中插入该图块。

三、修改属性定义

(1) 当属性未定义到图块之前，可以对属性的定义加以修改，包括属性标记、提示和默认值。

启动修改属性定义的命令方式有以下两种：

◆在快速访问工具栏下拉菜单中选择“显示菜单栏”命令，在弹出的菜单栏中选择“修改”|“对象”|“文字”|“编辑”命令。

◆在命令行中执行 DDEDIT 命令。

执行完该命令后，根据命令行提示信息“选择注释对象或［放弃(U)］:”，利用鼠标选择要编辑的属性文字，系统将弹出如图 8-9 所示的“编辑属性定义”对话框，在该对话框中即可对属性定义进行修改。

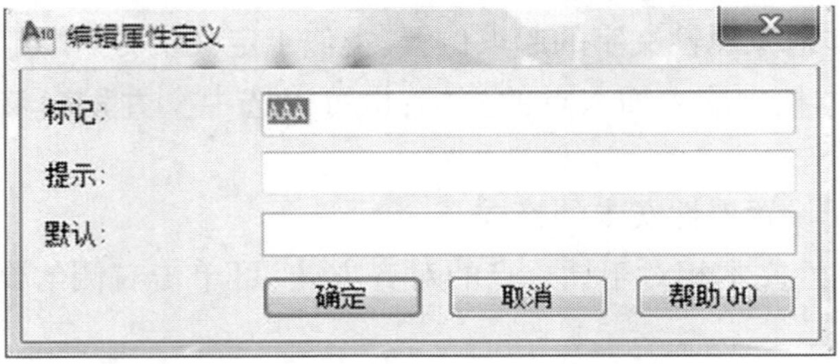

图 8-9 “编辑属性定义”对话框

(2)当属性与图块定义为一个整体图块后，在图形中插入该属性块，如果觉得属性值或属性值位置等不符合用户要求，则可以通过以下几种方式来修改：

◆在快速访问工具栏下拉菜单中选择“显示菜单栏”命令，在弹出的菜单中选择“修改”|“对象”|“属性”|“单个”命令。

◆在“功能区”选项板中选择“插入”选项卡，在“属性”面板中单击“编辑单个属性”按钮。

◆在命令行中执行 EATTEDIT 命令。

执行完该命令后，根据命令行提示，在绘图区域内选择需要编辑的图块对象，系统将弹出如图 8-10 所示的“增强属性编辑器”对话框，在该对话框中可以方便地编辑该属性块的值、文字选项或特性等。

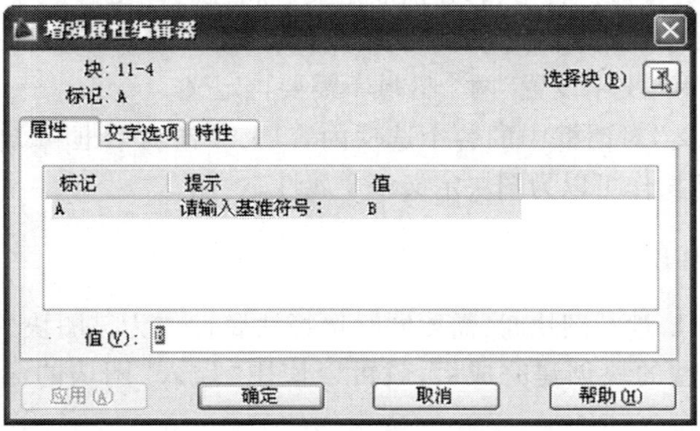

图 8-10 “增强属性编辑器”对话框

若单击对话框中的“选择块”右侧的按钮，则可以在绘图区中选择另外一个需要编辑的属性块，返回该对话框修改属性后单击“应用”按钮即可完成操作，通过该方法可以在该对话框中连续编辑多个属性块。

在命令行中执行 DDATTE 命令可以用来修改图块的属性值，在选择定义了属性的图块后，将弹出如图 8-11 所示的“编辑属性”对话框，在该对话框中可以为属性块指定新的属性值，却不能编辑文字选项或其他特性。

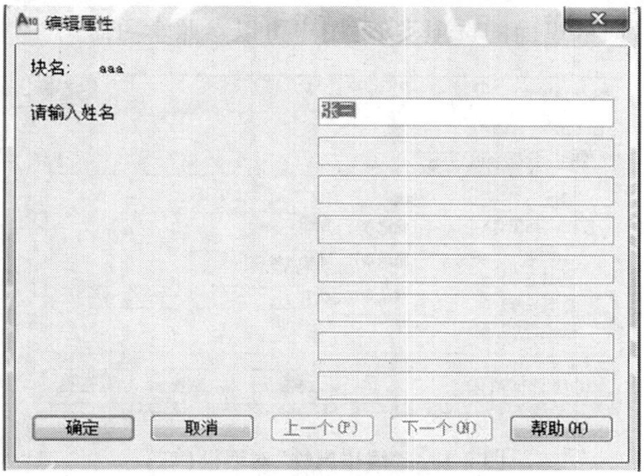

图 8-11 “编辑属性”对话框(一)

四、块属性管理器

启动块属性管理器命令方式如下：

◆在快速访问工具栏下拉菜单中选择“显示菜单栏”命令，在弹出的菜单栏中选择“修改”|“对象”|“属性”|“块属性管理器”命令。

◆在“功能区”选项板中选择“插入”选项卡，在“属性”面板中单击“管理”按钮。

◆在命令行中执行 BATTMAN 命令。

执行该命令后，系统将弹出如图 8-12 所示的“块属性管理器”对话框，用户可在其中统一管理图形中的块属性。

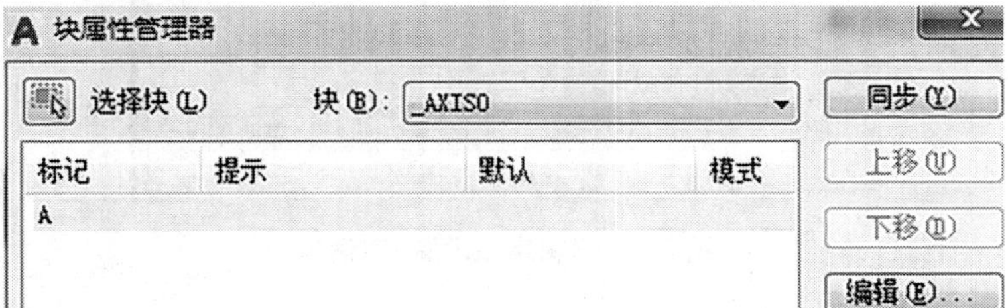

图 8-12 “块属性管理器”对话框

该对话框中选项含义如下：

(1)“选择块”按钮。单击该按钮，用户可在绘图区中选择要编辑的属性块。

(2)块(B):。右侧下拉列表框：列出了当前图形中含义属性的所有块的名称，用户可以在下拉列框内选择要编辑的图块。

(3) 编辑(E)... 。单击该按钮,系统将弹出如图 8-13 所示的“编辑属性”对话框,在该对话框中包含三个选项卡,分别用于重新设置属性定义的构成、文字选项和图形特性,该对话框与“属性定义”对话框里面的选项类似,用户可以参照学习。

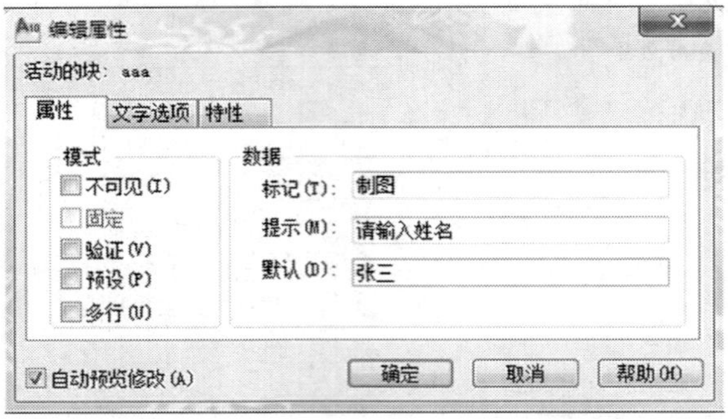

图 8-13 “编辑属性”对话框(二)

(4) 设置(S)... 。单击该按钮,将弹出如图 8-14 所示的“块属性设置”对话框,用户通过该对话框可以编辑属性的新内容,包括属性的标记、提示、默认等。

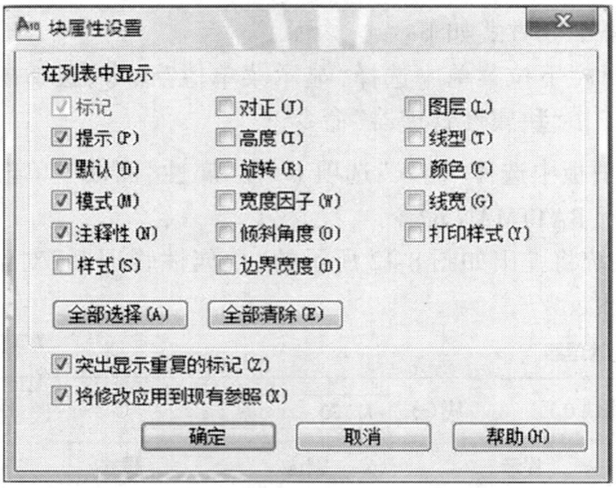

图 8-14 “块属性设置”对话框

第三节 外部参照

外部参照指的是当前图形以外的可用作参照的信息,例如可以将其他图形文件中的图形作为外部参照附着到当前图形中。它与块有相似的地方,但它们的主要区别是:一旦插入了块,该块就永久性地插入到当前图形中,成为当前图形的一部分。而以外部参照方式将图形插入到某一图形(称之为主图形)后,被插入图形文件的信息并不直接存储到主图形中,主图形只是记录参照的关系,例如,参照图形文件的路径等信息。另外,对主图形的操作不会改变外部参照图形文件的内容。当打开具有外部参照的图形时,系统会自动把各外部参照图形文件重新调入内存并在当前图形中显示出来。使用外部参照的优点在于:参照图形中对图形对象的更改及时反映到当前图形中,以确保用户使用最新参照信息。

一、插入外部参照

外部参照

启动外部参照命令方式如下:

◆在快速访问工具栏下拉菜单中选择"显示菜单栏"命令,在弹出的菜单栏中选择"插入"|"外部参照"命令。

◆在命令行中执行 XREF 命令。

执行该命令后,系统将弹出如图 8-15 所示的"外部参照"选项板,在选项板上方单击"附着 DWG"按钮,可以打开"选择参照文件"对话框,选择参照文件后,将打开如图 8-16 所示的"附着外部参照"对话框,利用该对话框可以将图形文件进行相应设置后以外部参照的形式插入到当前图形中。

图 8-15 "外部参照"选项板

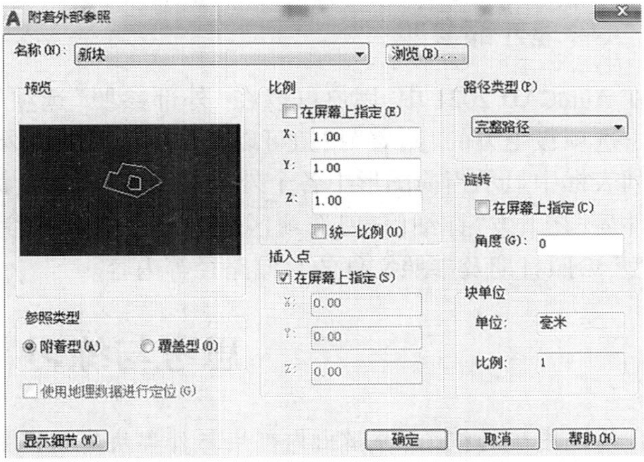

图 8-16 "附着外部参照"对话框

另外,在"功能区"选项板中选择"插入"选项卡,在"参照"面板中单击"附着"按钮,在打开的"选择参照文件"对话框中选择参照文件后,也可打开"附着外部参照"对话框。

该对话框中各选项含义如下:

(1) 名称(N)。用于选择外部参照的文件名。单击右侧的 浏览(B)... 按钮,通过"选择参照文件"对话框指定的外部参照文件存放路径来选择用作外部参照的图形文件名。

(2) 参照类型。包含了 ◉附着型(A) 和 ◉覆盖型(O) 两个单选按钮,这两个单选按钮的区别在于显示或不显示嵌套参照中的嵌套内容。

(3) 比例。用于确定参照文件的插入比例。可直接在 X、Y、Z 文本框中直接输入比例值,也可通过点选 ☑在屏幕上指定(E) 复选框,在绘图区中确定插入比例。

(4) 插入点。用于确定参照文件的插入点坐标。同设置"比例"一样,可直接输入也可在绘图区中确定插入点位置。

(5) 路径类型(P)。用于选择保存外部参照的路径类型。

(6)旋转。用于确定参照文件插入时的旋转角度。

AutoCAD 2021 还提供了插入 DWF、DGN 等参考底图的功能，该类功能和附着 DWG 外部参照功能相同，用户可以在“外部参照”选项板中点击右侧的倒三角按钮，在弹出的如图 8-17 所示的下拉菜单中选取要参照的文件类型；也可在快速访问工具栏下拉菜单中选择“显示菜单栏”命令，在弹出的菜单栏中选择“插入”菜单中的相关命令，如图 8-18 所示。

图 8-17 “附着”下拉菜单

图 8-18 “插入”下的部分菜单

二、管理外部参照

在 AutoCAD 2021 中，用户可以在“外部参照”选项板中对外部参照进行编辑和管理。如单击选项板上方的“附着”按钮可以添加不同格式的外部参照文件；在选项板下方的外部参照列表框中显示当前图形中各个外部参照文件名称、状态和类型等；选择任意一个外部参照文件后，在下方“详细信息”选项区域中显示该外部参照的名称、加载状态、文件大小、参照类型、参照日期及参照文件的存储路径等内容。

思考与练习

1. 简述图块的概念，并指出内部块与外部块有何区别。

2. 插入图块时，如果想使图块逆时针旋转 30°角，并缩小 50%，该如何操作？

3. 定义一个含有属性的图块，应如何操作？试上机演示。

4. 综合运用创建和插入块的功能，先创建一个螺钉块，然后将其插入到绘制好的零件图形中。其中螺钉图形如图 8-19 所示，零件图形如图 8-20 所示。

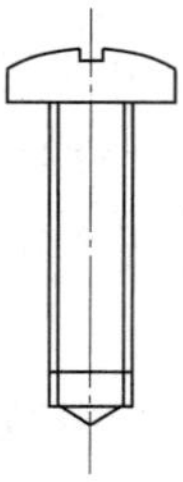

图 8-19 螺钉

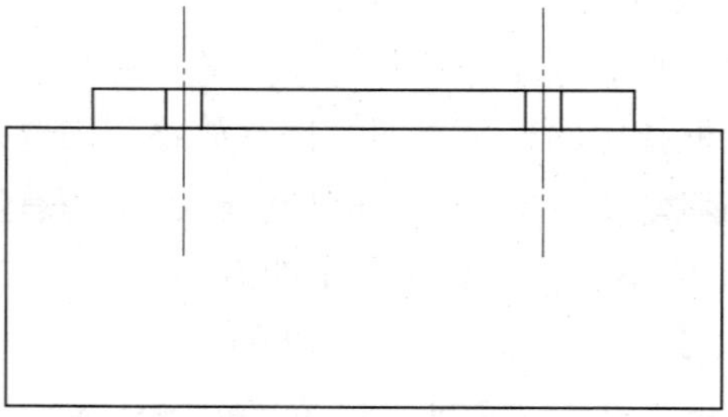

图 8-20 零件

第九章　使用 AutoCAD 设计中心

通过本章学习,要求了解 AutoCAD 设计中心(AutoCAD Design Center,简称 ADC)是一个高效的信息管理工具,用它可以很方便地对图形文件进行管理,与 Windows 资源管理器管理计算机资源相似,同时还能把其他图形资源及图形文件中的块、文本样式、尺寸样式等内容应用到新的图形文件中,而且还可以通过设计中心向工具选项板中添加内容,以便方便有效地利用更多图形资源。

在本章学习中还简单地介绍了图纸集管理,要求了解建立图纸集的概念,掌握建立图纸集的过程和方法,并会发布和打印图纸。

第一节　设计中心概述

设计中心是 AutoCAD 中的一个非常有用的管理工具,可管理图块、外部参照、光栅图像及来自其他源文件或应用程序的内容,将位于本地计算机、局域网或因特网上的图块、图层、外部参照和用户自定义的图形内容复制并粘贴到当前绘图区中。这样资源可得到再利用和共享,提高了图形管理和图形设计的效率。

AutoCAD 设计中心的功能如下:

◆浏览各种图形图像文件,并可显示预览图像及其说明文字。

◆可以查看图形文件中图层、块、文字样式等各对象的定义,并把它们插入、附着、复制和粘贴到当前图形文件中。

◆可通过设计中心打开图形文件,可查看和附着光栅图像。

◆在本地和网络驱动器上查找图形文件,并可放到收藏夹而实现快速访问,可以查找图层、块、填充图案等内容。

◆可以将我们常用的某些基本图形做成图块,放到工具选项板中,方便取用。

设计中心窗口和绘图窗口是独立的窗口,在使用时先启动 AutoCAD 设计中心。

命令格式:

◆菜单:选择"工具" | "选项板" | "设计中心"命令。

◆命令行:ADCENTER(或别名 ADC,此命令为透明命令)。

◆快捷键:Ctrl+2。

调用该命令后,将在绘图区显示"设计中心"窗口,如图 9-1 所示。以上三种打开设计中心的方法也是关闭设计中心的方法。

工具选项板

AutoCAD 设计中心主要由标题栏、工具栏、选项卡、状态栏、树状图和内容显示区域(控制板)组成,其中设计中心窗口的左边为树状图,右边为内容显示区域,也叫控制板。树状图是用来显示设计中心资源的树状层次图,而内容显示区域则是用来显示树状图中当前选定资源的内容。

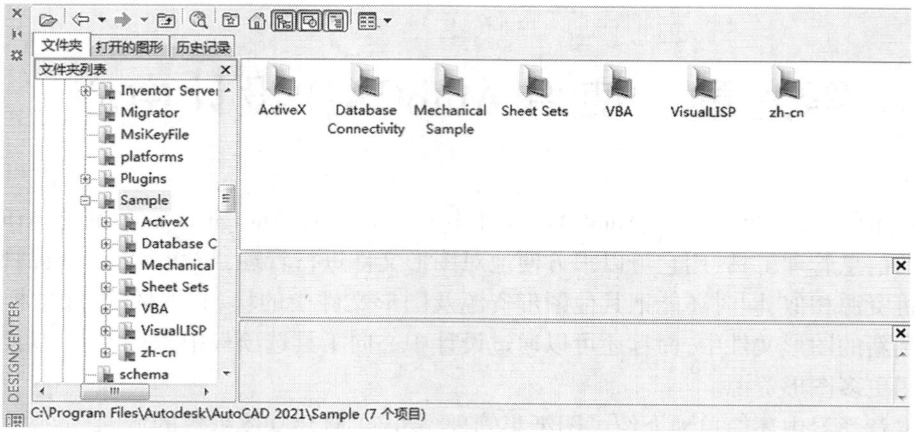

图 9-1　设计中心对话框

在设计中心窗口的标题栏上单击 (自动隐藏)按钮,可以自动隐藏设计中心的主窗口,只保留设计中心的蓝色标题栏。若单击 (自动显示)按钮,则可再次显示设计中心的主窗口。双击设计中心标题栏可以让设计中心窗口在浮动和固定窗口之间切换。下面介绍设计中心窗口上的 4 个选项卡。

文件夹:单击该选项卡后,在该选项卡上显示了计算机和网络驱动器中的所有文件和文件的层次结构。

打开的图形:单击该选项卡后,可以显示 AutoCAD 当前打开的所有图形文件,当选择某个图形时,在控制板区域就会显示与此图形文件相关的标注样式、表格样式、布局、图层、块、外部参照、文字样式等,如果选择了其中的某个对象,比如块,则在右边的控制板中显示出该图形中所有块的内容。

历史记录:单击该选项卡后,可以显示最近操作时访问过的文件,包括具体的文件路径。

第二节　利用设计中心浏览图形内容

一、树状视图

树状视图显示本地和网络驱动器上打开的图形、自定义内容、历史记录和文件夹等内容。其显示方式与 Windows 系统的资源管理器类似,为树状结构方式。单击树状结构中的某个项目可以显示其下一层次的内容。对于具有子层次的项目,则可单击该项目左侧的“+”或“-”来显示或隐藏其子层次。

用户可控制树状视图的打开/关闭状态。

命令格式:

◆选择工具栏中的 按钮。

◆在内容显示区域中单击右键弹出快捷菜单,选择“树状图”项。

注意:在“历史记录”模式下不能切换树状视图的显示状态。AutoCAD Sample\Designcenter 文件夹包含具有可以插入在图形中的特定组织符号的图形,以下以这个文件夹里面的图形作为例子引用。

二、预览和说明视图

对于在内容显示区域中选中的项目,如果打开预览视图和说明视图将在内容显示区的下面分别显示其预览图像和说明文字。在 AutoCAD 设计中心中不能编辑文字说明,但可以选择并复制。

用户可控制预览和说明视图的打开/关闭状态,方式有两种。

◆选择工具栏中的按钮或按钮。

◆在内容显示区域中单击右键弹出快捷菜单,选择"预览"或"说明"选项。

打开预览和说明视图(见图 9-2),在这个视图中,打开 AutoCAD Sample\Designcenter 文件夹中名为"Landscaping. dwg"的文件,预览区显示了该图,下面的说明区显示了该文件的路径。

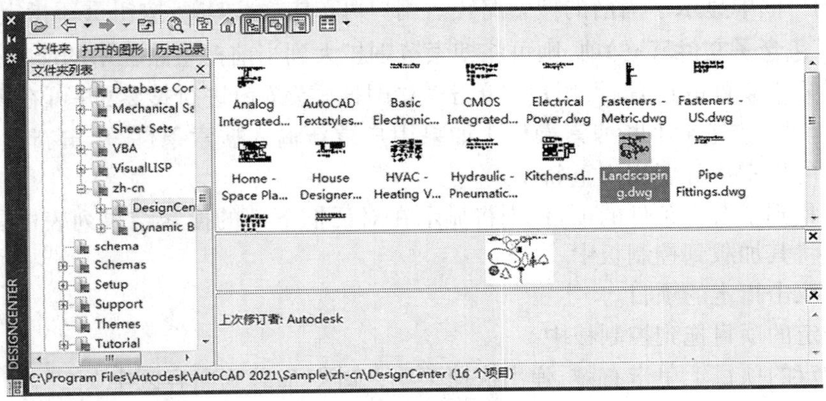

图 9-2　打开预览和说明

用户可通过树状视图、内容显示区、预览视图以及说明视图之间的分隔栏来调整其相对大小,拖动设计中心窗口的边框或者边角也可以改变设计中心窗口的大小。

第三节　利用设计中心进行查找文件

利用 AutoCAD 设计中心的搜索功能,可以根据指定条件和范围来搜索图形、块和图层等内容。

一、搜索对话框

当我们通过设计中心窗口搜索文件时,需要打开搜索对话框。

命令格式:

◆工具栏:单击"设计中心"工具栏中的按钮。

◆在内容显示区内单击右键,弹出快捷菜单,选择"搜索"选项,可弹出"搜索"对话框,如图 9-3 所示。

◆在该对话框中的"搜索"下拉列表中给出了该对话框可查找的对象类型,包括图形、图形和块、块、填充图案、填充图案文件、外部参照、多重引线、布局、文字样式、标注样式、线

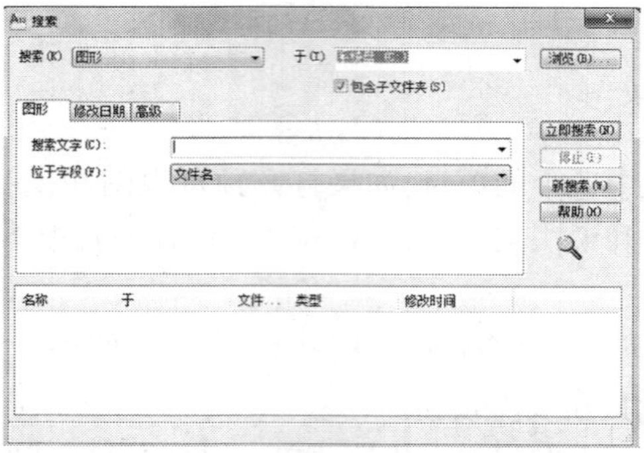

图 9-3 "搜索"对话框

型及表格样式等。

◆在"于"框中显示了当前的搜索路径。用户可单击 浏览(B)... 按钮重新指定搜索路径。如果选择☑包含子文件夹(S)项,则可将搜索范围扩大到当前搜索路径中的所有子文件夹。

完成对搜索条件的设置后,用户可单击"立即搜索"按钮进行搜索,并可在搜索过程中随时单击"停止"按钮来中断搜索操作。如果用户重新输入搜索条件,单击新搜索,计算机将清除原来的搜索条件要用户重新设置。

如果查找到了符合条件的项目,则将显示在对话框下部的搜索结果列表中。用户可通过如下方式将其加载到控制板中。

◆直接双击指定的项目。

◆将指定的项目拖到控制板中。

◆在指定的项目上单击右键,弹出快捷菜单,选择"加载到内容区中"。

实例 1:搜索 D 盘中名为"Landscaping. dwg"的图形文件。

(1)打开"设计中心"对话框。

(2)打开"搜索"对话框,设置参数如图 9-4 所示。

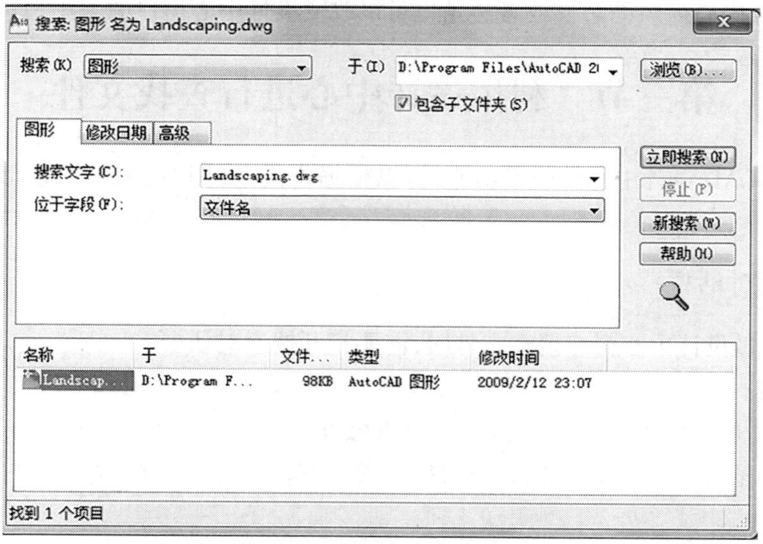

图 9-4 搜索到结果的对话框

(3)单出“立即搜索”按钮,计算机开始搜索,搜索结果如图 9-5 所示。

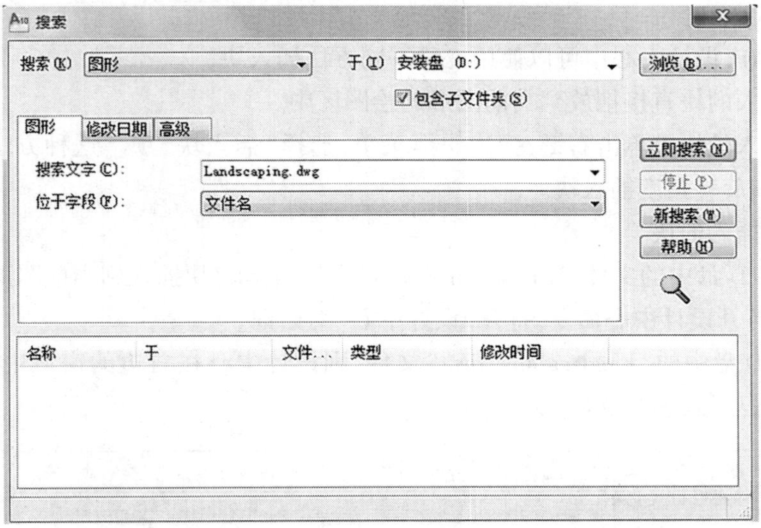

图 9-5　设置搜索对话框

说明:定义查找时可以输入查找单词的全部或部分文字,也可以使用“ * ”和“?”等标准通配符。

二、使用收藏夹

在安装 AutoCAD 时,自动在 Windows 系统的收藏夹中创建一个名为“Autodesk”的子文件夹,并将该文件夹作为 AutoCAD 系统的收藏夹。在 AutoCAD 设计中心中可将常用内容的快捷方式保存在该收藏夹中,以便在下次调用时进行快速访问。

如果选定了图形、文件或其他类型的内容,单击右键,弹出快捷菜单,选择“添加到收藏夹”,就会在收藏夹中为其创建一个相应的快捷方式。

用户可通过如下方式来访问收藏夹,查找所需内容。

◆选择工具栏中的按钮。

◆在树状视图中选择 Windows 系统的收藏夹中的“Autodesk”子文件夹。

◆在控制板上单击右键,弹出快捷菜单,选择“收藏夹”。

如果用户在控制板上单击右键,弹出快捷菜单,并选择“组织收藏夹”选项,将弹出 Windows 的文件夹管理窗口,并显示 AutoCAD 的收藏夹内容,用户可对其中的快捷方式进行移动、复制或删除等操作。

第四节　利用设计中心向当前图形添加内容

在日常工作中,绘制图形过程中存在大量的相似图形,利用设计中心可以将需要的对象(如图形、图层、标注样式、块、文字样式等)添加到当前图形文件中,以提高工作效率。在添加的过程中,根据指定内容类型的不同,其插入的方式也略有不同。

一、插入块

在 AutoCAD 设计中心中可以使用三种不同方法插入块。

◆将要插入的块直接拖放到当前图形的绘图区中。

◆在要插入的块上单击右键,弹出快捷菜单,选择“插入块”项。这种方法可按指定坐标、缩放比例和旋转角度插入块。

◆双击要插入的块。

实例 2:将 D 盘中的文件“Landscaping. dwg”中的“汽车”块插入到当前图形中。

(1)调用打开设计中心命令,打开“设计中心”对话框。

(2)选中 D 盘中的“Landscaping. dwg”文件,则设计中心在右边的窗口中列出图层、图块、文字样式等项目,如图 9-6 所示。

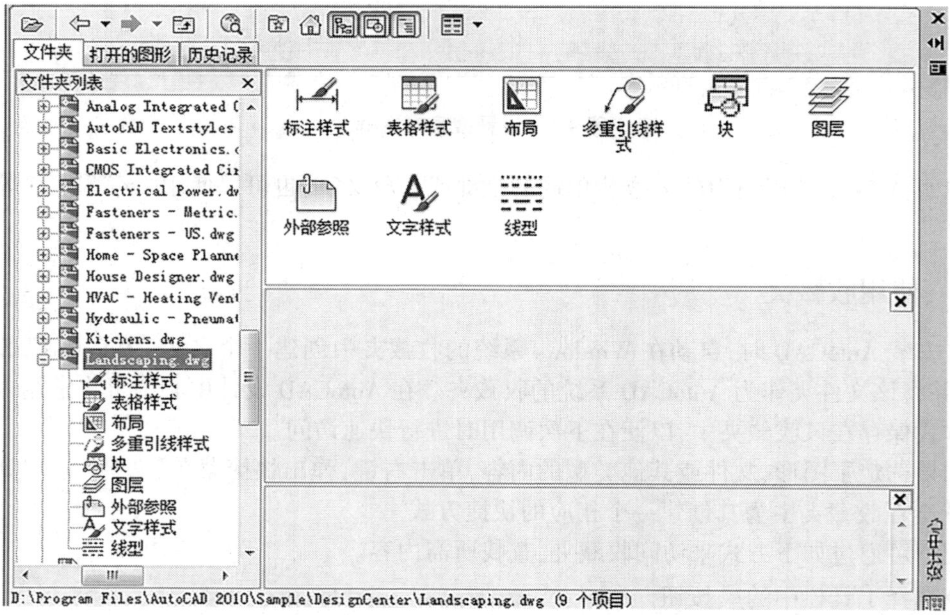

图 9-6　显示图层、图块等项目

(3)若要显示图形中块的详细信息,就选中“块”,然后单击右键,在弹出的快捷菜单中选择“浏览”选项或双击“块”图标,则设计中心将列出图形中的所有图块,如图 9-7 所示。

(4)双击“汽车”或选中“汽车”单击鼠标右键,插入块或用鼠标左建将“汽车”拖入到图形中。

注意:将 AutoCAD 设计中心中的块或图形拖放到当前图形时,如果自动进行比例缩放,则块中的标注值可能会失真。

二、插入图层、标注样式、文字样式、线性、布局、表格样式等

在 AutoCAD 设计中心中可以使用三种不同方法插入图层、标注样式、文字样式、线性、

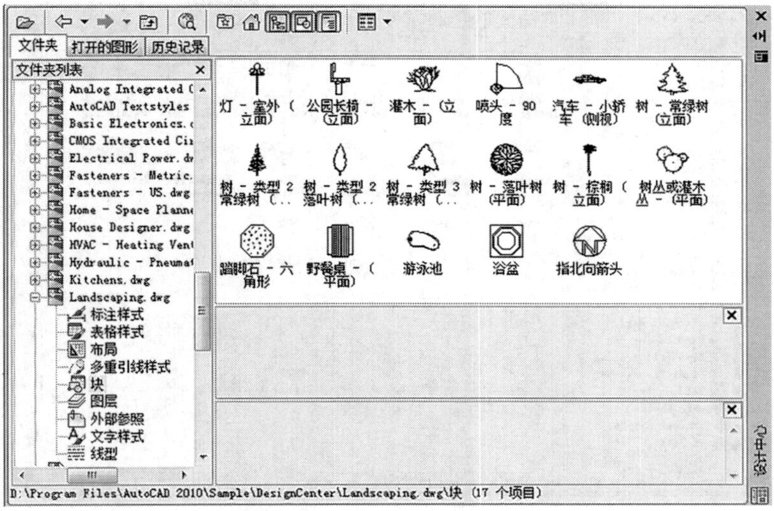

图 9-7　列出图块信息

布局、表格样式等对象，和插入块唯一不同的是拖动方式，在插入块时，只能拖动一个块插入，而对于以上对象可以同时拖动多个，其他方法一样，不再介绍。

三、插入光栅图像

可使用如下三种方式来附着光栅图像。

◆将要插入的光栅图像文件拖放到当前图形的绘图区中。

◆在图像文件上单击右键，弹出快捷菜单，选择"附着图像"选项。

◆双击要插入的光栅图。

四、插入图形文件

例如想将 D 盘中的"Landscaping.dwg"插入到当前图形中，选中它所在的文件夹，该文件夹中的所有图形文件将显示在设计中心右侧的控制板中。如图 9-8 所示，用户可以将它们插入到当前图形文件中，插入方式有以下三种：

◆将其直接拖放到当前图形的绘图区中，则系统将其作为块对象来处理。

◆选中该图形单击右键，在弹出的快捷菜单中选择"作为块插入"项，可将其作为块插入到当前图形中。

◆选中该图形单击右键，选择"作为外部参照附着"项，可将其作为外部参照附着到当前图形中。

五、利用剪贴板插入对象

对于可添加到当前图形中的各种类型的对象，用户在设计中心也可以将其选中，单击右键，弹出快捷菜单，选择"复制"项，然后在当前图形文件中粘贴即可。

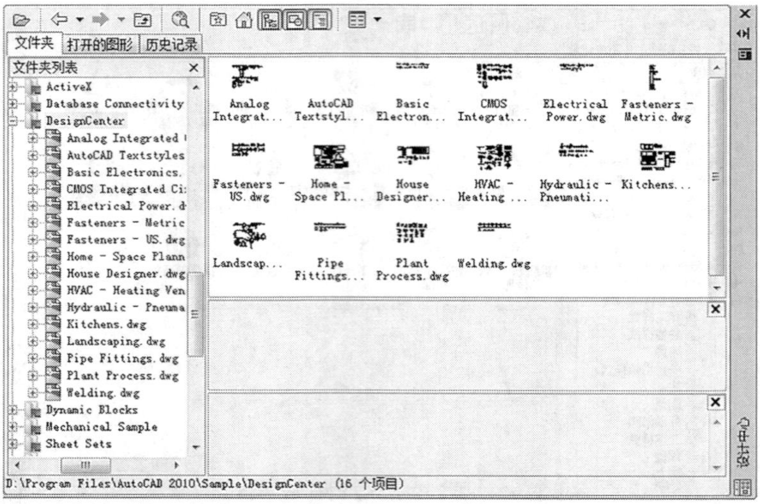

图 9-8　选中含有 Landscaping. dwg 文件

第五节　利用设计中心定制工具选项板

在平时的绘图中,可能会重复使用相同的块和填充,工具选项板是组织、共享图块及填充图案的一个有效工具。用户可以将常用的图块及填充图案放入工具选项板中,当需要时,可直接将其从工具选项板中拖入到当前图形中,也可以将新建图块、填充图案等放入工具选项板中,或是创建新的工具选项板。

下面介绍如何将经常使用的图块添加到工具选项板中。

一、工具选项板

工具选项板是一个实用的辅助设计工具,在使用工具选项板之前,要打开工具选项板。

命令格式:

◆菜单:选择“工具”|“选项板”|“工具选项板”命令。

◆工具栏:单击“标准”工具栏中的按钮。

◆命令行:TOOLPALETTES(TP)。

◆快捷键:Ctrl +3。

调用命令后,将打开工具选项板窗口,如图 9-9 所示。

在 AutoCAD 2021 中,常用的默认选项卡有“图案填充”“结构”“土木工程”“电力”“机械”“建筑”“注释”和“建模”等,在每一选项卡上列出了一些常用的图形,以供用户选择应用。

在工具选项板的标题栏上单击(自动隐藏)按钮,可以自动隐藏工具选项板的显示窗口,而只保留标题栏。若单击标题栏上的(自动显示)按钮,可再次显示工具选项板的显示窗口。

单击工具选项板标题栏上的(特性)按钮,则系统弹出一个下拉菜单,选择菜单中的各项不但可对选项板进行“新建”、“重命名”等操作,还可打开如“注释和设计”“三维制作”“表格”“引丝”“材质”等其他选项卡。

二、将工具选项板的内容添加到当前图形中

如果想把工具选项板中的某项添加到当前图形中,有两种方法。

◆按住左键将所需图样拖放到当前图形中。

◆单击需要的某项。

三、通过设计中心向工具选项板添加内容

在实际设计中,可以将设计中心和工具选项板结合起来,量身定做一个快捷方便的工具选项卡。

实例 3:通过设计中心创建一个“花园饰品”的工具选项卡,其方法如下。

(1)调用打开设计中心命令,打开设计中心窗口。

(2)用设计中心找到“\AutoCAD2021\Sample\zh-cn\DesigenCenter”文件夹下的“Landscaping.dwg”图形文件,双击该文件,在控制板中显示了相关内容,如图 9-10 所示。

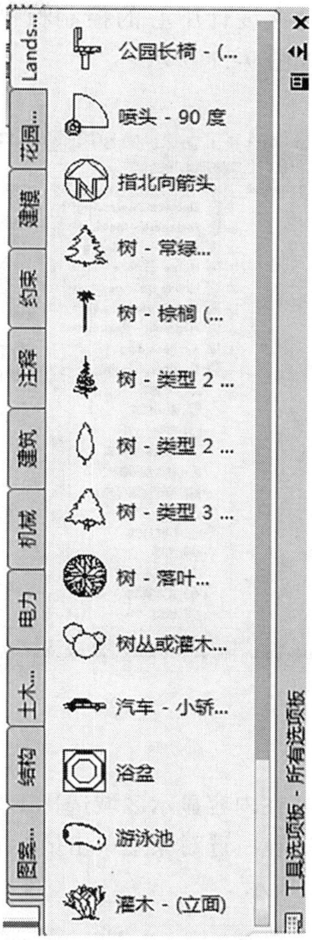

图 9-9　工具选项板

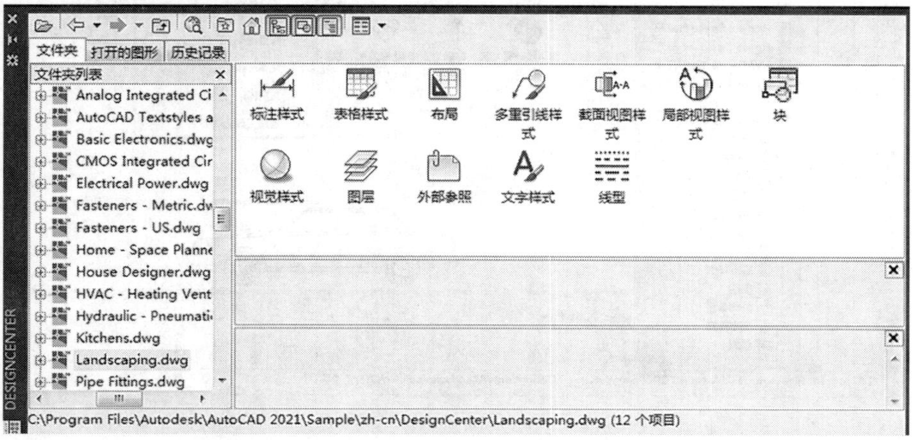

图 9-10　在设计中心打开 Landscaping. dwg 文件

(3)在设计中心的控制板中双击“块”图标，便可以查看这个文件中所包含的所有“块”，如图 9-11 所示。

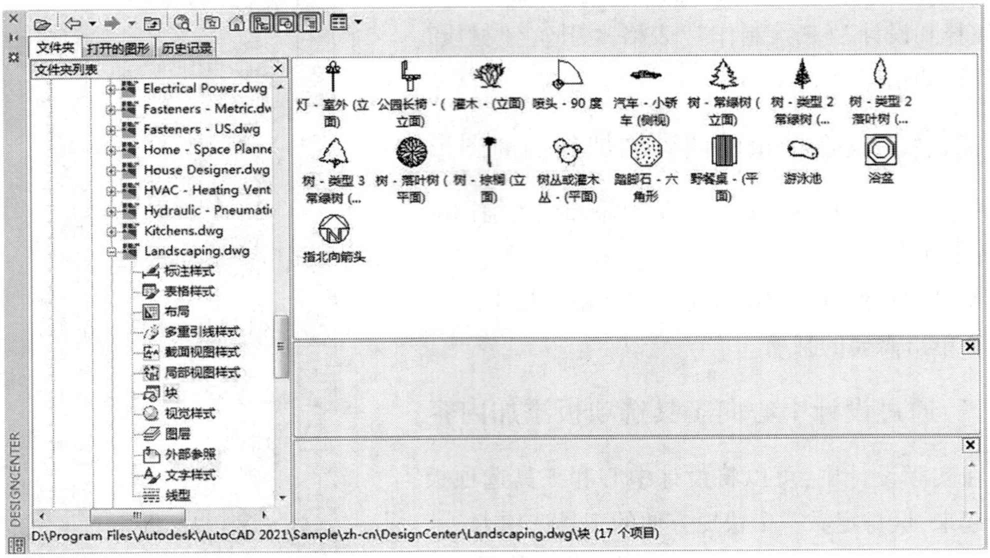

图 9-11　双击“块”

(4)在内容显示区域选择工具板中所需要的块图形文件。

(5)在所选对象上单击鼠标右键，在弹出的快捷菜单中选择“创建工具选项板”选项，如图 9-12 所示。

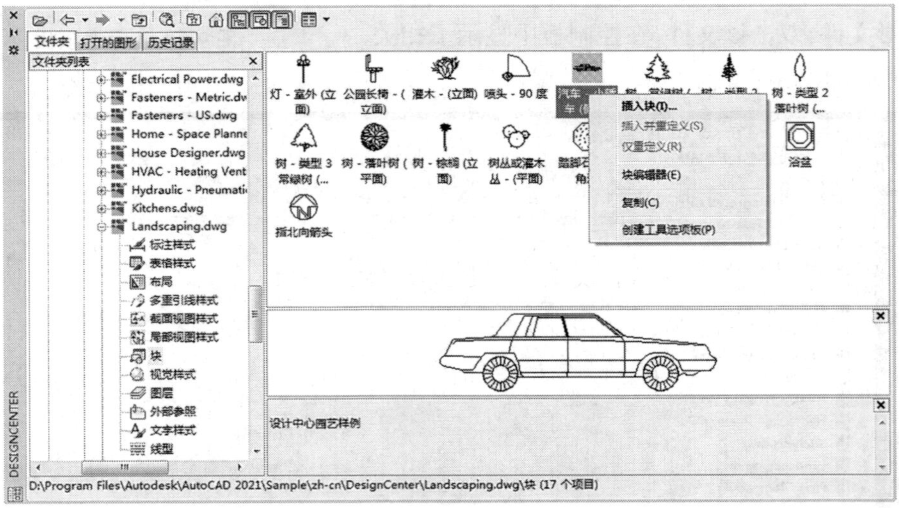

图 9-12　通过设计中心向工具选项板添加内容

(6)所选取的块便出现在工具选项板的新建选项卡上，如图 9-13 所示。

(7)在“新建选项板”的文本框中输入“花园饰品”,如图 9-14 所示。

(8)再将设计中心内容显示区中的其他需要放置到工具选项板的“块”直接拖放到工具选项板中,也可以选择该块,然后单击鼠标右键,在弹出的快捷菜单中点复制,再到工具选项板中单击鼠标右键,在弹出的快捷菜单中选粘贴,将所选的块放到工具选项板中,如图 9-15 所示。

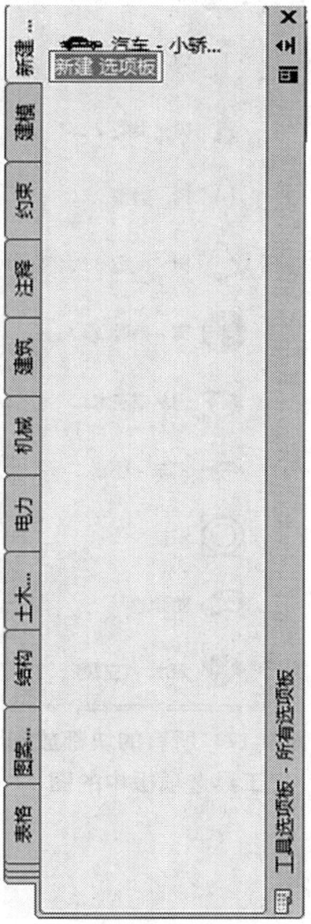

图 9-13　新建“花园饰品”的工具选项板

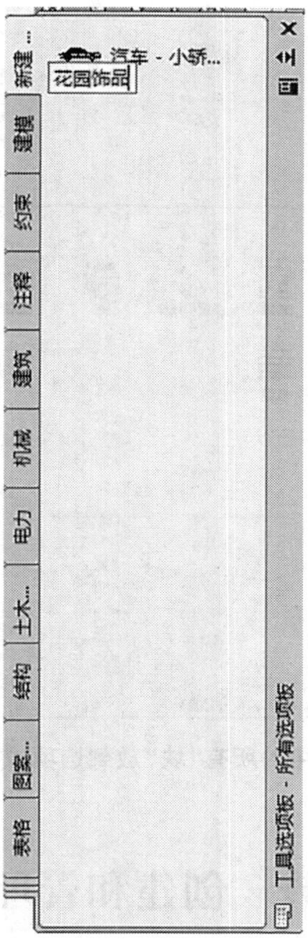

图 9-14　输入“花园饰品”

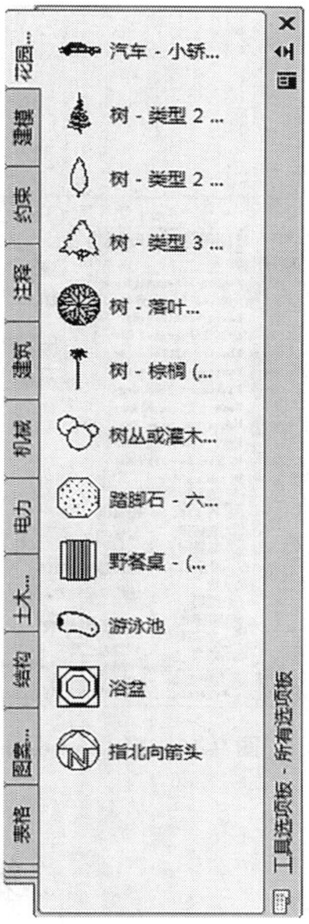

图 9-15　将块放到“花园饰品”选项卡中

(9)如果一个文件中的所有块都需要放到工具选项板中,例如“Landscaping. dwg”文件中所有的“块”都要放到工具选项板中,在设计中心树状图的文件夹列表中选中“Landscaping. dwg”,单击右键,如图 9-16 所示。

在弹出的快捷菜单中单击“创建工具选项板”,这个文件中所有的块都放到了工具选项板中,如图 9-17 所示。

设置好以后,再设计花园时,如果需要树、汽车、游泳池等,可以直接从工具选项板中选择,然后将其放到当前图形的适当位置上即可。

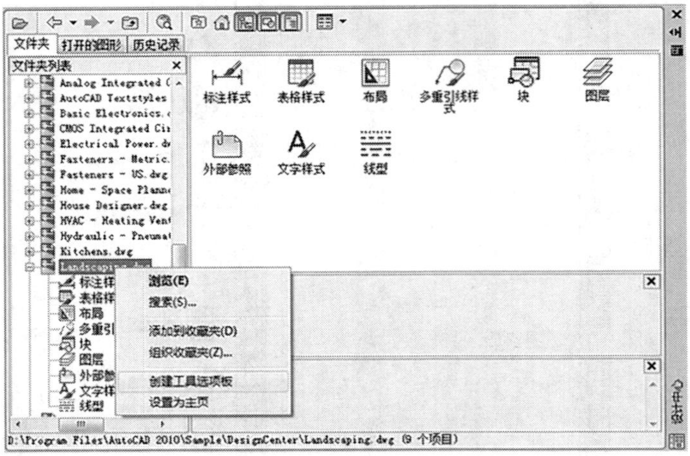

图 9-16　将 Landscaping. dwg 中的所有"块"放到选项板中

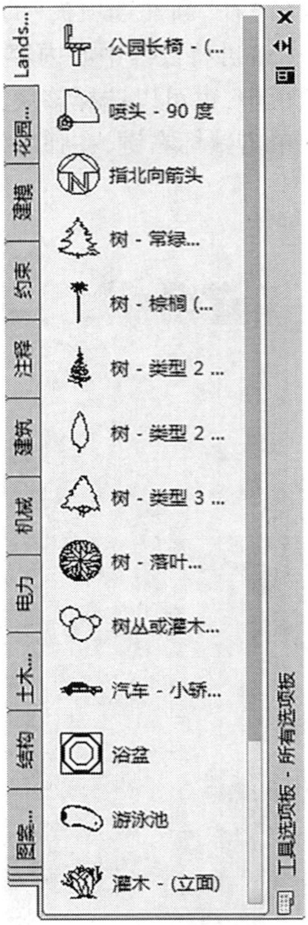

图 9-17　所有的块都放到了工具选项板中的图

第六节　创建和管理图纸集

在日常的画图和工程设计中，一个项目可能会有很多图纸，手动整理图纸耗时且容易出错。AutoCAD 2021 提供了专门的项目图纸管理工具，也就是图纸集。图纸集可按照项目组织图形、规范要求，形成图纸，并将图纸进行发布、归档和对工程文档进行电子传递，对图纸编号、生成图纸一览表等。

图纸集是可以多人共用的，一个工程只要建立一个图纸集就行了，团队里的其他人可以在局域网内用 CAD 打开你的图纸集，这样可以使这些工作起到事半功倍的效果。图纸集极大地增强了整个系统的协同设计的功效，使得项目负责人能够快捷地管理图纸。

一、图纸集的创建和管理

在 AutoCAD 2021 中，图纸集是来自一些图形文件的一系列图纸的有序集合，图纸是从图形文件中选定的布局，用户可以从任何图形中将布局作为图纸编号输入图纸集中，图纸集和图纸之间存在一种链接。

对于大多数设计组，图形集是主要的提交对象，图形集用于传达项目的总体设计意图并为该项目提供文档和说明,但手动管理图形集的过程较为复杂和费时。使用图纸集管理器,可以将图形作为图纸集管理。图纸集是一个有序命名集合,其中的图纸来自几个图形文件。图纸是从图形文件中选定的布局,可以从任意图形将布局作为编号图纸输入到图纸集中,如图 9-18 所示。还可以将图纸集作为一个单元进行管理、传递、发布和归档。

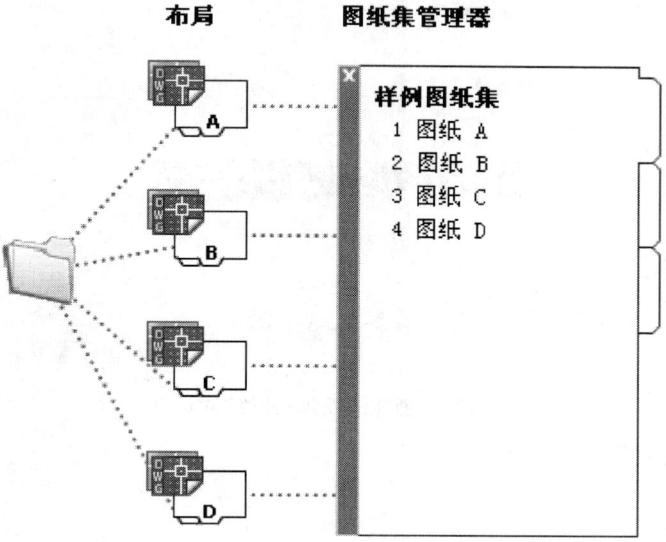

图 9-18 图纸集的表现形式

在 AutoCAD 2021 中,用户可通过图纸集管理器来管理图纸集,且在图纸集管理器中可以通过将布局输入到图纸集来添加图纸,方便项目负责人将各专业设计人员的图纸快捷、完整地组织起来。另外,还可以为图纸集指定专门的样板图,用图纸集管理器来创建新图纸。

在图纸集管理器中,还可以创建子集对图纸进行分类管理、管理图纸中的命名视图、创建图纸一览表、将全部图纸归档、完整地打印或发布图纸等。激活创建图纸集命令的方法如下:

命令格式:

◆菜单:选择“文件(F)”/“新建图纸集(W)”菜单项

◆工具栏:单击“标准”工具栏上“图纸集管理器”按钮 (或者按 Ctrl+4),在弹出的“图纸集管理器”窗口的“打开…”下拉列表中选择“新建图纸集”项

◆命令行:NEWSHEETSET

打开如图 9-19 所示的“创建图纸集-开始”对话框。

从“创建图纸集-开始”对话框中即可看到,用户可使用“样例图形集”和“现有图形”两种工具来创建图纸集。

点击打开-新建图纸集选择“现有图形”,点击下一步,图纸集的名称写本次工程的名称保存图纸集文件的文件夹名称也和工程名相同,点击“图纸集特性”里“用于创建图纸样板”里选择设置好的 DWT 文件然后下一步,下一步直至结束。此时在图纸集管理器里应该可以看到刚建立的图纸集了,右键点击图纸集名称,选择“新建子集”,名称自定,注意把“创建相对于上级子集存储位置的文件夹”选项打钩,可以直接建立一个相对应的子目录便于管理。

子集建立好后对子集右键点击选择“新建图纸”出现对话框把编号和标题写好后确定,

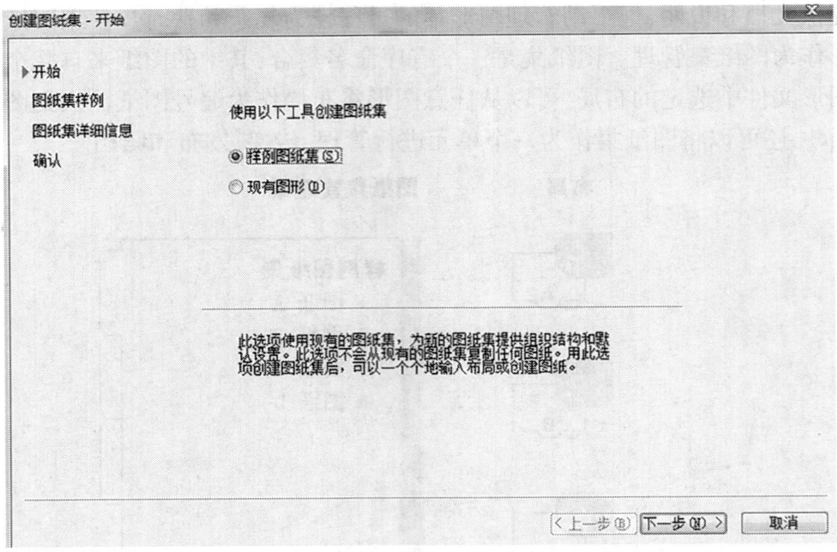

图 9-19 “创建图纸集-开始”对话框

这样一张图纸就建立好了。

二、发布

图纸集的工程名点击右键，选择“发布”-“发布对话框”出现发布对话框，如图 9-20，单击第一张图纸，按 Ctrl+A 全选后在页面设置里选择第一张图纸的打印机设置，这样的好处是所有图纸的打印机设置都是一样的，前提是你的第一张图纸一定要设置正确，然后发布，

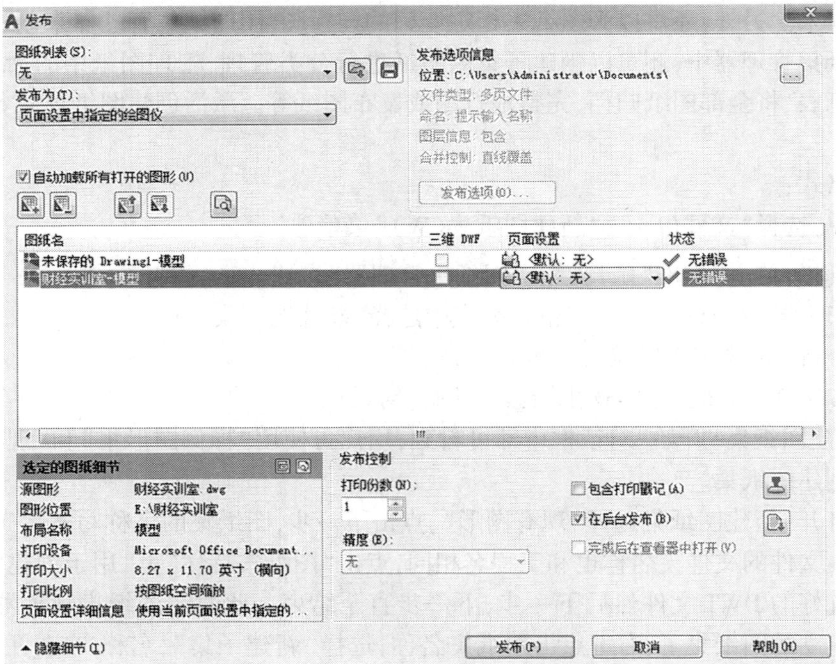

图 9-20 “发布”对话框

打印机会自动一张张的打出来而不用传统的人工窗口框选，如果打印时出现卡纸时，重新装好纸打印机也会自动把那张卡的图重新打一次，如果选择了多份图纸，打印机会按一份一份的出图而不是同一张出几张让你自己去分图，非常方便。

三、打印图纸集

在 AutoCAD 2021 中，用户可以直接使用绘图仪将图纸集整套或其中的部分图纸进行打印，而无需任何人工干预，整套图纸都会顺序打印到绘图仪中，这样不但省却了一张一张打印图纸的烦恼，而且还可以大大提高打印出图的效率。

第七节　上机实训

(1)把 AutoCAD 2021\Sample\zh-cn\DesigenCenter 文件夹下的 fasteners-Metric. dwg 图形文件中的块添加到工具选项板中，并把添加到工具选项板上的块添加到当前的图形中。

(2)建立一个图纸集，并发布。

思考与练习

1. 设计中心有什么功能？如何打开设计中心？

2. 如何利用设计中心浏览及打开图形？

3. 如何通过设计中心把其他图形文件里面的块、图层、线性等对象加到当前图形文件中？

4. 怎样通过设计中心把图块添加到工具选项板中或从其中删除某项？

5. 如何打开工具选项板？

6. 如何打开图纸集管理器？

第十章　地形图的绘制

地形图是测绘工作的主要成果,它包含了丰富的自然地理、人文地理和社会经济信息,如地貌、地物、水系、居民地、交通、通信、管线、土壤、植被等要素;另外还有控制点、坐标格网、比例尺及其他注记。地形图在社会经济建设、国防建设和人民日常生活中都有着广泛的应用。

第一节　地形图绘制的基本知识

一、绘图坐标系的约定

在第一章中我们已经知道了 AutoCAD 有两个坐标系统:一个称为世界坐标系(World Coordinate System,简称 WCS)的固定坐标系和一个称为用户坐标系(User Coordinate System,简称 UCS)的可移动坐标系。在 WCS 中,X 轴是水平的,指向由左向右;Y 轴是垂直的,正向朝上;Z 轴垂直于 XY 平面,原点是图形左下角 X 轴和 Y 轴的交点。UCS 坐标系是依据 WCS 通过移动原点和旋转坐标轴来定义的,以方便用户根据自己的需要绘制图形。启动 AutoCAD 后,缺省情况下 UCS 与 WCS 重合,WCS 图标见图 10-1。

虽然上述 WCS 坐标系与我们在测量学中定义的测量坐标系从本质上说是一致的,但容易想象得到,在 AutoCAD 中,按照相同坐标绘制的图形,其方位与我们想象中的并不一致,这是由两个坐标系视点的不同所造成的。例如,将测量坐标系中正北方向上两点 P_1 和 P_2 的坐标输入到 AutoCAD 中,就会发现该两点在正东方向上。

测量坐标系的定义

(一)定义用户坐标系

为了解决 AutoCAD 中图形显示(视点不同)问题,可以采用用户坐标系。借助前面学过的 UCS 命令,将 WCS 分别进行一次绕 Y 坐标轴和 Z 坐标轴旋转即可得到如图 10-2 所示 UCS 的测量坐标系。具体操作命令如下:

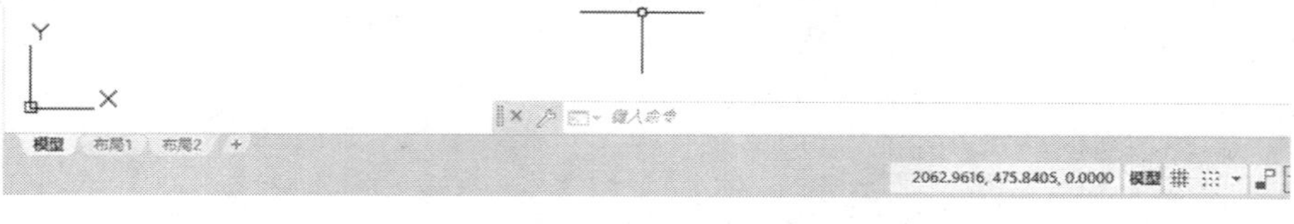

图 10-1　WCS 图标

命令:UCS

当前 UCS 名称:* 世界 *

输入选项

[新建(N)/移动(M)/正交(G)/上一个(P)/恢复(R)/保存(S)/删除(D)/应用(A)/? /

图 10-2　UCS 测量坐标系图标

世界(W)] <世界>: n

指定新 UCS 的原点或[Z 轴(ZA)/三点(3)/对象(OB)/面(F)/视图(V)/X/Y/Z] <0,0,0>: y

指定绕 Y 轴的旋转角度 <0>: 180

命令: UCS

当前 UCS 名称: * 没有名称 *

输入选项

[新建(N)/移动(M)/正交(G)/上一个(P)/恢复(R)/保存(S)/删除(D)/应用(A)/?/世界(W)] <世界>: n

指定新 UCS 的原点或[Z 轴(ZA)/三点(3)/对象(OB)/面(F)/视图(V)/X/Y/Z] <0,0,0>: z

指定绕 Z 轴的旋转角度 <0>: 90

命令: UCS

当前 UCS 名称: * 没有名称 *

输入选项

[新建(N)/移动(M)/正交(G)/上一个(P)/恢复(R)/保存(S)/删除(D)/应用(A)/?/世界(W)] <世界>: s

输入保存当前 UCS 的名称或[?]: SURVEY

操作中前两个 UCS 命令是分别绕 Y 轴和 Z 轴旋转的,最后一个 UCS 命令是将旋转后的 UCS 坐标系用“SURVEY”名称保存的,可用 UCSMAN 命令查看或在 WCS 和 UCS 中切换(见图 10-3)。

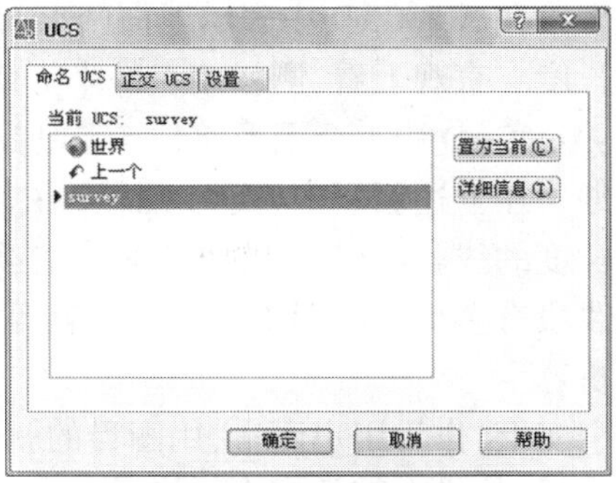

图 10-3　UCS 管理对话框

定义了 UCS 坐标系后所有的坐标输入都使用当前 UCS,因此用户可按照测量坐标进行输入和输出以及图形绘制。但是要特别强调的是,在进行文字注记和图案(地物)符号填充时还应将 UCS 切换到 WCS 中来,否则文字和图案符号的方向与实际不一致,增加编辑和修改的工作量。

(二)约定坐标系

虽然通过自定义 UCS 坐标系解决了图形显示问题,但是 UCS 坐标系并不是通用的坐标系,不利于多个用户共享,而且在绘图过程中还要频繁地在两个坐标系中切换,并不方便。为此,我们可以采用约定坐标系,即直接将 WCS 作为测量坐标系来使用,只不过这里有个约定:需要把 WCS 中的 Y 轴(垂直向上)当做测量坐标系中的 X 轴,相应地把 WCS 中的 X 轴(水平向右)当作测量坐标系中的 Y 轴。或者说,在 AutoCAD 中输入测量坐标时,将 Y 坐标放在 X 坐标之前，当然在 AutoCAD 中输出坐标时，也要按照测量坐标系中的 Y、X 和 H 的顺序来理解。这样约定之后，对后续的所有绘图工作都是非常方便的。事实上，国内所有的基于 AutoCAD 二次开发的地形地籍成图系统都是采用这种约定的坐标系。这就是为什么几乎所有初学者初次接触到成图软件时都要问同样一个问题：为什么测量点的 Y 坐标要放在 X 坐标之前？

进一步理解，其实测量坐标系中的 X 轴和 Y 轴只是人为定义的两个坐标轴的符号，只是为了方便表示，自然也可以用其他字符表示。相信所有的测量人员一定注意到所有的全站仪并没有出现 X 和 Y，取而代之的是用 N(North)和 E(East)来代表测量中的 X 和 Y 坐标；另外在国外的测量教科书中也都是用字符 N 和 E 来表示坐标的，其意义不言自明。

二、绘图比例尺

比例尺的定义是图上距离与相应实地水平距离之比，是地形图、地籍图等图件的一个非常重要的尺度参数。有了比例尺，就可以把地面上的地物和地貌的实际尺寸，按照比例尺缩小绘在图纸上，供人们阅读和使用；同时比例尺还代表了图件所达到的精度，例如要把一条 0.5 m 宽的小路用双线绘在比例尺为 1:1 000 的纸质图上就十分困难，或者说，我们不可能在比例尺为 1:1 000 的纸质图上量出 0.5 m 的双线小路来。可见，比例尺既是人们用图的需要(图纸不必太大)，也是人们绘图的必然选择(绘图精度限制)。因此，比例尺对于传统的纸质图来说是非常重要的。

那么在 AutoCAD 中，比例尺是如何确定的？

举一个简单的例子，在手工绘图时，如果取比例尺为 1:500，那么在图纸上 100 mm 长的线段实际代表了 50 m 长的线。如果在 AutoCAD 中也像手工绘图那样画出 100 mm 长的线，这显然是不方便的。从前面学过的内容知道，在 AutoCAD 中线段的长度单位是图形单位，并没有规定实际单位是米、分米还是厘米，这就给用户带来非常大的方便。于是，要确定图形比例尺首先要确定 AutoCAD 中图形单位是多少。

(一)确定图形单位

为了在 AutoCAD 中表示地面两点间的距离，需要确定 AutoCAD 中一个图形单位对应的实际长度。直观上看，测量中点的坐标或线段长度都是以米为单位的，自然应该这样选取最合理：AutoCAD 中 1 个图形单位=实地 1 m。这种一对一的简单关系给实际绘图带来相当大的好处。在上述例子中，我们不需要在 AutoCAD 中画出 100 mm 长的线，只要绘 50 个图形单位长度的线就可以了，而不去理会它换算到图纸上是多少毫米的线段。或者说，AutoCAD 中某线段有多少个图形单位的长度就等于实地上多少米的距离，不要去管它比例尺是多少，如何折算。

事实上，作为用户而言，用图目的就是要知道地面的真实情况，当用鼠标在图上进行量距定点时，就像在野外用全站仪量距定点一样，为什么非要通过比例尺在图上和实地之间来回地换算呢？

【例 10-1】 设 P_1、P_2 两点坐标分别为(50.0,100.0)和(100.0,200.0)(见图 10-4)，试分别用 POINT 命令展绘出两点，并用 DIST 命令量取两点之间的长度。

命令操作如下：

命令: POINT
当前点模式: PDMODE = 2 PDSIZE = 0. 000
指定点: 100,50
命令: POINT
当前点模式: PDMODE = 2 PDSIZE = 0. 000
指定点: 200,100
命令: DIST
指定第一点: 指定第二点:
距离 = 111. 803,XY 平面中的倾角 = 27,与 XY 平面的夹角 = 0
X 增量 = 100. 000, Y 增量 = 50. 000, Z 增量 = 0. 000

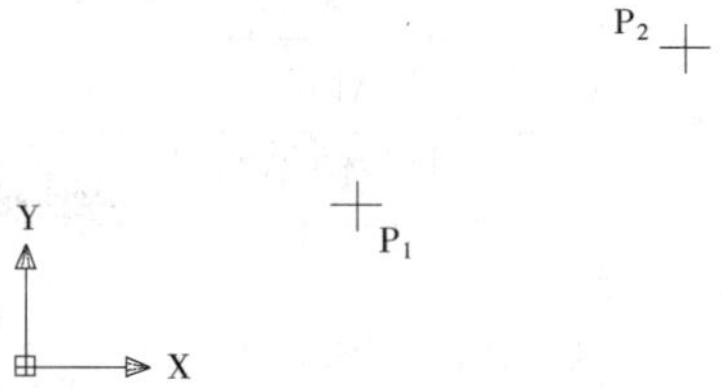

图 10-4　展绘测量

(二)确定图形比例

前面说过,在展绘测量坐标点或绘制线段长度时,直接按实际坐标或实地长度展绘,不要去管比例尺是多少。从这个意义上来理解,可以认为图形的比例尺为 1∶1。

然而,绘图的目的是供其他用户阅读和使用的,不同地物符号的大小,线状地物的粗细以及各类注记的大小等,在图式规范中均有相应的规定,这样绘制出的图才能布局匀称,疏密合理,图面清晰。由于图式中标注的尺寸是以毫米为单位的,因此需要弄清 AutoCAD 中 1 个图形单位输出到纸质图上相应的长度是多少。

先做个试验,在 AutoCAD 中画一个边长等于 1 个图形单位的正方形,在绘图仪上按 1∶1 比例输出后,用三角尺量取正方形边的宽度,结果都等于 1 mm;如果按 1∶2比例输出后,用三角尺量取正方形边的宽度,其结果等于 2 mm。

这个例子说明:在 AutoCAD 图形中,对于所有的独立地物、植被符号、线状地物的线宽、线型比例,以及各类注记等都要考虑比例尺,而对于野外测量的点的坐标和线段的长度却不需考虑比例尺。

因此,在 AutoCAD 中,所谓绘图比例,就是指用 SCALE(缩放)、PLINEWID(线宽)和 LTSCALE(线型比例)、HPSCALE(填充比例)等命令执行地物的比例缩放操作时所确定的比例,同传统的图上量距定点无关。

进一步说明的是,与手工绘图方式不同,在 AutoCAD 中绘图并不是采用绝对比例尺,而是采用一种所谓的相对比例尺。因为前面已约定了 1 个图形单位等于实地距离 1 m,而 AutoCAD 中采用公制时 1 个图形单位可选择 1 mm(按出图比例 1∶1),这样相当于隐藏了一个事实上的比例尺 1∶1 000。于是对于比例尺 1∶1 000 约定 SCALE、LTSCALE 和 HPSCALE 的值为 1. 0,PLINEWID 的值为图式规范中规定的线宽。用其他比例尺时所采用的值则相对 1∶1 000 进行变换。

这里先说明一下,由于约定了比例尺 1∶1 000 的有关变量的值,自然形成了其他比例尺的基准,因此后面的自定义线型、自定义图案及独立地物符号都是在 SCALE、LTSCALE 和 HPSCALE 的值为 1. 0 的情况下定制的。

表 10-1 为比例尺为 1∶500 ~ 1∶2 000 所对应的 SCALE、LTSCALE、HPSCALE 和 PLINEWID 所采用的值,以及作用的对象。国内各测绘公司开发的地形地籍成图系统,如广州南方 CASS、武汉拓普康 EDMS,以及北京威远图 WELLTOP 等均采用这种约定。

表 10-1 1:500~1:2 000 对应的 SCALE、LTSCALE、HPSCALE 和 PLINEWID 所采用的值

比例尺	SCALE		LTSCALE		HPSCALE		PLINEWID	
	值	作用对象	值	作用对象	值	作用对象	值	作用对象
1:500	0.5 倍尺寸	独立地物符号、注记	0.5	线状地物的比例,如小路、坎状线型等	0.5	地类填充符号,如旱地、菜地等	0.5 倍的标准线宽	线状地物的宽度,如道路、等高(深)线等
1:1 000	规范标注尺寸	独立地物符号、注记	1.0	线状地物的比例,如小路、坎状线型等	1.0	地类填充符号,如旱地、菜地等	规范规定的线宽	线状地物的宽度,如道路、等高(深)线等
1:2 000	2.0 倍尺寸	独立地物符号、注记	2.0	线状地物的比例,如小路、坎状线型等	2.0	地类填充符号,如旱地、菜地等	2.0 倍的标准线宽	线状地物的宽度,如道路、等高(深)线等

【例 10-2】 图 10-5~图 10-7 为根据相同的数据文件分别按 1:500、1:1 000 和 1:2 000 绘制的地形图。

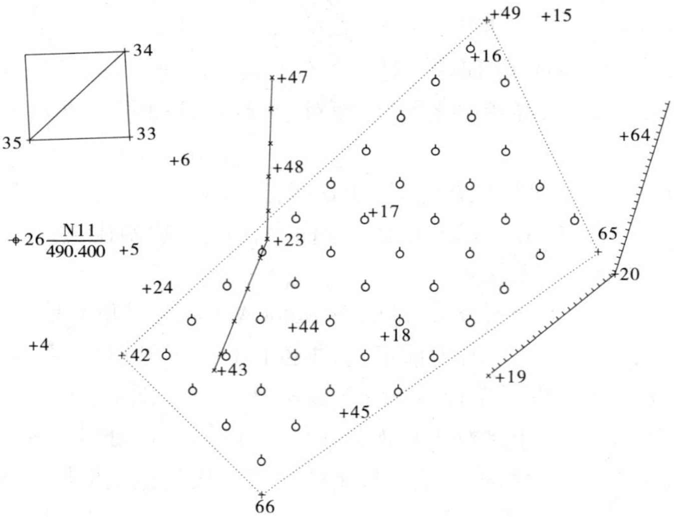

图 10-5 1:500 局部地形图

(三)绘图比例与屏幕缩放比例

由于 AutoCAD 绘图视窗有限,在当前视窗范围内不可能全部清楚地显示整幅地形图。反过来,如果整幅地形图全部显示在当前视窗内,对于那些地形复杂的图形,根本无法看清其中某一细小部分的内容。为了解决这个问题,AutoCAD 提供了屏幕缩放命令 ZOOM,方便用户对当前视窗进行缩放。

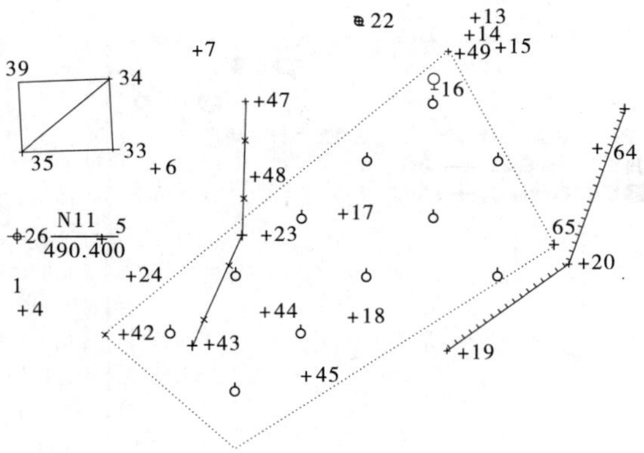

图 10-6　1∶1 000 局部地形图

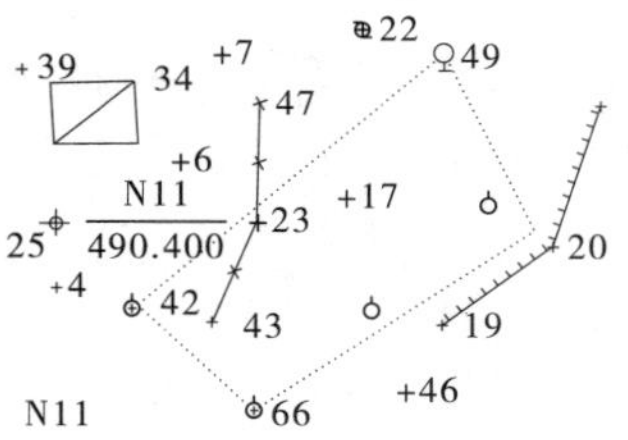

图 10-7　1∶2 000 局部地形图

既然用 ZOOM 命令可以进行屏幕缩放,肯定存在着一个屏幕缩放比例。屏幕缩放比例实际上就是用 ZOOM 命令进行屏幕缩放前后的当前视窗放大或缩小的倍数。当该比例大于 1 时,屏幕就放大,当前视窗内的实体也呈放大显示;当该比例小于 1 时,屏幕就缩小,当前视窗内的实体也呈缩小显示。从视觉的角度来看,当放大屏幕时,就相当于当前视窗内的实体从远处移至近处,以便让用户看清楚。同理,当缩小屏幕时,就相当于当前视窗内的实体从近处移至远处,这样在用户的视野内,所看到的实体就呈缩小状态。

屏幕缩放比例与绘图比例有着本质的区别。绘图比例改变了独立地物符号、植被填充符号以及各类注记的相对大小,也改变了线状地物的线宽和比例;但是屏幕缩放比例只改变了当前视窗的大小,各类地物的实际几何尺寸并没有变化。打个比方,屏幕缩放比例相当于我们用放大镜看物体时的放大倍数,虽然物体并没有真正放大,但却在视觉方面看得更清楚。因此,我们无须在意屏幕缩放比例的大小。

三、地类与自定义图层

使用图层来管理和控制复杂的图形,是 AutoCAD 最突出的特点。在 AutoCAD 绘图中,可以将不同种类和用途的图形分别置于不同的图层中,从而实现对相同类图形的统一管理。这种以图层为管理单元的思想与测量上我们对地类的分类管理是一致的,自然我们就想到将不同的地类置于不同的图层中,并利用图层的特性,如不同的颜色、线型和线宽来区分不同的对象,这为地形图和地籍图的绘制提供了极大的方便。

《1∶500　1∶1 000　1∶2 000 地形图图式》将地类共分十大类,分别是:测量控制点、居民地和垣栅、工矿建(筑)物及其他设施、交通及附属设施、管线及附属设施、水系及附属设施、境界、地貌和土质、植被、注记。如果考虑到实际绘图的需要,也可增加其他图层,如等高线层、高程点层、展点号层、图框层等。

图层的创建可用 LAYER 命令,在图层管理对话框中进行,十分方便。下面演示如何创建测量控制点层。

在命令行输入 LAYER 回车后,打开“图层特性管理器”对话框(见图 10-8)后,在中间的空白区中按鼠标右键,点击屏幕菜单“新建图层”,在名称输入框中键入字符“KZD”作为图层名称,然后用鼠标左键点击“白色”,在“颜色”对话框中点击“红色”方框,按确定返回“图层特性管理器”对话框。

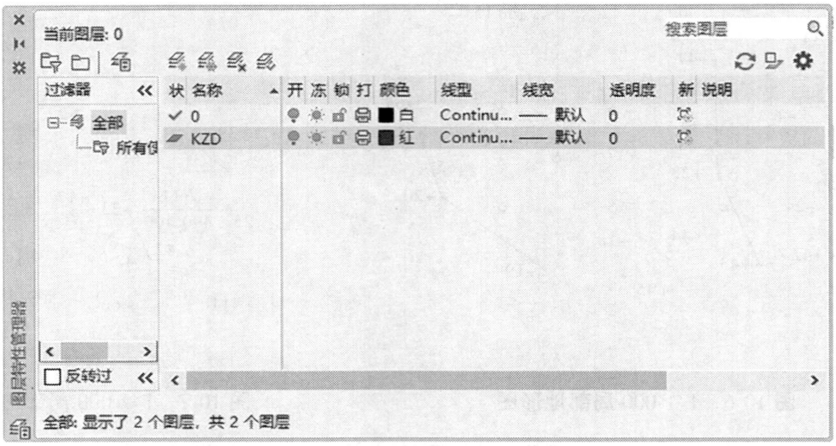

图 10-8 创建测量控制点(KZD)图层

这里要说明的是,图层的命名可用汉字,也可用英文或汉语拼音标示,但通常都是简写,方便应用。表 10-2 是 CASS4.0 中定义的图层、名称及颜色,英文是作者添加的,供参考。

表 10-2 CASS4.0 中定义的图层、名称及颜色

序号	汉语图层名称	拼音图层名称	英文图层名称	索引颜色号
1	测量控制点	KZD	CONTROLPOINT	1
2	居民地和垣栅	JMD	RESIDENCE	6
3	工矿建(筑)物及其他设施	DLDW	BUILDING	11
4	交通及附属设施	DLSS	ROAD	4
5	管线及附属设施	GXYZ	PIPELINE	2
6	水系及附属设施	SXSS	WATER	5
7	境界	JJ	BORDER	2
8	地貌和土质	DMTZ	RELIEF	3
9	植被	ZBTZ	VEGETATION	3
10	注记	ZJ	ANNOTATION	7
11	高程点	GCD	HEIGHTPOINT	1
12	展点号	ZDH	POINTNUMBER	1
13	三角网	SJW	TIN	1
14	等高线	DGX	CONTOUR	2
15	等深线	DSX	ISOBATH	2
16	面积注记	MJZJ	AREA	4
17	界址点	JZD	BOUNDARYMARK	1
18	图框	TK	MAPFRAME	4

第二节　定制地形图线型与地形填充图案

AutoCAD 提供了标准线型库(文件)和填充图案库(文件),以供大多数用户选用。在AutoCAD 2004 版本之前,这两个库文件都以文本文件形式保存在 AutoCAD 的安装目录下面,到 AutoCAD 2004 版本时,这两个文本文件就隐藏在 C:\Documents and Settings\Administrator\Application Data\Autodesk\AutoCAD 2004\R17.1\chs\Support 目录之中。对于需要定制的用户,可以直接打开它,并对它们进行修改和定制自己的线型库和填充图案库。

一、定制地形图线型

AutoCAD 提供的标准线型是由名为 ACAD.LIN 的标准线型库文件定义的。用记事本打开该文件,可以发现标准线型库包含有通用线型、ISO 线型和复合线型三大类。其中含通用线型 24 种,ISO 线型 14 种,另有包含形定义的复合线型 7 种。由于库中提供的大多数线型在地形图图式中不可用,为此需要根据图式要求重新进行各类线型设计。

(一)线型文件的结构

在设计线型之前先弄清楚线型文件的结构。AutoCAD 中规定,线型文件可以包含多个线型定义,空行和分号后面(注释)的内容在编译时均被忽略。每一定义具有如下形式的标题行:

*线型名[线型形状描述]

后跟如下形式的格式行:

Alignment, dash-1, dash-2, …

例如,定义一线型,结构为:

· 短画线,0.5 个绘图单位长;

· 空格,0.25 个绘图单位长;

· 点;

· 空格,0.25 个绘图单位长。

则该线型可以定义成如下形式:

*DD1,____ . ____ . ____ . ____

A, 0.5, -0.25, 0, -0.25

其中 DD1 是线型名,线型形状描述字段是由 LAYER LTYPE 命令序列所显示的线型描述。在这里描述只是短画线“___”和圆点“.”的组合。

形状描述是可选择项,可以是点、空格和短画线的序列,也可以是说明,如“小路”等,用户对线型的描述不能超过 47 个字符。形状描述也可以省略,此时线型名后不能有逗号。

Alignment 字段为直线、圆和圆弧指定对齐方式。到目前为止,AutoCAD 只支持一种对齐方式,通过在字段开头输入“A”来指定。使用 A 型对齐,保证直线的端点和弧的起点及终点处为短画线。这种对齐方式,首短画线的值应大于等于 0(点或下笔段),第二个短画线的值应小于 0(提笔段),并从第一个短画线说明开始,至少要有 2 个短画线结构说明。

Dash-n 字段指定组成线型的段的长度。若长度为正,则表示是一下笔段,即为要画出的线段;若长度为负,则表示为一提笔段;长度为零则画出一个点。在 .LIN 文件中,每个线型定义应限制在 280 个字符以内。

(二)简单线型定义

了解了线型定义的结构后,下面以地形图图式中的小路为例,介绍通过编辑线型文件 ACAD. LIN 的方法来了解建立小路的过程。

【例 10-3】 根据线型定义构造出图 10-9 所示的小路。

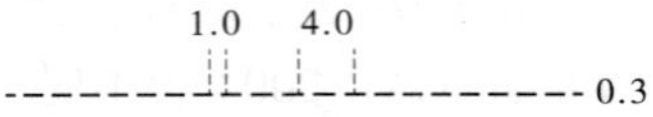

图 10-9 地形图图式中的小路

由图可知,地形图图式中的小路是一虚线,由短画线和空格组成。其中短画线长为 4.0 mm,空格宽为 1.0 mm,线宽为 0.3 mm。

首先说明的是,此处小路的线宽 0.3 mm 是无须考虑的,因为线宽可以在 AutoCAD 绘图时来控制。由于牵涉图形比例尺,这里短画线长 4.0 mm,空格宽 1.0 mm 是如何控制的呢?

前面已讲过,对于这类线型必须考虑到线型比例,那么线型比例 LTSCALE 的值为多少才合适?显然从表 10-1 中可以看出,取 LTSCALE 的值为 1.0 时最合适,于是图式中的小路可按 1∶1的比例来设计。换句话说,就是在设计小路时直接采用图式中规定的值。

第一步:打开 ACAD. LIN 文件,并在文件的最后输入下面两行:

*FOOTPATH,— — —

A,4,-1

第二步:保存此文件并退出文本编辑器,同样方法修改 ACADISO. LIN(必须保持两文件相同)。

第三步:加载 FOOTPATH 线型。

上面的例子完成了给 ACAD. LIN 文件加入新的线型定义,但并没有将它加到图形的线型符号表中,即没有应用于对象。要加载 FOOTPATH 线型到当前绘图中,在命令行键入 LINETYPE 命令,弹出线型管理器对话框如图 10-10 所示,点击“加载(L)...”按钮,在 acadiso. lin 或 acad. lin 文件的可用线型中找到 FOOTPATH,按“确定”返回线型管理器,此时 FOOTPATH 已在线型列表框中。

请读者按照下面的命令操作,绘制出线型后用 DIST 命令分别量出 FOOTPATH 线型的短画线和空格的长度,以及该线型的宽度。

命令:LINETYPE

当前线型:“ByLayer”

输入选项[?/创建(C)/加载(L)/设置(S)]:S

指定线型名或[?]<ByLayer>:FOOTPATH

输入选项[?/创建(C)/加载(L)/设置(S)]:

命令:PLINE

指定起点:0,0

当前线宽为 0.0

指定下一个点或[圆弧(A)/半宽(H)/长度(L)/放弃(U)/宽度(W)]:W

指定起点宽度 <0.0>:0.3

指定端点宽度 <0.300>:

指定下一个点或[圆弧(A)/半宽(H)/长度(L)/放弃(U)/宽度(W)]:10,10

指定下一点或[圆弧(A)/闭合(C)/半宽(H)/长度(L)/放弃(U)/宽度(W)]:

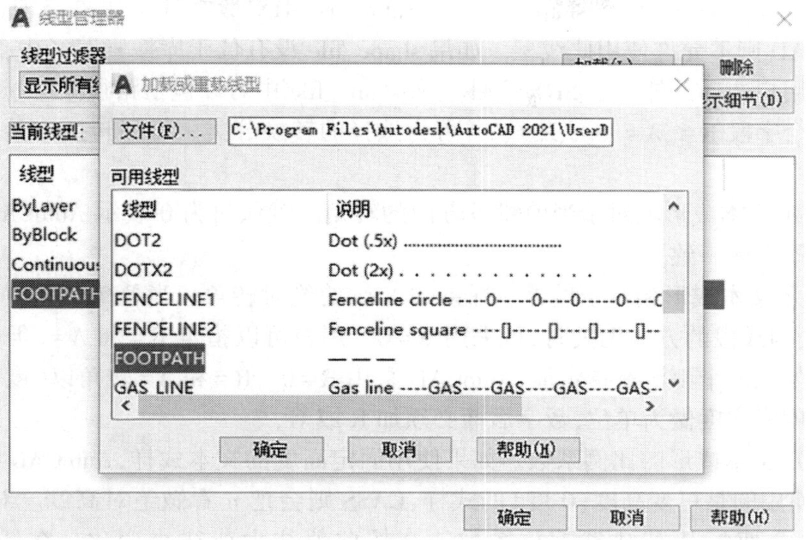

图 10-10　加载自定义线型

(三)复合线型定义

对于虚线和点虚线类的线型,如建设中的等级公路、大车路、乡村路、内部道路、村界等可按前面定义小路的方法进行自定义。但是对于复杂的线型,如陡坎、斜坡、栅栏、铁丝网、篱笆、不依比例围墙、国界等,在 AutoCAD 中要采用复合点画线型的定义方法。复合点画线型功能是线型的定义不再局限于线画、点、空格。用户可在定制的线型中嵌入单个文本字符串或由 SHX 文本定义的形。

复合线型定义语法的开头与前述简单线型相同,在定义行的方括号内增加了特殊参数以告诉 AutoCAD 如何插入文本或形。

例如:下面的线型定义,将显示出两种线型的形式。

＊GAS_LINE,_—_GAS_—_GAPS_—_GAS

A,0. 5,-0. 2,[“GPS”,STANDARD,S=0. 1,R=0. 0,X=-0. 1,Y=0. 05],-0. 25

＊FENCE_LINE,_—__0_—__—__

A,0. 25,[CIRC1,LTYPESHP. SHX,S=0. 1],-0. 2,1

绘制出线型如图 10-11、图 10-12 所示。

图 10-11　GAS_LINE

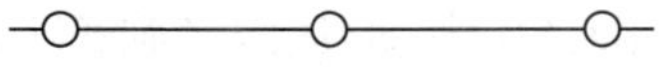

图 10-12　FENCELINE_LINE

复合线型嵌入文本字符串的语法为:

[“string”,style,R=n,A=n,S=n,X=n,Y=n]

嵌入形的语法是:

[shape,shape_file,R=n,A=n,S=n,X=n,Y=n]

“string”是双引号中的由一个或多个字符组成的文本串,shape 是 shape_file 文件中的形名。shape_file 中必须有形,否则 AutoCAD 不允许用户使用此线型。

Style 是文本式样的名字，shape_file 为 AutoCAD SHX 形文件。如果当前图形中没有 style，AutoCAD 则不允许使用此线型。如果 shape_file 没有位于库搜索路径中，AutoCAD 会提示并要求用户选择另外一个 SHX 文件。在 shape_file 中可以包括路径。

其余五个字段 R=、A=、S=、X=、Y=可为选择的转换分类。每种转换分类后面的 n 表示任意数字。

R=n 表示文本或形相对于当前线段方向的转角。默认时为 0 表示 AutoCAD 文本或形的方向与线段方向一致。

A=n 表示文本或形相对于世界坐标系的 X 轴的绝对转角。当希望文本或形总是以水平形式出现，与线段的方向无关时，可采用 A=0。用户可以指定 R=和 A=，但两者不能同时指定值。如果两个都没有指定值，AutoCAD 采用 R=0。R=和 A=转角以“度”为单位，如果希望以弧度或梯度做为单位，数字后面必须加 R 或 G。

S=n 确定文本或形的比例系数。如果使用固定高度的文本式样，AutoCAD 将此高度乘以 n。如果使用的是可变高度(0 度)的式样，CASS 则会把 n 看做绝对高度。对于形而言，S=缩放系数会使形从其缺省缩放系数 1.0 按此值往大或往小变化。在任何情况下，AutoCAD 通过 S=缩放系数与 LTSCALE(例如:0.5)和 CELTSCALE 的乘积来确定高度或缩放系数。因此，应该将 S=确定成正常 LTSCALE(例如:0.5)下以 1∶1为输出比例时所对应的值。这样当在比例不同的图中使用复合线型且将 LTSCALE 设成与各图比例相对应的值时，这些文本或输出的图纸上以相对应的尺寸出现。

X=n 和 Y=n 为可选项，它们确定相对于线型分类中的当前点的偏移量。默认时 AutoCAD 将文本串的左下角点或形的插入点放在此当前点。两个偏移量分别沿着当前线段方向(对于 X=)，沿着与当前线段垂直方向(对于 Y=)度量，就像有一个局部坐标系，它的 X 轴从当前线段的第一个端点指向第二个端点。因此，正的 X=偏移量会使文本或形朝着当前线段的第二个端点的方向移动，正的 Y=偏移量会使文本或形朝着 X=方向的 90°方向(逆时针)移动。这两个偏移量使文本或形的定位更精确。

由于复合线型涉及形文件，下面先对形文件作一简要介绍，然后以地形图图式中的陡坎为例详细介绍陡坎线型是如何创建的。

(四)形文件的结构

1. 形的概念

形是一种能用直线、圆弧和圆来定义的特殊实体，它可很方便地被绘入图形中，并可按需要依比例系数及旋转角度变化，以获得不同的位置和大小。

在 AutoCAD 中，形从定义到绘入图中需经以下几个步骤：

(1)按规定格式进行形定义。

(2)用文本编辑器或字处理器建立形文件。形文件类型为“.SHP”。

(3)对已生成的形文件进行编译，生成“.SHX”文件。

(4)装入编译后的形文件(“.SHX”文件)。

(5)使用形。

2. 定义形

定义形的文件称为形文件，它是一种“.SHP”类型的文件，并具有一定格式。AutoCAD 将忽略所有空行及分号右边的内容。建立或修改形文件可使用文本编辑器或字处理器，用文本保存文件。

3. 形定义的格式

形定义具有一定的格式和规定,用户必须严格遵守。每个形的定义包含有一个标题行和若干形描述行。

标题行以“ * ”开始,说明形的编号、大小及名称。格式如下:

*形编号,字节数,形名称

(1)形编号。每个形都定义有一个编号,占用一个字节,编号范围为 1~255。也就是说,一个形文件最多定义 255 个形。

(2)字节数。用于描述一个形所需的数据字节数,包括形描述结束符“0”所占用的字节。每个形的定义字节数不得超过 2 000。

(3)形名称。每个形必须有一个名字,且这个形名必须大写,否则形名会被忽略。

描述行在标题行之后,它是用数字或字母来描述形所包含的线段、弧的大小及方向。数字和字母分成一个一个字节,字节之间用逗号分开。描述行以“0”结束。每一形描述的字节数不能超过 2 000 个,包括结束符“0”。描述行的格式如下:

长度及方向码,特殊码

①长度及方向码。描述一个直线矢量的长度和方向需用 3 个字符,第一个必须是 0,它表示后边两个字符是十六进制数;第二个字符代表矢量的长度,有效值为 1~F(1~15 个单位长);第三个字符代表矢量的方向,方向编码见图 10-13。

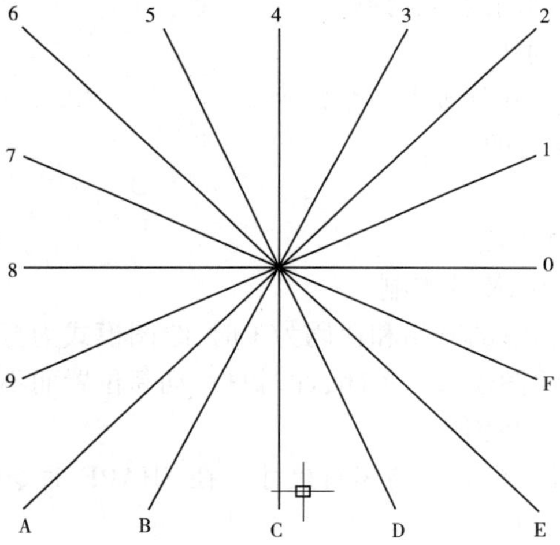

图 10-13 矢量方向编码

【例 10-4】 根据矢量方向编码构造如图 10-14 所示的形。

先按 1:1的比例绘出矩形图,根据矢量方向编码可知,该形的完整描述如下:

*230,6,DBOX

014,010,01C,018,012,0

第一行为标题行,它说明形编号是 230,定义所占用字节数为 6,形名为“DBOX”。

第二行为描述行,用 5 个字节描述五条线段,每个字节的第一位“0”代表后边两位数是十六进制数,第二位“1”表示矢量长度的单位长度,第三位数字表示矢量方向,最后一个字节“0”表示形定义的结束。

②特殊码。

为定义不同对象,如直线段、圆弧以及描述的各种状态,如抬笔、落笔和形定义结束等,AutoCAD 设定了一些特殊描述码。这些码是专用的,前两个字符均为 0。它们是:

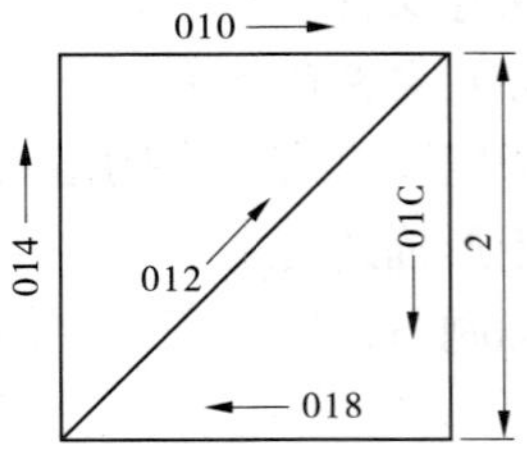

图 10-14　形 DBOX

000　　形定义结束

001　　激活绘图模式(落笔)

002　　关闭绘图模式(抬笔)

003　　用下一个字节除矢量长度

004　　用下一个字节乘矢量长度

005　　将当前位置压入栈

006　　将栈中内容弹出当前位置

007　　画出由下一个字节给出的子形

008　　下两个字节给出(X,Y)位移量

009　　由(0,0)结束的多个 X-Y 位移

00A　　由下两个字节定义八分弧

00B　　由下五个字节定义的小段弧

00C　　由(X,Y)位移和凸度定义的弧

00D　　多个指定凸度的弧

00E　　只在垂直文本方式处理下一个命令

下面详细介绍这些专用码的意义:

◇　代码 0:形结束

该码只是标志形定义的结束。

◇　代码 1 和代码 2:绘图模式控制

这些码控制绘图模式:当形的开始和代码为 1 时,绘图模式为打开。当绘图模式为打开时,落笔画线;代码为 2 时,绘图模式为关闭,此时只移动新位置而不画线。

◇　代码 3 和代码 4:尺寸控制

代码 3 和代码 4 控制每一个矢量的相对尺寸。在 SHAPE 命令中指定的高度是水平或垂直矢量(0,4,8,c)的初始长度。

代码 3 和代码 4 后面附带一个包含整数的比例因子(1~255)的字节。如果想用形的高度来确定整个形的大小,并用 10 个矢量长度来绘制它,可以用 3,10 来指定高度比例。

◇　代码 5 和代码 6:位置的保存与恢复

代码 5 和代码 6 用于画形时把当前坐标压入(保存)和弹出(重置)。这样就能从形中的后面的点返回到原先的位置。弹出时必须把压入栈中的所有内容全部弹出。位置栈只能放 4 个值。当栈满(由于过多的压栈或忘记弹栈)并画形时,就显示如下信息:

Position stack overflow in shape nnn(形编号 nnn 栈溢出)

相反,如果堆栈已空还要进行弹出操作或弹出的数量超过所压入的数量,将产生下溢,在画形时将显示如下信息:

Position stack underflow in shape nnn(形编号 nnn 栈下溢)

◇ 代码 7:子形

代码 7 是子形调用。附在代码 7 后面的是一个 1~255 的形编号。这时就画出该形编号所代表的形(这些形必须在同一个形文件中)。注意,绘图模式对新的形并不复位。当完成子形后,恢复当前形的绘制。

◇ 代码 8 和代码 9:X-Y 位移

正常的矢量字节只画 16 个方向,最长的长度为 15。这些限制有助于使形定义更简单,因为这样的线段都是前面所说的标准线段。但这样会产生一些局限。因此,代码 8 和代码 9 允许使用 X-Y 位移量来画非标准的矢量。代码 8 后面必须跟下列格式的两个字节:

8,X_displacement, Y_displacement

X 和 Y 方向位移的变化范围是-128~+127,数字前面的"+"号是可选的,而括号用于提高可读性。例如,8,(-10,3)将画出一个向左移动 10 个单位并向上移动 3 个单位的矢量。两个位移定义字节之后,形返回到正常矢量模式。

当需画出一系列非标准矢量时,使用代码 9。该码后面可跟任意个(X,Y)位移对,并由一个(0,0)对结束。例如:

9,(3, 1),(3, 2),(2, -3),(0, 0)

画出三个非标准矢量后,返回到正常的矢量模式。为了让 AutoCAD 识别正常的矢量或特殊码,所有的(X,Y)位移对序列以(0,0)结束。

◇ 代码 00A:绘制八分弧

特殊码 00A(或 10)使用下面的两个字节来定义一段弧。这种类型的弧之所以被叫作八分弧,是因为它的跨度是一个或多个 45°弧,并以八分弧边界开始和终止。如图 10-15 所示,八分弧从时钟上的三点钟位置逆时针方向编号。

弧的说明是:

10,radius,(-)0SC

行中的 10 即为八分弧的专用码(00A 的十进制数),半径 radius 的值可以是 1~255 的任何一个值。下一个字节指出弧的方向(正是逆时针,负是顺时针),S 为起始八分弧的符号,其值为 0~7,C 是该八分弧的跨度,该值是一个 0~7 的值,0 意味着有八个八分弧或一整弧,括号可用来提高可读性。

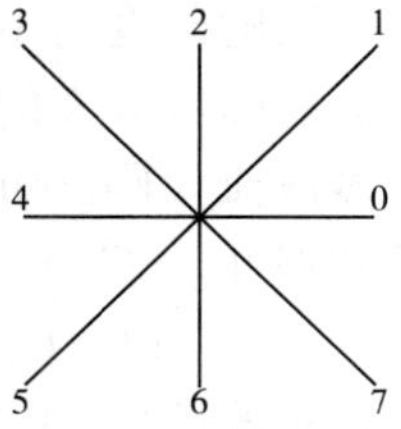

图 10-15 八分弧方向的编号

例如,考察下列形定义段:

…012,10,(1,-032),01E…

这段程序将向右上方绘制一单位矢量,然后从第三个八分弧开始绘制半径为一个单位的两段八分弧,最后沿右下方向绘制一个单位的矢量,如图 10-16 所示。

◇ 代码 00B:非标准弧

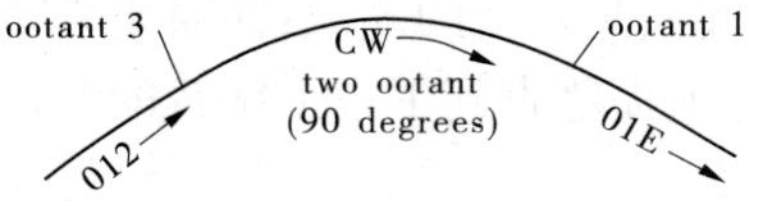

图 10-16

特殊码 00B(11)用于画那些起始位置和终了位置是非八分圆角边界的弧。该定义使用五个字节:

11,start_offset,end_offset,high_radius,low_radius,(-)0SC

起始和终了偏移 start _offset 和 end_offset 表示弧的开始处和结束处离八分弧边界的距

离。而 high_radius 则为半径值的高 8 位标记,若半径值小于 255 个单位值,该值将为零。此外,半径、控制字节与八分弧规范完全一样。八分弧(C)是包含这段弧的八分弧个数,而且 0 亦即为 8。通过计算起始八分弧的边界(45°的倍数)与弧的起点的度数的差,可以决定起始偏移量,然后将该差值乘以 256 再除以 45。若弧的起点在八分弧的边界上,则起始偏移量为 0。终止偏移角的计算与起始偏移角的计算相似,只是使用最后八分弧的边界值与弧的终止角的差值。若弧在八分弧上终止,则终止偏移角为零。

例如,一个 55°至 95°半径为三个单位的非标准弧编码如下:

11,(56,28,0,3,012)

解释:

起始八分弧 = 1 = 45°

结束八分弧 = 2 = 90°

起始偏移角 = 56 = [(55-45) * 256/45]取整

终止偏移角 = 28 = [(95-90) * 256/45]取整

◇ 代码 00C 和代码 00D(12 和 13):凸弧

特殊码 00C 及 00D 提供在形定义中包含部分弧的另一种方法。它们近似于代码 8 与代码 9,允许指定(X,Y)位移,但是代码 00C 与 00D 允许在画弧时把凸起因子应用到偏移矢量中。代码 00C 画一个单段弧,而代码 00D 直到被(0,0)结束之前画多个单段圆弧。代码 00C 后面必须跟三个字节并用其描述该弧,如下所示:

0C,X_displacement,Y_displacement,Bulge

X 和 Y 的位移值变化范围可以是-127 ~ +127,用于指出弧的曲度的凸起度(bulge),其变化范围也是-127 ~+127。如图 10-17 所示,如果由位移量所指定的线段的长度为 D,线段中点的垂直高度为 H,则凸起度为((2 * H/D) * 127)。如果弧从当前位置到新的位置是顺时针方向,则符号为负。

半圆的凸度为 127(或-127),也是使用这些码所能表示的最大弧。凸度为零的弧也是有效的,它表示一条直线。

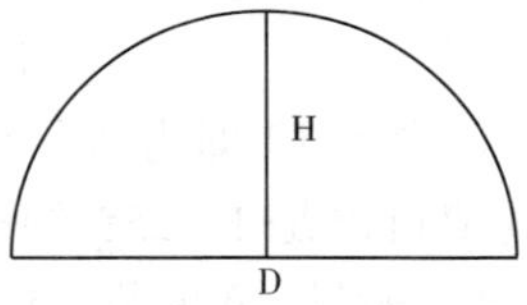

图 10-17 半圆弧

多段弧代码(00D 或 13)后跟零或多个圆弧且由一个(0,0)位移终止。例如,字母 S 的形描述可由下列序列来定义:

13,(0,5,127),(0,5,-127),(0,0)

在多段弧中,零凸起度由于它能表示直线段,所以非常有用,它比终止一个多段弧,插入一直线段再开始新的多弧段效率更高。

◇ 代码 00E(14):标志垂直文本命令

代码 00E(14)用于双方向的文本字体描述中,这时字体可以用于水平方向和垂直方向。当在字符定义中碰到该特殊码时,下一个码是处理还是被跳过,将取决于文本是水平方向还是垂直方向书写。若是垂直方向书写,则处理;否则,则跳过。对于水平方向文本,每一个字符的起点是基线的左端;而对于垂直方向文本,起点则是字符的顶部中心。在每个字符的结尾,必须提笔直到下一个字符的起点。对水平文本来说,结尾在右边;对垂直文本来说,结尾在下面。

特殊码 00E(14)主要用于调整起始点与终止点的差。允许同一字符形定义既可以用在水平方向,也可以用在垂直方向。如例 10-5 所示,大写 D 既可以用于水平方向,也可以用于垂直方向。

(五)形文件的编译与调用

第一步:建立形文件。

形文件是一个 ASCII 码的文件,按照上面所讲形的定义格式利用文本编辑器或字处理器来建立一个 . shp 形文件。

第二步:编译形文件。

用文本编辑器建立的 . shp 形文件,不能被 AutoCAD 直接调用,必须经过编译才行。编译形文件就是把 ASCII 码的 . shp 形文件转换成 LOAD 或 STYLE 命令所接受的格式,即生成 . shx 文件。

对形文件进行编译的命令及格式为:

命令:COMPILE

AutoCAD 将显示 "选择形或字体文件" 对话框,提示用户输入要编译的 . shp 形文件名。

编译完成后,屏幕上显示如下信息:

编译形/字体说明文件

编译成功。输出文件 C:\Documents and Settings\Administrator\桌面\ltypeshp. shx

包含 103 字节。

被编译后形成的文件名与原定义的文件名相同,只是扩展名变成 . shx,这是一个可被 LOAD 命令装入 AutoCAD 系统的文件。

注意:如用户要直接使用形文件需执行第三、四步。如果只是调用形来定义线型符号,到此即可编辑线型文件。

第三步:加载形文件。

编译后的形文件在被使用前必须被加载到 AutoCAD 系统中。加载形文件的命令为 LOAD,它的功能是将 . shx 文件自动加载。

第四步:插入形。

当形文件被加载后,我们就可以用 SHAPE 命令把形插入当前绘制的图形中去。形被插入时,可以放大、缩小或改变其方向,与插入块相同。

(六)陡坎线型符号的建立

【例 10-5】 根据形的定义建立陡坎线型符号如图 10-18 所示。

由地形图图式中的陡坎符号可知,相邻两个齿牙间的间距为 2 mm,齿牙高为 1 mm。

陡坎线型

符号的建立

第一步:建立形文件。

先将陡坎线型符号分解成单个的"⊥"形符号,然后按 10:1的比例画出"⊥"形符号的形状(见图 10-19),并对照标准矢量方向编码,写出其形的完整定义如下:

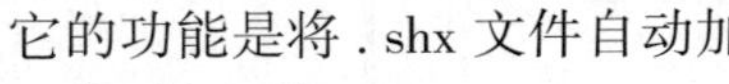

图 10-18 未加固陡坎

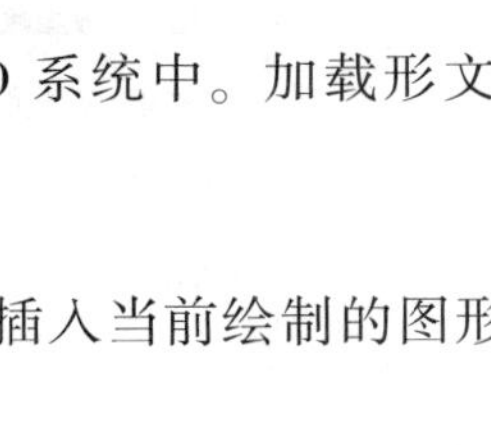

图 10-19

*100,9,RIDGE

003,00A,001,0a0,002,058,001,054,0

解释如下：

形的编号为100,共9个字节,形名为RIDGE。

描述行的前两个字节是(3,10),其含义是后面所有矢量均被10除。字节1为落笔画线,后面的0a0表示沿水平方向画长度为10个单位的矢量。字节2为抬笔不画线,后面的058表示将笔水平向左移动到"⊥"形符号的底部中心。后面的字节1为落笔画线,054表示向上画长度为5个单位的矢量,最后的0表示形定义结束。

将上述定义写入记事本,并以"MyLine.shp"保存在AutoCAD的support目录下。

第二步:编译形文件。

在命令行键入COMPILE命令,输入形文件"MyLine.shp"按确定,这样编译好的"MyLine.shx"文件就出现在相同的目录下面。

第三步:建立陡坎线型文件。

打开记事本,输入下面两行陡坎线型的完整定义,然后以"MyLine.lin"保存在AutoCAD的support目录下。

*RIDGE, ---|---|---

A,1,[RIDGE,MYLine.SHX,S=2],1

第四步:加载"MyLine.lin"线型文件,并将名为RIDGE的线型设置为当前线型,如图10-20所示。

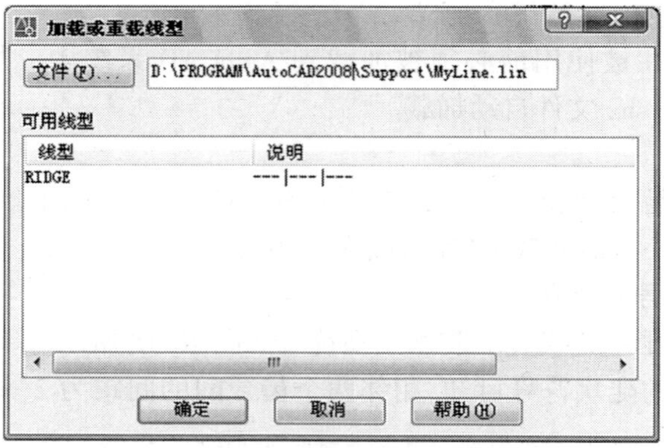

图10-20　加载RIDGE线型

启动PLINE画线命令,我们所期待的陡坎线型就这样制作好了。

下面给出栅栏线型符号的形的完整定义,其他线型可仿此建立。

*101,4,FENCEA

003,00A,0aC,0

*102,9,FENCEB

003,00A,002,050,001,00A,(005,000),0

对应的线型文件中线型定义如下：

*FENCE,--|---@---|---@---|---@--

A,4.5,[FENCEA,Myline.SHX,Y=1],4.5,-0.5,[FENCEB,Myline.SHX],-0.5

二、定制植被填充图案

AutoCAD 提供的标准图案填充是由名为 ACAD.PAT 的标准图案库文件定义的。标准图案库包含有通用的各种图案。由于库中提供的填充图案在地形图式中不可用,为此需按照定义线型的方法对图案进行设计。ACAD.PAT 与 ACAD.LIN 一样,也是一个文本文件,直接用记事本打开可进行修改和编辑,以满足我们的需要。

(一)图案的构成

一个阴影填充图案由一簇或几簇有规律的图案线组成,每一簇图案线中的各条线相互平行且线型相同。因此,只要确定了该线簇中的一条基准图案线的方向、线型及其相邻平行线与该基准线的相对位置,则这一簇图案线就唯一确定。

在 AutoCAD 中,基准图案线的方位由三个参数决定,即基准线起点在绘图坐标中的坐标及基准线与 X 轴的夹角 A(逆时针方向为正)。基准图案线的线型与 AutoCAD 线型库中线型参数完全相同。当线型为实线时可以不定义。在基准图案线确定以后,相邻平行线与基准图案线的相对位置由两个参数确定,即相邻平行线起点与基准图案线起点在线的长度方向上的距离 dL 和平行线间的距离 dS。图 10-21 为上述几个参数的几何意义。一般情况下取 dX=0,dY=0。

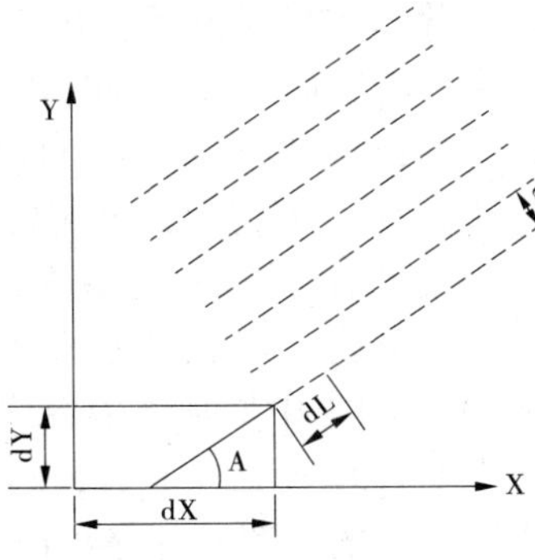

图 10-21　定义阴影填充图案的参数

若一个图案线由几簇平行线叠加而成,则要对每簇平行线分别确定上述参数。

(二)图案的定义格式

在 AutoCAD 的图案库文件中,图案的定义采用如下格式:

*图案名[,图案描述说明]

定义第一簇平行线的参数

定义第二簇平行线的参数

……

在上述格式中,方括号内是对该图案的进一步说明,可以省略。定义每一簇平行线的参数为一行,各参数之间用逗号分开。每一行的定义格式如下:

A, dX, dY, dL, dS[, 定义线型的一组参数]

其中方括号内为选项,当线型为实线时不需此项。

【例 10-6】　定义如图 10-22 所示的倒 U 形按行和列分布的图案。

该图案由三簇平行虚线叠加而成。第一簇是倒 U 的左边竖线簇,第二簇是上边横线簇,第三簇是倒 U 的右竖线簇。因此,要定义三组参数:

第一组:起点取在左边原点,自下而上画线,故

A=90 dX=0 dY=0 dL=0 dS=0.75

第二组:起点取在左竖线末端,自左向右画线,故

A = 0 dX = 0 dY = 0. 25 dL = 0 dS = 0. 75

第三组:起点取在上横线末端,自上向下画线,故

A = -90 dX = 0. 25 dY = 0. 25 dL = 0 dS = 0. 75

上述三簇虚线的线型定义均为

0. 25, -0. 25

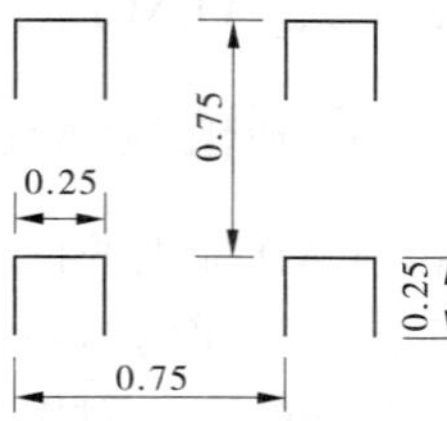

图 10-22 倒 U 形填充图案

若把此图案名取为 DU,图案描述说明为 daoyou,则此图案的 AutoCAD 定义为:

* DU, daoyou	[图案名及图案描述说明]
90, 0, 0, 0, 0. 75, 0. 25, -0. 5	[左边竖线簇定义]
0, 0, 0. 25, 0, 0. 75, 0. 25, -0. 5	[上边横线簇定义]
-90, 0. 25, 0. 25, 0, 0. 75, 0. 25, -0. 5	[右边竖线簇定义]

(三)图案文件的建立与应用

图案文件的定制是在 AutoCAD 的标准案库文件 ACAD. PAT 中增加新内容或修改原有的图案定义的;也可以建立用户自己的图案文件,其文件扩展名必须为 PAT,文件主名任意,但不能是 ACAD。为使用方便,最好将用户图案文件存放在 ACAD. PAT 所在的目录下。须注意的是,AutoCAD 的用户图案文件中只允许定义一种图案,且图案名必须与图案文件同名。如果用户要建立几个图案,就要分别建立几个图案文件。

在 ACAD. PAT 中增加新内容或修改原有的图案步骤如下:

用记事本打开 ACAD. PAT,在该文件的结束处,按上节所述的图案定义格式插入新增加图案并存盘退出。注意不能插在原有的某一图案定义的中间,若需修改原有的图案定义,只需找到该图案的定义,直接修改其定义参数并存盘退出即可。

图案填充符号三维建立

启动 AutoCAD,即可用新增加或修改后的图案填充。图案填充方法与 AutoCAD 中原标准图案填充方法相同。

【例 10-7】 根据图案的定义建立旱地图案填充符号(如图 10-23 所示)。

第一步:确定旱地填充图案定义。

由图 10-23 旱地填充符号可知,该图案由两个"⊥"符号(三组平行线叠加)组成,即由六簇虚线构成,两个横虚线为 2,-18,四个竖虚线为 1,-19,共需定义六组参数。

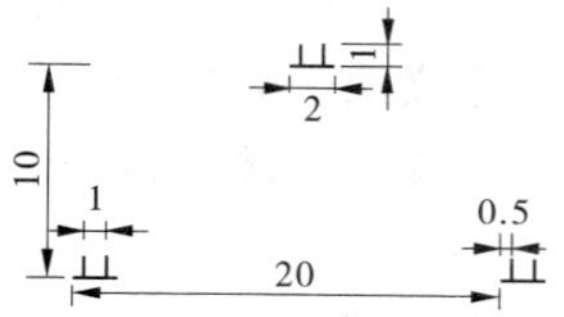

图 10-23 旱地图案填充符号

旱地填充图案参数定义如下:

* Dryland,旱地	
0,0,0,0,20,2,-18	[第一个符号横线簇定义]
0,10,10,0,20,2,-18	[第二个符号横线簇定义]
90,0. 5,0,0,20,1,-19	[第一个符号左竖线簇定义]
90,10. 5,10,0,20,1,-19	[第二个符号左横线簇定义]
90,1. 5,0,0,20,1,-19	[第一个符号右横线簇定义]
90,11. 5,10. 0,0,20,1,-19	[第二个符号右横线簇定义]

第二步:写入 ACAD. PAT 文件。

用记事本打开 ACAD. PAT 文件,在文件的末尾添加上述定义内容并存盘。须注意,同

线型文件一样,用同样方法修改 ACADISO. PAT 文件(两文件必须保持相同)。

下面我们要看看是否在 AutoCAD 系统中定义了 Dryland 图案。

启动 AutoCAD,在命令行键入 HATCH 后,弹出“图案填充和渐变色”对话框,点击图案中的“…”按钮,在“填充图案选项板”对话框中选择“其他预定义”页,即可找到 Dryland 定义图案,如图 10-24 所示。

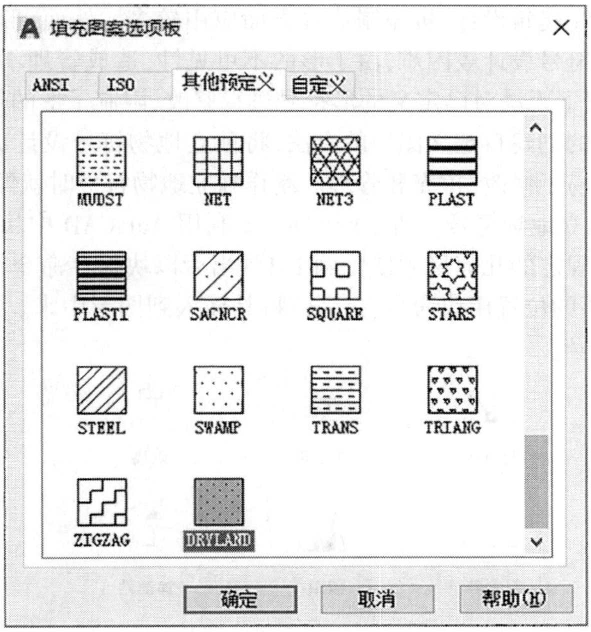

图 10-24　Dryland 定义图案

作为练习,先在 AutoCAD 中画一个闭合的图形,然后用我们刚定义的旱地填充图案检验一下填充后的旱地符号是否满足图式中的规定要求。

以下是水稻田和菜地填充图案参数的定义,其他的地形图填充图案可按此步骤进行设计。

*Paddy,水稻田

90,0,0,0,20,3,-17

90,10,10,0,20,3,-17

45,0,0,0,14.14213562,0.707106781,-13.43502884

135,0,0,0,14.14213562,0.707106781,-13.43502884

*Kaleyard,菜地

45,0,0,0,14.14213562,2,-12.14213562

135,0,0,0,14.14213562,1,-13.14213562

0,-1,0,20,20,2,-18

第三节　创建地形图独立地物符号

上一节设计的是线性符号和面状填充符号,在地形图图式中有相当一部分是不依比例尺的地物符号。地物符号的设计可采用前面介绍的形的创建方法。形的优点是执行效率高,占用内存少,因此在建筑设计、机械制造等方面应用较多。然而,形也有致命的弱点,主要是初学者对复杂的符号设计较困难,由于形的不可见性,造成管理不便;另外就是用户在只有 SHX 文件的情况下无法对已定义的形符号进行修改,限制了形的使用范围。

利用第八章学过的创建自定义图块的方法,将独立地物符号设计成图块则要相对简单得多,而且直观性强,易于修改、扩充和管理。制作独立地物符号时就像平常作图一样,直接在 AutoCAD 中画出独立地物符号。所不同的是,要利用 AutoCAD 中块的特性,将独立地物符号按地形图图式中规定的几何尺寸依比例 1:1画出后以块保存命令将其保存为一个个独立的图形文件,在需要的位置用块命令(insert)将其插入到图形中来。图 10-25 为地形图图式中部分独立地物符号。

图 10-25　图式中部分独立地物符号

一、图块地物符号的制作方法

(一)确定地物符号定位(插入)点

在地形测量中,由于地物的实际几何尺寸较小无法按比例尺缩绘在图纸上时,必须在图上用一个规定的地物符号来表示,并把这个地物符号放在实际地物的位置(点)上。测量学中称之为不依比例地物符号。这类符号不能代表实物本身的大小,只能表示实物在图上的位置。由于代表实际地物的地物符号是有几何尺寸的,我们要在地物符号上定位一点,在绘图时使之与实际地物的点重合,这个点就是地物符号的定位(插入)点。

地形图图式中,约有 300 个不依比例地物符号。由图式不难看出,地物符号定位(插入)点并不是符号的几何中心位置。例如,图 10-26 中左边水塔的定位点在水塔的底部中间,右边散热塔的中心点位于圆状物的圆心处。图 10-27 中的路灯,其定位点在底部的圆心,加油站的定位点在底部的拐角处,假山的

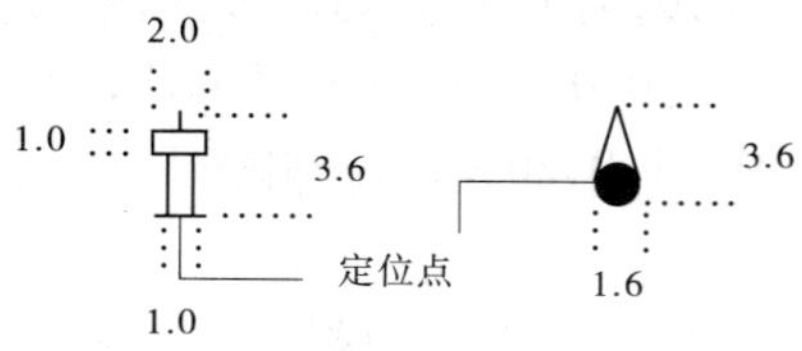

图 10-26　地物符号定位点(一)

定位点在底部横线的中心，喷水池的定位点位于中间的圆心处。

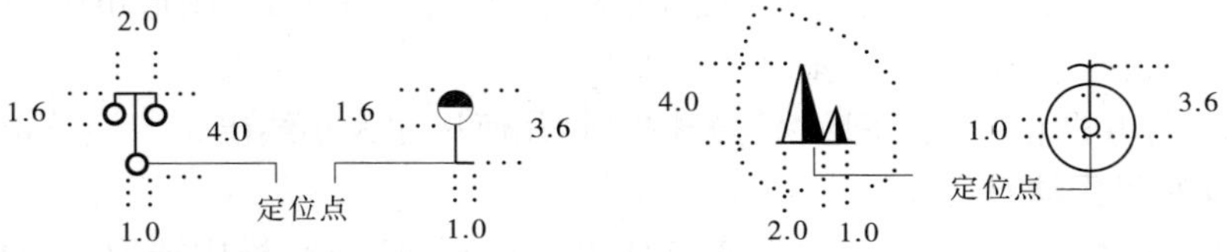

图 10-27　地物符号定位点(二)

地形图图式中对定位点的说明如下：

(1)圆形、矩形、三角形等几何图形符号，在其图形的中心。

(2)宽底符号(如蒙古包、烟囱、独立石等)，在底线中心。

(3)底部为直角形的符号(如风车、路标等)，在直角的顶点。

(4)几种图案组成的符号(如气象站、雷达站、无线电杆等)，在其下方图形的中心或交叉点。

(5)下方没有底线的符号(如窑、亭、山洞等)，在其下方两端点间的中心点。

(6)不依比例表示的其他符号(如桥梁、水闸、拦水坝、溶斗等)，在符号的中心点。

(二)依比例 1:1绘制地物符号

在绘制地物符号之前，一定要将相关参数进行设置(见图 10-28)。具体参数设置如下：

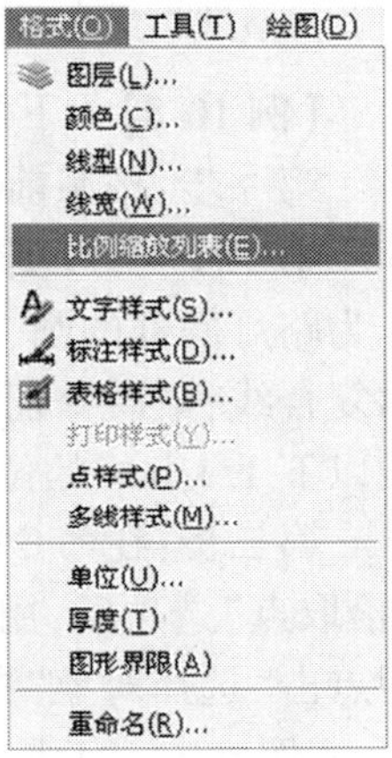

图 10-28　参数设置

(1)启动 AutoCAD，在“创建新图”对话框中选取“公制”，并确认当前层设为 0 层。

(2)在命令行输入下面设置命令，确保当前图层的线型为“CONTINUOUS”，线宽为 0 mm，当前图层的线型比例因子为 1，以及 X 和 Y 方向的栅格间距为 0.5。

命令：_LINETYPE

当前线型：“ByLayer”

输入选项［？/创建(C)/加载(L)/设置(S)］：S

指定线型名或［？］<ByLayer>：CONTINUOUS

输入选项［？/创建(C)/加载(L)/设置(S)］：

命令：PLINEWID

输入 PLINEWID 的新值 <0.000>：0

命令：LTSCALE

输入新线型比例因子 <1.000>：1

命令：GRIDUNIT

输入 GRIDUNIT 的新值 <10.000,10.000>：0.5,0.5

命令：SNAPUNIT

输入 SNAPUNIT 的新值 <10.000,10.000>：0.5,0.5

(3)在主菜单“格式(O)”中选择“比例缩放列表(E)”子菜单，在弹出的“编辑比例缩放列表”对话框中,选取比例 1:1 ,即 1 图纸单位 = 1 图形单位。

(4)在主菜单“格式(O)”中选择“单位(U)”子菜单,在弹出的“图形单位”对话框中,选取毫米为插入单位。

设置完后,打开栅格网点,将地物符号按实际几何尺寸大小绘出。

(三)地物符号图块存盘

绘制完地物符号后,在命令行输入 WBLOCK,在“写块”对话框中选取基点的“拾取点”选项后,用鼠标捕捉地物符号的中心(插入)点,然后点击“选择对象”按钮,选择图形,最后输入图形文件名,按确定。

至此,完成了图块符号的制作,可用 INSERT 命令插入到当前图形中。

二、制作地物符号图块

【例 10-8】 下面以路灯为例,详细介绍路灯符号的制作方法和具体步骤。

第一步:按照前面的方法对绘图环境进行设置。

第二步:打开栅格(间距为 0.5),先以任意一个栅格点为圆心,画半径为 0.5 mm 的圆,作为路灯底部的圆,如图 10-29 所示,然后在命令行键入 PLINE,按图式给出的尺寸分别绘出复合线,最后分别绘出左右两个半径为 0.5 mm 的圆。由于最后两个圆的圆心在顶部横线以下 1.1 mm 的位置,此时可将栅格的间距重新定义为更小的 0.1,便于精确控制圆心。

第三步:在命令行键入 WBLOCK,在对话框中选取基点的“拾取点”选项后,用鼠标捕捉路灯底部圆心作为块插入点,然后点击“选择对象”按钮,选择路灯,最后输入图形文件名 road-lamp,按确定。于是图块路灯符号就做好了,绘图时在任何位置都可以用 INSERT 命令插入到图中。

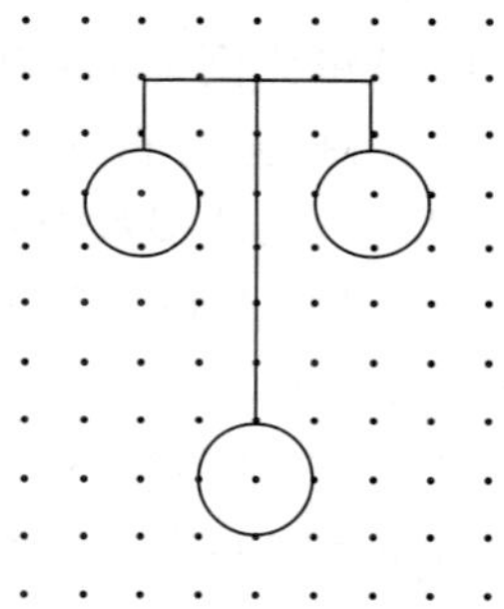

图 10-29 路灯符号

按照路灯符号的块制作方法,可以很方便地制作出其他的地形图地物符号来,并将它们放在同一个目录下形成自己的符号库。南方 CASS 地形地籍成图系统的地物符号库放在安装路径的 BLOCK 目录下,读者可直接复制使用。

最后需重申一下,前面我们曾学过用 BLOCK 命令也可以定义图块,但用这个命令定义的图块只能在图块所在的当前图形文件中使用,不能被其他文件引用。换句话说,现定义现使用。而用 WBLOCK 命令定义的图块由于单独以图形文件(*.dwg)形式存盘,所以可供其他图形文件插入和引用。虽然用 WBLOCK 保存的图形文件和用 save(或 save as)保存的图形文件无任何区别,但后者主要用于图形的拼接。

第四节 展绘控制点与绘制碎部点

一、展绘控制点

地形测量中,各级控制点是地形碎部测量的基础,在地形中具有重要的作用,通常按地形图图式中规定的控制点符号表示在图上(见图 10-30)。在展绘控制点之前,需按上节讲过的方法制作各级控制点符号,并假定已将图 10-30 所示的 GPS 控制点符号根据块定义并用文件名 KZDGPS 将其保存在 AutoCAD 的目录中。下面将介绍如何展绘 GPS 控制点。

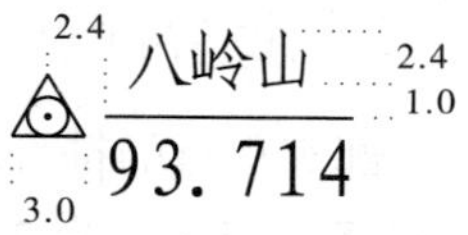

图 10-30　GPS 控制点

【例 10-9】　假设有一 D 级 GPS 控制点，点名为八岭山，其测量坐标为 X＝3411662.919 m，Y＝574074.211 m，H＝93.714 m。现按绘图比例尺为 1∶2 000 展绘该控制点，并注记点名和高程。步骤如下：

第一步：启动 AutoCAD，在“创建新图形”对话框中点取单选钮“公制（M）”。

第二步：创建 KZD（控制点）图层，设置为红色，并将 KZD 图层设为当前图层。

第三步：进一步设置“continuous”线型，并将线宽变量置为 0。

第四步：用 INSERT 命令插入 GPS 控制点符号，在插入对话框中分别填入测量坐标（注意测量 X、Y 坐标与图中 X、Y 坐标的顺序），在缩放比例框中填入 2，角度框中填入 0，如图 10-31 所示。按确定返回 AutoCAD 绘图界面。

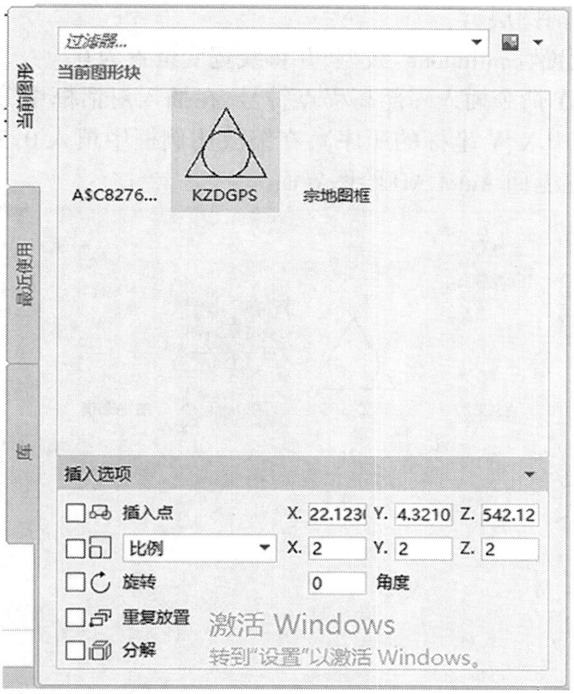

图 10-31　展绘 GPS 控制点

第五步：按照图 10-31 中标注的尺寸放大一倍，即将控制点名“八岭山”和高程值“93.714”的字高设为 4.8，上下字的边线与分数线空宽为 2，分数线左端离控制点符号中心空宽为 4.8。过符号中心用 PLINE 命令画出分数线，在分数线两边用 TEXT 命令标注点名（按中下对齐）和高程值（按中上对齐）。具体文本标注参见本章第六节。

最后将当前图层设为 0 层。完成展绘后的 GPS 控制点如图 10-32 所示。

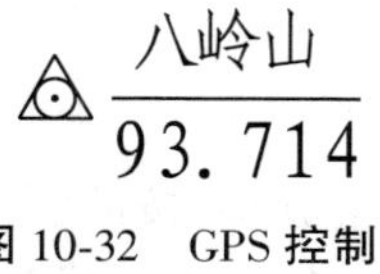

图 10-32　GPS 控制点

试一试，若将此 GPS 控制点按绘图比例尺为 1∶500 进行展绘，如何操作？

二、绘制碎部点

碎部高程点的符号和高程标注如图 10-33 所示。点符号为一实心圆,半径为 0.5 mm,右边数字注记字高为 2.0 mm,中间的空宽为 2.0 mm。同样地,我们假定已将如图 10-33 所示的点符号根据块定义并用文件名 POINT 将其保存在 AutoCAD 的目录中。下面将通过例子来介绍碎部点的绘制。

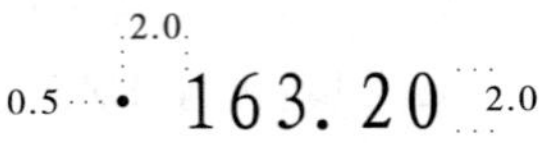

图 10-33 高程点

【例 10-10】 假设一碎部点,点号为 108,测量坐标为 X = 3 411 728.019 m,Y = 573 194.257 m,H = 87.605 m。现按绘图比例尺为 1:500 展绘该碎部点,并注记点号和高程。操作步骤如下。

第一步:启动 AutoCAD,在“创建新图形”对话框中点取单选钮“公制(M)”。

第二步:分别创建 GCD(高程点)和 ZDH(展点号)图层,并相应地设置为红色和黄色,先将 GCD 图层设为当前图层。

第三步:进一步设置“continuous”线型,并将线宽变量置为 0。

第四步:用 INSERT 命令插入碎部高程点符号,在插入对话框中分别填入测量坐标(注意测量 X、Y 坐标与图中 X、Y 坐标的顺序),在缩放比例框中填入 0.5,角度框中填入 0,如图 10-34 所示。按确定返回 AutoCAD 绘图界面。

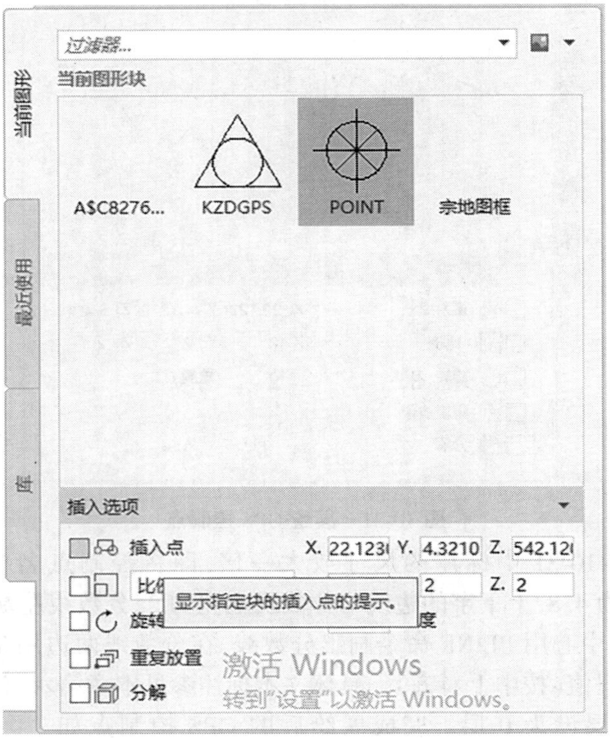

图 10-34 展绘碎部点

第五步:按照图 10-33 中标注的尺寸缩小一倍,即将高程和点号注记的字高设为 1.0,注记和点符号空宽设为 1.0。在点符号的右边用 TEXT 命令(按左中对齐)标注高程值。

第六步：将 ZDH 层设为当前图层，在点符号的下边用 TEXT 命令（按中上对齐）标注点号。

具体文本标注参见本章第六节。最后将当前图层设为 0 层。完成展绘后的碎部高程点如图 10-35 所示。

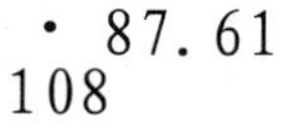

图 10-35　碎部点

第五节　等高线的绘制

在地形图中，等高线是表示地貌起伏的一种重要手段。传统的平板或经纬仪测图，等高线是由手工描绘的。手工勾绘等高线时，首先用铅笔轻轻描绘出山脊线、山谷线等地性线，然后根据碎部点的高程内插出等高线高程。在内插等高线高程时，把相邻点间的坡度看成是均匀的（如图 10-36 中的 A、B 两点）。因此，根据等高线的平距与高差应成正比，就可以定出任意相邻两点间的各条等高线通过的位置。根据图 10-36 所示的数据，计算出各等高线高程距起点 A 之间的平距：

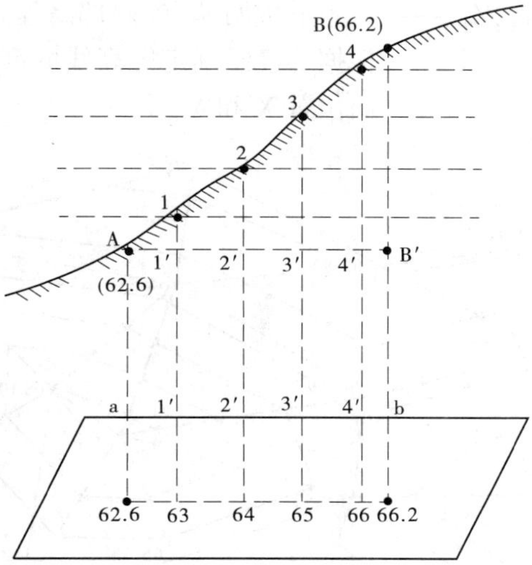

图 10-36　等高线的内插

计算每 1 m 等高线的平距为

$$d_{1\,\mathrm{m}}=\frac{\mathrm{ab}}{66.2-62.6}=\frac{\mathrm{ab}}{3.6}$$

由 A 点到 1（63 m）的水平距离为

$$\mathrm{a1'}=\frac{\mathrm{ab}}{3.6}\times(63-62.6)=\frac{\mathrm{ab}}{3.6}\times 0.4$$

由 A 点到 4（66 m）的水平距离为

$$\mathrm{a4'}=\frac{\mathrm{ab}}{3.6}\times(66-62.6)=\frac{\mathrm{ab}}{3.6}\times 3.4$$

式中　ab——A、B 两点间在图上的平距，可用比例尺量得。

在 AutoCAD 中绘制等高线的方法与传统的手工勾绘方法类似，但是其方法更一般且更加概念化了。下面首先介绍数字测图中一个重要的概念：数字地面模型（Digital Terrain

Model，简称 DTM）。

数字地面模型，是指在一定区域范围内格网点或三角网点的平面坐标（X，Y）和其地物性质的数据集合，如果此地物性质是该点的高程 Z，则此数字地面模型又称为数字高程模型（DEM）。地形测量中，建立 DTM 是将所有的离散地形点按一定的规则和要求连接成相互相邻的三角形，每个三角形代表空间一个面，所有的连续三角形代表了地面的一个部分。这个数据集合从微分角度三维地描述了该区域地形地貌的空间分布。

简单地讲，在 AutoCAD 中绘制等高线，首先要把图中的离散碎部高程点用三角形连接起来，形成如图 10-37 所示的三角网，然后用数学方法确定三角形的每一条边上是否有等高线通过，如有等高线通过，则按下面公式计算出等高线的平面坐标

$$\begin{cases} X = X_1 + \dfrac{X_2 - X_1}{Z_2 - Z_1} \times (Z - Z_1) \\ Y = Y_1 + \dfrac{Y_2 - Y_1}{Z_2 - Z_1} \times (Z - Z_1) \end{cases}$$

式中 (X_1, Y_1, Z_1)、(X_2, Y_2, Z_2)——三角形边两端点（碎部高程）的三维坐标，是已知的。根据等高距确定等高线的高程 Z 后，计算出相应的平面位置 X 和 Y。

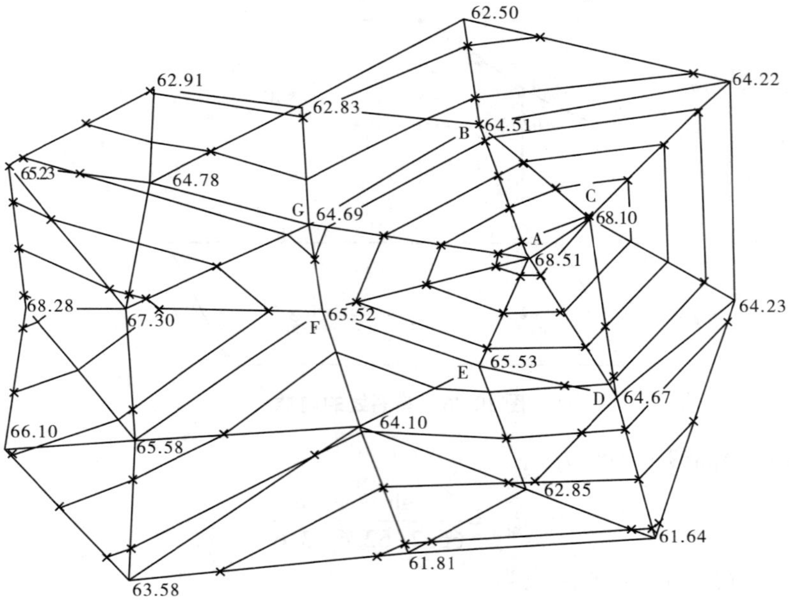

图 10-37　DTM 建立与等高线的内插

例如图 10-37 中的七个高程点 A—G，构成六个三角形。A、B 两点的高程分别为 68.51 m 和 64.51 m，65 m 的等高线从三角形边 AB 上通过。将 A、B 两点的坐标和高程，以及 Z=65 代入上述公式，计算出在 AB 边上通过的位置，用"×"号标示；同样可计算出当 Z=66、67 和 68 时等高线在边 AB 上通过的位置，用"×"号标示。

同样的方法分别计算出当等高线为 62 m、63 m、64 m、65 m、66 m、67 m 及 68 m 时，各三角形边通过的位置，然后将相邻三角形边上高程相同的点（"×"号标示）用 PLINE 命令画线

连接起来,得到如图 10-37 所示的没有拟合的等高线图。

最后执行 PEDIT 命令后选用“样条曲线(S)”进行光滑处理,得到如图 10-38 所示的等高线。

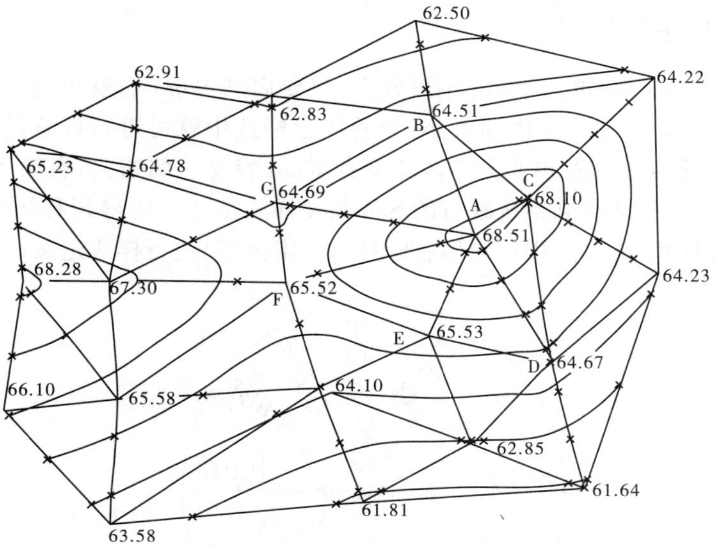

图 10-38 样条光滑后的等高线

综上所述,在 AutoCAD 中绘制等高线的步骤如下。

第一步:按照如前所述的方法根据比例尺绘制碎部高程点,注记相应高程。

第二步:分别新建 SJW 图层(白色)和 DGX 图层(黄色),设置“continuous”线型,线宽置零。

第三步:置当前图层为 SJW 图层,用 PLINE 命令,将每相邻最近三点画线闭合。注意两个三角形不能相交,亦不能重合,且每个三角形的角不能太小,也不能太大。

第四步:根据等高距确定图中可能等高线出现的值,如图 10-37 中等高线的高程从 62 到 68,并按公式计算三角形每一条边等高线通过的坐标,在图上用“×”标示。

第五步:置当前图层为 DGX 图层,将相邻三角形边上高程相同(“×”标示)的点用 PLINE 命令根据线宽画线连接起来,最后执行 PEDIT 命令后选用“样条曲线(S)”进行光滑处理。

注意:在用 PLINE 命令画等高线时,需要根据图式输入线宽。当比例尺为 1∶1 000 时,首曲线线宽为 0. 15,计曲线线宽为 0. 3;当比例尺为 1∶2 000 时,首曲线线宽为 0. 3,计曲线线宽为 0. 6;当比例尺为 1∶500 时,首曲线线宽为 0. 075,计曲线线宽为 0. 15。

第六节 文字注记

字符注记是地形图不可缺少的一项重要内容,是判读地形图的直接依据。字符注记包括文字注记和数字注记,如地理名称、建筑物结构、路面材料、地面高程、水深等。

一、地形图字体注记要求

地形图上注记的字符,其字号、字形及方向都有不同的规格和要求。字符注记的方向可按实际情况分别采用水平字列、垂直字列、雁行字列及屈曲字列。居民地名称、自然地理名称、说明注记及数字注记的字向均为正向字头朝北图廓，街道名称、铺面材料注记、管线属性注记等字向及字序则按方向变化，如图 10-39 所示。注记的字体、字号如表 10-3 所示。

二、AutoCAD 字体标注

我们都用过 Microsoft Office Word 编辑软件，只要启动 Word 后就可进行文字编辑。如果要改变某一段文本的字体、颜色和大小，只要用鼠标选中就可进行任意设置，非常方便。然而，在 AutoCAD 中标注随意想要的字体却没有 Word 容易。例如，当启动 AutoCAD 后，用 TEXT 命令书写文字，只能得到系统缺省的 Standard 样式字体。要得到其他样式的字体，需要对不同的字体(如粗等线体、中等线体、细等线体、宋体等)进行样式定义。

图 10-39　字符注记方位

表 10-3　1∶500～1∶2 000 地形图图式字体规定一览表

注记项目	字体	字号(mm)			斜向	宽度系数
		一级	二级	三级		
县级以上名称注记	粗等线体	7.5	6.0		无	1.0
乡镇政府名称注记	中等线体	5.5			无	1.0
村级名称注记	细等线体	4.5	3.75		无	1.0
名称注记	细等线体	4.0	3.5	2.75	无	1.0
性质说明	细等线体	3.0	2.5		无	1.0
数字注记	正等线体	2.4	2.0		无	0.8
山名注记	长中等线体	4.5	4.0		无	0.8
水系名称	宋体	5.5	4.5	4.0	左斜	1.0
道路名称	中等线体	4.0	3.5	2.75	无	1.0

(一)定义字体样式

在标注文本之前，需要先给文本字体定义一种样式。在 AutoCAD 中给字体定义样式并不是创造字体，只是给已存在的字体赋予一个我们熟悉的名字，使它与字体文件、字体大小、宽度系数等参数联系起来,简化我们对字体的设置。

Windows 系统的 TrueType 字体文件安装在 windows\fonts 目录下,AutoCAD 的所有 Shx 字体文件保存在 AutoCAD 2008\fonts 文件夹中。由于 AutoCAD 中的字体均采用形文件定义,虽然占用内存少,但字体美观性稍差。因此,在地形图中,除数字注记采用形文件字体外,所有的汉字注记都采用 Windows 系统的 TrueType 字体。每台计算机安装的 Windows 操作系统和应用软件可能不同,缺省情况下在 fonts 文件夹中只能找到仿宋、黑体、楷体和宋体等字体文件,其中宋体、黑体(中等线体)可直接使用,而粗体(粗等线体)、细黑(细等线体)字体文件可直接上网下载,或买一张字体光盘,将其复制到 fonts 文件夹中。

字体样式定义在第七章中已经学过,下面以宋体为例简单地说明宋体样式的定义过程,其他字体样式定义可仿此进行。

在命令行输入 STYLE 并回车,在屏幕上弹出如图 10-40 所示的“文字样式”对话框,点击“新建(N)”按钮,在“新建文字样式”对话框中输入“TTST”作为宋体样式名,按“确定”返回“文字样式”对话框。在“字体名(F)”下拉列表框中选择“宋体”,其他选项如图 10-37 所示,点击“应用(A)”按钮。名为 TTST 的宋体样式就定义好了。

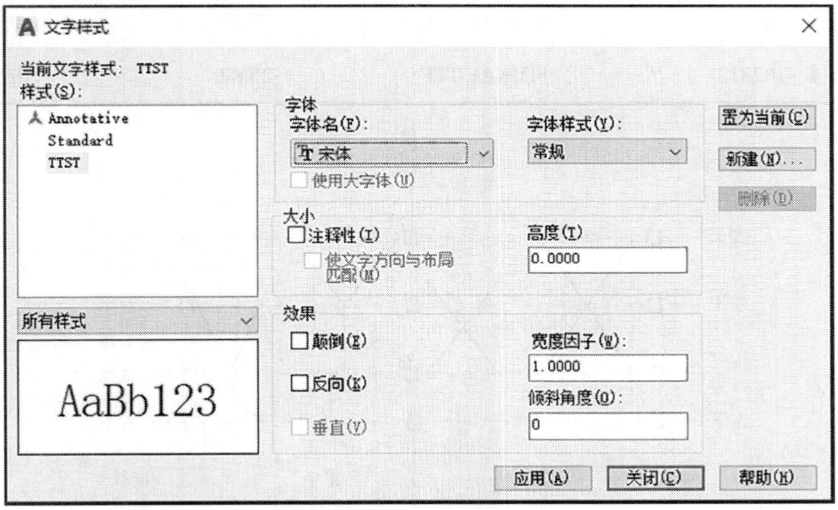

图 10-40　文字样式对话框

在图 10-40 中,可以把高度设置为某一定值,但在这里将其输入为“0.0000”,其意思是用 TEXT 命令写文字时,选择样式名后还需要确定字体的高度,即高度根据需要可变。

样式名既可以用汉字,也可以用拼音,ST(宋体)前的 TT 表示是 TrueType 字体。表 10-4 是作者建议的样式名,供参考。

(二)字符注记格式

由于 AutoCAD 将字符看做图形,因此可以做到对文本进行精确定位。在 AutoCAD 中,确定单行文本(也可以是一个字符)时需要 4 条直线,分别为顶线、中线、基线和底线。这 4 条直线的位置如图 10-41 所示,它们是文本对齐点的基础。

在执行 TEXT 命令时,需要指定两个位置点。一个是文字插入点,缺省情况下为文本的起点(基线左端的小方框),通过鼠标在绘图区或在命令行输入坐标指定;另一个是对齐点,即文本上规定的特殊点,缺省情况下为文本起点,其他情况分别为文本中心(C)、中间(M)、右(R)、左上(TL)、中上(TC)、右上(TR)、左中(ML)、正中(MC)、右中(MR)、左下(BL)、中下(BC)、右下(BR),见图 10-38 中的小方框。

AutoCAD 就是通过选择文本上的对齐点,对文本进行精确标注的。需要提示的是,当用户在用 STYLE 命令定义字体样式时已经设置了字高(不等于 0.0),那么在文字标注过程中,AutoCAD 将不再显示"指定高度<当前值>"提示符。

表 10-4　字体名、字体文件与样式名表

字体名	字体文件	样式名(拼音)	样式名(汉字)
粗等线体	STCuhei. TTF	TTCT	粗黑
中等线体	SIMHEI. TTF	TTHT	黑体
细等线体	STXihei. TTF	TTXH	细黑
宋体	SIMSUN. TTC	TTST	宋体
仿宋_GB2312	SIMFANG. TTF	TTFS	仿宋
楷体_GB2312	SIMKAI. TTF	TTKT	楷体

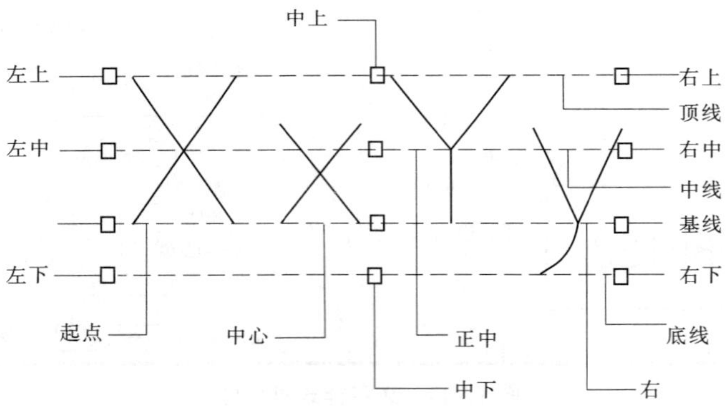

图 10-41　文本标注对齐位置

【例 10-11】　按比例尺 1∶1 000 精确标注控制点的点名和高程。

要对文本进行精确标注,就是要求分别计算出文本对齐点的坐标。下面介绍文本对齐点的坐标计算过程。

第一步:获取分数线两个端点的坐标。

由图 10-30 可知,分数线的左端点距 GPS 符号中心 2.4 mm,假设 GPS 符号中心点的坐标为(100,100),则分数线的左端点坐标为(102.4,100)。分数线的长度等于要标注文本的最大长度,文本最大长度为 10.2 mm,于是分数线右端点的坐标为(112.6,100)。

第二步:计算两单行文本中下和中上对齐点(图 10-42 中分数线中间上、下两个小黑方框)的坐标。

由图 10-30 可知,分数线距两单行文本的中下和中上对齐点均为 1 mm,因此,不难计算出分数线上下两单行文本中下和中上对齐点的坐标。

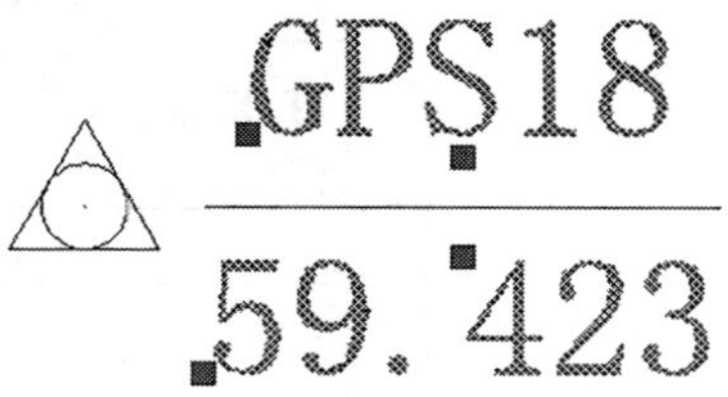

图 10-42　控制点文本标注

对于文本 GPS18,其中下对齐点坐标:(107.5,101)

对于文本 510.423,其中上对齐点坐标:(107.5,99)

第三步:标注文本。

命令: text

当前文字样式:　HZ　当前文字高度:　0.0000

指定文字的起点或[对正(J)/样式(S)]: s

输入样式名或[?] <HZ>: ttst

当前文字样式:　TTST　当前文字高度:　0.0000

指定文字的起点或[对正(J)/样式(S)]: j

输入选项[对齐(A)/调整(F)/中心(C)/中间(M)/右(R)/左上(TL)/中上(TC)/右上(TR)/左中(ML)/正中(MC)/右中(MR)/左下(BL)/中下(BC)/右下(BR)]: bc

指定文字的中下点: 107.5,101

指定高度 <1.2000>: 2.4

指定文字的旋转角度 <0>:

在文本输入框中输入 GPS18,回车。

命令: text

当前文字样式:　TTST　当前文字高度:　2.4000

指定文字的起点或[对正(J)/样式(S)]: j

输入选项[对齐(A)/调整(F)/中心(C)/中间(M)/右(R)/左上(TL)/中上(TC)/右上(TR)/左中(ML)/正中(MC)/右中(MR)/左下(BL)/中下(BC)/右下(BR)]: tc

指定文字的中上点: 107.5,99

指定高度 <2.4000>:

指定文字的旋转角度 <0>:

在文本输入框中输入 510.423,回车。

标注后的 GPS 控制点如图 10-42 所示。

第七节　地形图图廓的绘制

地形图编辑修改工作完成后需要对图形进行分幅,加图框。我国大比例尺地形图测量中规定,地形图按矩形 50 cm×50 cm 或 40 cm×50 cm 标准尺寸进行分幅。

由于同一测区所使用的图框除图名不同外,其他是完全相同的。因此,可将图框按图式要求绘制好后按图块保存,使用时直接插入图中。

一、地形图图廓规格

地形图图廓分内外图廓线、坐标格网线、图廓文字与坐标注记等,其规格要求如图 10-43 所示。

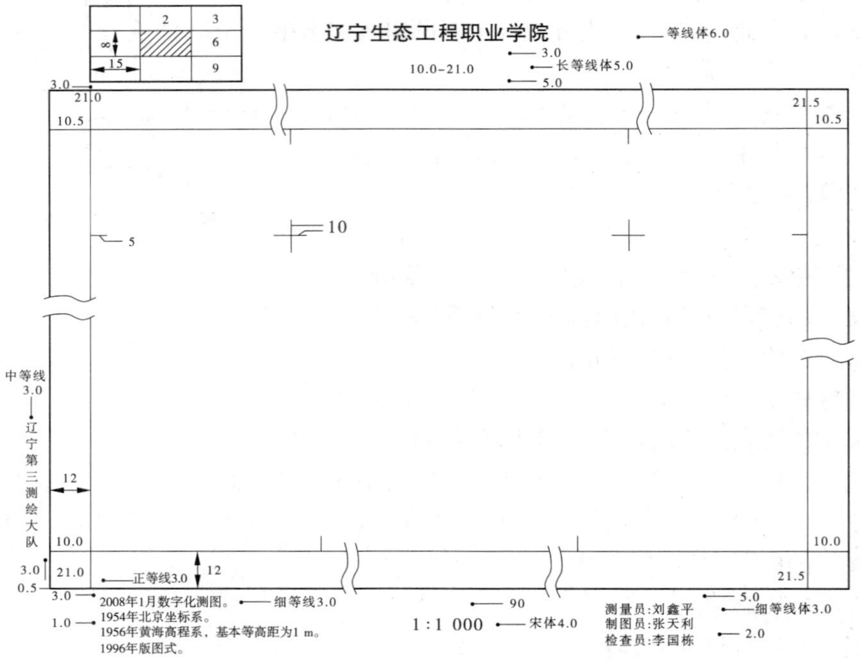

图 10-43　大比例尺图廓及注记规格

二、内外图廓线、坐标格网线的绘制

绘制内外图廓线和坐标格网线并不难，关键是计算好每个直线端点的坐标。例如，可以将内图廓左下角点的坐标设为(0,0)，这样下面一条内图廓线端点的坐标为(-12,0)和(512,0)，下面一条外图廓线端点的坐标为(-12,-12)和(512,-12)；其他图廓线端点的坐标可以此推出。下面列出绘制步骤和操作命令。

第一步：新建 TK 图层，设置颜色为青色(索引颜色号 4)，并设为当前图层。

第二步：设置线型为 CONTINUOUS，将线型宽度变量 PLINEWID 置 0。

第三步：启动 PLINE 命令，根据图 10-39 中的尺寸(50×50)按 1:1绘制内外图廓线。

命令：PLINE(启动多段线命令，绘制内图廓线)

指定起点：-12,0

当前线宽为 0.0000

指定下一个点或［圆弧(A)/半宽(H)/长度(L)/放弃(U)/宽度(W)］：512,0

指定下一点或［圆弧(A)/闭合(C)/半宽(H)/长度(L)/放弃(U)/宽度(W)］：

命令：PLINE

指定起点：0,-12

当前线宽为 0.0000

指定下一个点或［圆弧(A)/半宽(H)/长度(L)/放弃(U)/宽度(W)］：0,512

指定下一点或［圆弧(A)/闭合(C)/半宽(H)/长度(L)/放弃(U)/宽度(W)］：

命令：PLINE

指定起点：-12,500

当前线宽为 0.0000

指定下一个点或［圆弧(A)/半宽(H)/长度(L)/放弃(U)/宽度(W)］：512,500

指定下一点或［圆弧(A)/闭合(C)/半宽(H)/长度(L)/放弃(U)/宽度(W)］：

命令：PLINE

指定起点：500,-12

当前线宽为 0.0000

指定下一个点或［圆弧(A)/半宽(H)/长度(L)/放弃(U)/宽度(W)］：500,512

指定下一点或［圆弧(A)/闭合(C)/半宽(H)/长度(L)/放弃(U)/宽度(W)］：

命令：PLINE(启动多段线命令,绘制外图廓线)

指定起点：-12,-12

当前线宽为 0.0000

指定下一个点或［圆弧(A)/半宽(H)/长度(L)/放弃(U)/宽度(W)］：W

指定起点宽度 <0.0000>：0.5

指定端点宽度 <0.5000>：

指定下一个点或［圆弧(A)/半宽(H)/长度(L)/放弃(U)/宽度(W)］：-12,512

指定下一点或［圆弧(A)/闭合(C)/半宽(H)/长度(L)/放弃(U)/宽度(W)］：512,512

指定下一点或［圆弧(A)/闭合(C)/半宽(H)/长度(L)/放弃(U)/宽度(W)］：512,-12

指定下一点或［圆弧(A)/闭合(C)/半宽(H)/长度(L)/放弃(U)/宽度(W)］：C

图中的格网坐标短线请读者自己完成。

三、内外图廓文字标注

先按照图 10-43 中标注的字号和间隔宽确定文本的插入点坐标,然后用 TEXT 命令逐一进行标注。例如,要标注第一行“2008 年 1 月数字化测图”,由内图廓左下角坐标为(0,0)可以推算出文本左上对齐方式时插入点坐标为(0,-15)。

命令：TEXT

当前文字样式：HZ 当前文字高度：0.2000

指定文字的起点或［对正(J)/样式(S)］：S

输入样式名或［?］<HZ>：ttxh

当前文字样式：TTXH 当前文字高度：0.2000

指定文字的起点或［对正(J)/样式(S)］：J

输入选项［对齐(A)/调整(F)/中心(C)/中间(M)/右(R)/左上(TL)/中上(TC)/右上(TR)/左中(ML)/正中(MC)/右中(MR)/左下(BL)/中下(BC)/右下(BR)］：TL

指定文字的左上点：0,-15

指定高度 <2.0000>：3

指定文字的旋转角度 <0>：　　输入文体“2008 年 1 月数字化测图”回车结束

其他文本可仿此逐一标注在图廓上。

按要求绘完图廓后用前面学过的块命令保存。

这里需注意：①用块命令 wblock 存盘时,其插入点选在内图廓左下角(0,0)处;②当用 insert 插入图中后,若要修改图名,应先用 explode 命令将其分解,然后才能修改图廓。

典型实例

1. 根据图 10-44 给出的独立地物符号形状及尺寸,制作各地物符号并保存为块。

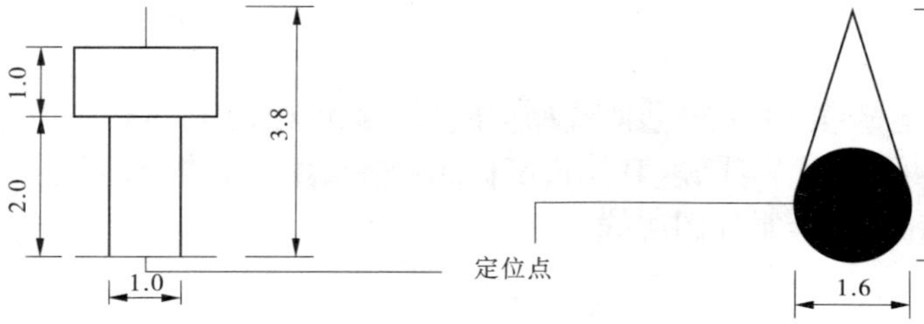

图 10-44　水塔和散热塔

水塔和散热塔
地物符号绘制

2. 根据下面给出的栅栏线型符号的形的完整定义,定制带形定义的栅栏线型。

*101,4,FENCEA

003,00A,0aC,0

*102,9,FENCEB

003,00A,002,050,001,00A,(005,000),0

对应的线型文件中线型定义如下:

*FENCE,--|---@ ---|---@ ---|---@ --

A,4.5,[FENCEA,Myline.SHX,Y=1],4.5,-0.5,[FENCEB,Myline.SHX],-0.5

3. 以下是水稻田和菜地填充图案参数的定义,尝试建立水稻田和菜地的图案填充符号。

*Paddy,水稻田

90,0,0,0,20,3,-17

90,10,10,0,20,3,-17

45,0,0,0,14.14213562,0.707106781,-13.43502884

135,0,0,0,14.14213562,0.707106781,-13.43502884

*Kaleyard,菜地

45,0,0,0,14.14213562,2,-12.14213562

135,0,0,0,14.14213562,1,-13.14213562

0,-1,0,20,20,2,-18

4. 请将表 10-5 所给出的碎部点坐标展绘到图上。

表 10-5　碎部点坐标

点名	X 坐标	Y 坐标	H 高程	点名	X 坐标	Y 坐标	H 高程
1	499.99	277.10	1 847.9	5	294.89	372.91	1 842.6
2	463.91	223.03	1 843.2	6	429.69	160.33	1 840.9
3	570.26	455.45	1 844.1	7	629.13	167.06	1 845.1
4	782.96	365.32	1 843.8	8	818.09	105.40	1 841.7

5. 将典型实例 4 所展绘的碎部点用内插法绘出等高线，等高距为 1 m。

思考与练习

1. 地形图符号按比例尺大小可以分为几类？
2. AutoCAD2021 提供的标准线型库文件名是什么？
3. AutoCAD2021 提供的标准图案填充库文件名是什么？
4. 我国大比例尺地形图测量中地形图按矩形标准分幅，图幅尺寸是多少？

第十一章 地籍图的绘制

地籍图是地籍测量绘制的图件，是一种详细划分土地权属（所有权或使用权）界限的大比例尺地图，用于说明或证明权属土地的位置和面积等。地籍图是土地权属状况和利用状况的真实写照，其上详尽图示行政界、权属界、地类界、宗地等调查单元的类别、土地所有者或土地使用者及四至名称编号和面积、线状地物、居民点状况等项内容，精确表示了土地权属界线，特别是标出了独立权属地段的界线、编号及土地权属状况，是土地统计和确认权属的法律依据。

第一节 地籍图的基础知识

一、地籍图的概念

地籍图是一种专题地图，专门用以说明土地及其附着物的权属、位置、质量、数量和现状，是国家土地管理的基础性资料，具有法律效力。地籍图是土地登记、发证和收取土地税的重要依据。

地籍图和地形图一样，有固定的图幅大小和确定的比例尺。我国地籍图比例尺一般规定为：城镇地区（指大、中、小城市及建制镇以上地区）地籍图的比例尺为1∶500（城镇市区）和1∶1 000（城镇郊区）。农村居民地（或称宅基地）地籍图的比例尺为1∶1 000或1∶2 000。图11-1为城镇地籍图样图。

地籍图的幅面通常采用50 cm×50 cm和50 cm×40 cm进行分幅，图幅编号按图廓西南角坐标千米数编号，X坐标在前，Y坐标在后，中间用短横线连接。

二、地籍图的内容

地籍图的内容概括起来可分为两个方面：一是地籍要素，二是地物要素。

（一）地籍要素

地籍要素主要描述的是与土地相关的属性，例如权属界址线、土地坐落、土地编号、土地等级、土地利用类别、权属主名称等。具体内容如下：

（1）各级行政界线要素。省、自治区、直辖市界，自治州、地区、盟、地级市界，县、自治县、旗、县级市及城市内的区界，乡、镇、国有农、林、牧、渔场界及城市内街道界。两级行政界线重合时在图上仅表示高级界线，境界线在拐角处不得间断，应在拐角处绘出点或线。当土地权属界址线与行政界线重合时，应结合线状地物符号突出表示土地权属界址线，行政界线则移位表示。

（2）界址要素。宗地的界址点、界址线。当其他界线与界址线重合时，其他界址线在地籍图上可跳跃表示。

地 籍 图 样 例

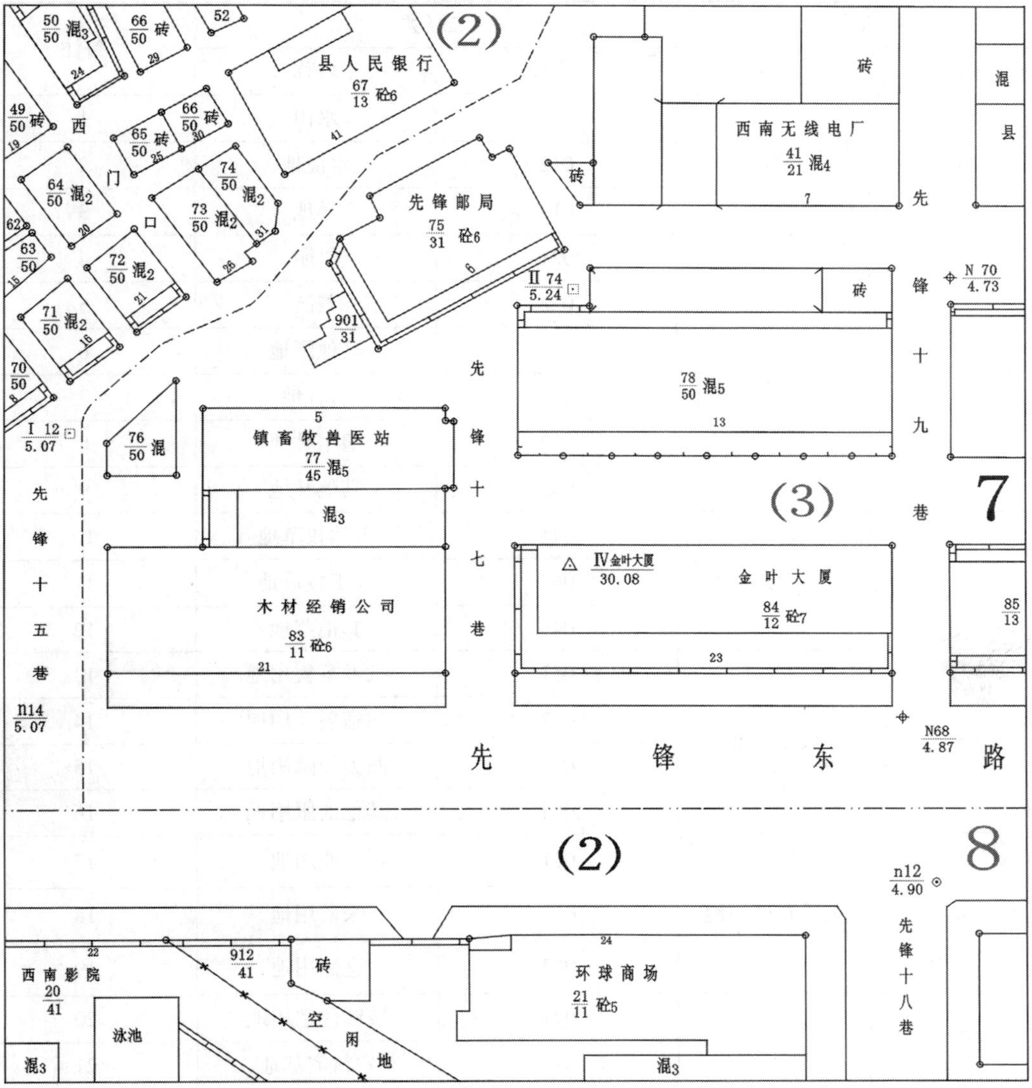

注:砼为混凝土的简称

图 11-1　城镇地籍图样图

(3)地籍号。地籍号由区县编号、街道号、街坊号及宗地号组成。在地籍图上只注记街道号、街坊号及宗地号。宗地号和地类号注记以分式形式表示,分子表示宗地号,分母表示地类号。

(4)地类。第二次全国土地调查决定采用新的《土地利用现状分类》国家标准对现有土地进行分类。该标准采用二级分类。一级类的设定主要以土地用途、利用方式和经营特点为依据,共 12 个;二级类 57 个,其设定是以自然属性、覆盖特征、用途和经营目的等方面的土地利用差异为依据。土地分类和编码见表 11-1 和表 11-2。

表 11-1　第二次全国土地调查(城镇土地调查)分类和编码表

一级类		二级类		备注
编码	名称	编码	名称	
01	耕地	011	水田	1
		012	水浇地	2
		013	旱地	3
02	园地	021	果园	4
		022	茶园	5
		023	其他园地	6
03	林地	031	有林地	7
		032	灌木林地	8
		033	其他林地	9
04	草地	041	天然牧草地	10
		042	人工牧草地	11
		043	其他草地	12
05	商服用地	051	批发零售用地	13
		052	住宿餐饮用地	14
		053	商务金融用地	15
		054	其他商服用地	16
06	工矿仓储用地	061	工业用地	17
		062	采矿用地	18
		063	仓储用地	19
07	住宅用地	071	城镇住宅用地	20
		072	农村宅基地	21
08	公共管理与公共服务用地	081	机关团体用地	22
		082	新闻出版用地	23
		083	科教用地	24
		084	医卫慈善用地	25
		085	文体娱乐用地	26
		086	公共设施用地	27
		087	公园与绿地	28
		088	风景名胜设施用地	29

续表 11-1

一级类		二级类		备注
编码	名称	编码	名称	
09	特殊用地	091	军事设施用地	30
		092	使领馆用地	31
		093	监教场所用地	32
		094	宗教用地	33
		095	殡葬用地	34
10	交通运输用地	101	铁路用地	35
		102	公路用地	36
		103	街巷用地	37
		104	农村道路	38
		105	机场用地	39
		106	港口码头用地	40
		107	管道运输用地	41
11	水域及水利设施用地	111	河流水面	42
		112	湖泊水面	43
		113	水库水面	44
		114	坑塘水面	45
		115	沿海滩涂	46
		116	内陆滩涂	47
		117	沟渠	48
		118	水工建筑用地	49
		119	冰川及永久积雪	50
12	其他土地	121	空闲地	51
		122	设施农用地	52
		123	田坎	53
		124	盐碱地	54
		125	沼泽地	55
		126	沙地	56
		127	裸地	57

(5)坐落。宗地的坐落由行政区名、道路名(或地名)及门牌号组成,地籍图上应适当注记行政区名及道路名,宗地门牌号可以选择注记。

(6)土地使用者或所有者。在地籍图上可选择注记单位名称和集体土地所有者名称。当宗地较小时,可以不在地籍图上注记单位名称。在地籍图上不需要注记个人用地的土地使用者名称。

(7)土地等级。对于已完成土地定级估价的城镇,在地籍图上绘出土地分级佛罗里达线及相应的土地等级注记。

表 11-2　农村土地调查地类归并和编码表

一级类		二级类		备注
编码	名称	编码	名称	
20	城镇村及工矿用地	201	城市	1
		202	建制镇	2
		203	村庄	3
		204	采矿用地	4
		205	风景名胜及特殊用地	5

(二)地物要素

地物要素则主要表示与地籍要素相关的必要地物,通常包括居民点、道路、水系、测量标志点和地理名称等,这部分要素的表示与地形图上的地物表示法相同,因而其符号的绘制也相同。

三、地籍图的注记

地籍图的注记包括文字注记和数字注记两类,注记规格与相应的同比例尺地形图相同,此外增加了地籍要素注记部分。具体注记规格见表 11-3。

表 11-3　1:500~1:2 000 地籍图图式字体规定一览

注记项目	字体	字号(mm)			斜向	宽度系数
		一级	二级	三级		
县级以上名称注记	粗等线体	7.5	6.0		无	1.0
乡镇政府名称注记	中等线体	5.5			无	1.0
村级名称注记	细等线体	4.5	3.75		无	1.0
权属单位名称注记	细等线体	4.0	3.5	2.75	无	1.0
性质说明	细等线体	3.0	2.5		无	1.0
地类、图斑、界址点等编号及数字注记	正等线体	2.4	2.0		无	0.8
山名注记	长中等线体	4.5	4.0		无	0.8
水系名称	宋体	5.5	4.5	4.0	左斜	1.0
道路(街道)名称	中等线体	4.0	3.5	2.75	无	1.0

第二节　地籍图要素的绘制

从地籍图的内容不难看出，地籍图中的地物要素与地形图中的地物要素是一致的，这部分内容的绘制与第十章地形图地物的绘制完全相同，这里不再讨论。下面将讨论地籍图中地籍要素是如何绘制和表示的。

一、权属界址点及线的图上表示

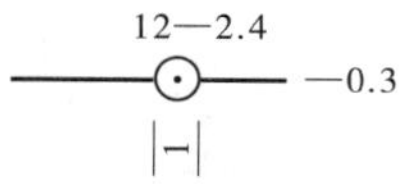

图 11-2　权属界址线

权属界址是地籍要素的核心，根据要求应在实地埋设界桩（标），并用测量仪器准确测定其位置（坐标）。

根据地籍图图式规范要求，权属界桩（标）用直径为 1.0 mm 的小圆圈表示，圆圈的中心代表界址点的位置，界址线用线宽为 0.3 mm 的直线表示。权属界址点、线和界址点编号的几何尺寸如图 11-2 所示，图中的数字以 mm 为单位。

二、权属界址点及线的绘制

界址点及线的绘制

下面根据一实例详细说明权属界址线的绘制过程。

【例 11-1】　两个相邻权属单位共设置 10 个界址点，其点号和实测坐标如表 11-4、表 11-5 所示，表中单位为 m。试按比例尺 1∶500 绘制权属单位界址线。

表 11-4　界址点成果一

点号	X[N]	Y[E]	点号	X[N]	Y[E]
38	30 224.210	40 049.646	182	30 252.386	40 178.947
39	30 224.219	40 098.812	184	30 177.260	40 179.228
40	30 252.379	40 098.812	183	30 177.720	40 050.026
41	30 252.358	40 170.419	38	30 224.210	40 049.646

表 11-5　界址点成果二

点号	X[N]	Y[E]	点号	X[N]	Y[E]
37	30 299.733	40 049.668	40	30 252.379	40 098.812
36	30 299.733	40 170.414	39	30 224.219	40 098.812
181	30 299.747	40 179.014	38	30 224.210	40 049.646
182	30 252.386	40 178.947	37	30 299.733	40 049.668
41	30 252.358	40 170.419			

第一步：在命令行键入 LAYER，在“图层特性管理器”中新建界址点（JZD）层，设置为红色，并将 JZD 层线型设为 continuous，最后把该层置为当前层，如图 11-3 所示。

第二步：按照第十章绘制点的方法依次将上述 10 个界址点按比例尺为 1∶500 绘制在

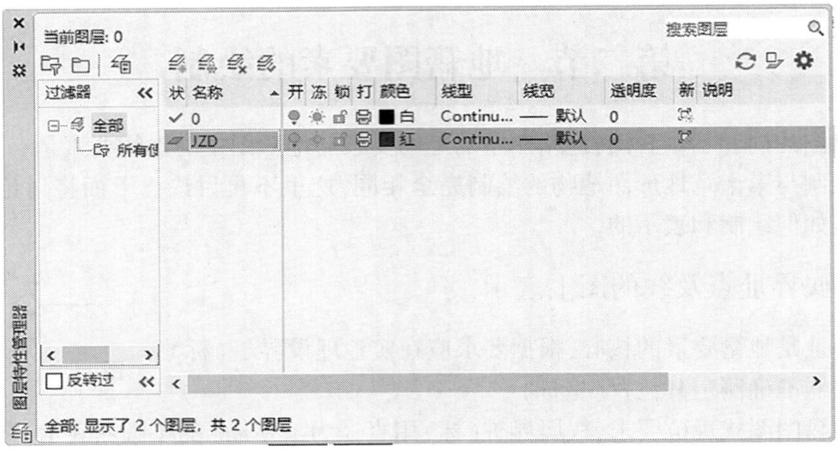

图 11-3　新建 JZD 图层

JZD 图层上。

注意:由于比例尺为 1:500,标注界址点编号时,字体大小按表 11-1 中规定尺寸的一半进行标注。

第三步:分别在 10 个点上绘半径为 0. 25 mm 的小圆圈。

第四步:绘制界址线。

命令: PLINE(启动多段线命令,绘制第一个宗地界址线)

指定起点:打开捕捉对话框,点取捕捉模式为“节点”,用鼠标捕捉 38 号点位

当前线宽为 0. 0000

指定下一个点或[圆弧(A)/半宽(H)/长度(L)/放弃(U)/宽度(W)]: W

指定起点宽度 <0. 0000>: 0. 15　由于比例尺为 1:500,界址线宽为表 11-1 中规定尺寸的一半

指定端点宽度 <0. 1500>:

指定下一个点或[圆弧(A)/半宽(H)/长度(L)/放弃(U)/宽度(W)]:用鼠标捕捉 39 号点位

指定下一点或[圆弧(A)/闭合(C)/半宽(H)/长度(L)/放弃(U)/宽度(W)]:用鼠标捕捉 40 号点位

指定下一点或[圆弧(A)/闭合(C)/半宽(H)/长度(L)/放弃(U)/宽度(W)]:用鼠标捕捉 41 号点位

指定下一个点或[圆弧(A)/半宽(H)/长度(L)/放弃(U)/宽度(W)]:用鼠标捕捉 182号点位

指定下一点或[圆弧(A)/闭合(C)/半宽(H)/长度(L)/放弃(U)/宽度(W)]:用鼠标捕捉 184 号点位

指定下一点或[圆弧(A)/闭合(C)/半宽(H)/长度(L)/放弃(U)/宽度(W)]:用鼠标捕捉 183 号点位

指定下一点或[圆弧(A)/闭合(C)/半宽(H)/长度(L)/放弃(U)/宽度(W)]: C

用相同的方法绘制另一宗地界址线。

三、地物要素绘制

绘完界址点与线后，接着绘制与地籍要素相关的地物要素（如围墙、道路和建筑物等），并按表 11-3 中规定尺寸的一半标注房屋结构、单位名称、地类号、宗地号、道路名称等。

地籍图的图框与地形图的图框相同。图 11-4 为绘制后的地籍（权属界址线）图。

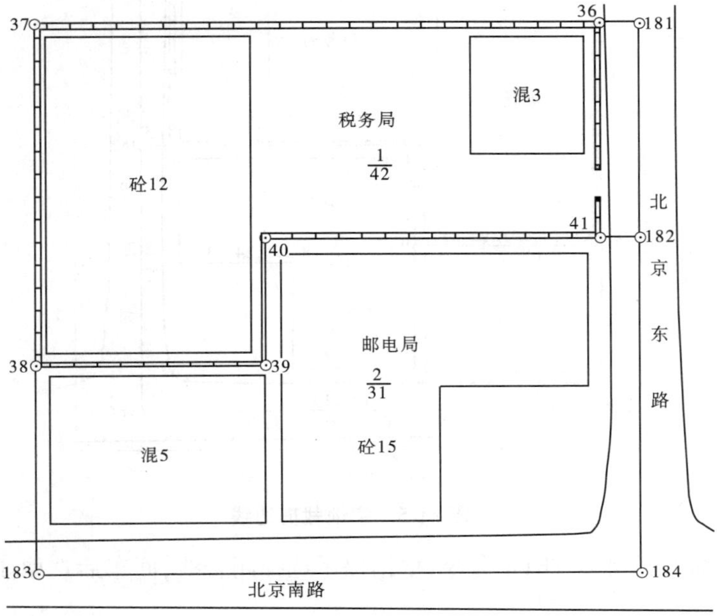

图 11-4　权属界址线图

第三节　宗地图绘制与面积量算

一、宗地图绘制

（一）宗地图

宗地图是以宗地为单位编绘的地籍图。它是地籍测绘工作的后阶段，当对界址点坐标进行检核后，确认准确无误，并且在其他的地籍资料也正确收集完毕的情况下，依照一定的比例尺制作成的反映宗地实际位置和有关情况的一种图件。

宗地图绘制

宗地图图幅规格根据宗地的大小选取，一般用 32K、16K、8K 纸。

宗地图的内容与分幅地籍图保持一致，此外还应标注用地面积、实量界址边长或反算的界址边长、指北方向等，宗地图的整饰、注记规格同地籍图。

（二）绘制宗地图

在数字地籍图出现以前，宗地图通常是在相同比例尺地籍图上逐宗蒙绘下来，然后套绘宗地图框。现在的宗地图不必再重绘，而直接在已整饰好的数字地籍图上，通过 AutoCAD

中的 TRIM(裁剪)命令按宗地的范围进行裁剪,再根据宗地图的幅面大小插入合适的图框,十分方便。

按宗地范围裁剪地籍图的步骤如下。

第一步:启动多段线 PLINE 命令,沿权属界址线外围绘制闭合线,如图 11-5 所示。

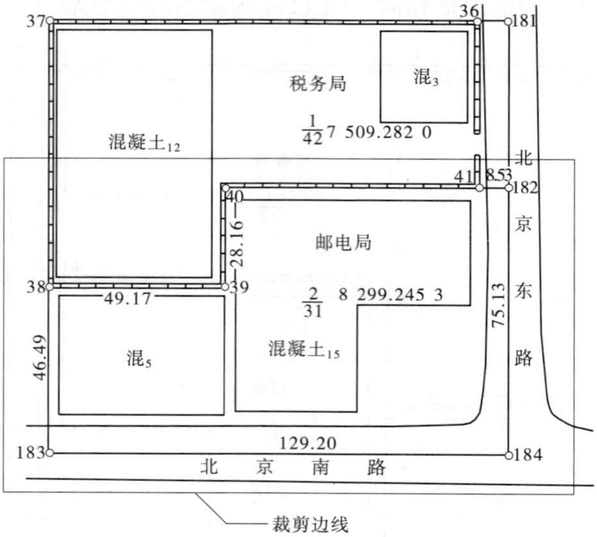

图 11-5 宗地裁剪边线

第二步:在命令行键入 TRIM 命令,根据提示选择闭合线,回车后选取闭合线外的线段,逐一进行裁剪。

第三步:删除闭合线,标注相邻界址点间边长、宗地面积和相邻宗地信息,得到如图 11-6 所示的没有图框的宗地图。

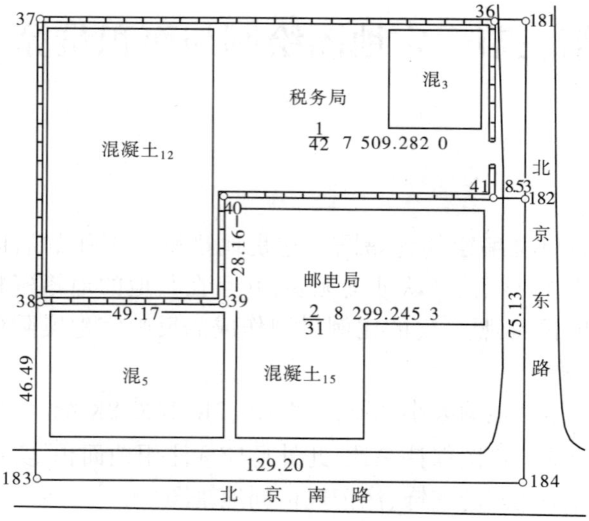

图 11-6 裁剪后的宗地图

下面来讨论一下宗地图框绘制。

由于宗地图框的注记、指北方向等是相同的,只是宗地图框大小不同。同样地,我们采取地形图图框绘制的方法,分别按照 32K、16K、8K 和 A3、A4 纸的大小事先绘好,然后用块保存命令 WBLOCK 将其保存为块,需要时用块插入命令 INSERT 插入到宗地图中。

第四步:绘制宗地图框。

下面以 A3(横)为例进行说明。

A3(横)尺寸为 420 mm×297 mm,考虑到页边距,将宗地图框尺寸设计为 330 mm×240 mm。以图框左下角为坐标(0,0),则右下角坐标为(330,0),左上角坐标为(0,240),右上角坐标为(330,240)。图框内、外字高见文字旁数字,以 mm 为单位。

按照地形图图框的绘制方法绘宗地图框线,然后按图 11-7 中字体的实际尺寸进行文字标注。

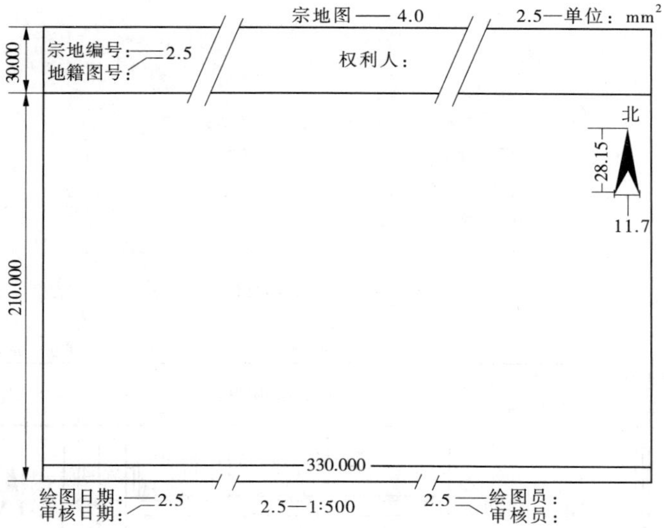

图 11-7　横地籍图框

第五步:键入 WBLOCK 命令,选取左下角点为插入点,输入块名“ZDTK. DWG”保存在 AutoCAD 的目录下。

这样 A3(横)幅面的宗地图框就绘制完成了,需要时用 INSERT 命令插入到图中。

第六步:打开如图 11-6 所示裁剪后的宗地图,在命令行键入 INSERT 命令,找到刚保存的宗地图框文件 ZDTK. DWG,然后按图 11-8 所示填入缩放比例(由于比例尺为 1:500,图框尺寸需缩小一半),按确定后用鼠标移到宗地图左下角处,当观察到宗地图落入图框中时按下鼠标左键,图框插入完成。

图 11-9 为一幅绘好后的宗地图。

二、面积量算

(一)面积量算概述

地籍测量中的土地面积量算,是一种多层次的水平面积测算。例如,一个行政管辖区的总面积,各宗地面积,各种利用分类面积等。土地面积量算是地籍测量中一项很重要的必不可少的工作内容,其技术和方法也比较复杂。概括起来,土地面积量算方法有两种:解析法面积量算(简称解析法)与图解法面积量算(简称图解法)。

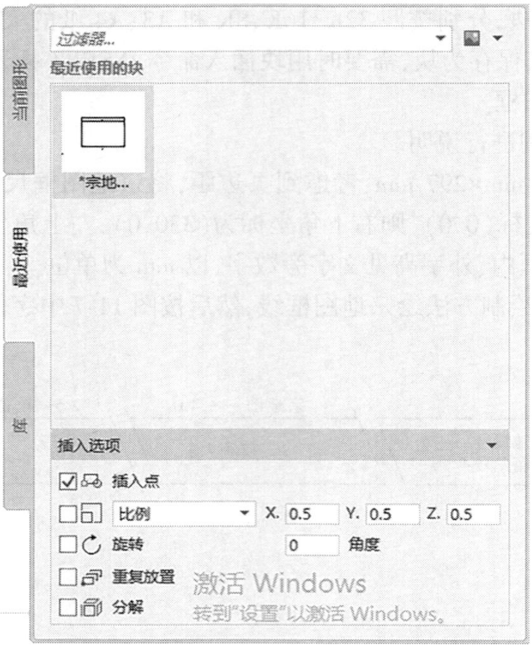

图 11-8　插入 ZDTK

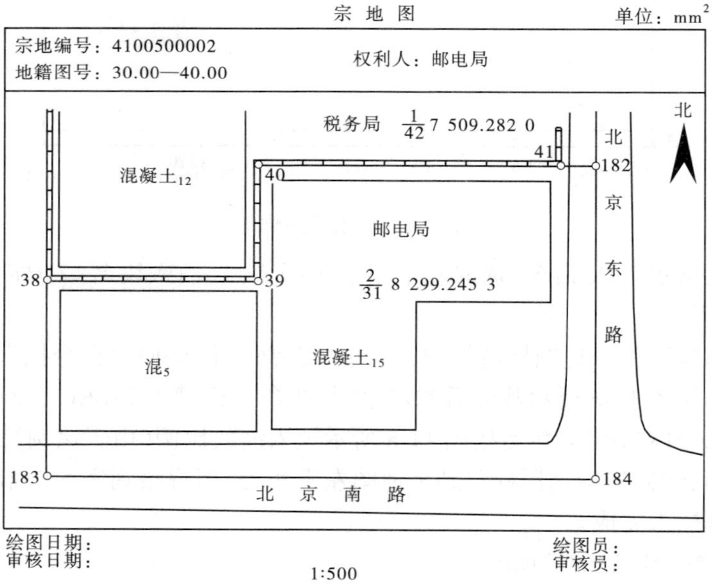

图 11-9　宗地图

根据实测的坐标或边长数值计算面积的方法称解析法面积量算。由于现今坐标测量十分普遍，且公式计算简单，面积量算精度取决于量测坐标精度。因此，根据坐标计算面积是城镇地籍调查普遍采用的方法。

坐标法计算面积公式如下

$$2P=\sum_{i=1}^{n}X_i(Y_{i+1}-Y_{i-1})$$

$$2P=\sum_{i=1}^{n}Y_i(X_{i-1}-X_{i+1})$$

或

$$2P=\sum_{i=1}^{n}(X_i+X_{i+1})(Y_{i+1}-Y_i)$$

$$2P=\sum_{i=1}^{n}(Y_i+Y_{i+1})(X_{i+1}-X_i)$$

其中 X_i、Y_i 为权属界址点或地块拐点坐标。当 $i-1=0$ 时，$X_0=X_n$，当 $i+1=n+1$ 时，$X_{n+1}=X_1$。编号见图 11-10。

从图纸上量算面积的方法称图解法面积量算。图解法面积量算的精度与采用的量算方法和计算者的经验有关，虽然没有复杂的计算，但面积量算精度不高，量算效率低，这在过去一段时期内是土地利用调查的主要面积量算方法。

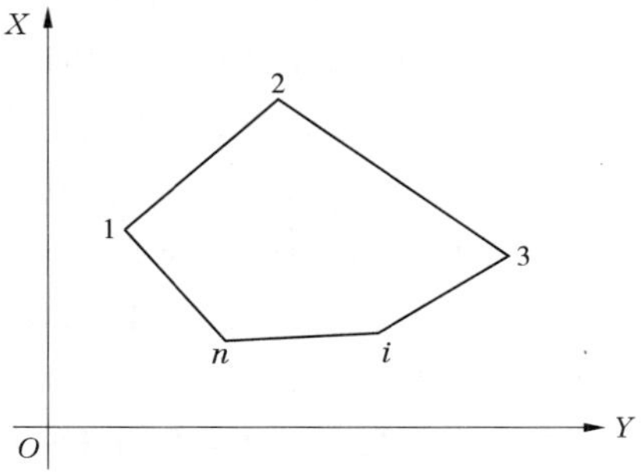

图 11-10　坐标法面积计算

地籍测量中的面积主要涉及宗地面积（权属界址线闭合的区域）和建筑面积（建筑物占地面积），在此基础上分别按行政区划和分类地类面积进行汇总。

（二）AutoCAD 面积量算

在 AutoCAD 中，平面几何图形面积都是采用解析法计算出来的。对于直线连接的多边形采用坐标法进行计算，对于曲线连接的闭合图形则采用高精度的数值积分计算。面积计算功能在 AutoCAD 中是通过命令和菜单定义的，既可以在命令行键入命令，也可以通过菜单来执行，应用上非常方便。

在 AutoCAD 中，查询闭合区域面积有下面两种方法。

1. 在命令行键入 AREA 命令查询

命令：AREA

指定第一个角点或［对象(O)/加(A)/减(S)］：A　　输入字符 A，选择加，表示计算累计面积

指定第一个角点或［对象(O)/减(S)］：O　　输入字符 O，选择权属界址线

（"加"模式）选择对象：　　用鼠标选择图 11-4 税务局权属界址线

面积 = 7509.2820，周长 = 409.6911　　显示图 11-4 税务局占地面积

总面积 = 7509.2820

面积计算中忽略多段线的宽度。

（"加"模式）选择对象：　　用鼠标选择图 11-4 邮电局权属界址线

面积 = 8299.2453，周长 = 408.2819　　显示图 11-4 邮电局占地面积

总面积 = 15808.5273　　显示图 11-4 税务局和邮电局占地总面积

面积计算中忽略多段线的宽度。

（"加"模式）选择对象：

指定第一个角点或［对象(O)/减(S)］:

上述命令中的提示说明如下:

(1)指定第一角点。计算由指定点围成的图形的面积和周长。所有点必须都在与当前用户坐标系(UCS)的XY平面平行的平面上。当选用此选项,并指定了第一点后,命令行会继续提示,直至按Enter键完成周长定义后给出该闭合图形的面积和周长。

(2)对象(O)。此选项意旨用鼠标选取一个图形对象,计算选定对象的面积和周长。这个对象可以是圆、椭圆、样条曲线、多段线、多边形等。

(3)加(A)。选择“加”模式后,AutoCAD要求继续定义新区域或选另一个图形对象。此时显示选定对象的面积和累计加面积。

(4)减(S)。“减”模式与“加”模式相反,每次减掉指定区域或图形对象的面积。此时显示选定对象的面积和累计减面积。

在地籍图绘制过程中,所有线段均是用多段线命令PLINE绘制的,此时的多边形线段是一个图形对象。如果用LINE命令绘制,此时的多边形线段就不是一个图形对象,不能用对象(O)选项来查询面积。

2. 在命令行键入PROPERTIES命令查询

在命令行键入PROPERTIES后,绘图区弹出如图11-11所示的“特性”对话框,用鼠标选择图11-4邮电局权属界址线,“特性”对话框中的“面积”栏显示出该闭合图形的面积。

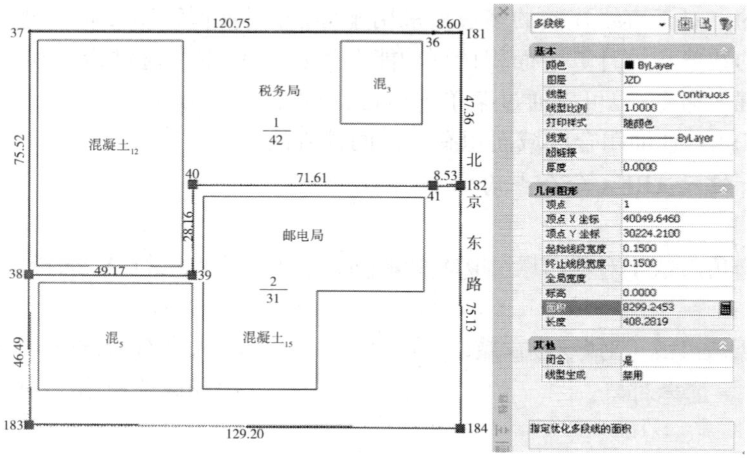

图11-11 “特性”对话框

第四节 地籍成果表的制作

一、地籍成果表的内容

地籍成果表一般包括界址点成果表、宗地面积计算表、宗地面积汇总表、地类面积统计表等。其具体内容如下:

(1)界址点成果表。内容包括界址点号、坐标。输出范围包括某一宗地界址点坐标表、以街坊为单位界址点坐标表。

(2)宗地面积计算表。宗地面积计算表包括界址点号、坐标、相邻界址边长、宗地面积、建筑面积等。

(3)宗地面积汇总表。内容有地籍号、地类代码、面积等。该表以宗地为单位分别统计出街道和街坊的总面积。

(4)地类面积统计表。以宗地为单位,分别统计出街道、街坊和区的分类面积。显然,此表与上表的总面积应一致。

上述各类报表的绘制需要大量的统计和计算。对于每个宗地来讲,由于涉及的数据较单一,相应的表格容易制作,其他的报表则较为复杂,需要借助编程进行统计。

二、界址点成果表的制作

下面仅以绘制界址点成果表为例来介绍地籍成果表的绘制。

在日常地籍测量和土地发证中,以宗地为单元进行土地登记和管理是国土部门的一项重要工作内容。其成果资料通过宗地图和反映界址位置的权属界址点成果表来体现。

权属界址点表通常采用 A4 纸,尺寸为 210 mm×297 mm,考虑到上下左右的页边距,表框尺寸设计为 150 mm×220 mm,每行宽为 6.0 mm,如图 11-12 所示。界址点成果表按统一格式打印。由于该表大小和格式相同,在 AutoCAD 中也是先将该表绘制好后通过块保存命令 WBLOCK 将其保存为块,需要时用 INSERT 命令将其插入到图中,然后把数据(面积、坐标和边长等)填写到表格中。

界 址 点 成 果 表				第 1 页 共 1 页
宗地号:0010100002				
宗地名:邮电局				
宗地面积(m^2):8299.245 3				
建筑占地(m^2):				
界 址 点 坐 标				
序号	点号	坐标 x(m)	坐标 y(m)	边 长
1	38	30224.210	40049.646	
				49.17
2	39	30224.219	40098.812	
				28.16
3	40	30252.379	40098.812	
				71.61
4	41	30252.358	40170.419	
				8.53
5	182	30252.386	40178.947	
				75.13
6	184	30177.260	40179.228	
				129.20
7	183	30177.720	40050.026	
				46.49
8	38	30224.210	40049.646	

制表:　　审校:　　年　月　日

图 11-12　界址点成果表

三、城镇土地利用现状一级、二级分类面积统计表的制作

城镇土地调查完成外业权属调查、地籍测量和数据建库后,以县为单位,对调查的土地利用现状分类数据进行统计,统计城镇土地利用现状一级、二级分类面积。全国第二次土地调查对面积的统计有统一的表格,由于涉及的地类层次多,面积来源多,在 AutoCAD 中绘制和统计较为复杂。因此,面积统计报表通常在土地管理信息系统中进行自动生成。

典型实例

宗地图绘制讲解

1. 某宗地的界址点的坐标分别为 J92(54 140.852,31 088.395),J93(54 157.644,31 086.700),J94(54 177.319,31 072.465),J95(54 165.785,31 040.775),J96(54 125.248,31 057.721)的宗地

图。宗地号为 GB00051，地类号为 061，绘制出该宗地图。

2. 某房产分丘平面图简图如图 11-13 所示，按照图中所示尺寸绘制出该分丘图，所有文字注记字体为宋体，“房产分丘平面图”高度 0.99，图框里面文字注记高度为 0.495，房屋里面 8 位数字代码高度为 0.6，注记建筑面积数字高度为 0.5。

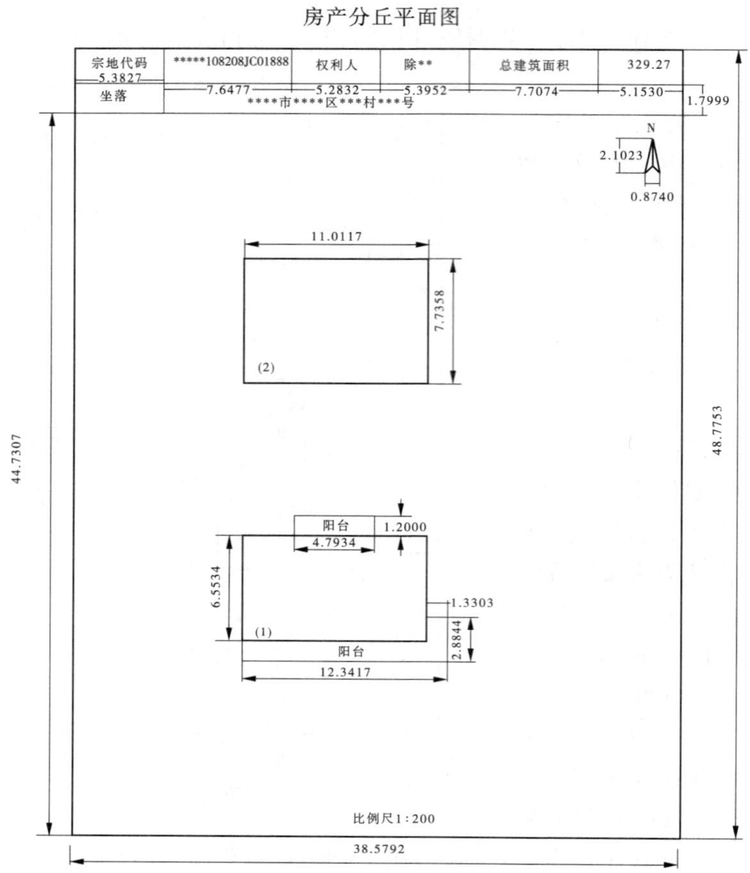

图 11-13　房产分丘平面图

房产分丘平面图

思考与练习

1. 在地籍图的绘制过程中，不依比例尺符号和半依比例符号的插入比例与地籍图的比例尺大小有什么关系？

2. 地籍图的内容有哪些？与地形图的内容相比有什么相同和不同之处？

第十二章　道路路线工程图的绘制

道路路线是指道路沿长度方向的行车道中心线，也称为道路中心线、路中心线、道路中线或路中线。由于地形、地物和地质条件的限制，道路路线的线形在平面上是由直线和曲线段组成，在纵面上是由平坡和上、下坡段及竖曲线组成。因此，从整体上来看，道路路线是一条空间曲线。

在道路工程勘测、设计、施工中，工程测量人员经常需要绘制道路路线的工程图，以指导工程的建设。道路路线工程图主要包括路线平面图、道路纵断面图和横断面图。本章主要介绍道路路线工程图、路线纵断面图、路线横断面图和图框的绘制方法。

第一节　道路绘图基本知识

在道路工程测量中，需要根据测量的数据，绘制出路线平面图、道路的纵横断面图、道路的横断面图，作为道路设计和施工的依据。用 AutoCAD 绘制道路的纵、横断面图，首先要确定图纸的大小、比例尺、线型、线宽、文字高度、尺寸标注的样式等内容。

一、图幅

图幅是指图纸的幅面大小，也就是指图纸本身的大小规格，图框是图纸上表示绘图范围的边线。每项工程都会有一整套的图纸，为便于装订、保存和合理使用图纸，《道路工程制图标准》(GB 50162—1992)对图纸幅面进行了规定，见表 12-1。表中尺寸代号如图 12-1 所示。

表 12-1　图幅及图框尺寸　　(单位:mm)

尺寸代号	图幅代号				
	A0	A1	A2	A3	A4
$b\times l$(mm×mm)	841×1189	594×841	410×594	297×420	210×297
a	35	35	35	35	35
c	10	10	10	10	10

二、图线

工程图是线框图，图中的信息都是由线条表示的。为了反映图中不同的内容和分清主次，必须采用不同的线型和线宽来表示。图纸上的实线、虚线、点画线、双点画线、折断线、波浪线等线型适用于不同的场合，同时应符合国家标准的有关规定。图线的宽度应根据图的复杂程度及比例大小，从《道路工程制图标准》(GB 50162—1992)规定的线宽系列 0. 13 mm、0. 18 mm、0. 25 mm、0. 35 mm、0. 5 mm、0. 7 mm、1. 0 mm、1. 4 mm、2. 0 mm 中选取。基本

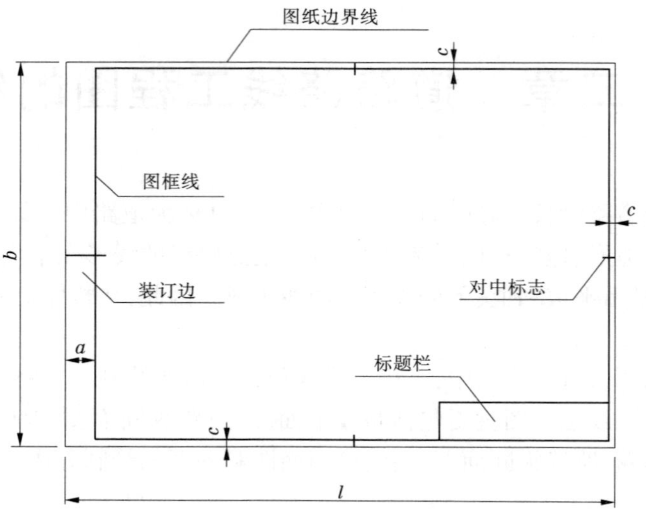

图 12-1 幅面格式

线宽(b)应根据图样比例和复杂程度确定。

图线有粗、中、细之分。在同一张图纸内,相同比例的图样应采用相同的线宽。在绘图过程中,每张图上的图线线宽不宜超过三种,通常根据所表达的对象的复杂程度、比例的大小来确定基本线宽。线宽组合宜符合表 12-2 的规定。粗线的宽度若为 b,则中线的宽度为 $0.5b$,细线的宽度为 $0.35b$。合理的线型比例应当与打印比例保持对应关系,当打印输出比例为 1∶n 时,线型比例应当设置为 n。

表 12-2 线宽组合 (单位:mm)

线宽类型	线宽系列				
b	1.4	1	0.7	0.5	0.35
$0.5b$	0.7	0.5	0.35	0.5	0.25
$0.25b$	0.35	0.25	0.18(0.2)	0.13(0.15)	0.13(0.15)

图纸图框和标题栏的线宽根据图纸幅面的大小不同而不同,详见表 12-3。

表 12-3 图纸图框和标题栏线宽 (单位:mm)

图纸幅面	图框线	标题栏外框线	标题栏分割线
A0,A1	1.4	0.7	0.35
A2,A3,A4	1	0.7	0.35

三、文字

文字、数字、字母和符号是工程图的重要组成部分。应采用规定的字体,规定的大小。《道路工程制图标准》(GB 50162—1992)规定图中汉字应采用长仿宋字(又称工程字),并采用国家正式公布的简化字,除有特殊要求外,不得采用繁体字,汉字书写要求采用从左向右、横向书写的格式。

在 AutoCAD 环境中,汉字字体通常采用 Windows 系统所带的 TrueType 字体“仿宋_GB2312”。在有些图纸中,汉字字体也可采用符合国标的形编译字体。所谓编译字体是指符合国际的类似手写仿宋体。常见的有 Hzdx. shx,Hztxt. shx,Khz. shx 等。

图纸上常见的文字高度一般有七种:3. 5 mm、5 mm、7 mm、10 mm、14 mm、20 mm。文字的宽度比例,即宽高比一般设置为 2:3,文字的间距应大于 1. 5 倍的字高,且汉字高度不宜小于 3. 5 mm。

当图样中有需要说明的事项时,需在图样所在图纸的右下角图标上方加以叙述。该部分文字应采用“注”字表明,“注”写在叙述事项的左上角,每条“注”的结尾应标句号。说明事项需要划分层次时,第一、二、三层次的编号应分别用阿拉伯数字、带括号的阿拉伯数字及带圆圈的阿拉伯数字标注。当表示数量时,应采用阿拉伯数字书写。如一千零五十米应写成 1050 m,十二小时应写成 12 h,分数不得用数字与汉字混合表示,如五分之一应写成 1/5,不得写成 5 分之 1。不够整数位的小数,小数点前应加 0 定位。

四、比例

绘图的比例是图形线性尺寸与相应实物实际尺寸之比。道路工程具有组成复杂、长宽高三项尺寸相差悬殊、形状受地形影响大等特点,因此它的图示方法与一般工程不完全相同。它的平面图就是一个带状地形图,纵向断面图是沿公路中心线的纵剖面图,横断面是道路中心线法线方向的断面图,根据这三种图所表示的内容的差异,通常采用的绘图的比例各不同。绘图比例的选择,应遵循图面布置合理、均匀、美观的原则,使绘出的图形有较好的可读性。

五、尺寸标注

《道路工程制图标准》(GB 50162—1992)中规定,尺寸应标注在视图醒目的位置。计量时,应以标注的尺寸数字为准,不能直接从图中量取。尺寸应由尺寸界线、尺寸线、尺寸起止符和尺寸数字组成。

尺寸界线与尺寸线均应采用细实线。尺寸起止符宜采用单边箭头表示,箭头在尺寸界线的右边时,应标注在尺寸线之上;反之,应标注在尺寸线之下。箭头大小可按绘图比例取值。

第二节　路线平面图的绘制

路线平面图是沿道路路线方向发展的地形图,其作用是表达路线的方向、平面线型(直线和转弯方向)以及路线两侧一定范围内的地形、地物情况,以及结构物的平面位置。道路路线具有狭而长的特点,一般无法把整条路线绘在一张图纸内。通常分段画在多张图纸上,每张图纸上注明序号、张数、指北针和拼接标记。其内容主要包括地形、路线两部分。

路线平面
图的绘制

一、地形部分

（一）比例

路线平面图应根据地形的起伏情况采用相应的比例。城镇区一般采用 1∶500 或 1∶1 000，山岭重丘区一般采用 1∶2 000，微丘区和平原区一般采用 1∶5 000。

（二）方位

为了表示路线所在地区的方位和路线的走向，在路线平面图上应画出指北针或坐标网。指北针箭头所指为正北方向。坐标方位的规定同地形图，即 X 轴向为南北方向，向北为正；Y 轴向为东西方向，向东为正。

（三）地形

路线平面图中地形起伏情况主要用等高线表示，等高线能反映地面的实际高度、起伏状态，具有一定的立体感，能满足图上分析研究地形的需要。等高线愈密，表示地势愈陡；等高线愈疏，表示地势愈平坦。

（四）地物

地物按比例缩小画在图纸上时，只能用简化的规定符号表示，我们通常使用《1∶500 1∶1 000 1∶2 000 地形图图式》（BG/T 7929—1995）中规定的符号表示。如在路线平面图中地面上的地物河流、房屋、道路、桥梁、电力线、植被等，都是按规定的图例绘制的。常用的地物图例基本与地形图中的地物图例相同。

二、路线部分

（一）设计路线

在《道路工程制图标准》（GB 50162—1992）中规定，平面图中常用的图线应符合下列规定：设计路线应采用加粗粗实线表示，比较线应采用加粗粗虚线表示，道路中线应采用细点画线表示，中央分隔带边缘线应采用细实线表示，路基边缘线应采用粗实线表示，导线、边坡线、护坡道边缘线、边沟线、切线、引出线、原有道路边线等应采用细实线表示，用地界线应采用中粗点画线表示，规划红线应采用粗双点画线表示。

（二）里程桩

为了清楚地看出路线的总长和各段之间的长度，一般在道路中心线上从起点到终点，沿前进方向的左侧注写里程桩（km）。里程桩号的标注应在道路中线上从路线起点至终点，按从小到大、从左到右的顺序排列，里程桩分千米桩和百米桩两种。在符号上面注写 K1，即表示距路线起点 1 km，右侧注写百米桩，用字头朝向前进方向的阿拉伯数字表示百米数，注写在短线的端部。同时也可均采用垂直于路线的细短线表示千米桩和百米桩，若桩号为 K1+200，则表示距路线起点 1. 2 km。

（三）平曲线

道路路线在平面上是由直线段和曲线段组成的，在路线的转折处应设平曲线，最常见的较简单的平曲线为圆曲线。其主要基本几何要素有：①交点 JD，是路线的两直线段的理论交点；②转折角 α，是路线前进时向左或向右偏转的角度；③圆曲线半径 R；④切线长 T，是切点与交角点之间的长度；⑤外矢距 E，是曲线中点到交角点的距离；⑥曲线长 L，是曲线两切点之间的弧长。

在路线平面图中，转折处应注写交点代号并依次编号，如 JD2 表示第二个交点，还要注出曲线段的起点 ZY（直圆点）、中点 QZ（曲中点）、终点 YZ（圆直点）的位置。为了将路线上各段平曲线的几何要素值表示清楚，一般还应在图中的适当位置列出平面线要素表。如果设置缓和曲线，则将缓和曲线与前、后段直线的切点分别标记为 ZH（直缓点）和 HZ（缓直点）；将圆曲线与前、后段缓和曲线的切点分别标记为 HY（缓圆点）和 YH（圆缓点）。

三、用 AutoCAD 绘制路线平面图的方法

路线平面图的绘制包括两部分内容：一部分是地形图的绘制，另一部分是在地形图上绘制路线中心线。地形图的绘制在第十章中已经讲过，这里主要介绍路线中心线的绘制方法。

（一）数据准备

在绘制路线中心线前，要根据道路设计人员定出的交点和转角数据，计算出平面曲线的相关要素，即圆曲线的半径 R、切线长 T、曲线长 L、外矢距 E，我们假定有一圆曲线的工程实例，其计算结果如表 12-4 所示。

表 12-4　路面平曲线要素参数

交点	α		R(m)	T(m)	E(m)
	α_z(° ′ ″)	α_y(° ′ ″)			
JD1	39 21 21	—	150	53.64	9.30
JD2	—	32 48 36	150	44.16	6.37

路线导线的起始点、交点的坐标以及转折角、圆曲线半径、曲线的类型如下：

QD（1 105.353，518.977）为路线的起点。

JD1（1 338.254，455.322），$\alpha_z=39°21'21''$，R＝150 m，T＝53.64 m，圆曲线。

JD2（1 520.786，530.204），$\alpha_y=32°48'36''$，R＝150 m，T＝44.16 m，圆曲线。

ZD（1 710.756，460.747）为路线的终点。

在实际工作中，路线导线的坐标数据都是用 Excel 表格存放的。这样简化了在绘图时输入坐标的麻烦，在 Excel 表格中编辑导线点坐标对，如图 12-2 所示，选中 D2 栏，输入公式为 C2&","&B2，按 Enter 键，系统自动生成了所需要的坐标对。选中 D2 栏，将光标指向第二栏右下角，系统出现黑色小十字标记，一直到 ZD，D2 栏就自动生成了对调后的各交点的坐标对，并将它们依次复制下来。

（二）设置图形单位

图形单位是图形绘制中的测量依据，绘图前要先确定度量的单位，图形单位的设置可以控制 AutoCAD 中坐标和角度的解释，以及坐标和单位在图形中的显示方式。用"单位"（UNITS）命令可确定绘图时的长度单位、角度单位及其精度和角度方向。

设置步骤：

菜单栏："格式"→"单位"。

命令行：UNITS。

因为野外测量的点位信息都是以米为单位，精确到毫米，而用坐标数据绘制地形图时，一般不用角度，因此相应的图形单位及方向控制设置如图 12-3、图 12-4 所示。

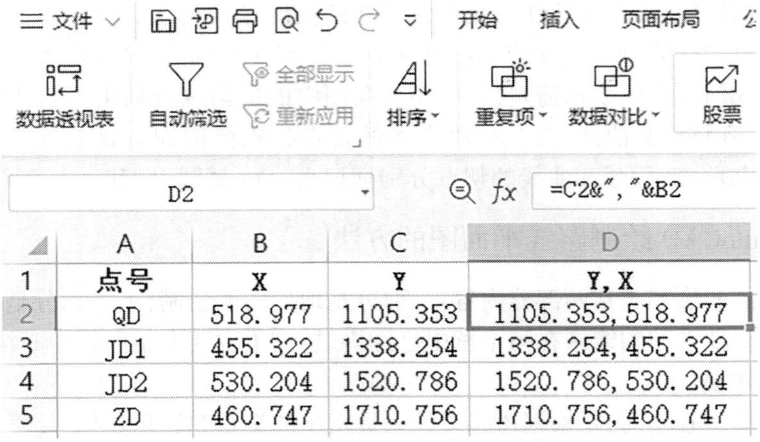

图 12-2　Excel 中编辑的坐标对

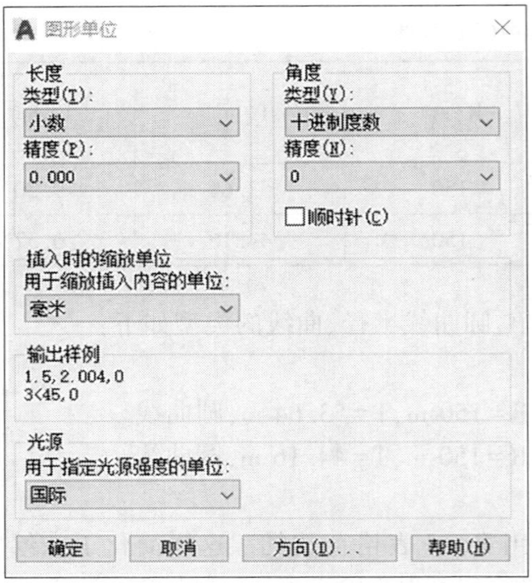

图 12-3　"图形单位"对话框

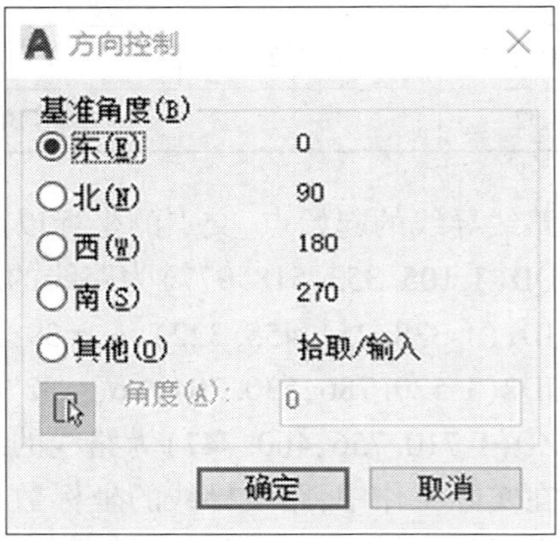

图 12-4　"方向控制"对话框

(三)设置图层和文字格式

绘制道路中线是要在地形图图层设置的基础上,增加路线"中线"图层,颜色为红色,线宽设为 1.0 mm(粗实线);路线"导线"图层,颜色为白色,线宽为默认;"标注线"层,线宽为 0.25 mm(细实线);"文字"注释层,文字样式设置为字体是 txt.shx,大字体 gbcbig.shx,高度为 10 mm,宽高比为 0.7。

(四)绘制道路中心线

1. 绘制路线导线

将"导线"图层设置为当前层,使用多段线命令 SPLINE 来绘制,各导线点的坐标不用从键盘输入,而是用如图 12-2 所示 Excel 表中 D 列的坐标数据,即在 AutoCAD 中执行 PLINE 命令,要求输入起始点时,将 Excel 表中 D2 列的坐标数据复制后粘贴于此,AutoCAD 自动依次读取各点坐标值,绘制出一个多段线。执行过程如下。

命令:_PLINE

指定起点:1105.353,518.977

当前线宽:0

指定下一个点或[圆弧(A)/半宽(H)/长度(L)/放弃(U)/宽度(W)]:1338.254,455.322↙

指定下一个点或[圆弧(A)/闭合(C)/半宽(H)/长度(L)/放弃(U)/宽度(W)]:1520.786,530.204↙

指定下一个点或[圆弧(A)/闭合(C)/半宽(H)/长度(L)/放弃(U)/宽度(W)]:1710.756,460.747↙

指定下一个点或[圆弧(A)/闭合(C)/半宽(H)/长度(L)/放弃(U)/宽度(W)]: ↙(按 Esc 键或 Enter 键退出)

2. 确定平曲线上的主点

路线 JD1、JD2 处的转弯都是圆曲线,要绘出这些曲线,首先要定出曲线上的主点位置。以 JD1 处为例,介绍起点主点的位置的方法。新建一个"辅助"图层,颜色为蓝色,将其设置为当前层。

(1)绘制 JD1 处转折角平分线 JD1P。

(2)确定 QZ 点:从 JD1 点开始,沿 JD1P 向 P 方向量取外矢距的长度,此点即为 QZ 点。命令行执行过程如下。

命令:_LINE

指定第一点:↙(用鼠标捕捉 JD1 点,并拾取)

指定下一点或[放弃(U)]:9.30↙(用鼠标捕捉 P 点,不拾取,输入长度 9.30 m,即得到 QZ 点)

(3)确定 YZ 点:将"中线"层设置为当前层。用绘制圆弧命令 arc 中"起点、圆心、角度"选项,起点为 QZ 点,从 QZ 点向 P 量取圆曲线的半径 300 m,得到圆心,所对应的圆心角是 $\alpha_z/2=19.6779°$,这样绘出的圆弧的另一个端点就是 YH 点。

执行"绘图"菜单下的"圆弧"命令中的"起点、圆心、角度"命令,命令行提示如下:

命令:_ARC

指定圆弧的起点或[圆心(C)]:(用鼠标捕捉 QZ 点,并拾取)

指定圆弧的第二个点或[圆心(C)/端点(E)]:C↙(指定圆弧的圆心)

指定圆弧的圆心:300↙(用鼠标捕捉 P 点,但不拾取,输入长度即圆半径=150 m)

指定圆弧的端点或[角度(A)/弦长(L)]:A↙(以便输入圆弧夹角)

指定包含角:19.6779↙(绘出的圆弧末端即 YZ 点)

(4)确定 ZY 点:ZY 点与 YZ 点相对于角平分线 JD1P 对称,所以可用镜像的方法得到 ZY 点。这样就确定了第一个交点 JD1 处的平曲线各主点。用相同的操作方法,确定出 JD2 处的平曲线各主点。将点样式设置成"十字"。删除所有的辅助线即得到如图 12-5 所示的图形。

3. 连接路线中线的直线段

曲线绘制完成以后,使用 LINE 命令,连接路线中线的各条直线段。

经过以上步骤,路线中线便绘制完成。这样绘出的路线是一个个独立的图形单位,

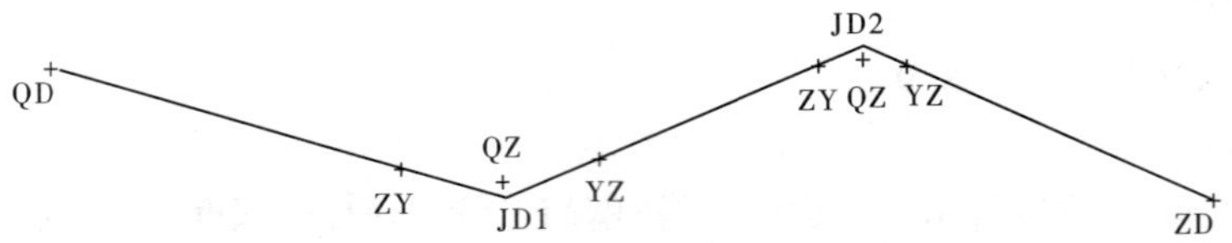

图 12-5　道路中线上的各要素点

AutoCAD 提供对象合并的功能,但是还具有一定局限性,只能合并同一类型的图形单元,无法将直线、样条曲线和圆弧合为一个对象。

(五)绘制特征点位置线、里程桩线、百米桩线并标注文字

(1)绘制特征点位置线:设置"标注线"层为当前层。用偏移命令,将路线中线向上偏移 5 个图形单位。

用绘制直线命令 LINE,在路线上的每一个主点处绘制短直线,分别与路线导线和上侧的偏移线垂直相交。以 ZY 点上的位置线为例。

命令:_LINE

指定第一点:(用鼠标拾取 ZH 点)

指定下一点或[放弃(U)]:(用鼠标在偏移线上拾取垂足点)

指定下一点或[放弃(U)]:↙(按 Esc 键或 Enter 键退出)

用同样的方法在其他各主点绘出位置线。

(2)绘制千米桩、百米桩标注线:将路线导线向下方分别偏移 5 个单位和 15 个单位,得到两条偏移线。路线各交点的里程已知,以起始点 QD(QD 的里程是整千米)为例,用绘制多段线命令分别绘制千米桩、百米桩标注线。

命令:_PLINE

指定起点:(用鼠标拾取路线的起始点 QD)

当前线宽:0.0000

指定下一个点或[圆弧(A)/半宽(H)/长度(L)/放弃(U)/宽度(W)]:(用鼠标拾取偏移 15 个单位的线的起始点)

指定下一个点或[圆弧(A)/半宽(H)/长度(L)/放弃(U)/宽度(W)]:↙(按 Esc 键或 Enter 键退出)

用偏移命令对刚绘制的百米桩标志线进行偏移,偏移距离为 100,在同一条线段上可继续偏移,绘出其他的百米桩线。但经过交点后,就需要在交点处绘制与下一线段相垂直的标志线,再计算下一个百米桩距此应偏移的距离,然后进行偏移。依次由左向右绘制出各百米标志线。

(3)编辑标志线和位置线:对各标志线和位置线进行剪切、延伸,使千米桩长度为 15 个单位,主点位置线和百米桩长度为 5 个单位。最后删除路线导线的偏移线等辅助线,只留下路线中线、路线导线、主点位置线、千米桩标志线和百米桩标志线。

(4)绘制千米桩符号和交角点符号:千米桩符号用绘制圆环 DONUT 命令,内径是 0,外径是 5。交角点符号用绘制圆的命令 CIRCLE,直径为 3,圆心在交点上。对小圆圈内的部分进行修剪。

(5)标注文字:将图形缩小,比例因子为 0.5,把"文字"图层置为当前图层。

命令：_DTEXT

当前文字样式：LUXIANI 当前文字高度：7.00 注视性：否

指定当前文字的起点或[对正(J)/样式(S)]：(在合适的位置点击左键)

指定当前文字的旋转角度<0>：-90↙(此处千米桩和百米桩都在中心线的下方，因此文字旋转-90°)

然后在屏幕闪动的光标处输入 K1，用鼠标点击下一个需要标注文字的地方，光标会在该处闪动，继续输入文字，将所有的文字标注完毕后，按 Esc 键退出文字输入状态。若标注的文字大小、方向不同，可选用不同高度和旋转角度，分批标注。这样标注文字的位置和角度有些可能不太合适，可利用移动和旋转命令进行修改，如图 12-6 所示，即完成路线平面图的绘制。

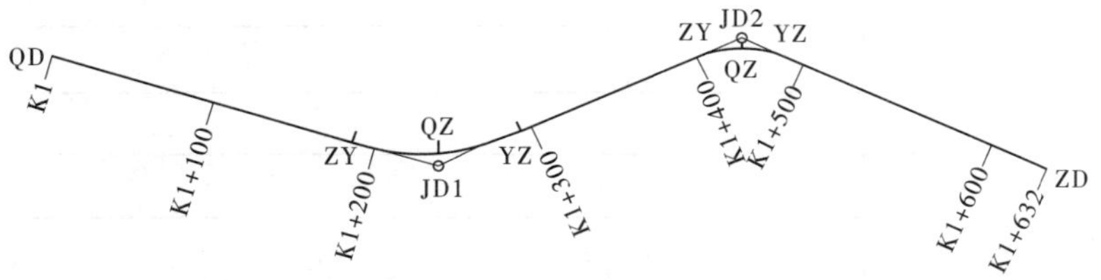

图 12-6　路线平面图

(六)绘制平曲线要素表

在道路平面图的右上角，需要插入平曲线要素列表，样式见表 12-5，具体操作步骤略。

以表格右上角为基点，将绘制好的表格移动到路线平面图的右上角。

表 12-5　路线横断面测量数据

序号	起点 X (mm)	起点 Y (mm)	起点方位角 DNS	起点桩号	终点桩号	起点曲率	终点曲率	曲线类型
1	3 690 875. 120	504 350. 555	277. 32 121	K41+520. 000	K41+815. 985	0	0	直线段
2	3 690 913. 942	504 057. 128	277. 32 121	K41+815. 985	K41+847. 450	4 000	4 000	圆曲线段
3	3 691 178. 848	503 063. 215	292. 18 409	K42+847. 450	K43+027. 450	0	-2 771. 92	缓和曲线段
4	3 691 245. 374	502 895. 968	290. 27 038	K43+027. 450	K43+532. 340	-2 771. 92	-2 771. 92	圆曲线段
5	3 691 377. 847	502 409. 491	280. 00 538	K43+532. 340	K43+712. 340	-2 771. 92	0	缓和曲线段
6	3 691 405. 305	502 231. 606	278. 09 167	K43+712. 340	K44+010. 191	0	0	直线段

注：起点方位角 DNS 含义，例 227. 32 121 实为 277°32′12. 1″。

第三节　道路纵断面图的绘制

道路路线的纵断面图是用假想的铅垂剖切面沿着道路的中心线进行纵向剖切的。由于道路中心线是由直线和曲线组合而成的，所以纵向切面既有平面，又有曲面。为了清晰地表达路线的纵断面情况，特采用展开的方法，将此纵断面展平成一平面，并绘制在图纸上，即为路线的纵断面图。

一、纵断面的图示内容

路线纵断面图包括图样和资料表两部分，一般图样画在图纸的上部，资料表在图纸的下部。如图 12-7 所示为路线纵断面图布置。

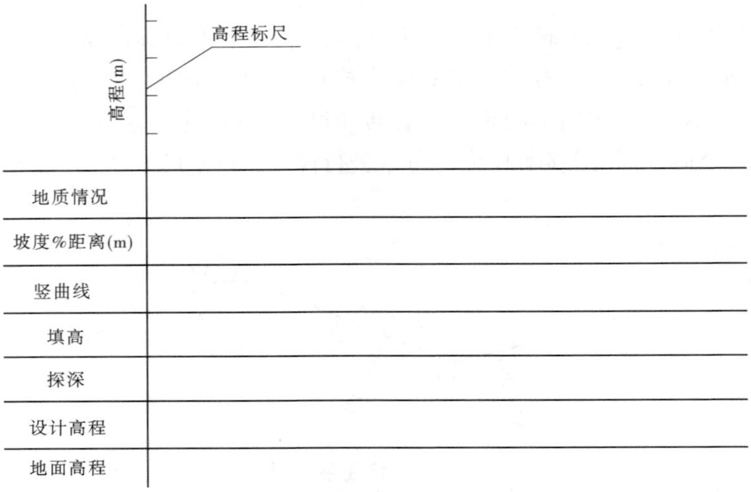

图 12-7　路线纵断面图布置

(一)图样部分

1. 比例

路线纵断面图的横向长度表示路线的长度(里程)，纵向高度表示地面及设计线的标高。由于路线和地形的高程变化比路线的长度要小得多，为了在路线纵断面图上清晰地显示出高程的变化和设计上的处理，绘制时一般采用纵向比例比横向比例放大 10 倍。横向比例尺和纵向比例尺的确定要根据实际工程要求选取，如在山岭地区，横向比例尺一般选择 1∶2 000，则与之对应的纵向比例尺选择 1∶200；在丘陵地区和平原地区，由于地形起伏变化较小，所以横向比例尺一般选择 1∶5 000，则与之对应的纵向比例尺选择 1∶500。由于路线较长，路线的纵断面图一般都有许多张，则在第一张图的图标内或左侧纵向标尺处应注明纵、横向所采用的比例尺。

2. 设计线和地面线

在纵断面图中，粗实线为公路纵向设计线，是由直线段和竖曲线组成的，它是根据地形起伏和公路等级，按相应的公路工程技术标准而确定的，设计线上各点的标高通常是指路基边缘的设计高程。不规则的细折线为设计中心线处的地面线，它是根据原地面上沿线各点的实测中心桩高程绘制的。比较设计线与地面线的相对位置，可确定填挖地段和填挖高度。

3. 竖曲线

在设计线的纵向坡度变化处，即变坡点，应按公路工程技术标准的规定设置竖曲线，以利于汽车平稳行驶。竖曲线分为凸形和凹形两种，符号中部的竖线应对准变坡点，竖线两侧标注变坡点的里程桩号和竖曲线中点的高程。符号的水平线两端应对准竖曲线的起点和终点，水平线上方应标注竖曲线要素值(半径 R、切线长 T、外距 E)。

4. 沿线构造物

道路沿线如设有桥梁、涵洞、立交和通道等构造物时，应在其相应设计里程和高程处，按图例绘制并注明构造物名称、种类、大小和中心里程桩号。

5. 水准点

沿线设置的水准点都应按所在里程注在设计线的上方或下方，并标出其编号、高程和路线的相对位置。

（二）资料表部分

路线纵断面图的资料表是与图样上下对应布置的，这种表示方法，较好地反映出纵向设计线在各桩号处的高程、填挖方量、地质条件和坡度以及平曲线与竖曲线的配合关系。资料表主要包括以下栏目和内容：

（1）地质概况。根据实测资料，在该栏中注出沿线各段的地质情况，作为修筑道路路基时的地质资料。

（2）高程资料。表中有设计高程和地面高程两栏，它们应和图样互相对应，分别表示设计线和地面线上各点（桩号）的高程。

（3）填挖高度。设计线在地面线下方时需要挖土，设计线在地面线上方时需要填土，挖或填的高度应是各点（桩号）对应设计高程与地面高程之差的绝对值。

（4）坡度及坡长。标注设计线各段的纵向坡度和水平长度距离。该栏中的对角线表示坡度方向，左下至右上表示下坡，坡度及坡长分注在对角线的上下两侧。

（5）里程桩号。沿线各点的桩号是按测量的里程数值填入的，单位为 m，桩号从左向右排列。在平曲线的起点、中点、终点和桥涵中心点等处可以设置加桩。

（6）直线及平曲线。在道路设计中，竖曲线和与平曲线的配合关系，直接影响着汽车行驶的安全性和舒适性，以及道路的排水状况，故《公路路线设计规范》（JTGD 20—2006）对路线的平纵配合提出了严格的要求。由于道路路线图与纵断面图是分别表示的，所以在纵断面图的资料中，以简约的方式表示出平纵配合关系。

二、绘制路线纵断面图的步骤

绘图前应设计好比例尺，这里以横向比例尺为 1∶2 000、纵向比例尺为 1∶2 000 的纵断面的绘制为例。

（一）设置图层

根据道路纵断面图中包括的内容，需要设置“标题栏”层、“地面线”层、“设计线”层、“标注”层等，每一层的线型均为 Continuous，线宽各图层不同。如图框和设计线线宽为 1.0 mm，标题栏用 0.7 mm，坡度线用 0.35 mm 等，为使图形容易区别，还可将各图层设置成不同的颜色。

（二）设置图形单位和文字样式

设置方法与本章第一节设置相同。

（三）绘制纵断面的标题栏

将“标题栏”层设置为当前层，先按 1∶1 000 比例，从 K4+800 到 K5+275，本幅图包括的里程数为 475 m，再加上标题栏左端的文字占的宽度，标题栏底线绘制 505 m，将标题栏底线依次向上偏移，得到“直线与曲线”“里程”“地面高程”“设计高程”“坡度”“土质”栏，每一栏的宽度不合适还可以进行调整。绘制一条垂直线,长度从标题栏底绘制到顶线,位置距最左端 20 m,作为标题与内容的分界线。

(四)绘制高程标尺

绘制一条垂线,起点在标题栏竖线的顶端,向上绘制,长度 20(代表的高度为 2 m),将其线宽设置为 2.0 mm,然后将该线向上复制,使其首尾相接,这样绘出后看起来是一条直线,但却是两个图形对象,将这两个对象设置成比度较大的两种颜色。根据地面高程情况,再将这两个对象同时向上复制数次,这样标尺就绘成了。

(五)设置坐标原点

在绘图前,将外业测绘的数据整理到 Excel 中,如图 12-8 所示,A 列为各地面点的桩号,B 列为各地面点的实测高程,C 列为各地面点的里程数值,D 列为绘图用的各地面点的坐标值。坐标的原点需要设置在标尺的底部,原点横坐标值是本幅图最左端的里程数,纵坐标要比实测的所有转点高程最小值还要小一些。为了方便用坐标展绘地面线,现将前面绘制的标题栏和标尺等所有图形对象以标尺底部为基点,移动到 AutoCAD 世界坐标系处。使图中标尺底部的坐标与 Excel 表中计算的坐标一致,可直接输入各点坐标来绘制地面点。

	A	B	C	D
1	桩号	高程 (Y)	里程 (X)	地面 (X, Y)
2	K4+800	231.47	4800	4,800,314.70
3	K4+830	231.42	4830	4,830,234.42
4	K4+865	233.01	4865	4,865,233.01
5	K4+878	234.31	4878	4,878,234.31
6	K4+900	233.18	4900	4,900,233.18
7	K4+925	234.93	4925	4,925,234.93
8	K4+941	235.31	4941	4,941,235.31
9	K4+950	238.04	4950	4,950,238.04

图 12-8 地面线转点坐标

具体操作方法如下:

命令:_MOVE

选择对象:↙(框选标尺,回车)

指定基点或[位移(D)]<位移>:(用鼠标拾取标尺底端点作为基点)

指定第二个点或<使用第一个点作为位移>:4800.2280↙(输入坐标,回车即完成坐标原点的设置)

(六)设置图层和文字格式

将“设计线”层设置为当前层,使用多段线命令 PLINE 绘制地面线,具体操作方法同本章第二节路线的绘制方法。

命令:PLINE

指定起点:4800,2314.72↙(将图 12-8 中 D 列的坐标值复制并粘贴到此处)

当前线宽:0.0000

指定下一个点或[圆弧(A)/闭合(C)/半宽(H)/长度(L)/放弃(U)/宽度(W)]:4830,2314.2↙

……

指定下一个点或[圆弧(A)/闭合(C)/半宽(H)/长度(L)/放弃(U)/宽度(W)]:5272.1,2335 ↙

指定下一个点或[圆弧(A)/闭合(C)/半宽(H)/长度(L)/放弃(U)/宽度(W)]: ↙(按 Esc 键或 Enter 键退出,即完成地面线的绘制)

(七)绘制设计线

将"设计线"层设置为当前层,使用多段线命令 PLINE 绘制设计线。绘制时将各里程桩的里程作为横坐标,各里程桩处的设计高程作为纵坐标。操作步骤与绘制地面线类似,对竖曲线位置,采用三点绘制圆弧的方法,三点依次是竖曲线起点、变坡点位置设计标高处、竖曲线终点。

(八)绘制竖曲线标志符号

在设计图层中,用 LINE 命令绘制各曲线标志符号。

注意:符号中部的竖线的横坐标就是竖曲线转点里程,符号的水平线两端的横坐标应分别是竖曲线的起点和终点里程。为图形美观,各竖线标志符号应大致在一个高度。

(九)绘制坐标栏中的相关线

在"直线与曲线"栏中,依据路线设计中线各主点的里程绘制。

在"里程桩号"栏中,百米里程位置和曲线的主点位置绘制竖短线为里程桩标志,先绘出最左边的第一条里程桩标志,然后使用偏移命令,按里程间隔偏移。这样绘出的标志长短相同。按设计数据,用 PLINE 命令绘制坡度/坡长线。

(十)标注文字

本图要求的比例是 1:2 000,前面绘图是按照 1:1 000 的比例尺,先将图中所有的内容全部选中,用 SCALE 命令缩小 2 倍,使绘制的图形成为所需要的 1:2 000 图形,在此比例下开始标注文字,执行"单行文字标注"命令,对大小、方向相同的文字标注,可用鼠标点击适当的位置,输入完一处文字,再点击下一处位置,输入文字。一次 TEXT 命令,可连续多次输入文字,直到退出命令。不同高度、不同方向的文字需重新输入 TEXT 命令,重新设置文字高度和文字方向,再进行文字输入,直到将图中所有文字标注完毕。

(十一)标注水准点及桥涵构筑物

桥涵构筑物等标注的位置与其桩号对应,对于标注符号,先定义图块,再利用图块插入命令插入。

第四节　道路横断面图的绘制

路线横断面图是在垂直于道路中心线的方向上所作的断面图,其作用是表达路线各中心桩处路基横断面的形状和横向地面高低起伏状况。

一、道路横断面图相关知识

在道路横断面外业测量中,对每一个需测量横断面的位置,都要进行测量,测得在横断面方向上各变坡点相对于中桩地面的高差。根据外业实测数据,整理得出各里程桩的横断面的资料如表 12-6 所示,表中按路线前进的方向分左侧、右侧。分数的分子表示测段两端的高差,分母表示测段的水平距离。高差为正表示上坡,高差为负表示下坡。根据这些数据绘制出各里程横断面图，再根据设计要求，画出路基断面设计线，得到一系列的路基横断面图，以此来计算公路的土石方量和作为路基施工的依据。

表 12-6　路线横断面测量数据

左侧			桩号	右侧			
…			…	…			
-0. 6/11. 0	-1. 8/8. 5	-1. 6/6. 0	K4+800	+1. 5/4. 6	+0. 9/4. 4	+1. 1/5. 0	+0. 5/10. 0
-0. 5/7. 8	-1. 2/2. 4	-0. 8/6. 0	K4+820	+0. 7/7. 2	+1. 1/4. 8	-0. 4/7. 0	+0. 9/6. 5
…			…	…			

二、绘制横断面图的步骤

(一)设置绘图比例

在绘制道路横断面图时，一般情况下，纵坐标(高差)和横坐标(路宽)比例是相同的。根据具体情况可选 1:100 或 1:200，在设计前应定好绘图比例。

(二)设置绘图环境

图形单位的设置同前。道路工程制图中规定，横断面图的地面线采用细实线。在图层管理器中，设置“地面线”层，线宽为 0. 25 mm；“图框线”层，线宽为 1. 0 mm，线型均为 COUTINUOUS，同时各层设置成不同的颜色。

(三)绘图

下面以表 12-6 的测量数据为例，绘制桩号为 K4+800 处的道路横断面的地面线。

(1)绘制中桩线。用 LINE 命令画一条平行于 Y 轴方向的竖线，作为横断面图的中心桩。

(2)绘制地面桩。由表 12-6 中的测量数据可以看出，用 PLINE 多段线命令，使用相对直角坐标输入，可以绘制地面线。

绘制左侧地面线部分，具体命令行操作步骤如下。

命令：_PLINE

指定起点：(用鼠标点击竖线上一点)

当前线宽：0. 0000

指定下一个点或[圆弧(A)/闭合(C)/半宽(H)/长度(L)/放弃(U)/宽度(W)]：@-6. 0，-1. 6↙

指定下一个点或[圆弧(A)/闭合(C)/半宽(H)/长度(L)/放弃(U)/宽度(W)]：@-8. 5，-1. 8↙

指定下一个点或[圆弧(A)/闭合(C)/半宽(H)/长度(L)/放弃(U)/宽度(W)]：@-11. 0，-0. 6↙

指定下一个点或[圆弧(A)/闭合(C)/半宽(H)/长度(L)/放弃(U)/宽度(W)]：↙(按 Esc 键或 Enter 键退出)

绘制右侧地面线部分，具体命令行操作步骤如下。

命令：_PLINE

指定起点:(用鼠标点击右侧地面线与竖线交点)

当前线宽: 0.0000

指定下一个点或[圆弧(A)/闭合(C)/半宽(H)/长度(L)/放弃(U)/宽度(W)]:@4.6,1.5↙

指定下一个点或[圆弧(A)/闭合(C)/半宽(H)/长度(L)/放弃(U)/宽度(W)]:@4.4,0.9↙

指定下一个点或[圆弧(A)/闭合(C)/半宽(H)/长度(L)/放弃(U)/宽度(W)]:@5.0,1.1↙

指定下一个点或[圆弧(A)/闭合(C)/半宽(H)/长度(L)/放弃(U)/宽度(W)]:@10.0,0.5↙

指定下一个点或[圆弧(A)/闭合(C)/半宽(H)/长度(L)/放弃(U)/宽度(W)]:↙

(按 Esc 键或 Enter 键退出)

(3)缩放图形。前面在图形单位设置时,设置的是一个图形单位代表 1 mm,断面图要求的绘图比例是 1:200,所以要对上面绘出的图形进行缩放,比例因子为 5,也就是放大至原图 5 倍大小。

(4)标注文字。横断面图中的文字标注内容很少,仅标注中心桩的桩号。在缩放后的图上标注文字,更容易确定适宜的文字高度,可达到更好的文字标注效果。这里的文字高度选择用 10,最终完成 K4+800 处的横断面图的绘制,如图 12-9 所示。

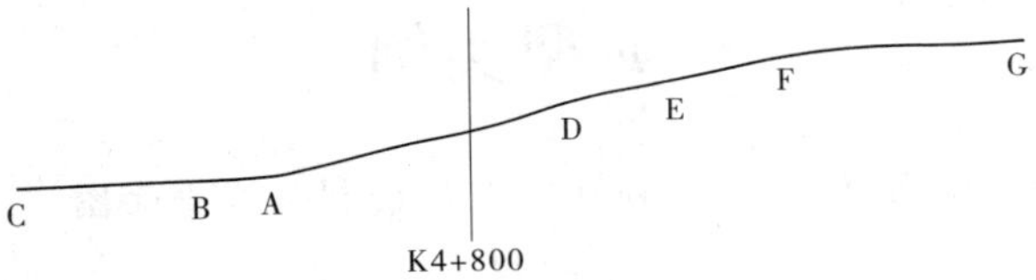

图 12-9　K4+800 处的横断面图

采用上述方法,可继续绘出其他桩号的横断面,在同一张图纸内绘制的路基横断面图,应按里程桩号顺序排列,从图纸的左下方开始,先由下而上,再自左向右排列。同一幅图中横断面的数量,要根据图幅和绘图比例计算后确定。若一幅图中有多个断面,则要按 1:1 000 的比例绘出所有的断面后,再按要求的比例缩放图形,最后统一标注。在每张路基横断面图的右上角写明图纸序号及总张数,在最后一张图的右下角绘制图标。

第五节　图框的绘制

一、图幅

图幅是指图纸的幅面大小,即指图纸本身的大小规格。图框是图纸上表示绘图范围的边线。每项工程都会有一整套的图纸,为便于装订批、保存和合理使用图纸,国家对图纸幅面进行了规定,见表 12-1。表中尺寸代号如图 12-1 所示。

根据需要,图纸幅面的长边可以加长,但短边不得加长。长边加长的尺寸应符合有关规定,长边加长时,图幅 A0、A2、A4 应为 150 mm 的整倍数;图幅 A1、A3 应为 210 mm 的整倍数。

二、图框

按国家有关标准,每个项目统一绘制图框。如无特别要求则采用图 12-10 所示图框。

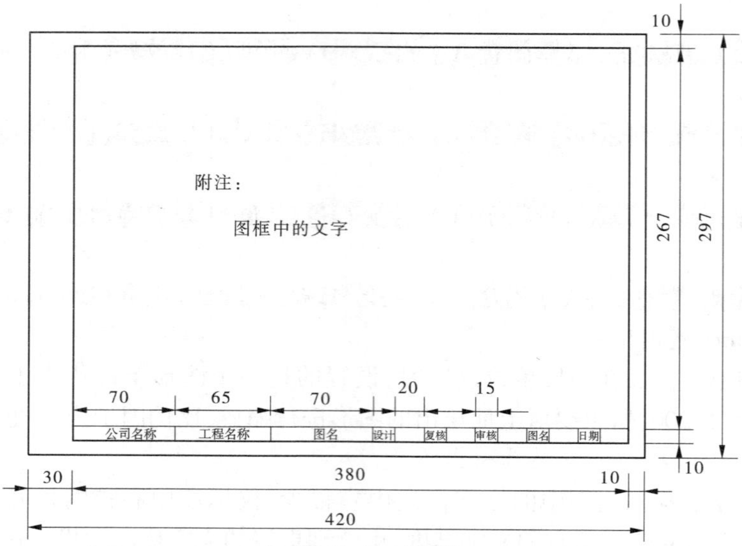

图 12-10 图框

典型实例

1. 根据表 12-7 所给的数据,按 1:2 000 比例尺绘制路线平面图。

表 12-7

交点号	交点坐标		交点桩号	转角值	曲线要素值(m)					
	N(X)	E(Y)			半径	缓和曲线长	缓和曲线参数	切线长度	曲线长度	外矢距
1	2	3	4	5	6	7	8	9	10	11
JD1	37 000. 23	69 157. 91	K0+510. 32							
JD2	36 914. 27	69 061. 13	K0+639. 76	67°32′44. 1″(Z)	187. 16			125. 16	220. 64	38
JD3	36 651. 89	69 152. 28	K0+887. 84	65°26′53. 7″(Z)	150	90	116. 2	142. 69	261. 34	31
JD4	36 543. 69	69 039. 09	K1+020. 38							

2. 根据表 12-8 所给的竖曲线数据、表 12-9 所给的平曲线数据,按 1:2 000 的横向比例尺、1:200 的纵向比例尺绘制路线纵断面图。该图是总计 51 幅图的第 21 幅,图号为 S3-2-21,请给改纵断面图加 A3 图幅大小的图框。

表 12-8　竖曲线数据

桩号	地面高程(m)	变坡点设计高	竖曲线设计半径(m)
K12+512.57	188.21	188.15	
530	188.11		
547.57	188.09		
566.14	188.00		
585.37	188.09		
600.00	188.12		
620.37	188.23	188.68	2 500
650.00	186.76		
700.00	186.12		
736.81	184.89		
750.00	183.82		
754.31	183.68		
771.81	183.65		
800.00	183.60		
806.81	180.71		
838.00	180.29		
850.00	177.47		
860.00	177.07		
865.00	175.10		
880.00	176.23		
900.00	178.83	179.43	2 000
950.00	178.57		
975.00	178.40		
986.00	178.75		
K13+000	180.03		
50.00	180.61	180.98	8 000
100.00	180.46		
124.10	180.38		
137.00	180.32		
150.00	180.40	181.13	

表 12-9 平曲线数据

交点名	转角值	直缓点桩号	曲中点桩号	缓直点桩号	圆曲线半径(m)	缓和曲线长度(m)
JD31	50°42′00″(Z)	K12+566.47	K12+620.37	K12+674.27	80	35
JD32	37°56′24″(Z)(Z)	K12+754.31	K12+806.81	K12+859.31	110	35

3. 根据表 12-10 所给的数据,按 1:200 的比例尺分别绘制桩号为 K1+300 和 K1+350 处的横断面图。

表 12-10 路线横断面测量数据

左侧	桩号	右侧
$\frac{-0.6}{11.0}$ $\frac{-1.8}{8.5}$ $\frac{-1.6}{6.0}$	K1+300	$\frac{+1.5}{4.6}$ $\frac{+0.9}{4.4}$ $\frac{+1.1}{5.-0}$ $\frac{+0.5}{10.0}$
$\frac{-0.5}{7.8}$ $\frac{-1.2}{4.2}$ $\frac{-0.8}{6.0}$	K1+350	$\frac{+0.7}{7.2}$ $\frac{+1.1}{4.8}$ $\frac{-0.4}{7.0}$ $\frac{+0.9}{6.5}$

思考与练习

1. 线路平面图的图示内容有哪些?
2. 道路纵断面图中都包含哪些内容?
3. 如何选择道路纵断面图比例尺?
4. 图幅的种类有哪些?

第十三章　输入、输出与打印图形

待完成图形的绘制编辑操作后，为便于查看、对比、参照和资源共享，极有必要将现有图形进行布局设置、打印输出或网上发布。使用 AutoCAD 2021 输出图纸时，用户不仅可以将绘制好的图形通过布局或者模型空间直接打印，还可以将信息传递给其他的应用程序。此外，利用 Internet 网络平台还可以发布、传递图形，进行技术交流或者信息资源共享等。AutoCAD 2021 与之前版本相比，为用户提供了更加方便、快捷地实现图形输出和发布的功能。

本章主要介绍视图布局和浮动视口的设置方法，以及常用图形打印输出和格式输出的方法，还简要介绍了 DWF 格式文件发布方法。

第一节　模型空间和图形

模型空间和布局空间是 AutoCAD 2021 的两个工作空间。模型空间是图形的设计、绘制空间，在该空间中可进行大部分的画图和设计工作。而布局空间主要用于打印输出图纸时对图形的排列和编辑。

模型空间与图形

一、切换到模型空间

模型空间是绘图和设计图纸时使用的工作空间。在该空间中可以创建物体的视图模型、二维模型或三维模型，同时可以添加必要的尺寸标注和注释等，来完成全部绘图工作。

当状态栏中的“模型”功能按钮处于启用状态时，此时的工作空间即是模型空间，如图 13-1 所示。在模型空间中可以建立物体的二维视图或三维视图。

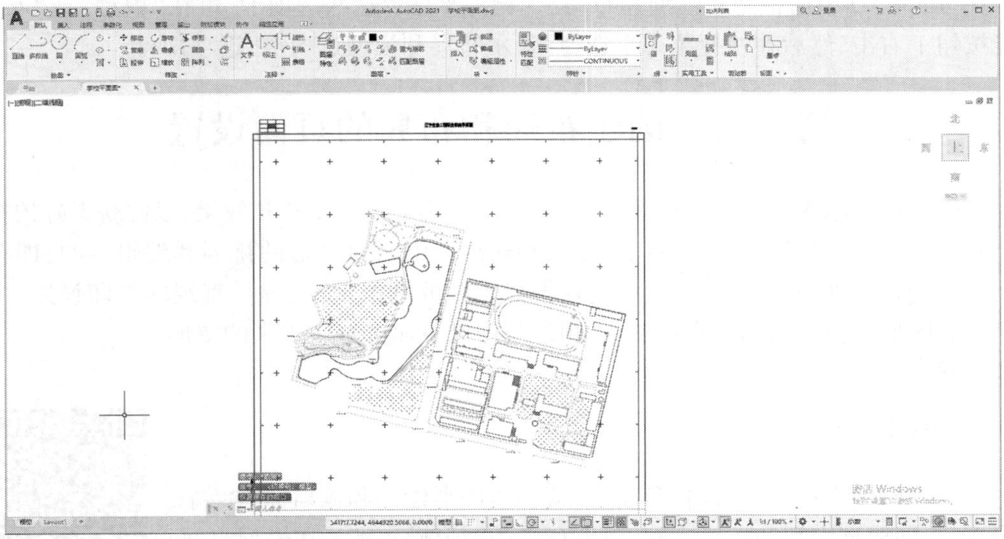

图 13-1　模型空间

二、切换到布局空间

布局空间也叫纸空间，用来发布图纸。在布局空间中，可以创建多个不同形状类型的浮动视口，各个视口可以进行任意的移动、重叠、复制或删除，并且可以进行独立的旋转和缩放等。

单击状态栏中的“布局”功能按钮即可进入布局空间，如图 13-2 所示。在布局空间中同样可以建立物体的二维视图或三维视图。

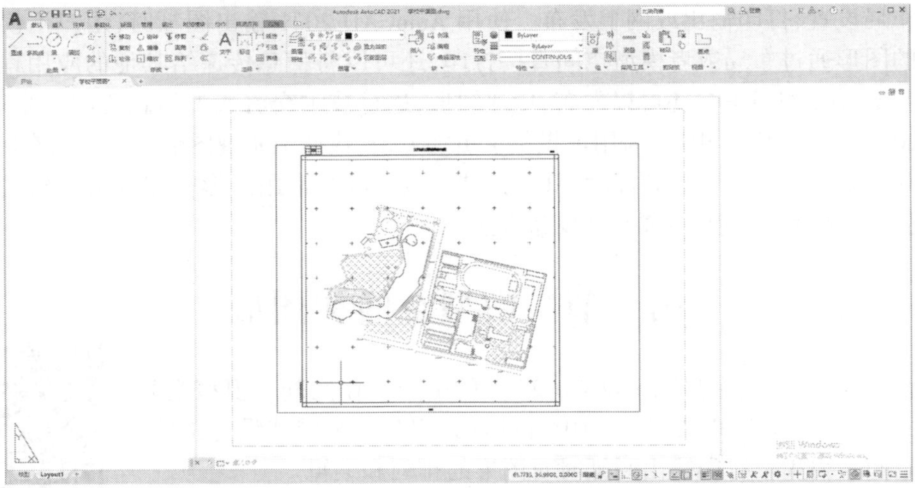

图 13-2　布局空间

此外，在布局空间中，要想使一个视口成为当前视口并对视口中的视图进行编辑修改，可以双击该视口。视口的大小和位置可通过选择该视口的对角点来改变。另外，执行图层控制命令或 MVIEW 命令，可以从布局空间中同时选择多个视口。

知识延伸：

在 AutoCAD 中通常隐藏模型和布局选项卡，要显示这些选项卡，可在“模型”或“布局”功能按钮上右击，然后在快捷菜单上选择“显示布局和模型选项卡”选项即可。

第二节　创建布局和布局的页面设置

执行图形打印输出和发布操作的前提条件是：确定各视图分布效果，以便获得好的打印发布效果。AutoCAD 软件提供专门用于打印输出图纸时对图形的排列和编辑空间，即布局空间。布局是一种图纸空间的环境，它模拟显示中的图纸页面，提供直观的打印设置，主要用来控制图形的输出，布局中所显示的图形与图纸页面上打印出来的图形完全一样。

一、创建布局

在 AutoCAD 2021 软件操作环境中，为便于图形绘制和输出提供两个工作空间，即模型空间和布局空间，以上章节的图形操作都是在模型空间中执行的，而布局空间是专为打印输出图纸而定义的图纸空间。

创建布局

使用布局向导创建布局时，可以对所创建布局的名称、图纸尺寸、打印方向以及布局位置等主要选项进行详细的设置，因此利用该方式创建的布局一般不需要再进行调整和修改，即可执行打印操作。下面以创建一个阀体类零件的布局为例，详细介绍使用布局向导创建布局的操作方法。

(一)指定新布局的名称

在 AutoCAD 的模型空间中，创建完成该零件的实体模型，直接在命令行中输入 LAYOUTWIZARD，界面上会弹出“创建布局-开始”对话框，即可利用打开的“创建布局-开始”对话框进行新布局名称的命名，如图 13-3 所示。

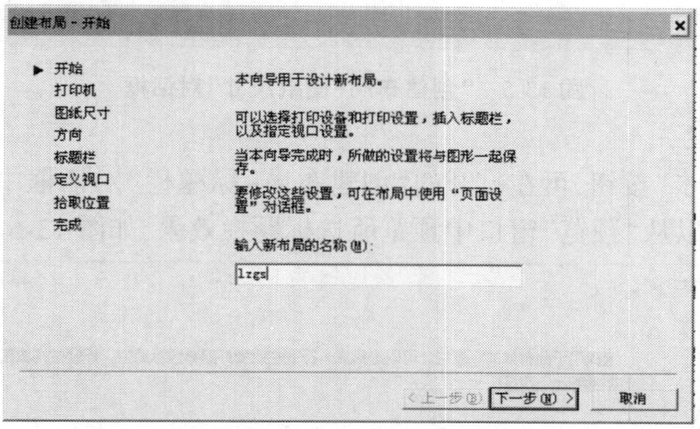

图 13-3 “创建布局-开始”对话框

(二)为新布局配置打印机

在“创建布局-开始”对话框中，单击“下一步”按钮，在打开的“创建布局-打印机”对话框中，可以根据需要在绘图列表中选择要配置的打印机，如图 13-4 所示。

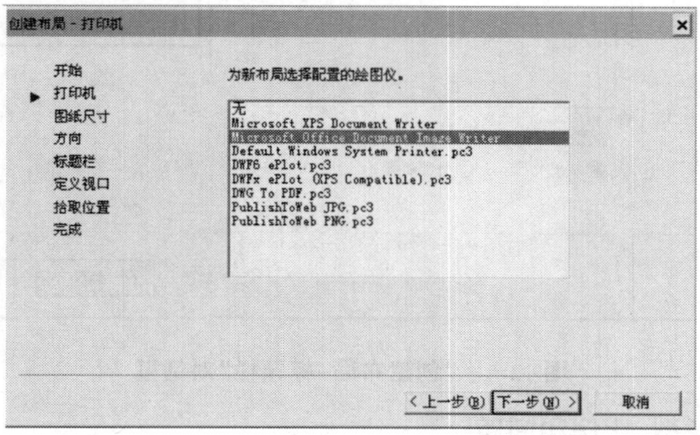

图 13-4 “创建布局-打印机”对话框

(三)设置布局图纸尺寸和图形单位

在“创建布局-打印机”对话框中，单击“下一步”按钮，打开“创建布局-图纸尺寸”对话框，在“图纸尺寸”下拉列表中设置布局打印图纸的幅面、图形单位，并可以通过“图纸尺寸”面板预览图纸的具体尺寸，如图 13-5 所示。

接着单击“下一步”按钮，即可在打开的“创建布局-方向”对话框选中“横向”和“纵向”单选按钮进行打印方向的设置。

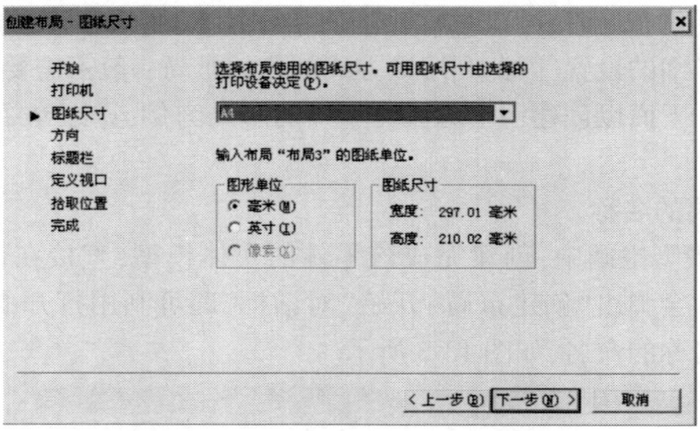

图 13-5 “创建布局-图纸尺寸”对话框

(四)指定标题栏

再次单击“下一步”按钮,可在打开的“创建布局-标题栏”对话框中选择图纸的边框和标题栏的样式,并可以从“预览”窗口中预览所选标题栏效果,如图 13-6 所示。

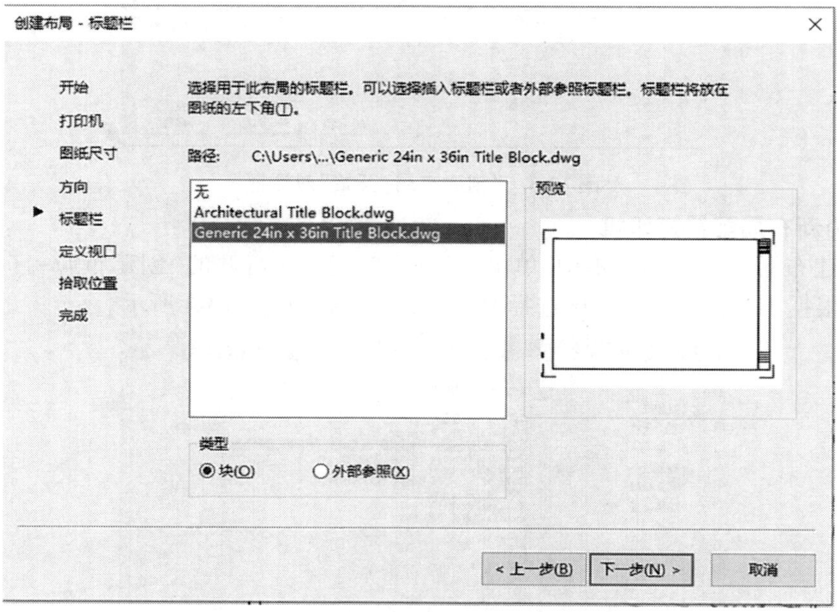

图 13-6 “创建布局-标题栏”对话框

(五)设置视口类型、比例和间距

单击“下一步”按钮,可以在打开的“创建布局-定义视口”对话框中设置新创建布局的默认视口,包括视口设置和视口比例。如果选中“标准三维工程视图”单选按钮,则还需要设置行间距与列间距;如果选中“阵列”单选按钮,则需要设置行数与列数;视口的比例可以从下拉列表中选择,如图 13-7 所示。

单击“下一步”按钮,在打开的“创建布局-拾取位置”对话框中单击“拾取位置”按钮后,即可在图形窗口中以指定对角点的方式指定视口的大小和位置,通常情况下拾取全部图形窗口。最后单击“完成”按钮,即可显示新建布局效果,如图 13-8 所示。

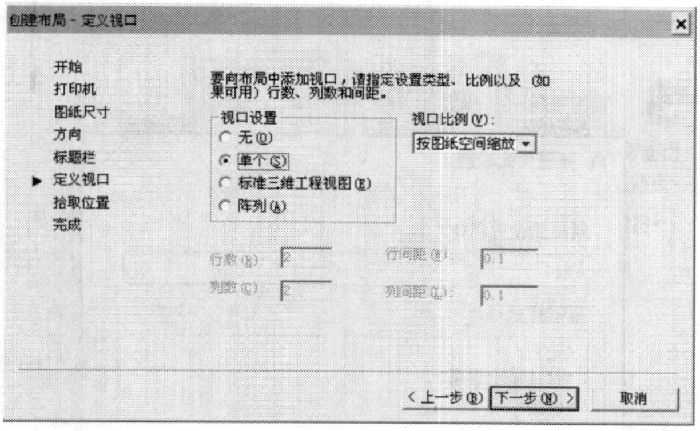

图 13-7 “创建布局-定义视口”对话框

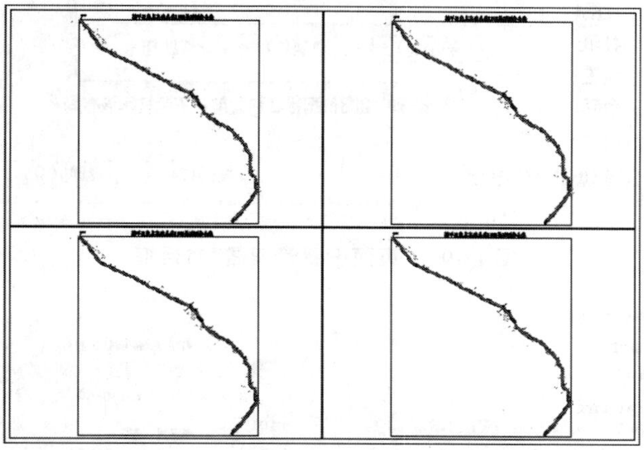

图 13-8 布局效果

二、布局的页面设置

图纸在通过创建布局打印时，必须对布局的页面进行设置。这时就要对所打印的页面进行打印样式、打印设备、图纸的大小、图纸的打印方向以及打印比例等参数进行设置。

页面设置

选择“文件”|“打印”|“页面设置管理器”选项，将打开“页面设置管理器”对话框，如图 13-9 所示。在该对话框中，可以对该布局页面进行修改、新建、输入等操作，如下所述。

（一）新建页面设置

在“页面设置管理器”对话框中，单击“新建”按钮，可打开“新建页面设置”对话框，如图 13-9 所示。在该对话框中可输入新建页面的名称，指定页面的基础样式等。

（二）页面设置

在“新建页面设置”对话框中命名后，单击“确定”按钮将打开“页面设置”对话框，可对新建页面进行详细设置，如图 13-10 所示。此外，如对现有页面进行修改，可在“页面设置管理器”对话框中单击“修改”按钮，即可在“页面设置”对话框中对现有的页面进行详细的修改和设置，从而达到所需的出图要求。

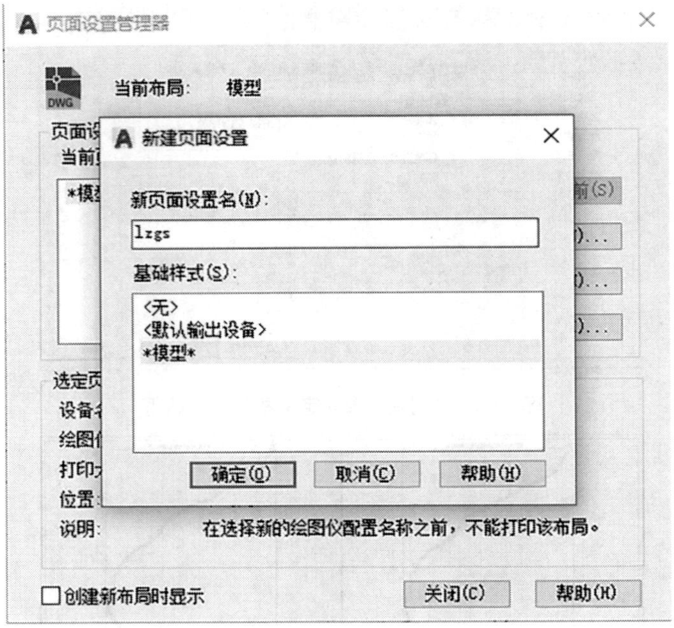

图 13-9 “页面设置管理器”对话框

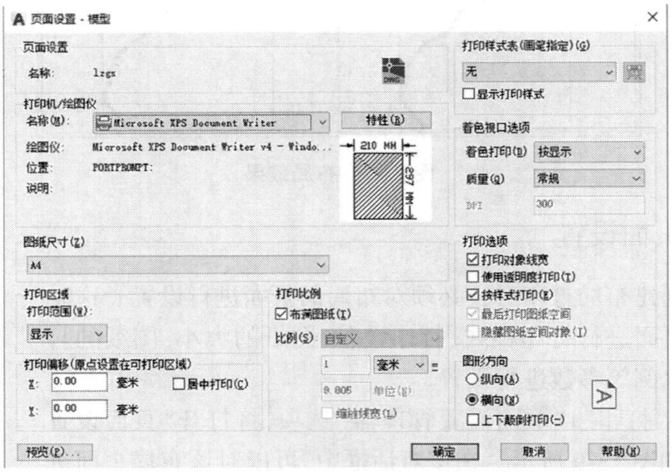

图 13-10 “页面设置”对话框

在完成了各项设置后,单击“确定”按钮,并返回至“页面设置管理器”对话框。该对话框中各主要选项组的功能如表 13-1 所示。

(三)输入页面设置

如有必要,还可将之前已经设置好的图形页面设置应用到当前图形中,具体方法是:在“页面设置”对话框中单击“输入”按钮,便可利用打开的“从文件选择页面设置”对话框选择页面设置方案的图形文件。设置参数后单击“打开”按钮,并在打开的“输入页面设置”对话框中进行页面设置方案的选择即可。

表 13-1 “页面设置”对话框各选项组功能

选项组	功能
打印机/绘图仪	指定打印机的名称、位置和说明。在“名称”下拉列表中选择打印机或绘图仪的类型。单击“特性”按钮,在弹出的对话框中查看或修改打印机或绘图仪配置信息
图纸尺寸	可以在该下拉列表中选择所需的图纸,并可以通过对话框中的预览窗口进行预览
打印范围	可以对布局的打印区域进行设置。可以在该下拉列表中的 4 个选项中选择打印区域的确定方式:选择“布局”选项,可对指定图纸界线内的所有图形进行打印;选择“窗口”选项,可以指定布局中的某个矩形区域为打印区域进行打印;选择“范围”选项,打印当前图纸中所有图形对象;选择“显示”选项,用于设置打印模型空间中当前视口中的视图
打印偏移	用来指定相对于可打印区域左下角的偏移量。在布局中,可打印区域左下角点由左边距决定。启用“居中打印”复选框,系统可以自动计算偏移值以便居中打印
打印比例	选择标准比例,该值将显示在自定义中,如果需要按打印比例缩放线宽,可启用“缩放线宽”复选框
图形方向	设置图形在图纸上的放置方向,如果启用“反向打印”复选框,表示图形将旋转 180°打印

知识延伸:

在“快速查看布局”功能按钮上右击,可利用打开的快捷菜单进行该布局的删除、新建、重命名、移动或复制操作。

第三节 使用浮动窗口和打印图形

在 AutoCAD 中,每个布局都代表一张单独的打印输出图纸。在创建布局图时,可以将浮动视口视为模型空间中的图形对象,并且同一个布局中可以包含若干个浮动视口,这些视口可以相互叠加或分离,并可以对其进行移动和调整等操作,此外还可以通过激活浮动视口进行视口中模型的编辑。

一、新建和命名视口

在模型空间中,可将绘图区域拆分成一个或多个相邻的矩形视图,称为模型空间视口。而在布局空间创建的视口为浮动视口,其形状可以为矩形、任意多边形或圆等,相互之间可以重叠,可以调整视口边界形状,并提供预知的打印设置。在创建浮动视口时,只要求系统指定创建浮动视口的区域即可。

(一)新建视口

在布局空间中选择“视图”|“视口”|“新建视口”选项,在打开的“视口”对话框中可以指定新建视口的名称、修改视图设置及视觉样式等,以便于管理所有新建的视口,如图 13-11 所示。

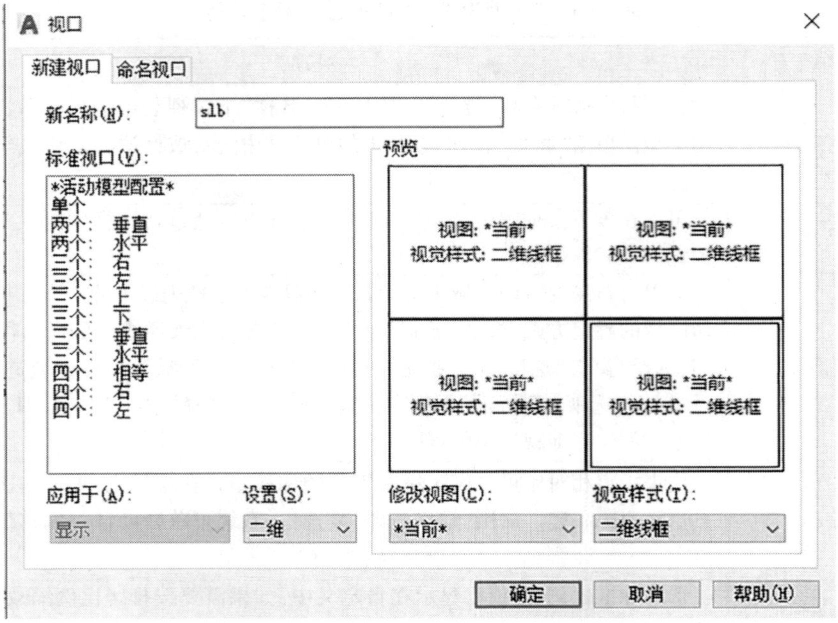

图 13-11 **“视口”对话框**

如果只新建了一个布局而并未指定名称,此时可选择“视图”|“视口”|“命名视口”选项,然后在打开的“视口”对话框中输入该视口名称。此外,为方便对多个视口的管理,可在“视口”对话框中切换“命名视口”选项卡,在该选项卡中可切换视口名称为当前视口,也可以重命名和删除视口。

(二)创建多个视口

在模型空间建立和管理的多个视口为平铺视口,即视口与视口之间不能重叠,通常是将一个绘图区域分割成几个视口,在各个视口中设置不同的视点,从而更加全面地观察图形。

在布局空间中有两种绘图状态:图纸空间状态和浮动模型空间状态,在图纸空间状态下,各视口作为一个整体,可进行编辑操作;在浮动模型空间状态下,可通过浮动视口使用模型空间,对模型空间中的图形进行编辑操作。

浮动视口同时是图纸空间的构成元素,在图纸空间中按输出要求组织图面,与平铺视口相比,浮动视口有许多优点,可以移动和覆盖,可以不显示边界只显示模型空间的实体。另外,浮动视口可以关闭,不显示视口内的图形。

在“视口”对话框中,选择“标准视口”列表框中的“四个:相等”选项,并在“设置”下拉列表中选择“三维”选项,然后根据“修改视图”与“视觉样式”下拉列表选择适当的选项对“预览”选项组的各个窗口进行设置,如图 13-12 所示。

完成视口类型、方向和视觉样式参数设置后,单击该对话框中的“确定”按钮,系统将按照上述设置创建对应的标准视口,如有必要还需对各视口进行调整,如图 13-13 所示。

二、调整视口

在模型和布局空间中,视口和一般的图形对象相似,均可以使用一般图形的绘制和编辑方法,分别对各视口进行调整、合并及旋转等操作。

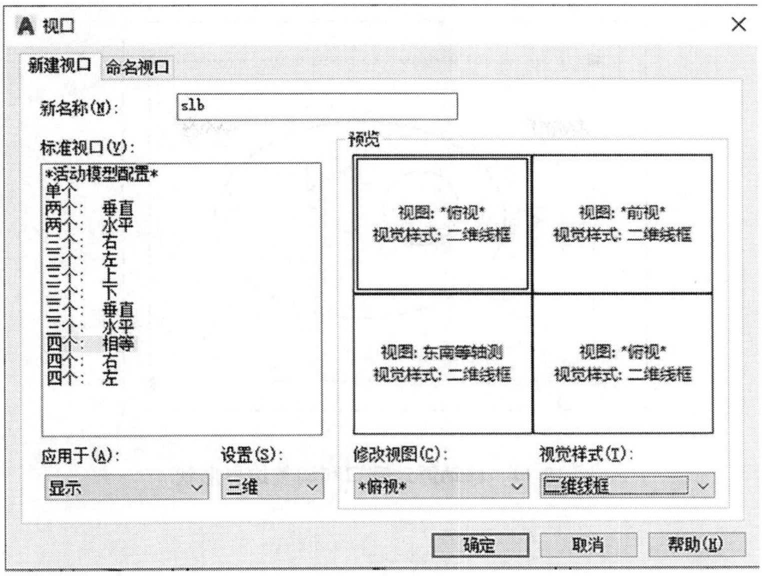

图 13-12　定义多个视口

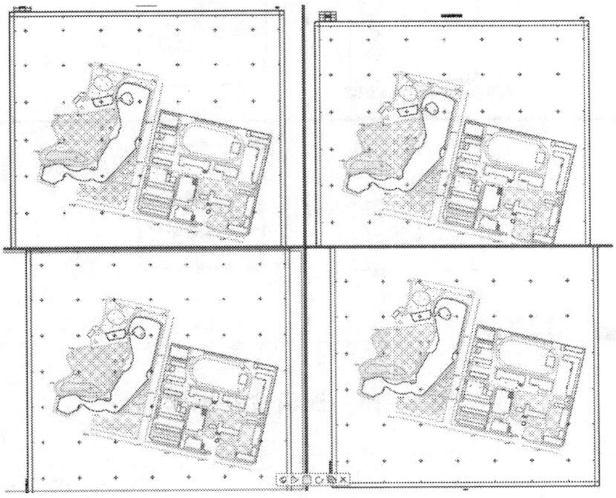

图 13-13　创建浮动视口

(一)夹点调整浮动视口图

在布局空间中,通过单击视口的边界线即可激活夹点工具,此时即可按照夹点编辑二维图形的方法进行拉伸和拖动,调整浮动视口的边界形状,并且可利用"修改"工具栏中的工具将所选的浮动窗口进行移动、复制等操作,如图 13-14 所示。

(二)合并视口

合并视口只能在模型空间中进行,如果两个相邻的视图需要合并为一个视图,这就用到合并视图工具。选择"视图"|"视口"|"合并"选项,首先选取一个视图为合并后的视图,然后选取另一个视图则为被合并的视图,如图 13-15 所示。

完成上述操作后,系统将以第一次选中的视口占据第二次选中的视口,并根据视口大小显示图形合并效果,如图 13-16 所示。

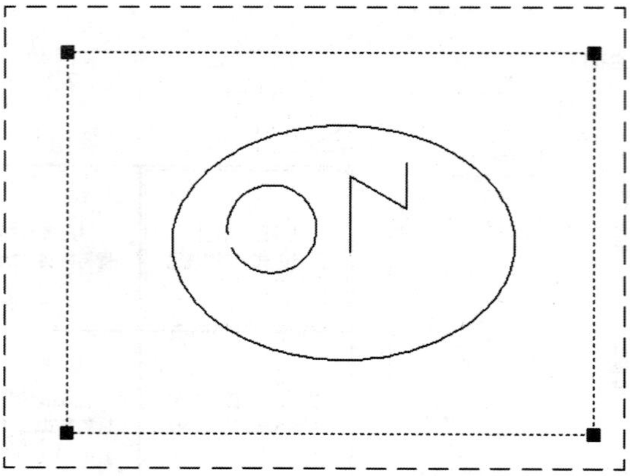

图 13-14　移动浮动窗口和调整边界形状

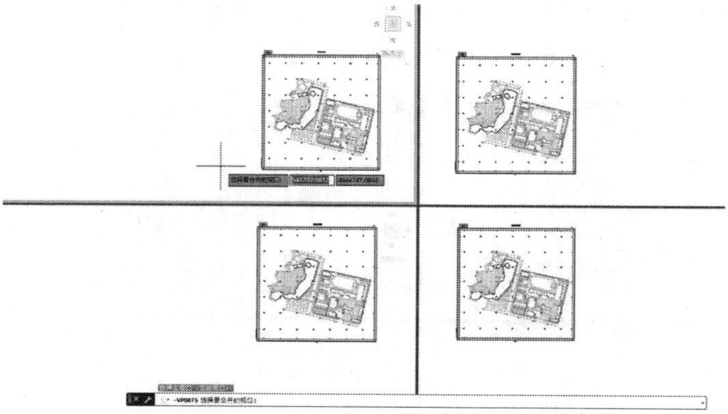

图 13-15　视口合并操作

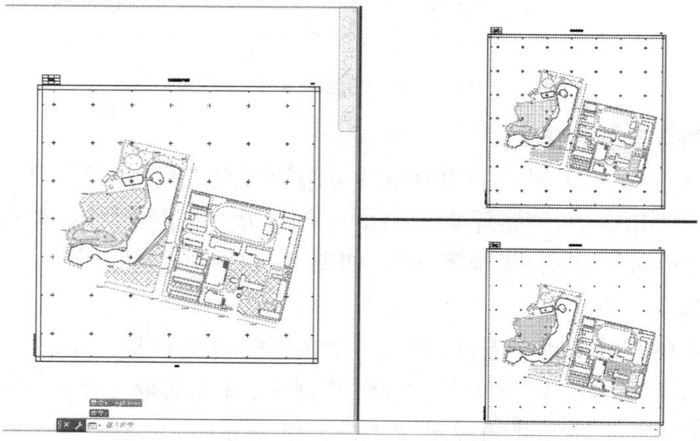

图 13-16　视口合并效果

(三)缩放视口

缩放视口只能在布局空间中进行,打开“视口”工具栏,然后选中需要修改比例的浮动视口,即可在“标准比例”下拉列表中选择所需的比例,使用相同的方法缩放其他视口,如图 13-17 所示。此外,也可在浮动视口处右击,在打开的快捷菜单中选择“特性”选项,在该选项板中修改缩放参数。

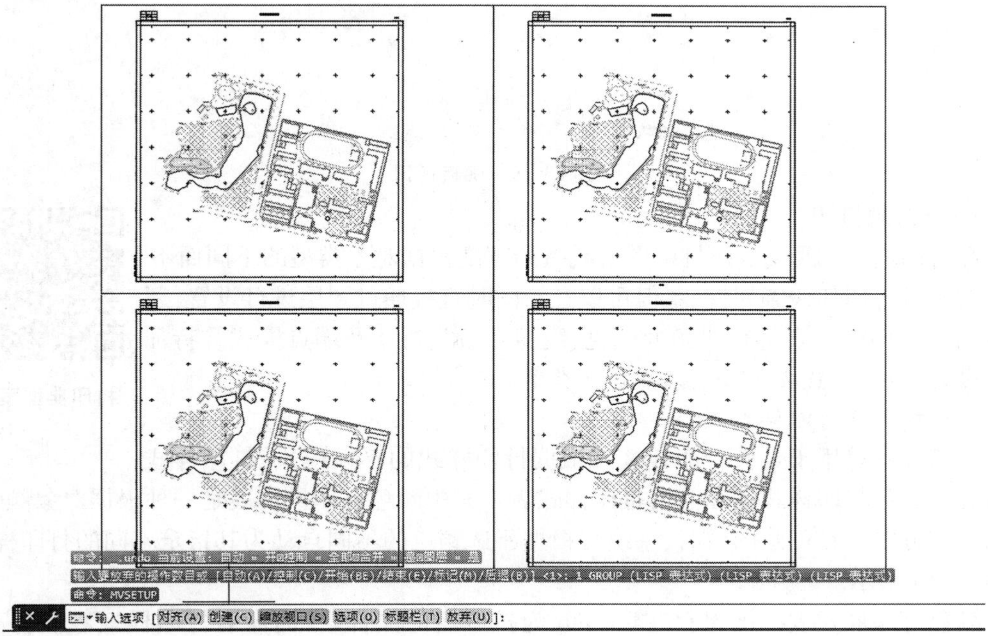

图 13-17　缩放视口

(四)旋转视口

在浮动视口中如果想要旋转视口,可以执行 MVSETUP 命令来旋转整个视图。该功能与“旋转”工具不同,“旋转”工具只能旋转所选的单个对象,而 MVSETUP 命令可以对所选浮动视口中的所有图形对象进行整体的旋转。

执行 MVSETUP 命令后,输入字母 Y 进入图纸空间,然后根据命令提示选择对齐方式,并指定旋转基点和旋转角度,效果如图 13-18 所示。

知识延伸:

在 AutoCAD 2021 中,使用“视口旋转”功能可控制一个布局中视口的旋转角度,并且可对现在布局中的视口单独进行旋转,角度任意。

三、打印和打印输出

创建完图形之后,通常要打印到图纸上,也可以生成一份电子图纸,以便从互联网上进行访问。打印的图形可以包含图形的单一视图,或者更为复杂的视图排列,并且可对三维图形进行专门的三维打印操作。此外,可根据不同的需要打印一个或多个视口,或设置选项以决定打印的内容和图像在图纸上的布置。

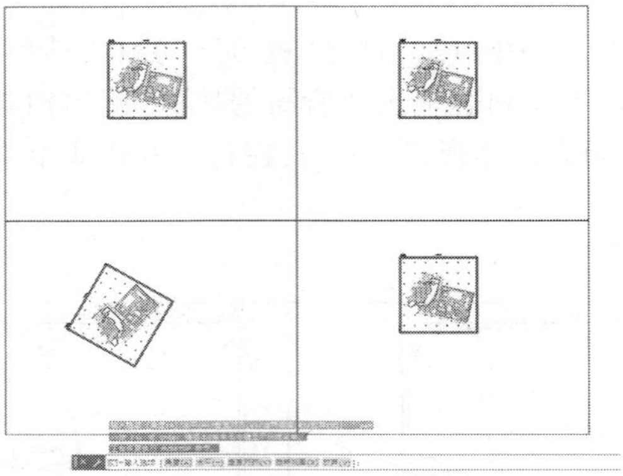

图 13-18　旋转视口

(一)常规打印

在打印输出图形时,所打印图形线条的宽度根据对象类型的不同而不同。对于所打印的线条属性,不但可以在绘图时直接通过图层进行设置,还可以利用打印样式表进行线条的颜色、线型、线宽、抖动及端点样式等特征进行设置,打印样式表可分为以下几种类型。

打印典型案例

1. 创建颜色打印样式表

打印样式表用于定义打印样式。根据打印样式的不同模式,打印样式表也分为颜色打印样式表和命名打印样式表。其中颜色打印样式表是一种根据对象颜色设置的打印方案。在创建图层时,系统将根据所选颜色的不同自动为其指定不同的打印样式,如图 13-19 所示。

颜色打印样式表都被保存在以 .ctb 为扩展名的文件中,而命名打印样式表被保存在以 .stb 为扩展名的文件中。

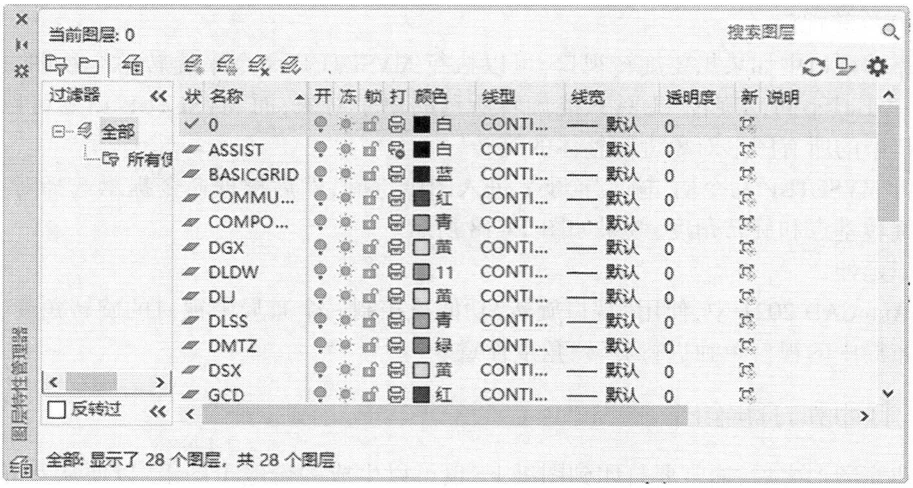

图 13-19　“图层特性管理器”对话框

2. 添加打印样式表

为适合当前图形打印效果,可在进行打印操作之前进行页面设置和添加打印样式表。

要添加打印样式表，可选择“输出”|“打印”选项，卡中打印样式表下拉框下方的“新建”打开“添加打印样式表”对话框，如图 13-20 所示。

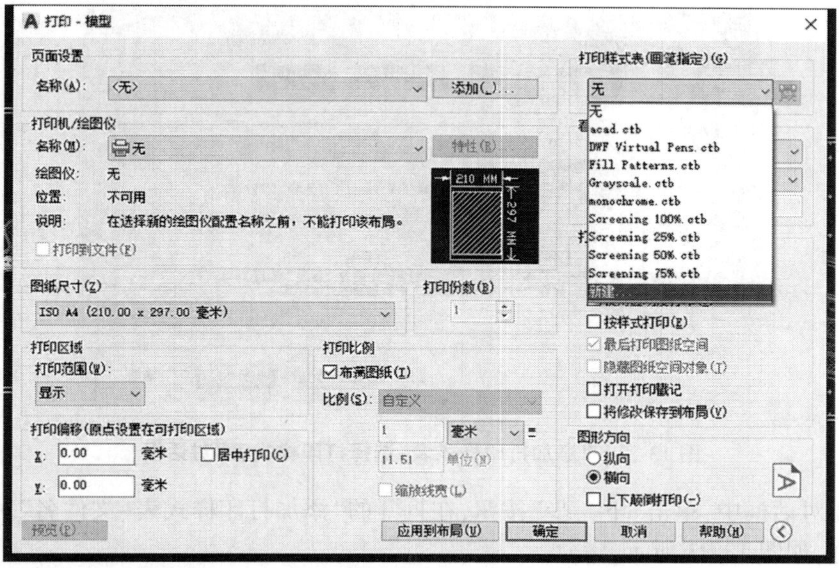

图 13-20 “添加打印样式表”对话框

在弹出的对话框，选择“创建新打印样式表”单选按钮，如图 13-21 所示。

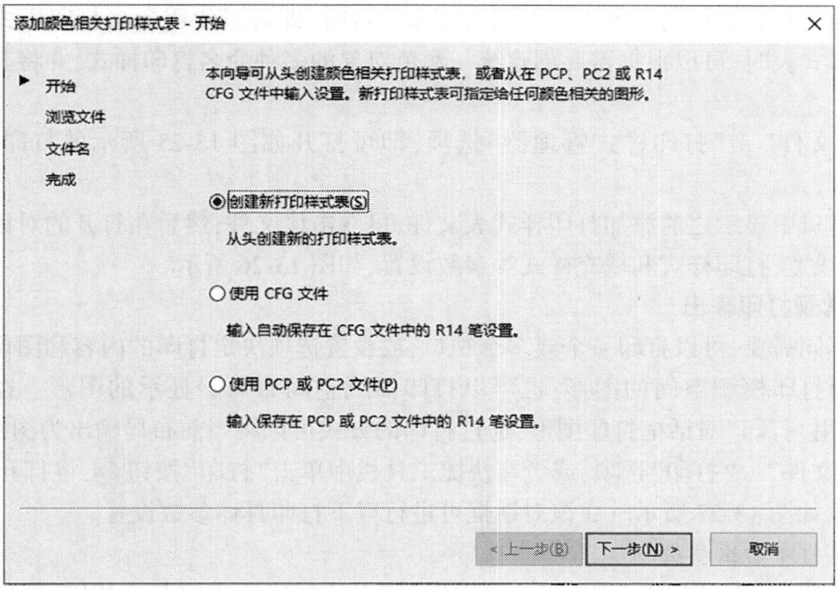

图 13-21 “添加打印样式表-开始”对话框

在“添加打印样式表-开始”对话框中，单击“下一步”按钮，在打开的“添加打印样式表-选择打印样式表”对话框中选中“颜色相关打印样式表”单选按钮将创建颜色相关打印样式表,如选中“命名打印样式表”单选按钮将创建命名打印样式表,如图 13-22 所示。

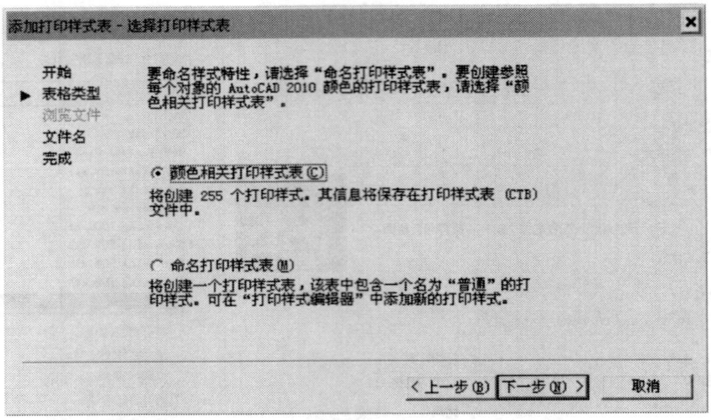

图 13-22 “添加打印样式表-选择打印样式表”对话框

在上述对话框中,单击“下一步”按钮,在打开的“添加打印样式表-文件名”对话框中输入文件名称,如图 13-23 所示。

在上述对话框中,单击“下一步”按钮,在对话框下的“文件名”文本框中输入文件名单击“下一步”按钮将打开“添加打印样式表-完成”对话框,如图 13-24 所示。在该对话框中单击“完成”按钮,即可创建完成。

3. 管理打印样式表

在需要对相同颜色的对象进行不同的打印设置时,即可以使用命名打印样式表。使用命名打印样式表时,可以根据需要创建统一颜色对象的多种命名打印样式,并将其指定给对象。

选择“文件”|“打印样式管理器”选项,即可打开如图 13-25 所示的打印样式(Plot Styles)窗口。

在该窗口中显示之前添加打印样式表文件,可双击该文件,然后在打开的对话框中进行打印颜色、线宽、打印样式和填充样式等参数设置,如图 13-26 所示。

(二)常规打印输出

根据不同需要,可以打印一个或多个视口,或设置选项决定打印的内容和图像在图纸上的布置。可打印模型空间的图形,也可以打印图纸空间布局上显示的图形。在 AutoCAD 中,可以使用“打印”对话框打印图形,通过打印的方式可以将当前布局输出为图纸。

选择“文件”|“打印”选项,或者在快捷工具栏中单击“打印”按钮,将打开“打印-模型”对话框,如图 13-27 所示。在该对话框可进行以下打印具体参数设置。

1. 设置打印输出参数

“打印-模型”对话框中的内容与“页面设置”对话框中的内容基本相同,但该对话框也包含特殊选项,这些特殊选项功能如表 13-2 所示。

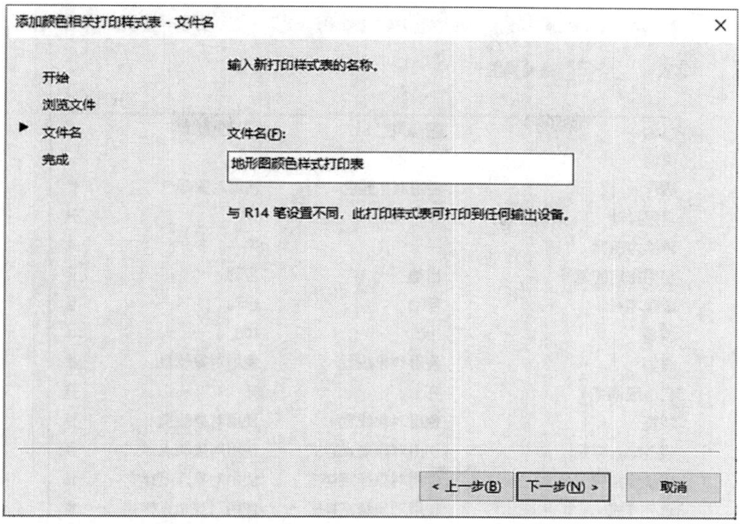

图 13-23 “添加打印样式表-文件名”对话框

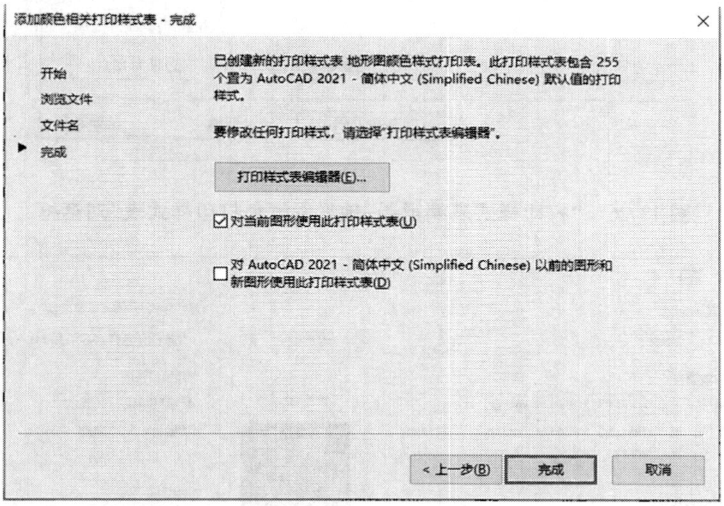

图 13-24 “添加打印样式表-完成”对话框

图 13-25 Plot Styles 窗口

图 13-26 “打印样式表编辑器–地形图颜色打印样式表”对话框

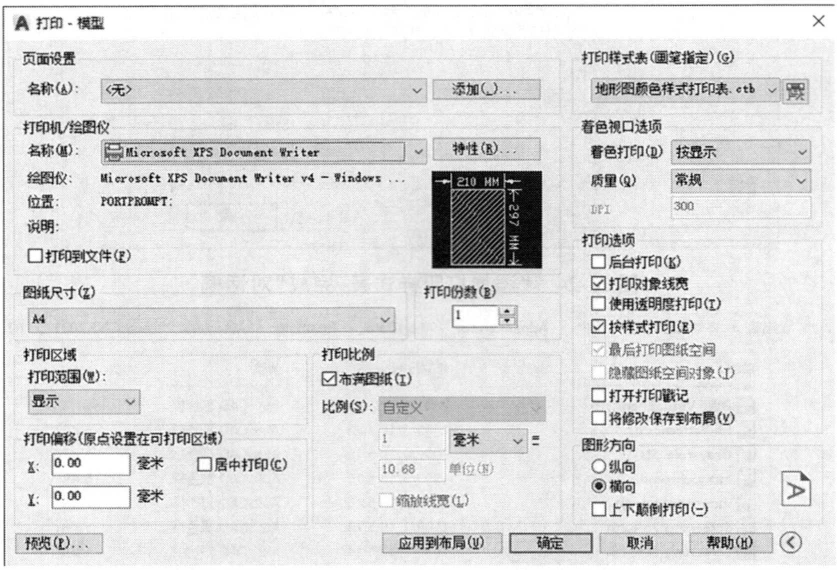

图 13-27 “打印–模型”对话框

表 13-2 “打印-模型”对话框特殊选项功能

选项	功能
页面设置	该选项可以选择和添加页面设置。在“名称”下拉列表中可选择打印设置，并能够随时保存、命名和恢复“打印”和“页面设置”对话框中所有的设置。单击“添加”按钮，可以打开“添加页面设置”对话框，并能从中添加新的页面设置
打印到文件	启用“打印到文件”复选框，可以将选定的布局发送到打印文件，而不是发送到打印机
打印份数	可以在“打印份数”文本框中设置每次打印图纸的份数
打印选项	启用“打印选项”选项组中的“后台打印”复选框，可以在后台打印图形；启用“将修改保存到布局”复选框，可以将该对话框改变的设置保存到布局中；启用“打开打印戳记”复选框，可在每个输出图形的某个角落显示绘图标记并生成日志文件

2. 打印预览

在完成输出设置的图形进行打印输出之前，一般都需要对该图形进行打印预览，以便于检验图形的输出设置是否满足要求。例如，查看图形的位置是否正确、图形是否在有效的输出区域内等。

单击“打印-模型”对话框中的“预览”按钮，系统将切换至“打印预览”界面，进行图形打印的预览。在该界面中，可以利用左上角的相应按钮或快捷菜单进行预览图纸的打印、移动、缩放和退出预览界面等操作，如图 13-28 所示。

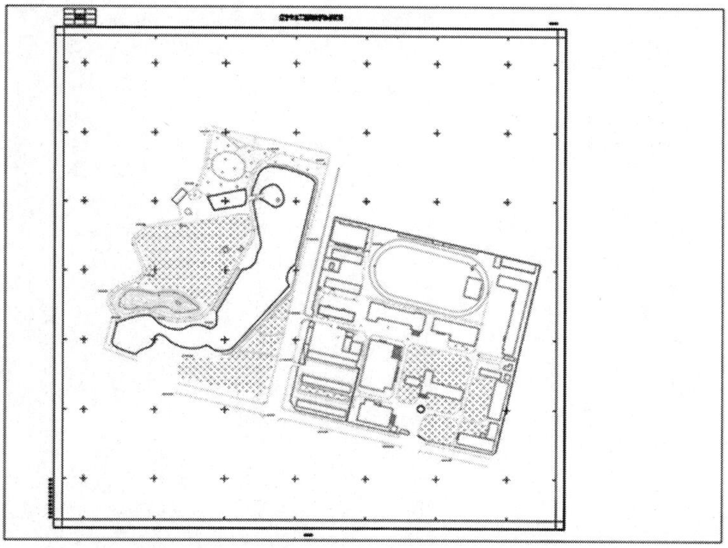

图 13-28 打印预览界面

知识延伸：

在执行“打印预览”操作之前，必须在“页面设置-布局 1”对话框或“打印-模型”对话框中指定打印设备,否则将无法执行“打印预览”命令。

3. 打印输出

各部分都设置完成以后,在“打印-模型”对话框中单击“确定”按钮,或者在打印预览效果符合设计要求后,选择快捷菜单中的“打印-模型”选项,系统将开始输出图形。如果图形输出时出现错误或要中断打印,可按 Esc 键,将结束图形的输出。

思考与练习

1. AutoCAD 中有哪两种空间类型?
2. 打印的命令是什么?
3. 模型空间和图纸空间有何区别?
4. 如何在模型空间和布局空间中打印出图?
5. 如何在布局空间中应用打印样式表?

附录Ⅰ AutoCAD 2021 命令集

序号	命令	快捷键	命令说明
1	3D	3D	三维形体初始化
2	3DARRAY	3A	三维阵列
3	3DFACE	3F	创建三维面
4	3DORBIT	3DO	互交 3D 观察
5	3DPOLY	3P	三维多段线
6	ADCENTER	ADC	设计中心
7	ALIGN	AL	三维对齐
8	APPINT	APPINT	捕捉外观交点
9	ARC	A	画弧
10	ARRAY	AR	图形阵列
11	ATTDEF	ATT	定义属性
12	ATTEDIT	ATE	编辑参照
13	BLOCK	B	定义图块
14	BOX	BOX	长方体
15	BREACK	BR	打断线段
16	CEN	CEN	捕捉圆心点
17	CHAMFER	CHA	倒角
18	CIRCLE	C	画圆
19	COLOR	COL	设置颜色
20	COPY	CO,CP	复制实体
21	COPYCLIP	CTRL+C	跨文件复制
22	CYLINDER		圆柱体
23	DDEDIT	ED	编辑文字
24	DDUCS	US	打开 UCS 选项
25	DIMALIGNED	CAL	斜线标注
26	DIMANGULAR	DAN	角度标注
27	DIMBASELINE	CBA	基线标注
28	DIMCENTER	DCE	圆心标注

续附录Ⅰ

序号	命令	快捷键	命令说明
29	DIMCONTINUE	DCO	连续标注
30	DIMDIAMEIER	DDI	直径标注
31	DIMEDIT		标注编辑
32	DIMLINEAR	DLI	两点标注
33	DIMRADIUS	DRA	半径标注
34	DIMSTYLE	D	标注设置
35	DIMTEDIT		标注更新
36	DIST	DI	计算距离
37	DIVIDE	DIV	定数等分
38	DSETTINGS	RE	草图设置
39	DSVIEWER	AV	鸟瞰视图
40	ELEV		二维厚度
41	ELLIPSE	EL	椭圆
42	END	END	捕捉最近端点
43	ERASE	EL	删除实体
44	EXPLODE	EX,XP	分解
45	EXT	EXT	捕捉延长线
46	EXTEND	EX	延伸实体
47	EXTRUDE		拉伸实体
48	FILL		控制填充
49	FILLET	F	倒圆
50	GROUP	G	创建选择集
51	HATCH	H	填充实体
52	HATCHEDIT	HE	编辑标注
53	HIDO	HI	消隐对象
54	HIGHLIGHT		高亮显被选
55	INSERT	I	插入图块
56	INT	INT	捕捉交点
57	INTERSECT	IN	交集实体
58	ISOLINES		网线密度
59	LAYER	LA	图层管理

续附录 I

序号	命令	快捷键	命令说明
60	LAYOUT	LO	创建新布局
61	LENGTHEN	LEN	拉长线段
62	LIGHT		设置光源
63	LINE	L	画线
64	LINETYPE	LT	设置线型
65	LIMITS		图形界限
66	LTSCALE	LTS	线型比例
67	MATCHPROP	MA	属性复制
68	MEASURE	ME	定距等分
69	MENU	MENU	加载菜单
70	MID	MID	捕捉中心点
71	MIRROR	MI	镜像实体
72	MIRROR3D		三维镜像
73	MLEDIT	MLE	编辑双线
74	MLINE	ML	双线
75	MOVE	M	移动实体
76	MSPACE	MS	图纸转模型
77	MTEXT	MT,T	多行文本
78	NEA	NEA	捕捉最近点
79	NEW	C+N	新建文件
80	NON	NON	无捕捉
81	OFFSET	O	偏移实体
82	OPEN	C+O	打开文件
83	OPTIONS	OP	选项设置
84	OSNAP	OS	设自动捕捉
85	PAN	P	实时平移
86	PASTECLIP	CTRL+V	跨文件粘贴
87	PEDIT	PE	编辑多段线
88	PER	PER	捕捉垂点
89	PLINE	PL	多段线
90	POINT	PO	画点

续附录 I

序号	命令	快捷键	命令说明
91	POLYGON	POL	多边形
92	PRINT / PLOT	C+P	打印预览
93	PROPERTIES	CH,MO	属性编辑
94	PSPACE	PS	模型转图纸
95	PURGE	PU	删没用图层
96	QDIM		快速标注
97	QLEADER	LE	引线标注
98	QUA	QUA	捕捉象限点
99	QUIT 或 EXIT		退出 CAD
100	RECTANG	REC	绘制矩形
101	REGEN		重生成
102	REGION	REG	面域
103	RENDER	RR	渲染
104	REVOLVE	REV	旋转实体
105	RMTA		设置材质
106	ROTATE	RO	旋转实体
107	ROTATE3D	RO	三维旋转
108	SAVE	C+S	保存文件
109	SCALE	SC	比例缩放
110	SCENE		设置场景
111	SHADEMODE	SHA	实体着色
112	SLICE	SL	剖切实体
113	SOLIDEDIT		编辑实体
114	SOLPROF		立体轮廓线
115	SPELL	SP	拼写检查
116	SPHERE		球体
117	SPLINE	SPL	曲线
118	SPLINEDIT	SPE	编辑曲线
119	STRECTCII	S	拉伸实体
120	STYLE	ST	文字样式
121	SUBTRACT	SU	实体求差

续附录 I

序号	命令	快捷键	命令说明
122	SURFTAB(1 或 2)		曲面分段数
123	TOLERANCE	TOL	公差
124	TOOLBAR	TO	自定义工具栏
125	TRIM	TR	修剪
126	UCS	UCS	建立用户坐标
127	UNDO	U	回退一步
128	UNION	UNI	并集实体
129	UNITS	UN	设置单位
130	VIEW	V	命名的视图
131	WBLOCK	W	建外部图块
132	WEDGE		楔体
133	XLINE	XL	参照线
134	ZOOM+D	Z+D	实时缩放
135	ZOOM+P	Z+P	恢复视窗
136	ZOOM+W	Z+W	窗口缩放

附录Ⅱ　AutoCAD 2021 常用快捷功能键列表

序号	快捷键	功能说明
1	F1	获取帮助
2	F2	实现作图窗口和文本窗口的切换
3	F3	控制是否实现对象自动捕捉
4	F4	数字化仪控制
5	F5	等轴测平面切换
6	F6	控制状态行上坐标的显示方式
7	F7	栅格显示模式控制
8	F8	正交模式控制
9	F9	栅格捕捉模式控制
10	F10	极轴模式控制
11	F11	对象追踪式控制
12	F12	动态输入模式控制
13	Ctrl+0	清除屏幕
14	Ctrl+1	打开特性对话框
15	Ctrl+2	打开图像资源管理器
16	Ctrl+3	打开工具选项板窗口
17	Ctrl+4	打开图纸集管理器
18	Ctrl+5	打开信息选项板
19	Ctrl+6	启动数据库连接
20	Ctrl+7	打开标记集管理器
21	Ctrl+8	打开快速计算器
22	Ctrl+9	命令行打开与关闭
23	Ctrl+A	全选
24	Ctrl+B	栅格捕捉模式控制(F9)
25	Ctrl+C	将选择的对象复制到剪切板
26	Ctrl+Shift+C	带基点复制
27	Ctrl+F	控制是否实现对象自动捕捉
28	Ctrl+G	栅格显示模式控制(F7)

续附录Ⅱ

序号	快捷键	功能说明
29	Ctrl+J	重复执行上一步命令
30	Ctrl+K	超级链接
31	Ctrl+N	新建图形文件
32	Ctrl+M	打开“选项”对话框
33	Ctrl+O	打开图像文件
34	Ctrl+P	打开“打印”对话框
35	Ctrl+Q	退出系统
36	Ctrl+S	保存文件
37	Ctrl+Shift+S	将文件另存
38	Ctrl+U	极轴模式控制(F10)
39	Ctrl+V	粘贴剪贴板上的内容
40	Ctrl+Shift+V	粘贴为块
41	Ctrl+W	对象追踪式控制(F11)
42	Ctrl+X	剪切所选择的内容
43	Ctrl+Y	重复上一个操作
44	Ctrl+Z	取消上一个操作
45	Del	删除选中对象
46	Esc	终止命令

参 考 文 献

[1] 滕淑珍,王晓慧. AutoCAD 2021 实用教程[M]. 北京:电子工业出版社,2021.
[2] 黄永生. 中文版 AutoCAD 2021 基础教程[M]. 北京:清华大学出版社,2022.
[3] 郝坤孝,寇保福,等. AutoCAD 2021 实用教程[M]. 北京:化学工业出版社,2022.
[4] 林元茂,李红. 测绘 CAD[M]. 北京:机械工业出版社,2021.
[5] 王年红,等. 测绘工程 CAD[M]. 北京:测绘出版社,2010.
[6] 吕翠华. 测绘工程 CAD[M]. 武汉:武汉大学出版社,2011.
[7] 刘仁钊,马啸. 数字测图技术[M]. 武汉:武汉大学出版社,2021.
[8] 徐泮林. 最新 AutoCAD 地形图测绘高级开发[M]. 北京:地震出版社,2008.
[9] 刘福臻. 数字化测图教程[M]. 成都:西南交通大学出版社,2008.
[10] 杨晓明,苏新洲. 数字测图基础[M]. 北京:测绘出版社,2005.
[11] 1:500、1:1 000、1:2 000 地形图图式[M]. 北京:测绘出版社,2007.
[12] 张正禄. 工程测量学[M]. 武汉:武汉大学出版社,2005.
[13] 梁玉保,等. 地籍调查与测量[M]. 郑州:黄河水利出版社,2006.
[14] 赵云华. 道路工程制图[M]. 北京:机械工业出版社,2008.